U0295461

能源与环境出版工程
（第二期）

总主编　翁史烈

"十三五"国家重点图书出版规划项目
上海市文教结合"高校服务国家重大战略出版工程"资助项目

太阳能热利用原理与技术

Principles and Technologies of Solar Thermal Energy Utilization

代彦军　葛天舒　编著

上海交通大学出版社
SHANGHAI JIAO TONG UNIVERSITY PRESS

内容提要

本书内容主要涉及三大部分：一是太阳能热利用基础，重点介绍与太阳能热利用相关的太阳辐射、热力学和传热学知识；二是太阳能转变为热能的核心部件——集热器，包括热水器、空气集热器和用于中高温过程的聚焦集热器；三是太阳能热利用系统及利用方法，包括热水系统、采暖系统、空调系统、工农业供热系统、热发电等，并结合应用案例进行解析。本书旨在使读者能够掌握太阳能热利用原理和可行的方法、装置，并运用相关知识进行初步太阳能热利用系统设计。

本书可作为太阳能工程专业本科生、研究生的教材，也可供相关专业的研究人员参考。

图书在版编目(CIP)数据

太阳能热利用原理与技术／ 代彦军,葛天舒编著.
—上海：上海交通大学出版社,2018
(能源与环境出版工程)
ISBN 978－7－313－18631－7

Ⅰ.①太…　Ⅱ.①代… ②葛…　Ⅲ.①太阳能热利用
Ⅳ.①TK519

中国版本图书馆 CIP 数据核字(2017)第 329295 号

太阳能热利用原理与技术

编　　著：代彦军　葛天舒
出版发行：上海交通大学出版社　　　　　　　地　　址：上海市番禺路 951 号
邮政编码：200030　　　　　　　　　　　　　电　　话：021－64071208
出 版 人：谈　毅
印　　制：苏州市越洋印刷有限公司　　　　　经　　销：全国新华书店
开　　本：710 mm×1000 mm　1/16　　　　　印　　张：25.25
字　　数：470 千字
版　　次：2018 年 12 月第 1 版　　　　　　　印　　次：2018 年 12 月第 1 次印刷
书　　号：ISBN 978－7－313－18631－7/TK
定　　价：178.00 元

能源与环境出版工程
丛书学术指导委员会

能源与环境出版工程
丛书编委会

能源与环境出版工程

总　序

　　能源是经济社会发展的基础,同时也是影响经济社会发展的主要因素。为了满足经济社会发展的需要,进入 21 世纪以来,短短十余年间(2002—2017 年),全世界一次能源总消费从 96 亿吨油当量增加到 135 亿吨油当量,能源资源供需矛盾和生态环境恶化问题日益突显,世界能源版图也发生了重大变化。

　　在此期间,改革开放政策的实施极大地解放了我国的社会生产力,我国国内生产总值从 10 万亿元人民币猛增到 82 万亿元人民币,一跃成为仅次于美国的世界第二大经济体,经济社会发展取得了举世瞩目的成绩!

　　为了支持经济社会的高速发展,我国能源生产和消费也有惊人的进步和变化,此期间全世界一次能源的消费增量 38.3 亿吨油当量中竟有 51.3% 发生在中国! 经济发展面临着能源供应和环境保护的双重巨大压力。

　　目前,为了人类社会的可持续发展,世界能源发展已进入新一轮战略调整期,发达国家和新兴国家纷纷制定能源发展战略。战略重点在于:提高化石能源开采和利用率;大力开发可再生能源;最大限度地减少有害物质和温室气体排放,从而实现能源生产和消费的高效、低碳、清洁发展。对高速发展中的我国而言,能源问题的求解直接关系到现代化建设进程,能源已成为中国可持续发展的关键! 因此,我们更有必要以加快转变能源发展方式为主线,以增强自主创新能力为着力点,深化能源体制改革、完善能源市场、加强能源科技的研发,努力建设绿色、低碳、高效、安全的能源大系统。

　　在国家重视和政策激励之下,我国能源领域的新概念、新技术、新成果不断涌现;上海交通大学出版社出版的江泽民学长的著作《中国能源问题研究》(2008 年)更是从战略的高度为我国指出了能源可持续的健康发展之路。为了"对接国家能源可持续发展战略,构建适应世界能源科学技术发展趋势的能源科研交流平台",我们策划、组织编写了这套"能源与环境出版工程"丛书,其目的在于:

一是系统总结几十年来机械动力中能源利用和环境保护的新技术新成果;

二是引进、翻译一些关于"能源与环境"研究领域前沿的书籍,为我国能源与环境领域的技术攻关提供智力参考;

三是优化能源与环境专业教材,为高水平技术人员的培养提供一套系统、全面的教科书或教学参考书,满足人才培养对教材的迫切需求;

四是构建一个适应世界能源科学技术发展趋势的能源科研交流平台。

该学术丛书以能源和环境的关系为主线,重点围绕机械过程中的能源转换和利用过程以及这些过程中产生的环境污染治理问题,主要涵盖能源与动力、生物质能、燃料电池、太阳能、风能、智能电网、能源材料、能源经济、大气污染与气候变化等专业方向,汇集能源与环境领域的关键性技术和成果,注重理论与实践的结合,注重经典性与前瞻性的结合。图书分为译著、专著、教材和工具书等几个模块,其内容包括能源与环境领域内专家们最先进的理论方法和技术成果,也包括能源与环境工程一线的理论和实践。如钟芳源等撰写的《燃气轮机设计》是经典性与前瞻性相统一的工程力作;黄震等撰写的《机动车可吸入颗粒物排放与城市大气污染》和王如竹等撰写的《绿色建筑能源系统》是依托国家重大科研项目的新成果新技术。

为确保这套"能源与环境"丛书具有高品质和重大的社会价值,出版社邀请了杜祥琬院士、黄震教授、王如竹教授等专家,组建了学术指导委员会和编委会,并召开了多次编撰研讨会,商谈丛书框架,精选书目,落实作者。

该学术丛书在策划之初,就受到了国际科技出版集团 Springer 和国际学术出版集团 John Wiley & Sons 的关注,与我们签订了合作出版框架协议。经过严格的同行评审,截至 2018 年初,丛书中已有 9 本输出至 Springer,1 本输出至 John Wiley & Sons。这些著作的成功输出体现了图书较高的学术水平和良好的品质。

"能源与环境出版工程"从 2013 年底开始陆续出版,并受到业界广泛关注,取得了良好的社会效益。从 2014 年起,丛书已连续 5 年入选了上海市文教结合"高校服务国家重大战略出版工程"项目。还有些图书获得国家级项目支持,如《现代燃气轮机装置》《除湿剂超声波再生技术》(英文版)、《痕量金属的环境行为》(英文版)等。另外,在图书获奖方面,也取得了一定成绩,如《机动车可吸入颗粒物排放与城市大气污染》获"第四届中国大学出版社优秀学术专著二等奖";《除湿剂超声波再生技术》(英文版)获中国出版协会颁发的"2014年度输出版优秀图书奖"。2016年初,"能源与环境出版工程"(第二期)入选了"十三五"国家重点图书出版规划项目。

希望这套书的出版能够有益于能源与环境领域里人才的培养,有益于能源与环境领域的技术创新,为我国能源与环境的科研成果提供一个展示的平台,引领国内外前沿学术交流和创新并推动平台的国际化发展!

翁史烈

2018年9月

前　言

　　纵观全球,能源和环境问题仍然是人类所面临的最大挑战,传统化石能源会在不久的将来耗尽已经成为不争辩的事实,如何发展利用清洁的可再生能源是必然的选择。在众多可再生能源中,太阳能因其清洁、分布广的显著优势获得最多的关注。目前太阳能利用技术主要分为两类,一类是基于太阳能电池的太阳能光伏技术,另一类是基于太阳能集热器的太阳能热利用技术。截至 2015 年,全球太阳能集热器的安装容量已达 435 GW,比起 2000 年的 50 GW,提升了近 9 倍,其中我国的太阳能集热器安装量占全球太阳能安装总量的 70%。同时我国也是集热器的制造大国,随着能源问题的日益严重,太阳能热利用领域在未来仍有很大机会保持持续增加。近几年很多高校已经开设了可再生能源专业,很多地区也已经把太阳能热利用的发展和利用纳入规划,甚至一些区域还设立了太阳能热利用的创业种子基金,鼓励相关企业和从业人员进行创新实践。为结合上述发展趋势,编者所在的上海交通大学团队近 20 年来持续围绕太阳能热利用技术进行了积极的探索和研究,将其中的基本原理与相关技术发展编辑为此书。

　　本书从最初太阳能资源的来源,太阳能辐射说起(第 2 章),随后介绍各种太阳能热能的收集方式(第 3 章),再从太阳能热能的各种利用方式进行阐述,包括供暖、空调、热发电、海水淡化等(第 4~10 章),最后还介绍了太阳能热利用系统的模拟软件(第 11 章)。总体来说,希望本书既能让读者学习太阳能热利用的相关原理,也能使得读者掌握相关技术的进展。本书可供相关学科的老师、学生、研究人员进行参考。

　　由于作者水平有限,书中存在的不当之处,恳请读者批评指正。

编　者

目　　录

第1章 绪 论

人类的生存和经济社会的发展都离不开能源的使用,自 20 世纪石油危机爆发以来,传统能源的保有量不断减少,面临枯竭。同时随着社会发展越来越快,能源的消耗量也越来越大,化石燃料的大量燃烧使得生态环境恶化,地球逐渐变暖,污染越来越严重。根据国际能源协会(IEA)的预测[1,2],按照人类目前的发展方式,到 2030 年全球能源消耗将增加 50%(见图 1.1);同时,温室气体的排放也将明显增加,进而产生无法逆转的全球气温升高,并由此催生一系列的环境问题。

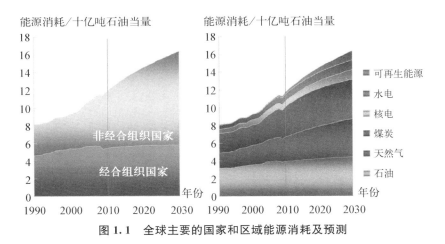

能源消耗/十亿吨石油当量

能源消耗/十亿吨石油当量

非经合组织国家

经合组织国家

■ 可再生能源
■ 水电
▨ 核电
■ 煤炭
■ 天然气
▨ 石油

年份

年份

图 1.1 全球主要的国家和区域能源消耗及预测

2014 年中国能耗较上一年增长 2.6%,总量达到 42.6 亿吨标准煤,仍然是世界上最大的能源消费国,占当年世界能源消费量的 23% 和世界能源消耗净增长的 61%。2014 年,常规能源中,天然气消耗增长最快,年增长率达到 8.6%,石油增加 3.3%,煤炭只增加 0.1%;其他能源中,水力发电增长最快,年增长率达到 15.7%,约占我国发电总量的 19%;我国的能源结构在持续改进,煤炭虽然还是主要能源,但是其占比降到了历史最低的 66%[3]。

常规能源的不断枯竭,导致了全球环境的恶化,因此可再生能源的发展已经成为全球的共同趋势。各个国家和地区都通过一系列刺激政策来鼓励发展可再生能源。到 2015 年初,已有至少 164 个国家设定了发展可再生能源的目标,约 145 个国家颁布实施了相关刺激政策。至少有 24 个发展中国家通过了可再生能源供热(和冷却)的目标,至少有 19 个国家在国家或州/省一级通过建筑法规和其他措施,推广可再生能源供热和制冷,并提供财政激励措施来支持[4]。

2009 年中国在哥本哈根气候变化会议前夕,宣布了"中国到 2020 年单位 GDP 二氧化碳排放强度减少 40%～45%"的量化目标。2015 年,我国可再生能源全年增长 20.9%,在全球可再生能源总量中的份额提升到 17%。可再生能源中,太阳能增长最快,年增长率达到 69.7%,同时超越德国和美国,成为世界上最大的太阳能发电国。CO_2 排放降低了 0.1%,这是我国自 1998 年以来首次负增长。

2013 年全球范围内,可再生能源首次超过煤炭,成为全球最大新增电能来源(见图 1.2)。国际可再生能源署数据显示,2014 年全球新增的发电装机总量,其 62% 来自可再生能源[5]。近年来,我国可再生能源利用取得飞跃式发展,光伏、风电、水电装机容量均稳居世界第一,成长为节能和利用可再生能源第一大国,不仅为我国节能减排、经济增长做出了突出贡献,也对全球能源变革产生了重大影响。国际能源署报告显示,2015 年,中国的可再生能源增量占全球可再生能源增量的 40%[6]。

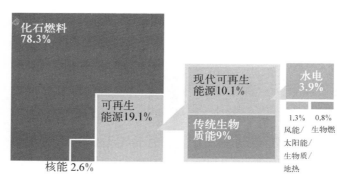

图 1.2 2013 年全球可再生能源在总能耗中的比例

1.1 可再生能源与太阳能

可再生能源是指在自然界中可以不断再生、永续利用、取之不尽、用之不竭的资源,它对环境无害或危害极小,且资源分布广泛,适宜就地开发利用。根据《中华人民共和国可再生能源法》,可再生能源是指风能、太阳能、水能、生物质能、地热能、海洋能等非化石能源。

太阳能(solar energy),一般是指太阳光的辐射能量,太阳能是一种可再生能源,广义上的太阳能是地球上许多能量的来源,如风能、生物质能、潮汐能、水的势能等(见图 1.3)。

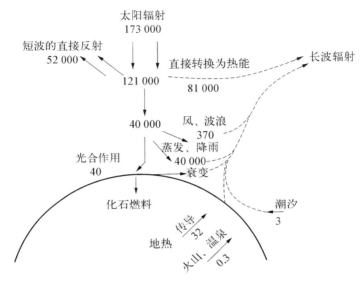

图 1.3 入射到地球的太阳能(单位: 10^6 MW)

地球截取的太阳辐射能通量为 $1.7×10^{14}$ kW,比核能、地热和引力能储量的总和还要大 5 000 多倍。其中约 30% 被反射回宇宙空间;约 47% 转变为热,以长波辐射形式再次返回空间;约 23% 是蒸发、凝结的能量,风和波浪的动能;植物通过光合作用吸收的能量不到太阳能的 0.5%。地球每年接收的太阳能总量为 $1×10^{18}$ kW·h,相当于 $5×10^{14}$ 桶原油,是已探明原油储量的近千倍,是世界年耗总能量的一万余倍。

太阳的能量如此巨大,正如通常所说的"取之不尽、用之不竭",但是太阳辐射能的通量密度较低,大气层外为 1 353 W/m²。太阳光通过大气层时会进一步衰减,同时还受到天气、昼夜以及空气污染等因素的影响。因而,太阳能又呈间歇性质,时高时低、时有时无。能通量密度低要求太阳能利用装置有较大的集热面积;为了克服太阳能供热的间歇性,系统中必须有储热以及辅助加热装置,这些使太阳能利用系统的初期投资变得昂贵。由于生活和部分工业用能只要求供应低温热水,采用太阳能很容易做到热能能级的合理匹配,从而取得最佳效益。综上所述,太阳能利用具有以下明显的特点:

(1) 总能量很大,但能通量密度较低。

(2) 可再生能源,但具有间歇性。

(3) 无污染的清洁能源。

(4) 太阳能本身是免费的,但太阳能利用系统的初期投资较高。

（5）太阳能热利用较容易实现热能能级的合理匹配，从而做到热尽其用。

太阳能利用的基本方式可分为光-热利用、光-电利用、光-化学利用、光-生物利用四类。其中太阳能光-热利用是指将太阳能转换为热能，然后加以利用，如供应热水、热力发电、驱动动力装置、驱动制冷循环、海水淡化、采暖和强化自然通风等。光-电利用是指通过太阳能电池的光伏效应将太阳辐射直接转化为电能加以利用的过程。光-化学利用则包括植物的光合作用、太阳能光解水制氢、热解水制氢以及天然气重整等转换过程。光-生物利用是指通过植物的光合作用来实现将太阳能转换成为生物质的过程。目前主要有速生植物（如薪炭林）、地膜覆盖、温室大棚和巨型海藻等。

本书仅涉及太阳能的热利用。着重介绍利用热媒介（水、空气或其他介质）在集热器中将太阳辐射能转化为热能，通过储热装置或转换设备将热能输送到用户的工程技术。为热用户提供多种用途，包括供热水、供暖、制冷、空调、干燥、海水淡化、动力、发电等。

1.2　太阳能利用现状和发展

1.2.1　太阳能利用历史

据西北大学科技史教授姚远考证：《问经堂丛书》（清代孙星衍、孙冯翼辑，十八种三十一卷）引《淮南万毕述》载西汉时"削冰令圆，举以向日，以艾承其影，则火生"。这是我国关于太阳能利用的最早历史记录。据史料记载，在西周时代（公元前11世纪）我们的祖先已经掌握了"阳燧"取火的技术。"阳燧"实际上是一种金属凹面镜，也是一项杰出的发明，在世界科学史上占有重要地位[7]。

公元前212年，希腊著名科学家阿基米德用许多小的平面镜将阳光聚集起来烧毁了攻击西西里岛西拉修斯港的罗马舰队。1973年希腊科学家伊奥尼斯·萨克斯用实验验证了这种说法。

公元1世纪罗马发明了玻璃，这对人类生活和太阳能利用产生了深远影响。认真对太阳进行研究，应该从17世纪意大利著名科学家伽利略算起。18世纪初发明了太阳能驱动的发动机。20世纪初曾经建立太阳能蒸馏水厂，埃及成功地运行了灌溉用的太阳能水泵。1920—1930年，美国加州地区开始用太阳能集热器为用户供应热水。类似的装置也可用于房屋取暖，1938年美国麻省理工学院建成了第一座利用太阳能采暖的建筑。自这以后到1960年，全世界共建成20座试验性建筑，由它们得到的实测数据，为今天的太阳房设计奠定了良好基础。1970年以后，第三次石油危机的爆发，使得人们更加重视太阳能资源的开发利用，太阳能热水、太阳能采暖、制冷和太阳能热泵技术得到迅速普及推广。1980 年后,从美国加利福尼亚州开始,世界范围内兴建大量的地面太阳能光热电厂。目前,在美国、北非、印度、南非等国家和地区,塔式、槽式、菲涅尔式太阳能热发电站得到规模化发展。

1.2.2　近年来太阳能利用的发展

我国能源总量相当丰富,水力资源理论储量居世界第一、煤炭储量居世界第三、石油储量居第八、天然气储量为第十六位,还有许多资源尚待进一步探明。但我国是 13 亿人口的大国,人均资源相当不足,尽管国家把发展能源放在优先地位,由于耗资巨大,基础较差,我国能源供应的紧张状态将会延续相当长的时间。只有充分认识这一点,才会更加珍惜和有效地利用常规能源。也正是由于这一点,近几年我国新能源的开发利用取得较大进展。

太阳能集热器是太阳能热利用中最基本的部件,技术成熟,应用范围相当宽广。据统计,中国太阳能集热器及系统产量达 4 350 万平方米,"十二五"时期末,中国太阳能热利用总保有量达到 4.42 亿平方米(309 GW_{th}[①])。

太阳能热利用分为低温(40~80℃)、中温(80~250℃)和高温(>250℃)三类[8],分别应用于生活用热、工业用热和太阳能热发电。

太阳能供热采暖是通过太阳能集热系统,集取、转换太阳辐射为热能,加热水或其他工作介质,向用户提供生活热水以及向建筑物供暖的技术。通常将只具备生活热水供应的单一功能系统,定义为太阳能热水系统,而对同时具有供热水和供暖双重功能的系统,定义为太阳能供热采暖系统。

太阳能集热系统的运行方式可分为自然循环和强制循环两类。自然循环太阳能集热系统主要由太阳能集热器、水箱等贮热装置、管路和控制部件组成。强制循环太阳能集热系统则在上述部件的基础上,增加了泵等动力设备。自然循环太阳能集热系统多用于分散式太阳能热水系统,其典型产品是过去占国内市场份额最大的紧凑式(太阳能集热器直接与水箱连接)太阳能热水器。强制循环太阳能集热系统则主要用于建筑一体化的集中式太阳能热水系统和太阳能供热采暖系统。此外,将在太阳能集热器中直接加热生活用水的系统定义为直接式集热系统,将在太阳能集热器中加热某种工质的系统则定义为间接式集热系统。间接式集热系统中需增设换热设备,通常在寒冷和严寒地区使用的太阳能热水系统,以及太阳能供热采暖系统,需采用间接式太阳能集热系统。

太阳能应用于制冷技术领域有其独特的优点,一方面利用太阳能驱动制冷可以节约电能的消耗,间接减少了化石能源的消耗;另一方面,太阳能驱动的制冷系

---

① GW_{th},千兆瓦热,1 GW_{th}=10^3 MW_{th},可用来度量太阳能热的装设面积,1 GW_{th} 相当于 1.429×10^6 m^2。

统一般采用非氟烃类物质作为制冷剂,对臭氧层无破坏也不会引起温室效应,同时可减少消耗化石能源发电带来的环境污染。太阳能光-热转换制冷就是利用相应的设备首先将太阳光转换成热能,再利用热能作为外界的补偿,使系统达到制冷的目的,即以热能来制冷。太阳能光-热转换制冷系统主要分为以下几种类型:太阳能吸收式制冷系统、太阳能吸附式制冷系统、太阳能除湿空调系统。

被动式太阳房是通过合理的建筑设计,使建筑物本身具有集热器、储热器和散热器的综合特性,从而部分满足冬暖夏凉的要求。北京地区典型实测数据表明,没有辅助热源情况下,采暖季太阳房室内平均温度为 9~12℃,夏季比普通房屋降温 1℃多,节能率 60% 以上,投资成本比普通建筑增加 15%~25%。

太阳能热利用技术在我国的主要应用集中在低温民用和高温热发电。据统计,2015 年中国太阳能热水器年产量达 4 500 万平方米,总集热面积保有量已超过 4 亿平方米,占据当年 70% 的世界太阳能集热器市场份额。同时我国还是太阳能热水器市场就业人数最多的国家,提供了 74.3 万个工作岗位。

太阳能热利用技术在我国工业领域的应用开始于 2010 年,并逐渐在纺织等工业领域应用实施。技术层面上,适合于工业热利用的中温集热器发展迅速,有减反层双层透明盖板的平板型集热器(FPC)、全玻璃或玻璃-金属真空管集热器(ETC)、固定复合抛物面集热器(CPC)、小型抛物面槽式集热器(PTC)与线聚焦菲涅尔集热器[9]。2015 年,我国太阳能中温技术取得进一步的发展。以国家"十二五"科技支撑计划"太阳能中温技术与工业应用"项目为例,太阳能中温技术在工业热能替代、农副产品干燥等方面取得长足进步。在工业热能应用中,推广基于 CPC 中温集热器超过 3 万平方米。中温槽式集热器与燃气耦合的热能供暖技术在辽宁、天津、山东等地迅速推广,应用项目 200 余个;采用中温集热技术的太阳能空气集热器在农副产品、水果、木材干燥中广为应用,推广集热器面积超过 4 万平方米。太阳能中温技术在太阳能厨房领域形成产品规模化应用,中温集热管大量出口欧洲国家,等效集热面积超过 3 万平方米。

此外,太阳能蒸汽系统可用于蒸制米饭和馒头(北京),太阳能中温技术还应用于规模化木材干燥(山东临沂)、污泥干燥(山东德州)、枸杞烘干(宁夏)、烟叶初烤(云南)、工业物料干燥(浙江台州)、香料干燥(海南)等。太阳能的应用领域得到了拓展,应用效益日益体现。

国外对太阳能热利用技术在工业领域应用的研究始于 20 世纪七八十年代。国际能源署在 1976 年先后启动了太阳能供热与制冷计划(IEA-SHC),在 1977 年启动了以美国、俄罗斯、德国、以色列、澳大利亚、瑞士、西班牙七国作为执行委员会的太阳能热动力和太阳能化学能系统计划(Solar PACES Program),对太阳能的技术现状以及其应用于工业热过程的现状与前景进行了研究。目前国际能源署

(IEA)已经完成两个研究任务(task33 和 task49)。根据国际能源署太阳能加热与制冷技术路线图[10]预计,到 2050 年,每年将由太阳能提供 16.5 EJ(1 EJ＝10^{18} J)能量。而其中,应用于低温工业加热(≤120℃)的集热器容量将达到 3 200 GW_{th},产生 7.2 EJ 热量,占工业低温工艺加热的终端能源需求(35.5 EJ)的 20％。

据国际能源署统计数据,2016 年 4 月,全世界(中国以外)共有 188 个工业热利用项目在运行,总装机容量达到 100 MW_{th}(143 226 m^2)。在这些项目中,21 个系统的热容量超过了 0.7 MW_{th}(1 000 m^2),35 个系统热容量范围为 0.35～0.7 MW_{th},剩余 132 个系统低于 0.35 MW_{th}[11]。

太阳能热发电是利用聚光型太阳能集热器将低密度的太阳能汇聚生成为高密度能量,然后由工作流体将其转换为热能,再利用热能发电的技术。

太阳能热发电技术与火力发电站的热力循环部分是相同的,但太阳能热发电既可以采用常规火力发电站中通用的朗肯循环,也可使用更为高效的布雷顿循环和斯特林循环。因此,建设太阳能热发电站,需要大片土地、良好的太阳能辐照条件和满足发电用水需求的水资源;而且,太阳能热发电主要使用太阳能的直射辐射资源,而不是总辐射资源。

太阳能热发电可采用直接和间接(二元循环)两种热力循环,前者是直接利用吸热器产生的蒸气(高温气体)驱动汽(燃气)轮机组发电,后者则是通过主系统热循环过程的热交换加热辅助系统中的工作介质(水或低沸点流体)产生蒸气驱动汽轮机组发电。按太阳能的收集形式进行分类,太阳能热发电系统又可分为聚光型和非聚光型两类。聚光可使系统达到较高的工作温度,所以聚光型系统为中高温太阳能热发电系统,非聚光型则为低温太阳能热发电系统。目前具备商业化水平的太阳能热发电技术主要包括塔式热发电、槽式热发电和菲涅尔式热发电系统三类。

2016 年 9 月我国公示了首批太阳能光热示范电站名单,共有 20 个项目入选,总装机约 1.35 GW,包括 9 个塔式电站、7 个槽式电站和 4 个菲涅尔式电站。

1.3　习题

简述太阳能在可再生能源中的地位,太阳能开发利用的价值和技术途径。

参 考 文 献

[1] World Energy Outlook. Executive summary [EB/OL]. [2012] http://www.worldenergyoutlook.org/.

［2］International Energy Agency. Technology roadmap concentrating solar power ［EB/OL］. (2010) ［2017 - 09 - 01］. http://www.iea.org/papers/2010/csp_roadmap.pdf.

［3］Company BP. BP statistical review of world energy ［EB/OL］. (2015) ［2017 - 09 - 01］. http://www. bp. com/en/global/corporate/energy-economics/statistical-review-of-world-energy.html.

［4］Renewable Energy Policy Network for the 21st Century. Renewables 2016: global status report ［R］. Paris: Renewables Global Status Report, 2016.

［5］Kempener R, Saygin D. Renewable energy in manufacturing—a technology roadmap for REmap 2030［M］. USA: International Renewable Energy Agency, 2014.

［6］International Energy Agency. World Energy Outlook 2015［M］. Paris: IEA Publication, 2015.

［7］张鹤飞、俞金娣、赵承龙,等.太阳能热利用原理与计算机模拟［M］.西安：西北工业大学出版社,2005.

［8］王如竹,代彦军.太阳能制冷［M］.北京：化学工业出版社,2007.

［9］殷志强.探讨太阳能热利用发展［J］.太阳能,2009,6：6 - 9.

［10］International Energy Agency. Technology roadmap: solar heating and cooling［M］. Paris: IEA Publication, 2012.

［11］International Energy Agency. Solar heat worldwide 2016［EB/OL］. (2016) ［2017 - 09 - 01］ http://www.iea-shc.org/solar-heat-worldwide.

第 2 章 太 阳 能 资 源

太阳辐射是指从太阳圆球面向宇宙空间发射的电磁波,从太阳发射出的辐射到达地球约 8 min。太阳辐射的规律和太阳本身的结构密切相关;同时,到达地球的太阳辐射能量随着季节、时刻、地球纬度的不同而变化,即取决于太阳与地球的相互空间位置以及它们的运动规律。因此,若要掌握太阳辐射的变化规律,必须从了解地球和太阳的运动入手。下面主要从这两个方面进行讨论。

2.1 太阳能资源与太阳辐射

太阳是离地球最近的一颗恒星,也是太阳系中最大的行星。太阳是一个主要由氢和氦组成的气态球。根据最新的测定,日地间的距离为 $1.495\,978\,92 \times 10^8$ km。从地球上望去,太阳的张角为 $31°59'$,把角度换算成弧度再乘以日地距离,便可得出太阳的直径为 1.392×10^6 km,是地球直径的 109 倍(见图 2.1)。就体积而论,太阳比地球大 130 多万倍。太阳的体积硕大,质量也很可观。根据万有引力定律,已知地球质量为 6.0×10^{21} t,可以推算出太阳的质量为 1.989×10^{27} t,也就是说太阳的质量为地球质量的 33 万倍[1]。知道了质量和体积,就不难求得太阳的平均密度为 1.4 g/cm^3,比水重近 50%。实际上,太阳各处的密度相差悬殊,外层的密度比较

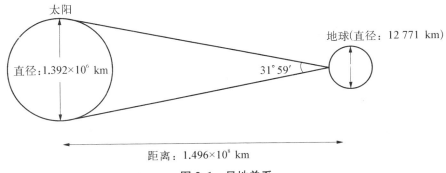

图 2.1 日地关系

小,内部在承受外部巨大的压力情况下,密度高达 160 g/cm³,正是因为如此,日心的引力要比地心的引力大 29 倍。

太阳表面的有效温度为 5 762 K,而中心区的温度高达 $(8\sim40)\times10^6$ K。内部压力为 3 400 多亿标准大气压。由于太阳内部的温度极高、压力极大,物质早已离子化,呈等离子状态,不同元素的原子核相互碰撞,引起了一系列核子反应,从而构成太阳的能源,即热量主要来源于氢聚变成氦的聚合反应。太阳一刻不停地发射着巨大的能量,每秒有 657×10^9 kg 的氢聚变成 657×10^9 kg 的氦,连续产生 391×10^{21} kW 的能量。这些能量以电磁波的形式向空间辐射,其中有二十二亿分之一到达地球表面,尽管如此,它仍是地球上最多的能源,约为 173×10^{12} kW,这是一个巨大的能源。

太阳的结构如图 2.2 所示,半径为 $0.23R_S$(R_S 为太阳半径)的区域内,可称为"产能核心",温度为 $(8\sim40)\times10^6$ K,密度为水的 $80\sim100$ 倍,占太阳全部质量的 40%、体积的 15%、产能的 90%,以对流和辐射的方式向外传送能量;$(0.23\sim0.70)R_S$ 的范围内,温度下降到 130 000 K 左右,密度下降到 0.078 g/cm³;$(0.7\sim1)R_S$ 的范围内是对流区,温度下降至 5 000 K,密度为 10^{-8} g/cm³[2]。这就是整个太阳的基本内部情况。

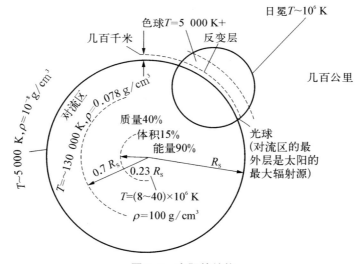

图 2.2　太阳的结构

人们肉眼所见到的太阳表面叫作光球,其有效温度是 5 762 K,厚度约为 500 km,密度为 10^{-6} g/cm³,太阳的绝大多数辐射能都从这里发出。光球表面有黑子和光斑,对太阳能的影响只有 0.5%,可以忽略不计。

光球外数百千米处的较冷气层是一层具有不同透明度的太阳雾,称为反变层。

反变层外面 10 000~15 000 km 区域称为色球层。最外面一层是深入太空中的银白色的日冕,它发出一部分质子和电子而产生散射,温度高达 100 万摄氏度,高度达几十个太阳半径,甚至地球也浸入日冕的余晖中。

由上述可知,太阳不是一定温度的黑体,而是有许多层不同波长发射、吸收的辐射体。但是在利用太阳能热辐射系统中,将太阳看成是一个温度为 5 762 K,辐射波长为 0.3~3 μm 的黑色辐射体。

2.2 太阳能辐射的基础和特点

太阳辐射的计算是太阳能的利用基础,从太阳发射出的电磁波首先到达大气层外,然后进入大气层,并在其中衰减,最后穿过大气层形成到达地表的太阳直射辐射和散射辐射,其共同构成了到达地表的总太阳辐射。下面将从太阳辐射到达地表的途径逐一进行分析,最终得出到达地表的太阳辐射的计算方法和公式。

2.2.1 大气层外的太阳辐射

(1) 太阳常数。图 2.1 示意了日地间的几何关系。地球轨道的偏心率,以日地距离的变化来计算,不超过±3%。太阳本身的特征以及它与地球之间的空间关系,使地球大气层上界的太阳辐射通量几乎是一个定值,太阳常数的定义因此而来。太阳常数通常用 I_{SG} 表示,其定义为:平均日地距离时,在地球大气层外,垂直于太阳辐射的表面,在单位面积单位时间内接收到的太阳辐射能,称为太阳常数。

19 世纪中叶,就曾进行过在地球表面确定太阳常数 I_{SG} 的实验。但是,不同的研究学者得到的数据值极其不一致,差别达到了一倍甚至更大。到 20 世纪初,I_{SG} 的差别才减少到±10%。1956 年建立了统一的国际辐射标准。1960 年代,计算 I_{SG} 的差别已经控制在±3%以内。引起差别的主要原因是缺乏标准的热量单位,另外,每个研究者仪表的刻度也不一致。1977 年,国际辐射委员会(WRC)建议将 I_{SG} 定为 1 384 W/m^2 或者 1.98 cal[①]/(cm^2 · min)。

根据从高空飞机、气球、火箭以及卫星测量的结果(利用绝对法或者相对法),可以更准确地确定 I_{SG} 值。根据美国国家航空与宇宙航行局(NASA)在人造卫星上的观测结果,由塞克凯拉(Thekaekara)和德拉蒙德(Drummond)于 1971 年将观测结果总结整理后提出 I_{SG} 值为 1 353 W/m^2 或 1.94 cal/(cm^2 · min),并且给出了光谱分布。他们提出的数据已经被广泛采用。

20 世纪 80 年代末,世界辐射计量标准(WRR)正式采用太阳常数 I_{SG} 值为

①　cal,卡,热量单位,1 cal=4.186 8 J。

$(1\,370\pm6)\mathrm{W/m^2}$ [约 1.95 cal/(cm^2 · min)]。

一年中日地距离是变化的,因此太阳常数也随之发生变化(见表 2.1)。1 月初,地球经过轨道上离太阳最近的点,亦称为近日点。4 月初和 10 月初,地球在日地平均距离处。7 月初,地球经过轨道上离太阳最远的点,该点称为远日点。最近点与最远点的距离之差仅为 3.4%,根据到达地球大气上层的太阳辐射通量与距离的平方成反比,所以地球在近日点和远日点时的太阳辐射通量变化为 6.7%。

表 2.1 各月份的太阳常数值 I_{SG} [单位为 kcal/(m^2 · h)]

月份	1	2	3	4	5	6	7	8	9	10	11	12
I_{SG}	1 208	1 200	1 185	1 165	1 148	1 133	1 126	1 132	1 145	1 162	1 181	1 198

应当指出,表中列出的数据只是月平均值,实际上大气层外太阳常数在一年中随时间的变化是连续的。但是,在计算日照量时,只要按照表中的月平均值进行计算即可。

(2) 到达大气层上界的太阳辐射。大气层上界水平面上太阳辐射日总量 H_0 可以由下式进行计算:

$$H_0 = \frac{24}{\pi} \gamma I_{SG}(\omega_\theta \sin \varphi \sin \delta + \cos \varphi \cos \delta \sin \omega_\theta) \tag{2-1}$$

式中,I_{SG} 是太阳常数;φ 是当地纬度;δ 是太阳赤纬;ω_θ 是日出日没时角;γ 是日地距离变化所引起的大气层上界太阳辐射通量的修正值。

$$\gamma = 1 + 0.034\cos\left(\frac{2\pi n}{365}\right) \tag{2-2}$$

式中,n 为距离 1 月 1 日的天数。

在赤道地区,一年内任何时间均为 $\omega_\theta = \frac{\pi}{2}$,$\varphi = 0$,其计算可简化为

$$H_{0,E} = \frac{24}{\pi} \gamma I_{SG}\cos \delta \tag{2-3}$$

式中,下标 E 表示赤道地区。

在极地(北极或南极),$\varphi = \frac{\pi}{2}$。对于北极的夏季(南极的冬季)则为 $\omega_\theta = \pi$,可得

$$H_{0,P} = 24\gamma I_{SG}\sin \delta \tag{2-4}$$

式中,下标 P 表示极地。

式(2-1)可计算地球上任何纬度和各个季节的大气层上界水平面的太阳辐射日总量。

2.2.2　到达地表的太阳直射辐射

对于太阳能利用来说,最关心的是到达地球表面的太阳能数值,下文将讨论穿过大气层到达地表的太阳辐射的计算。如上所述,由于太阳辐射穿过大气时被吸收和散射,故到达地球表面的太阳辐射包括直射和散射两部分。

太阳辐射能通过大气层时会产生一定的衰减,表示这种衰减程度的一个重要参数就是大气透明度。因此,首先说明大气透明度的概念和计算。

1) 大气透明度

根据布克-兰贝特定律,波长为 λ 的太阳辐射 $I_{\lambda,n}$,经过厚度为 $\mathrm{d}m$ 的大气层后,辐射衰减为

$$\mathrm{d}I_{\lambda,n} = -C_\lambda I_{\lambda,n} \mathrm{d}m \tag{2-5}$$

将式(2-5)积分得

$$I_{\lambda,n} = I_{\lambda,0} \mathrm{e}^{-C_\lambda m} \tag{2-6}$$

式中, $I_{\lambda,n}$ 是到达地表的法向太阳辐射光谱强度; $I_{\lambda,0}$ 是大气层上界的太阳辐射光谱强度; C_λ 是大气的消光系数; m 是大气质量。

将式(2-6)写成

$$I_{\lambda,n} = I_{\lambda,0} P_\lambda^m \tag{2-7}$$

式中, $P_\lambda = \mathrm{e}^{-C_\lambda}$,称为单色光谱透明度。

将式(2-7)在波长 $0\sim\infty$ 的整个波段内积分就可以得到全色太阳辐射能 I_n:

$$I_n = \int_0^\infty I_{\lambda,0} P_\lambda^m \mathrm{d}\lambda \tag{2-8}$$

采用整个太阳辐射光谱范围内的单色透明度的平均值,式(2-8)积分后为

$$I_n = \gamma I_{SG} P_m^m \tag{2-9}$$

或

$$P_m = \sqrt[m]{\frac{I_n}{\gamma I_{SG}}} \tag{2-10}$$

式中, P_m 是复合透明系数; γ 是日地距离变化所引起的太阳辐射通量修正值。

根据日射观测资料发现,复合透明度 P_m 与大气质量 m 有明显关系。为了比较不同大气质量情况下的大气透明度值,必须把大气透明度修正到某一给定的大气质量。例如,将大气质量 m 的大气透明度值 P_m 订正到大气质量为 2 的大气透

明度 P_2（一般来说，此订正值比较合适）。目前有已经编制出的大气透明度换算表可以用来订正（由西夫科夫编制）。

当 I_n 订正到 $m=2$ 的数值时，则可用 $I_{n.2}$ 从表 2.2 中求得 P_2 值。

表 2.2　由 $I_{n.2}[cal/(cm^2 \cdot min)]$ 求 P_2 值

$I_{n.2}$	0.00	0.01	0.02	0.03	0.04	0.05	0.06	0.07	0.08	0.09
0.60	0.550	0.555	0.560	0.564	0.569	0.573	0.577	0.582	0.586	0.590
0.70	0.595	0.599	0.603	0.607	0.611	0.615	0.620	0.624	0.628	0.632
0.80	0.636	0.640	0.644	0.647	0.651	0.655	0.659	0.663	0.667	0.670
0.90	0.674	0.678	0.682	0.685	0.689	0.693	0.696	0.700	0.704	0.707
1.00	0.711	0.714	0.718	0.721	0.725	0.728	0.732	0.735	0.739	0.742
1.10	0.746	0.749	0.752	0.755	0.759	0.762	0.765	0.769	0.772	0.775
1.20	0.778	0.782	0.785	0.788	0.791	0.795	0.798	0.801	0.804	0.807
1.30	0.810	0.813	0.816	0.820	0.823	0.826	0.829	0.832	0.835	0.838
1.40	0.841	0.844	0.847	0.850	0.853	0.856	0.859	0.862	0.865	0.867
1.50	0.870	0.873	0.876	0.879	0.887	0.885	0.888	0.890	0.893	0.896
1.60	0.899	0.902	0.905	0.907	0.910	0.913	0.916	0.918	0.921	0.924

大气透明度随地区、季节、时刻而变化。一般来说，城市比农村低。一年中，以夏季最低，这是由于大气中水蒸气增加所致。一天中 P 值的变化可用下式计算：

$$P = P_0 + \alpha (\tau - 12)^2 \times 10^{-4} \qquad (2-11)$$

式中，τ 是时间（如上午 8 时为 $\tau=8$）；P_0、α 在各地区是不同的，其具体数值有专用的手册可以查得。

2）到达地表的法向太阳直射辐射的计算

确定大气透明度后，就可以利用它来计算到达地球表面的法线方向的太阳辐射直接辐射强度。

当 P_m 值订正到 $m=2$ 时，式（2-9）可以改写为

$$I_n = \gamma I_{SG} P_2^m \qquad (2-12)$$

式中，P_2 是订正到 $m=2$ 时的 P_m 值。式（2-12）是计算到达地表法向太阳直射辐射的常用公式之一。

3）水平面上的太阳直射辐射通量以及直射辐射日总量的计算

到达地表水平面的太阳直射辐射通量与垂直于太阳光线的表面的直射辐射强度的关系如图 2.3 所示，图中 AB 代表水平面，AC 代表垂直于太阳光线的表面。在 $\triangle ABC$ 中，则有

$$|AC| = |AB| \sin \alpha_s$$

由于太阳直接辐射入射到 AB 和 AC 平面上的能量是相等的,用 H 表示,则
$I_n = \dfrac{H}{|AC|}$ 和 $I_b = \dfrac{H}{|AB|}$,代入上式可得

$$I_b = I_n \sin \alpha_s = I_n \cos \theta_s \qquad (2-13)$$

式中,I_b 是水平面上直接辐射能量;α_s 是太阳高度角;θ_s 是太阳天顶角。

将式(2-9)代入式(2-13)可得

$$I_b = \gamma I_{SG} P_m^m \sin \alpha_s \qquad (2-14)$$

如果计算日总量,可将式(2-14)从日出至日没的时间 t 积分,即

$$H_b = \int_0^t \gamma I_{SG} P_m^m \sin \alpha_s \, \mathrm{d}t = \gamma I_{SG} \int_0^t P_m^m \sin \alpha_s \, \mathrm{d}t \qquad (2-15)$$

式中,H_b 是水平面直接辐射日总量。

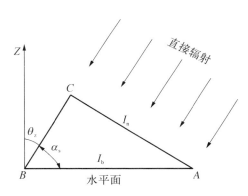

图 2.3　太阳直接辐射通量与
太阳高度角的关系

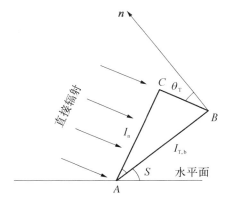

图 2.4　倾斜面上直接辐射通量与
入射角的关系

4) 倾斜面上的太阳直射辐射通量的计算

通常,太阳能收集器总是以某一倾斜角度朝向太阳的。因此,在太阳能应用中,必须确定倾斜面上的太阳辐射能量。

图 2.4 中,太阳光线垂直于表面 AC 入射,其辐射强度为 I_n,把它换算成倾斜面 AB 上的直接辐射通量 $I_{T,b}$。在 $\triangle ABC$ 中,显然有

$$I_{T,b}/I_n = AC/AB = \cos \theta_T$$

即
$$I_{T,b} = I_n \cos \theta_T \qquad (2-16)$$

式中,θ_T 是斜面 AB 上太阳光线的入射角。

根据相关公式的转化,可得:

$$I_{T,b} = I_n (\cos S \sin\varphi \sin\delta + \cos S \cos\varphi \cos\delta \cos\omega + \sin S \sin\gamma_n \cos\delta \sin\omega +$$
$$\sin S \sin\varphi \cos\delta \cos\omega \cos\gamma_n - \sin S \cos\gamma_n \sin\delta \cos\delta) \quad (2-17)$$

式中,S 是倾斜面与水平面的夹角;φ 是当地纬度;δ 是太阳赤纬;ω 是时角;γ_n 是斜面方位角。

式(2-17)是计算任何地区、各个季节和时间中斜面上太阳直接辐射通量与斜面的倾角和方位角关系的通用公式。

2.2.3 散射辐射

平板型集热器不但利用直接辐射,也能利用散射辐射。所谓散射辐射就是因地球大气以及云层的反射和散射作用改变了方向的太阳辐射。

晴天时,散射辐射的方向可以近似地认为与直接辐射相同。但是,当天空布满云层时,散射辐射对水平面的入射角当作 60°处理。

1) 水平面上的散射辐射[3]

晴天时,到达地表水平面的散射辐射通量主要取决于太阳高度和大气透明度,可以用下式表示:

$$I_d = C_1 (\sin\alpha_s)^{C_2} \quad (2-18)$$

式中,I_d 是散射辐射通量[cal/(cm^2·min)];α_s 是太阳高度角;C_1、C_2 是经验系数。

表 2.3 中给出分别由不同人测定的 C 值,虽然有些差别,用上式计算时影响不大。

表 2.3　系数 C_1、C_2 的值

透明度 P_2	西夫科夫		卡斯特罗夫		阿维尔基耶夫	
	C_1	C_2	C_1	C_2	C_1	C_2
0.650	0.271		0.281	0.55	0.275	
0.675	0.248		0.259	0.56	0.252	
0.700	0.225		0.236	0.56	0.229	
0.725	0.204	0.50	0.215	0.58	0.207	0.53
0.750	0.185		0.195	0.57	0.188	
0.775	0.165		0.175	0.58	0.168	
0.800	0.146		0.155	0.58	0.149	

根据柏拉治(Berlage)在晴天时观测的天空日射量,假定天空是灯辉度扩散的理论,得出水平面上的散射辐射:

$$I_d = \frac{1}{2} I_{SG} \frac{1 - P^{1/\sin\alpha_s}}{1 - 1.4\ln P} \sin\alpha_s \qquad (2-19)$$

纽(Liu)和佐顿(Jordan)从实验结果得出下列经验式：

$$I_d = I_{SG}(0.271\,0 - 0.291\,3P^{1/\sin\alpha_s}) \sin\alpha_s \qquad (2-20)$$

式中，α_s 是太阳高度角；P 是大气透明度。

云量会直接影响散射辐射量，科拉德尔(Kreider)提出如下公式计算散射辐射通量：

$$I_d = 0.78 + 1.07\alpha_s + 6.17C.C. \ \text{Btu/(ft}^2 \cdot \text{h)}^① \qquad (2-21)$$

式中，α_s 是太阳高度角；$C.C.$ 是天空云总量。晴天时 $C.C. = 0$；完全云遮时 $C.C. = 10$。

利用上式可以计算一天中各时间的散射辐射量，然后相加。还可以用月平均总云量代入上式，计算月平均的小时散射辐射量。需要指出，上式计算的散射辐射量偏差较大。

2) 倾斜面上的散射辐射

假定天空为各向同性的散射，利用角系数的互换性：

$$A_{sky}F_{sky\text{-}G} = A_G F_{G\text{-}sky} \qquad (2-22)$$

到达太阳能收集器斜面上单位面积的散射通量为

$$I_{T,d} = I_d A_{sky} F_{sky\text{-}G} = I_d F_{G\text{-}sky} \qquad (2-23)$$

式中，$I_{T,d}$ 是倾斜面上散射辐射通量；I_d 是水平面上散射辐射通量；A_{sky} 是半球天空面积；A_G 是倾斜面的面积，这里 $A_G = 1$；$F_{sky\text{-}G}$，$F_{G\text{-}sky}$ 是半球天空(倾斜面)与倾斜面(半球天空)A_G 间的辐射换热角系数。

如图 2.5 所示，集热器倾角为 S 的平面对天空的辐射换热角系数为

$$F_{G\text{-}sky} = \frac{1 + \cos S}{2} = \cos^2\left(\frac{S}{2}\right) \qquad (2-24)$$

将式(2-24)代入式(2-23)中得

$$I_{T,d} = I_d \frac{1 + \cos S}{2} = I_d \cos^2\left(\frac{S}{2}\right) \qquad (2-25)$$

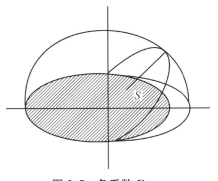

图 2.5　角系数 $F_{G\text{-}sky}$

---

① 1 Btu/(ft$^2 \cdot$ h) = 5.678 26 W/(m$^2 \cdot$ K)。

2.2.4 太阳的总辐射

太阳的总辐射是到达地表水平面的太阳直接辐射和散射辐射的总和,即

$$I = I_b + I_d \tag{2-26}$$

式中,I 是太阳总辐射量;I_b 是水平面上直接辐射通量;I_d 是水平面上散射辐射通量。

此外,太阳的总辐射还包括从地物反射来的间接辐射能,称为反射辐射能 I_r,这里不做详细讨论。

2.3 太阳能辐射量的测量

太阳能系统的设计及性能取决于太阳辐射或日光资源的数量和质量。太阳辐射由日盘透过大气所释放的光子组成,这些光子基本上是平行的(所谓的"直接"太阳辐射)。太阳辐射也包含由太阳大气散射的光子,这些光子形成了整个天穹的漫辐射。对这些太阳辐射组成部分的数量、亮度以及质量(即能量在不同波长射线中的分布)的测量是太阳能转换系统设计、性能测试、耐用性以及部署决定中的重要方面。

2.3.1 几种常用的太阳辐射仪

太阳辐射测量的内容主要包含两个方面,即太阳直射辐射和太阳总辐射。因此,太阳辐射测量仪器也就相应地根据测量内容分为两类,即直接辐射表和总辐射表。

1) 直接辐射表

直接辐射表分为绝对仪器和相对仪器两类。绝对直接辐射表作为标准仪器进行设计与制造,具有尽可能完善的设计思想和十分精准的制造工艺,与同类仪器相比,它具有最高的测量精度。但是其测量操作比较复杂,不适宜日常的测量工作,只做测量标准使用。绝对直接辐射表都存放在指定地点,对设置环境有较高要求。太阳能工程中通常使用的直接辐射表都是相对直接辐射表,通称直接辐射表[1]。太阳直接辐射表的一般结构如图 2.6 所示[4],使用时,打开设在圆筒顶端的快门,太阳辐射直接射入筒底经过发黑处理的感应面(热电堆)测出热电势,即可读出太阳辐照度。图 2.7 所示为 TBS-2-2 型直接辐射表。

2) 总辐射表

日射强度计也称总辐射表(见图 2.8),是太阳能辐射量测量的主要工具,主要用来测量天空总辐射量(包含直射和漫射),它是基于不同金属多重连接组成的热电堆,当热流在连接处流动时产生电信号。

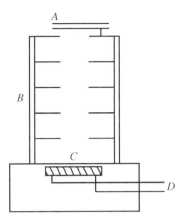

图 2.6　太阳直接辐射表的结构

A—快门；B—采光部光圈；
C—热电堆；D—输出端

图 2.7　TBS－2－2 型直接辐射表

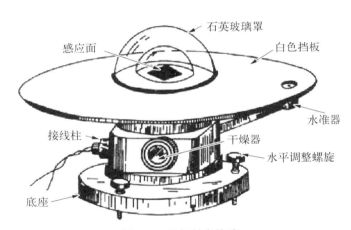

图 2.8　总辐射表构造

总辐射表从外观可以分为全黑和黑白两种，均由感应件、玻璃罩和附件组成。

（1）感应件由感应面与热电堆组成，涂黑感应面通常为圆形，也有方形。热电堆由康铜、康铜镀铜构成。黑白型感应面则由黑白相间的金属片构成，利用黑白片吸收率的不同，测定器下端产生热电堆温差电动势，然后转换成辐照度。该仪器的灵敏度为 $7\sim14\ \mu V/(W\cdot m^2)$。响应时间不大于 60 s（99％响应），年稳定性不大于 5％。

（2）全黑型的玻璃罩由半球形双层石英玻璃构成。它既能防风，又能透过波长 $0.29\sim3.05\ \mu m$ 范围的短波辐射，其透过率为常数且接近 0.9。双层罩的作用是防止外层层的红外辐射影响，减少测量误差。

（3）附件包括集热体、干燥器、白色挡板、底座、水准器和接线柱等。此外还有保护玻璃罩的金属盖（又称保护罩）。干燥器内装干燥剂（硅胶）与玻璃罩相通，可保持罩内空气干燥。白色挡板能够挡住太阳辐射对机体下部加热，又能防止仪器水平面以下的辐射对感应面的影响。底座上设有安装仪器用的固定螺孔及感应面水平的 3 个调节螺旋。

由于地表的太阳辐射具有极高的时空变率，用于观测太阳能资源的地点最好是将要开展太阳能利用的当地或与之足够接近的地方，以保证数据具有代表性。观测站点必须选择在感应元件的平面，且其上无任何障碍物的地方，同时也应是观测员易于到达的地方。如果达不到此条件，应选择避开障碍物一定距离，且任何障碍物的影子都不投在一起感应面的地方。不应靠近浅色墙面或其他易于反射光到达其上的物体，也不应暴露在人工辐射源之下。

2.3.2 日照时数测量

太阳中心从出现在某地的东方地平线到进入西方地平线，其直射光线在无地物、云、雾等任何遮蔽的条件下，照射到地面所经历的时间，称为"可照时数"。太阳在一个地方实际照射地面的时间，称为"日照时数"。日照时数以小时为单位，可用日照计测定。日照时数与可照时数之比为日照百分率，它可以衡量一个地区的光照条件。

测定日照时数的仪器有以下几种。

（1）暗筒式日照计：一个圆形暗筒上留有小孔，当阳光透过小孔射入筒内时，装在筒内涂有感光药剂的日照纸上便留下感光迹线，利用感光迹线可计算出日照时数。暗筒式日照计（见图 2.9）是气象台站常用的仪器。

（2）聚焦式日照计：利用太阳光经玻璃球折射聚焦，在日照纸上留下烧灼的焦痕，根据焦痕的总长度即可算出日照时数。

（3）光电日照计：根据 1981 年世界气象组织（WMO）第八届仪器和观测方法委员会建议，将太阳直接辐射强度 120 W/m² 作为日照阈值。使用阈值为 120 W/m² 的直接日射表作为日照基准仪器，当太阳直接辐射照射到受光元件时，受光元件输出与直接辐射相对应的脉冲电压，当脉冲电压幅度超过阈值电压时，输出一个时间脉冲，作为日照时数记录下来。

图 2.9 暗筒式日照计

2.4 太阳能资源分布特点

2.4.1 全球太阳能资源分布

根据国际太阳能热利用区域的分类,全世界太阳能辐射强度和日照时间最佳的区域包括北非、南非、中东地区、美国西南部和墨西哥、南欧、澳大利亚、南美洲东(西)海岸及中国西部地区等,图 2.10 为世界太阳能资源分布示意图。根据德国航空航天技术中心(DLR)的推荐,地区太阳能热发电技术及其经济潜能和技术潜能为:太阳年辐照量测量值大于 $6\,480\,\text{MJ/m}^2$,经济潜能基于太阳年辐照量测量值,大于 $7\,200\,\text{MJ/m}^2$[5]。

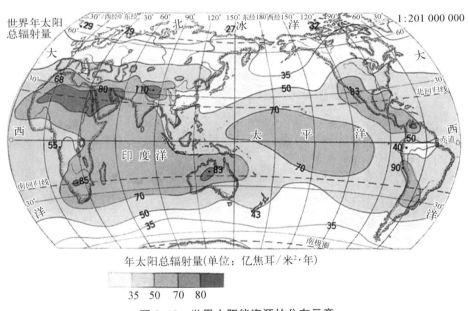

年太阳总辐射量(单位:亿焦耳/米²·年)

35 50 70 80

图 2.10 世界太阳能资源的分布示意

1) 北非地区是世界太阳能辐照最强烈的地区之一

摩洛哥、阿尔及利亚、突尼斯、利比亚和埃及的太阳能热发电潜能很大。阿尔及利亚的太阳年辐照总量为 $9\,720\,\text{MJ/m}^2$,技术开发量约每年 $169\,440\,\text{TW·h}$。摩洛哥的太阳年辐照总量为 $9\,360\,\text{MJ/m}^2$,技术开发量约每年 $20\,151\,\text{TW·h}$。埃及的太阳年辐照总量为 $10\,080\,\text{MJ/m}^2$,技术开发量约每年 $73\,656\,\text{TW·h}$。太阳年辐照总量大于 $8\,280\,\text{MJ/m}^2$ 的国家还有突尼斯、利比亚等国。阿尔及利亚沿海地区太阳年辐照总量为 $6\,120\,\text{MJ/m}^2$,其高地和撒哈拉地区太阳年辐照总量为 $6\,840\sim9\,540\,\text{MJ/m}^2$,

其 82% 的国土适合太阳能热发电站的建设。

2）南欧的平均太阳年辐照总量超过 7 200 MJ/m²

这些国家包括葡萄牙、西班牙、意大利、希腊和土耳其等。西班牙太阳年辐照总量为 8 100 MJ/m²，技术开发量约每年 1 646 TW·h。意大利太阳年辐照总量为 7 200 MJ/m²，技术开发量约每年 88 TW·h。希腊太阳年辐照总量为 6 840 MJ/m²，技术开发量约每年 44 TW·h。葡萄牙太阳年辐照总量为 7 560 MJ/m²，技术开发量约每年 436 TW·h。土耳其的技术开发量约每年 400 TW·h。西班牙的南方地区是最适合建设太阳能热发电站的地区之一，该国也是太阳能热发电技术水平最高、太阳能热发电站建设数量最多的国家之一。

3）中东几乎所有地区的太阳能辐射能量都非常高

以色列、约旦和沙特阿拉伯等国的太阳年辐照总量为 8 640 MJ/m²。阿联酋的太阳年辐照总量为 7 920 MJ/m²，技术开发量约每年 2 708 TW·h。以色列的太阳年辐照总量为 8 640 MJ/m²，技术开发量约每年 318 TW·h。伊朗的太阳年辐照总量为 7 920 MJ/m²，技术开发量约每年 20 PW·h。约旦的太阳年辐照总量约 9 720 MJ/m²，技术开发量约每年 6 434 TW·h。以色列的总陆地区域 20 330 km²，Negev 沙漠覆盖了以色列全国土地的一半，也是太阳能利用的最佳地区之一，以色列的太阳能热利用技术处于世界最高水平之列。我国第一座 70 kW 太阳能塔式热发电站就是利用以色列技术建设的。

4）美国是太阳能资源最丰富的地区之一

根据 1961—1990 年美国 239 个观测站的统计数据，全美一类地区太阳年辐照总量为 9 198～10 512 MJ/m²，一类地区包括亚利桑那州和新墨西哥州的全部，加利福尼亚、内华达、犹他、科罗拉多和得克萨斯州的南部，占美国总面积的 9.36%。二类地区太阳年辐照总量为 7 884～9 198 MJ/m²，除了包括一类地区所列州的其余部分外，还包括犹他、怀俄明、堪萨斯、俄克拉荷马、佛罗里达、佐治亚和南卡罗来纳州等，占美国总面积的 35.67%。三类地区太阳年辐照总量为 6 570～7 884 MJ/m²，包括美国北部和东部的大部分地区，占美国总面积的 41.81%。四类地区太阳年辐照总量为 5 256～6 570 MJ/m²，包括阿拉斯加州大部分地区，占美国总面积的 9.94%。五类地区太阳年辐照总量为 3 942～5 256 MJ/m²，仅包括阿拉斯加州最北端的小部分地区，占美国总面积的 3.22%。美国的外岛如夏威夷等均属于二类地区。美国的西南部地区全年平均温度较高，有一定的水源，冬季没有严寒，虽属丘陵山地区，但地势平坦的区域很多，只要避开大风地区，也是非常好的太阳能热发电地区。

5）澳大利亚的太阳能资源也很丰富

澳大利亚全国一类地区太阳年辐照总量为 7 621～8 672 MJ/m²，主要在澳大利亚北部地区,占其总面积的 54.18%。二类地区太阳年辐照总量为 6 570～7 621 MJ/m²,包括澳大利亚中部,占其全国面积的 35.44%。三类地区太阳年辐照总量为 5 389～6 570 MJ/m²,在澳大利亚南部地区,占其全国面积的 7.9%。太阳年辐照总量低于 6 570 MJ/m² 的四类地区仅占澳大利亚全国面积的 2.48%。澳大利亚中部的广大地区人烟稀少、土地荒漠,适合大规模的太阳能开发利用,最近澳大利亚国内也提出了大规模太阳能开发利用的投资计划,以增加可再生能源的利用率。

2.4.2　中国太阳能资源分布

我国幅员辽阔,位于北纬 18°～45° 之间,接近三分之二的区域年平均日照射时间超过 2 000 小时,拥有十分丰富的太阳能资源,但各个地区的太阳总辐射量相差很大,图 2.11 所示是我国四个太阳辐射资源带分布情况。据估算,我国陆地表面每年接收的太阳辐射能约为 $5×10^{19}$ kJ,全国各地太阳年辐射总量达 3 350～8 370 MJ/m²·a,中值为 5 860 MJ/m²·a。且 5 860 MJ/m²·a 的等值线在地形图上的分布呈一明显的分界线,将全国从东北向西南(由大兴安岭西麓向西南至云南和西藏的交界处)分为两大部分。西北部分太阳辐射量多高于 5 860 MJ/m²·a。而东南部分的太阳辐射量多低于此值。从全国太阳年辐射总量的分布来看,西藏、青海、新疆、内蒙古南部、山西、陕西北部、河北、山东、辽宁、吉林西部、云南中部和西南部、广东东南部、福建东南部、海南岛东部和西部以及台湾地区的西南部等广大地区的太阳辐射总量很大。尤其是青藏高原地区辐射量最大,其平均海拔高度 4 000 m以上,大气层薄而清洁、透明度好、纬度低、日照时间长,与同纬度的其他国家相比,其辐射量与美国相近,比欧洲、日本优越得多。例如被称为"日光城"的拉萨市[4],1961 年至 1970 年的统计平均值显示,其年平均日照时间为 3 005.7 h,相对日照为 68%,年平均晴天为 108.5 d(天),阴天为 98.8 d(天),年平均云量为 4.8,太阳总辐射为 816 kJ/cm²·a,比全国其他省区和同纬度的地区都高。全国以四川和贵州两省的太阳年辐射总量最小,其中四川盆地的辐射量最小,那里雨多、雾多、晴天较少。例如素有"雾都"之称的成都市,年平均日照时数仅为 1 152.2 h,相对日照为 26%,年平均晴天为 24.7 d,阴天达 244.6 d,年平均云量高达 8.4[6]。其他省市地区的太阳年辐射总量居中。

根据国家气象局风能太阳能评估中心的划分标准,我国太阳能资源地区分为以下四类。

一类地区(资源丰富区):全年辐射量为 6 700～8 370 MJ/m²。相当于 230 kg标准煤燃烧所释放的热量。主要地区包括青藏高原、甘肃北部、宁夏北部、新疆南部、河北西北部、山西北部、内蒙古南部、宁夏南部、甘肃中部、青海东部、西藏东南部等地。

二类地区(资源较丰富区)：全年辐射量为 5 400～6 700 MJ/m²,相当于 180～230 kg 标准煤燃烧所释放的热量。主要地区包括山东、河南、河北东南部、山西南部、新疆北部、吉林、辽宁、云南、陕西北部、甘肃东南部、广东南部、福建南部、江苏中北部和安徽北部等地。

三类地区(资源可利用区)：全年辐射量为 4 200～5 400 MJ/m²。相当于 140～180 kg 标准煤燃烧所释放的热量。主要地区是长江中下游、福建、浙江和广东的一部分地区,这些地区春夏多阴雨,秋冬季太阳能资源较好。

四类地区(资源欠缺区)：全年辐射量在 4 200 MJ/m² 以下。主要包括四川、贵州两省。此区域是我国太阳能资源最少的地区。

一、二类地区,年日照时数不小于 2 200 h,是我国太阳能资源丰富或较丰富的地区,面积较大,约占全国总面积 2/3 以上,具有利用太阳能的良好资源条件。

我国太阳辐射资源比较丰富,而太阳辐射资源受气候、地理等环境条件的影响,因此其分布具有明显的地域性。我国太阳能资源分布的主要特点有：太阳能的高值中心和低值中心都处在北纬 22°～35°这一带,青藏高原是高值中心,四川盆地是低值中心；太阳年辐射总量,西部地区高于东部地区,而且除西藏和新疆两个自治区外,基本上是南部低于北部；由于南方多数地区云雾雨较多,在北纬 30°～40°地区,太阳能的分布情况与一般的太阳能分布随纬度而变化的规律(太阳能分布随着纬度的增加而减少)相反,其随着纬度的增加而增长。

2.5 习题

请根据本章太阳辐射相关知识,计算上海地区夏至(6 月 22 日)中午 12 点,与地面倾角 30°条件下,倾斜面上的太阳辐射。

参 考 文 献

[1] 刘鉴民.太阳能利用原理·技术·工程[M].北京：电子工业出版社,2010：1-34.
[2] 项立成,赵玉文,罗运俊.太阳能的热利用[M].北京：宇航出版社,1990：1-5.
[3] 岑幻霞.太阳能热利用[M].北京：清华大学出版社,1997：1-15.
[4] 谢建,李永泉.太阳能热利用工程技术[M].北京：化学工业出版社,2011：1-14.
[5] 黄湘.国际太阳能资源及太阳能热发电趋势[J].华电技术,2009,31(12)：1-5.
[6] 高援朝,沙永玲,王建新.太阳能热利用技术与施工[M].北京：人民邮电出版社,2010：1-31.

第3章 太阳能集热器

在太阳能热利用过程中,关键是将太阳的辐射能转换为热能,太阳能集热器就是把太阳辐射能转换为热能的主要部件。由于用途不同,集热器及其匹配的系统类型分为许多种,名称也各不相同,如用于炊事的太阳灶、用于产生热水的太阳能热水器、用于干燥物品的太阳能干燥器、用于熔炼金属的太阳能熔炉,以及太阳房、太阳能热电站、太阳能海水淡化器等。

3.1 太阳能集热器工作原理

太阳能集热器的定义为吸收太阳辐射并将产生的热能传递到传热介质的装置。其包含四个含义:① 太阳能集热器是一种装置;② 太阳能集热器可以吸收太阳辐射;③ 太阳能集热器可以产生热能;④ 太阳能集热器可以将热能传递到传热介质。

太阳能集热器的工作原理:通过非聚光或者聚光的手段,使得太阳辐射投射到涂有吸收涂层的吸热面,从而将太阳辐射能转化为热能,然后通过流动的工质将热能带走并加以利用。

太阳能集热器虽然不是直接面向消费者的终端产品,但是它是组成各种太阳能热利用系统的关键部件。无论是太阳能热水器、太阳灶、太阳房还是太阳能工业加热、太阳能热发电等都离不开太阳能集热器。太阳能集热器是上述太阳能热利用系统的动力或者核心部件[1]。

3.2 太阳能集热器分类

随着太阳能热利用技术的不断发展,太阳能集热器的种类越来越多样化。太阳能集热器可以用多种方法进行分类,例如:按传热工质的类型,按进入采光口的太阳辐射是否改变方向,按是否跟踪太阳,按是否有真空空间,按工作温度范围等。

(1)根据进入采光口的太阳能辐射是否改变方向,太阳能集热器可分为两大类。

① 聚光型集热器:聚光型集热器是利用反射器、透镜或其他光学器件将进入采光口的太阳辐射改变方向,并会聚到吸热体上的太阳能集热器。

② 非聚光型集热器:非聚光型集热器是进入采光口的太阳辐射不改变方向,也不集中照射到吸热体的太阳能集热器。

(2)根据集热器的传热工质类型,太阳能集热器可分为两大类。

① 液体型集热器:液体集热器是用液体作为传热工质的太阳能集热器。

② 空气型集热器:空气集热器是用空气作为传热工质的太阳能集热器。

(3)根据集热器是否跟踪太阳,太阳能集热器可以分为两大类。

① 跟踪集热器:跟踪集热器是以绕单轴或双轴旋转方式全天跟踪太阳运动的太阳能集热器。

② 非跟踪集热器:非跟踪集热器是全天都不跟踪太阳运动的太阳能集热器。

(4)根据集热器内是否有真空空间,太阳能集热器可分为两大类。

① 平板型集热器:平板型集热器是吸热体表面基本为平板形状的非聚光型集热器。

② 真空管集热器:真空管集热器是采用透明管(通常为玻璃管),并在管壁和吸热体之间有真空空间的太阳能集热器。吸热体可以由一个内玻璃管组成,也可以由另一种用于转移热能的元件组成。

(5)根据集热器的工作温度范围分类。

① 高温集热器:工作温度在250℃以上的太阳能集热器。

② 中温集热器:工作温度在80~250℃的太阳能集热器。

③ 低温集热器:工作温度低于80℃的太阳能集热器。

上述分类的各种太阳能集热器实际上是相互交叉的。譬如:某一台液体集热器,可以是平板型集热器,同时也属于非聚光型集热器和非跟踪集热器,同时还是低温集热器;另一台液体集热器,可以是真空管集热器,又是聚光型集热器,属于非跟踪集热器,是中温集热器。

按照上述方法分类的各种太阳能集热器还可以进一步细分,而且细分又有不同的分类方法。例如,聚光型集热器可以用下面几种方法进行分类。

(1)按聚光是否成像。

① 成像集热器:是使太阳辐射聚焦,即在接收器上形成焦点(焦斑)或焦线(焦带)的聚光型集热器。

② 非成像集热器:是使太阳辐射会聚到一个较小的接收器上而不使太阳辐射聚焦,即在接收器上不形成焦点(焦斑)或焦线(焦带)的聚光型集热器。

(2)按聚焦的形式。

① 线聚焦集热器:是使太阳辐射会聚到一个平面上并形成一条焦线(或焦带)

的聚光型集热器。

② 点聚焦集热器：是使太阳辐射基本会聚到一个焦点（或焦斑）的聚光型集热器。

（3）按反射器的类型。

① 槽形抛物面集热器：又称为抛物槽集热器，它是通过一个具有抛物线横截面的槽形反射器来聚集太阳辐射的线聚焦集热器。

② 旋转抛物面集热器：又称为抛物盘集热器，它是通过一个由抛物线旋转而成的盘形反射器来聚集太阳辐射的点聚焦集热器。

（4）其他聚光型集热器。

① 复合抛物面集热器：又称 CPC 集热器，它是利用若干块抛物面镜组成的反射器来会聚太阳辐射的非成像集热器。

② 多反射平面集热器：多反射平面集热器是利用许多平面反射镜片将太阳辐射会聚到一小面积上或细长带上的聚光型集热器。

③ 菲涅尔式集热器：是利用菲涅尔透镜（或反射镜）将太阳辐射聚焦到接收器上的聚光型集热器。

本章按照集热器是否跟踪太阳，将太阳能集热器分为非跟踪式和跟踪式太阳能集热器，在接下来的章节中将进行具体的阐述。

3.3　非跟踪式太阳能集热器

非跟踪式太阳能集热器是指集热器按照一定的倾角和方位角固定放置，不随太阳位置变化而发生改变的太阳能集热器，其可以收集来自各个方向的太阳辐照。常见的非跟踪式太阳能集热器有平板集热器、真空管集热器、复合抛物面集热器。接下来，将分别对这三种集热器进行详细介绍。

3.3.1　平板型集热器

平板型集热器作为一种非聚光集热器是当今世界应用最广泛的太阳能集热器产品。具有采光面积大、结构简单、不需要跟踪、工作可靠、成本较低（可同时接收直射辐射和散射辐射）、运行安全、免维护、使用寿命长的特点，因此成为太阳能低温热利用系统中的关键部件。

目前，平板型太阳能集热器广泛应用于生活水加热、游泳池加热、工业用水加热、建筑物采暖与空调等诸多领域。在太阳能热水产品中，平板型集热器的性价比最高。国内已经有好多处利用太阳能集热器结合热泵进行采暖、空调和制冷的示范工程，经济效益十分明显。此外，平板型太阳能集热器还可以用于地下工程除湿、提供工业用热水(锅炉补水的预热、食品加工业、制革、缫丝、印染、胶卷冲洗等)或者为各种养殖业、种植业提供低温热水。

平板型太阳能集热器通过将太阳辐射能转换为集热器内工质(液体或者空气)的热能,来实现太阳能到热能的转换。所谓"平板型",是指集热器吸收太阳辐射能的面积与其采光面积相等。

1)平板型集热器的结构

如图3.1所示,平板型集热器主要部件包括吸热部件(包括吸收表面和载热介质流道)、透明盖板、隔热保温材料和外壳等部分。太阳辐射透过透明面盖透射在吸收表面上,光能转换为热能,以热量的形式传递给吸热板内的传热工质,使传热工质温度升高;同时,温度升高的吸热板不可避免地以传导、对流和辐射等方式向四周散热,形成集热器热量损失[2]。由于平板型结构不具备聚焦太阳光的功能,其工作温度一般限于100℃以下。

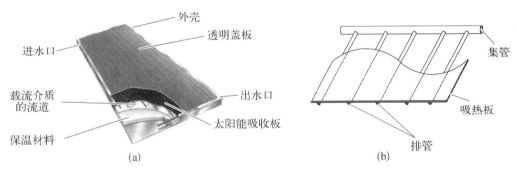

图 3.1　平板型集热器结构示意图

(a) 整体结构;(b) 吸热板结构

2)平板型集热器的主要部件

(1)吸热部件。

① 技术要求:太阳能吸收比高,吸收表面能够最大限度地吸收太阳能。热传递性能好,吸热板能够最大限度地传递热量给吸热工质。吸热板与工质的相容性好,能够不被传热工质腐蚀。对于承压性能的要求,由于集热系统温度升高而要求吸热板具有较高的耐压性能。要求吸热部件加工工艺简单,便于批量生产和推广。

② 材料类型:吸热部件一般采用铜、铝合金、铜铝复合材料、不锈钢以及镀锌钢等,同时考虑载热介质流道与流体工质的相容性,吸热体多采用金属材料,几种主要吸热材料的物理性能如表3.1所示。吸热部件的背面和侧面材料一般采用发泡塑料、橡胶等保温材料。

表 3.1 吸热体材料的物理性能(常温)

材 料	物 理 性 质					
	相对密度	线膨胀系数/(×10⁶)20～200℃	热导率/[J/(cm·s·K)]	比热容/[J/(kg·K)]	熔点/℃	纵弹性系数/(kg/mm²)
纯铜	8.9	17.7	0.81	0.376 8	1 065～1 083	12 000～12 500
铝(99.0%)	2.7	23.6	0.52	0.921 1	616～652	7 000
软钢	7.8	11.7	0.12	0.418 7	1 470～1 490	21 150
SUS 304	7.9	17.3	0.039	0.502 4	1 427～1 510	19 700

③ 结构形式:吸热部件的结构形式按照吸热面板和载热介质流道之间的结合方式不同,可以分为管板式、翼管式、扁盒式、蛇管式和涓流式(见表3.2)。

表 3.2 平板型集热器常见的结构形式

结构形式	结构特点	成型方式	主要材料及特点	图 例
管板式	排管与平板连接构成吸热条带	捆扎、铆接、胶粘、锡焊等热碾压吹胀,高频焊接,超声焊接等	铜铝复合太阳条/全铜吸热板	
翼管式	金属管两侧连有翼片的吸热条带	铝合金模型整体积压拉伸工艺	管壁翼片有较大厚度,动态性差,吸热板有较大热容	
扁盒式	吸热表面本身是压合成载热流体通道	两块金属板模压成型,焊接一体	不锈钢,铝合金,镀锌钢	
蛇管式	形如管板式结构		铜焊接工艺,高频焊或超声焊接	
涓流式	液体传热工质不封闭,在吸热表面流下,用于太阳蒸馏			

(2) 表面涂层。通常的温度下,一般说来,金属对光的吸收能力低于非金属,因为金属的反射率高于非金属。为了降低金属表面的反射率,提高吸收率,

需要在金属吸热体表面涂上一层黑色涂层。这种涂层称为吸热体的表面涂层。有了这层涂层，可以使金属的光吸收率提高到90%以上，从而改善集热器的吸热效果。

吸热体的表面涂层有选择性和非选择性两种。所谓选择性涂层是一种对光的短波辐射[$(0.3\sim3)\times10^{-6}$ m]具有高吸收率（>0.90），而对光的长波辐射（>3×10^{-6} m）则具有低发射率（≤0.3）的涂层。也就是说，选择性涂层吸收几乎全部太阳辐射，而发射出的能量却非常少。非选择性涂层是一种表面呈黑色的吸光涂层，它对光不具备选择性，即吸收的能量多，发射的能量也多。例如黑板漆，它虽然具有高吸收率（>0.90），但发射率也很高，通常在0.50～0.90之间。

高温太阳能集热器一般选用选择性表面涂料。低温太阳能集热器为了降低成本，通常选用非选择性涂料，例如，用黑板漆或沥青漆加1%炭黑（农村地区也可用锅底烟灰代替炭黑）制备。

（3）透明盖板。透明盖板是让太阳辐射透过，抑制吸热体表面反射损失和对流损失，形成温室效应的主要部件。透明盖板还具有防止灰尘、雨雪损坏吸热体的作用。常用的透明盖板有普通平板玻璃、钢化玻璃、玻璃钢或者透明的纤维板。

对透明盖板的技术要求有以下三点。

① 透过率高：一般透过率应在80%以上。

② 耐候性好：透明盖板在空气中经受紫外线、雨雪、冰雹和空气中有害气体和液体的作用会逐渐老化，使透过率下降。耐候性好的透明盖板可以延缓老化。

③ 强度和刚性好：盖板应能承受冰雹和石子的撞击，不易破碎。

常用的两类透明盖板的性能如下。

① 平板玻璃：红外透射比低、热导率小、耐热性能好。Fe_2O_3含量越高，波长2 m以内的单色透射比下降越严重。国标规定，透明盖板的透射比应不低于0.78（Fe_2O_3含量小于0.1%）。

② 玻璃钢板：透射比高（一般在0.88以上）、热导率小、冲击强度高。

集热器温度高，故气温低的地区宜使用双层盖板。但层数过多，会降低有效太阳透射比。盖板与吸热板之间的距离，根据自然对流换热的机理，最佳间距应不大于20 mm。

（4）隔热体。隔热体又称保温层，它的作用是抑制吸热板通过热传导向周围环境散热，减少吸热体底部和四周的热损失。作为隔热体的材料应具有热导率小、吸水性小、耐高温、不分解、便于安装、价格低廉等特点，常用隔热体的保温材料及其特性如表3.3所示。

表 3.3　隔热体的保温材料及其特性

名　　称	导热系数/[J/(cm·s·K)]	容量/(kg/m³)	备　注
岩棉	<0.167 5	100～120	
矿渣棉	<0.167 5	100～150	
普通玻璃棉	<0.188 4	80～100	
膨胀蛭石	0.188 4～0.251 2	80～150	
珍珠岩泥板	0.293 1～0.460 5	250～350	
稻草	0.460 5	300	易腐烂
锯末	0.376 8	300	易腐烂
聚苯乙烯发泡塑料	<0.167 5	20～30	耐温 70℃

对隔热体的要求：热导率小、不易变形和挥发、不产生有害气体。隔热体常采用材料包括岩面、矿棉、聚氨酯和聚苯乙烯等。国标规定隔热体的热导率小于 0.055 W/(m·K)。集热器底部的隔热体厚度一般为 30～50 mm，侧面隔热层与之大致相同。

（5）外壳。集热器的外壳是使热水器形成温室效应的围护部件。它的作用是将吸热体部件、透明盖板、隔热体组成一个有机整体，并具有一定的刚度和强度。集热器外壳一般采用钢材、铝材、塑料等制成。自制集热器的外壳也可以采用木材、砖石、泥沙等砌筑。

集热器的外壳应平整美观、无扭曲、无变形。为确保集热器的使用寿命，壳体表面需进行喷涂处理。外壳漆层要求薄而均匀、无污垢、无划痕，且具有较强的附着力、抗老化性和耐候、耐湿热、耐盐碱性。

3.3.2　真空管集热器

真空管太阳能集热器是在平板型太阳能集热器基础上发展起来的新型太阳能集热装置。根据太阳能集热器瞬时效率的分析，在平板型太阳能集热器的吸热板与透明盖层之间的空气夹层中，空气对流的热损失是平板型集热器的主要热损失，减少这部分热损失的最有效措施是将集热器的集热板与盖层之间抽成真空。这样操作是十分困难的，因为集热板和盖板间抽成真空后，1 m² 的盖板要承受 1 t 的压力。为此人们研制了内管与外管间抽真空的全玻璃真空管，大大地减少集热器的对流、辐射和热传导造成的热损失。将多根真空管用联箱连接起来，就构成了真空管集热器。

真空管是构成这种集热器的核心部件，它主要由内部的吸热体和外层的玻璃管组成。吸热体表面通过各种方式沉积有光谱选择性吸收涂层。吸热体与玻璃管之间的夹层保持高真空度，可有效地抑制真空管内空气的传导和对流热损失；而且由于选择性吸收涂层具有低的红外发射率,可明显地降低吸热板的辐射热损失。这些都使真空管集热器可以最大限度地利用太阳能,即使在高工作温度和低环境温度的条件下仍具有优良的热性能。

按吸热体的材料分类,真空管太阳能集热器有玻璃吸热体真空管(或称全玻璃真空管)集热器和金属吸热体真空管(或称玻璃-金属真空管)集热器两大类。

3.3.2.1 全玻璃真空管集热器

1)全玻璃真空管集热器的基本结构

全玻璃真空管集热器的结构包括内/外玻璃管、选择性吸收涂层、弹簧支架、消气剂等,其外形像细长的暖水瓶胆,如图 3.2 所示。其一端开口,将内玻璃管和外玻璃管的一端管口进行环状熔封;另一端密封成半球形的圆头,内玻璃管采用弹簧支架支撑,且可以自由伸缩,以缓冲热胀冷缩引起的应力;内外玻璃管的夹层抽成高真空。内玻璃管的外表面涂有选择性吸收涂层。弹簧支架上装有消气剂,它在蒸散以后用于吸收真空集热管运行时产生的气体,保持管内高真空度。

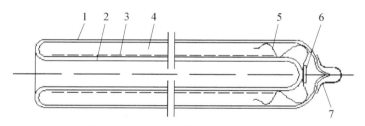

图 3.2 全玻璃真空管集热器的结构

1—外玻璃管;2—内玻璃管;3—选择性吸收涂层;4—真空
5—弹簧支架;6—消气剂;7—保护帽

(1)玻璃:硼硅玻璃是制造内外玻璃管的主要材料,其热胀系数为 $3.3 \times 10^{-6}/℃$,玻璃中 Fe_2O_3 含量在 0.1% 以下,耐热温度高于 $200℃$,机械强度高。

(2)真空度:玻璃管内真空度是保证产品质量和使用寿命的重要指标。真空管中的钡-钛消气剂,沉积在抽真空的外玻璃管表面,看上去像镜面一样,能够在集热管运行时吸收集热管内释放的气体。一旦银色镜面消失,说明真空集热管的真空度已受破坏。

(3)选择性吸收涂层:选择性吸收涂层具有较高的太阳能吸收率、低的发射率,可极大限度地吸收太阳辐射能,抑制吸收体的辐射热损失。此外,其还具有良好的真空性能、耐热性能、光学性能。

采用真空磁控溅射工艺,可以将铝-氮/铝或不锈钢-碳/铝选择性吸收涂层镀在玻璃管外表面上,使真空套管的玻璃内管可以有效地吸收太阳能,由于高真空的缘故,玻璃内管的热损很小。

2）全玻璃真空管的技术要求

对全玻璃真空管集热器的主要技术要求如下：

（1）玻璃材料应采用硼硅 3.3。太阳透射比 $\tau \geqslant 0.89$；

（2）选择性吸收涂层太阳吸收比 $\alpha \geqslant 0.86$，半球发射率 $\varepsilon_h \leqslant 0.09$；

（3）空晒性能参数 $Y \geqslant 175~m^2 \cdot ℃/kW$（当太阳辐照度 $I \geqslant 800~W/m^2$，环境温度 t_a 为 8～30℃时）；

（4）闷晒太阳曝辐量 $H \leqslant 3.8~MJ/m^2$（当太阳辐照度 $I \geqslant 800~W/m^2$，环境温度 t_a 为 8～30℃时）；

（5）平均热损系数 $U_{LT} \leqslant 0.90~W/(m^2 \cdot ℃)$；

（6）真空夹层的压强 $p \leqslant 5 \times 10^{-2}~Pa$；

（7）耐热冲击性能，承受 25℃ 以下冷水或 90℃ 以上热水交替反复冲击 3 遍无损坏；

（8）耐压性能，可以承受 0.6 MPa 的压力；

（9）抗冰雹性能，可抗击径向直径不大于 25 mm 的冰雹袭击。

国家标准规定了玻璃管外形尺寸：外玻璃管直径 47 mm、内玻璃管直径为 37 mm 与内管长度为 1 200 mm 和外管长度 1 500 mm 两种规格。目前市场上也出现了外径 58 mm、70 mm、90 mm 等规格，因此国家标准也考虑对此做适当的调整。

3.3.2.2　金属吸热体真空管集热器

金属吸热体真空管有多种不同的形式，但无论哪种形式，由于吸热体采用金属材料，而且真空管之间也都用金属件连接，所以用这些真空管组成的集热器具有以下共同的优点：

（1）工作温度高。最高运行温度超过 100℃，有的形式甚至可高达 300～400℃，使之成为太阳能中、高温利用必不可少的集热部件。

（2）承压能力强。真空管及其系统能承受来自水或者循环泵的压力，多数集热器还可以用于产生 10^6 kPa 以上的热水甚至高压蒸汽。

（3）耐热冲击性能好。即使用户偶然误操作，对空晒的集热器系统立即注入冷水，真空管也不会因此而炸裂。

由于金属吸热体真空管具有其他真空管无可比拟的诸多优点，世界各国的科学家竞相研制出各种形式的真空管，以满足不同场合的需求，因而扩大了太阳能的应用范围，成为真空管集热器发展的重要方向。

3.3.2.3　热管式真空管集热器

热管式真空管集热器是金属吸热体真空管集热器的一种。其热管式真空管主要由热管、吸热板、玻璃管等部分组成，如图 3.3 所示。

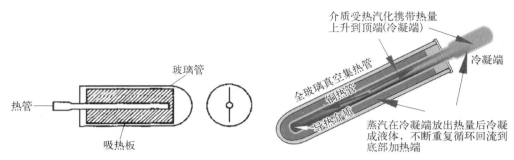

图 3.3　热管式真空管

太阳光穿过玻璃管透射在吸热板上，吸热板吸收太阳辐射能并将其转换为热能，加热热管内的工质，使其汽化并将热量传送到热管的顶端，加热导热介质（通常是水），同时使工质凝结，流回热管的下端（加热端），如此不断循环。安装时，真空管与地面应有 10°以上的倾角。热管式真空管除了具有工作温度高、承压能力大和耐热冲击性能好等金属吸热体真空管共同的优点外，还有其显著的特点：

（1）耐冰冻。热管由特殊的材料和工艺保证，即使在冬季长时间无晴天及夜间的严寒条件下，真空管也不会冻裂。

（2）启动快。热管的热容量很小，受热后立即启动，在瞬变的太阳辐射条件下能提高集热器的输出能量，而且在多云间晴的低日照天气也能将水加热。

（3）保温好。热管具有单向传热的特点，即白天由太阳能转换的热量可沿热管向上传输去加热水，而夜间被加热水的热量不会沿热管向下散发到周围环境。这一特性称为热管的"热二极管效应"。

国外有代表性的热管式真空管是荷兰 Philips 公司和英国 Thermomax 公司生产的产品。这两种真空管的直径均为 65 mm，玻璃-金属封接采用火封技术，选择性吸收涂层都采用化学电镀工艺。北京桑达公司生产的热管式真空管是北京太阳能研究所的科研成果，直径为 100 mm，长度为 2 m，采用玻璃-金属热压封技术和磁控溅射选择性吸收涂层。为提高真空管的全天得热量，桑达公司新近还研制出一种弯曲吸热板的热管式真空管。

3.3.2.4　U 形管式真空管集热器

国外有文献将同心套管式真空管和 U 形管式真空管统称为直流式真空管，因为两者的工作原理完全一样，只是前者的冷、热水从内、外管进出，而后者的冷、热水从两根平行管进出（见图 3.4）。

采用这种真空管的集热器的主要特点除了热效率高、可水平安装之外，其真空管与集管之间的连接要比同心套管式简单。

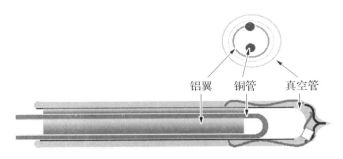

图 3.4　U 型管式真空管

美国 Corning 公司及日本 NEG 公司、Hitachi 公司都生产 U 形管式真空管集热器,虽然产品的几何尺寸和所用材料各有不同,但基本结构大同小异。我国也有很多厂商生产此类产品。

3.3.2.5　贮热式真空管集热器

贮热式真空管主要由吸热管、玻璃管和内插管等部件组成,集热器的结构如图 3.5 所示。

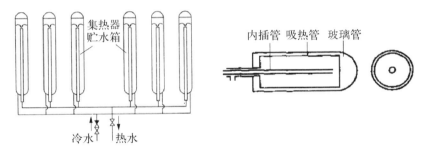

图 3.5　贮热式真空管集热器的结构

吸热管内贮存水,外表面有选择性吸收涂层。白天,太阳辐射能被吸热管转换成热能后,直接用于加热管内的水;使用时,冷水通过内插管渐渐注入,并将热水从吸热管顶出。夜间,由于有真空隔热,吸热管内的热水温降很慢。贮热式真空管组成的集热系统有以下特点:

(1) 不需要贮水箱。真空管本身既是集热器又是贮水箱,因而贮热式真空管组成的热水器也称为真空闷晒式热水器,不需要附加的贮水箱。

(2) 使用方便。打开自来水龙头后,热水可立即放出,所以特别适合于家用热水器。

3.3.2.6　直通式真空管集热器

这种集热器的真空管主要由吸热管和玻璃管两部分组成(见图 3.6)。吸热管表面有高温选择性吸收涂层。传热介质由吸热管的一端流入,经太阳辐射能加热后,从另一端流出,故称为直通式。这种真空管外部用玻璃管道保持真空,内部为

金属管道,因此必须借助于波纹管过渡,以补偿金属吸热管的热胀冷缩。直通式真空管集热器的主要特点:

(1)运行温度高。可将真空管与聚光反射镜结合,组成聚焦型太阳能集热器,能达到很高的运行温度(300~400℃)。

(2)易于组装。由于传热介质从两端分别进出,因而便于真空管串联连接。

这种以金属管为吸热管的直通式真空管广泛用于槽式、菲涅尔式太阳能热发电、热化学过程,以及太阳能中温工业用热能系统等。

图 3.6 直通式真空管

3.3.2.7 内聚光式真空管集热器

这种集热器的真空管本身就是一种低聚光的聚焦型集热器,不过聚光反射镜是在真空管里面,故称为内聚光式真空管。国外有的文献称其为复合镜式真空管,它主要由复合抛物柱面反射镜、吸热管和玻璃管等部分组成(见图 3.7)。吸热体通常是热管,也可以是同心套管,表面有高温选择性吸收涂层。平行的太阳光无论从什么方向穿过玻璃管,都被复合抛物柱面镜反射到位于焦线处的吸热体上,然后按热管式真空管或同心套管式真空管的工作原理运行。内聚光式真空管集热器的主要特点:

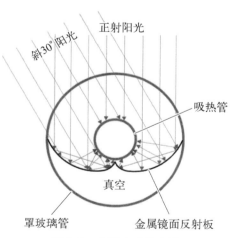

图 3.7 内聚光式真空管

(1)运行温度较高。复合抛物柱面镜的聚光比一般为 3.5,运行温度可达 150℃以上。

(2)不需要跟踪系统。这是由复合抛物柱面镜的光学特征所决定的,因而避免了复杂的自动跟踪系统。

3.3.3 空气集热器

虽然太阳能热水器是目前太阳能利用中技术最成熟和应用最广泛的一种装置。但考虑到空气是一种比水更容易得到的传热介质,因此太阳能空气加热器也备受关注。太阳能空气集热器也称为太阳能空气加热器,是利用太阳能加热空气的装置。与热水器相比,太阳能空气集热器有如下主要优点:

(1) 不存在冬季的结冰问题。

(2) 微小的漏损不会严重影响空气加热器的工作和性能。

(3) 加热器承受的压力很小,可以利用较薄的金属板制造。

(4) 不必考虑材料的防腐问题。

(5) 经过加热的空气可以直接用于干燥或者房间取暖,无需增加中间热交换器。

当然空气集热器自身也有不足之处。首先,因为空气的导热系数很小,因此其对流换热系数远远小于水的对流换热系数。所以在相同的条件下,空气集热器的效率要比普通平板型集热器的效率低。其次,与水相比,空气的密度小,在同样加热量的情况下,为使空气能在加热系统中流动,需要消耗较大的送风功率。另外,空气的热容量很小,为了贮存热能,需要使用石块或鹅卵石等贮热堆,而以水为传热介质时,它可同时兼作热容量大的贮热介质。本质上,太阳能空气加热器和太阳能热水器十分相似:都是利用经太阳辐射照射的吸热板来加热空气或水,但是由于空气和水的物理性质差别很大,故两种集热器的设计有所不同。

太阳能空气集热器式样很多,但从收集太阳能加热流体介质的热过程来说,和前文讲述的平板型集热器完全一样。太阳能空气集热器的总体结构与平板型集热器类似,也可分为四部分,即集热板、透明盖板、隔热层和外壳。透明盖板、隔热层和外壳的具体设计与要求,都和前面介绍的普通平板型集热器一样。但集热板部分则由于使用的工作介质不同,结构出现很大的差异。

太阳能空气集热器根据集热板结构的不同,主要分为两大类:无孔集热板型和多孔集热板型。

1) 无孔集热板型空气集热器

无孔集热板是指在空气集热器中,空气流不能穿过集热板,而是在集热板的上面和背面流动,并和太阳能进行热交换。无孔集热板型空气集热器的大致结构设计如图 3.8 所示。

无孔集热板型空气集热器,可根据空气流动情况分为:① 空气只在集热板上面流动;② 空气在集热板背面流动;③ 空气在集热板两侧流动。

其中,针对每种流动形式,又可分为无肋或有肋,以及 V 形或其他形状的波纹板。尽管空气可以从集热板上面或两侧流动,但考虑到空气在集热板上表面流过,会增加和玻璃盖板之间的对流热损耗,因此常见的设计是让空气在集热板的背面流动。

空气集热器的集热板大多采用透明玻璃板表面涂黑或者黑玻璃。空气集热器对太阳辐射的吸收较差,为了减少热辐射损失,通常采用选择性吸收涂层,从而增

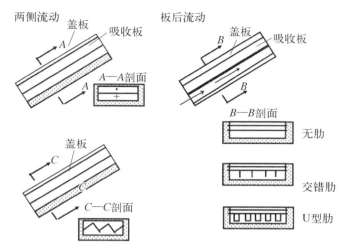

图 3.8 无孔集热板型空气集热器

加了集热器的成本。

此外,通常可以采用以下方法来提高空气集热器性能:

(1)将集热板的背面加粗,增加气流扰动,以提高对流传热系数;

(2)加肋片或者采用波纹集热板,以增加传热面积,相应的增加气流的扰动,强化对流传热。

无孔集热板型空气集热器的优点是结构简单、造价便宜。缺点是空气流和集热板之间的热交换不充分,因此集热效率难以有很大的改进。

2)多孔集热板型空气集热器

针对上述无孔集热板型空气集热器的缺点提出了多孔集热板型空气集热器。多孔集热板型集热器具有多孔网板、蜂窝结构、多层重叠板等不同型式,其大体结构如图3.9所示。

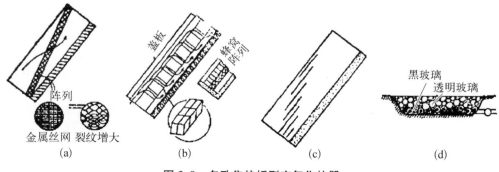

图 3.9 多孔集热板型空气集热器

(a)多层重叠结构;(b)蜂窝结构;(c)重叠玻璃板式;(d)混合玻璃式

多孔集热板的具体结构大多采用多层重叠的金属网,如图 3.9(a)所示。太阳辐射能首先被金属网所吸收,然后通过对流加热空气。此外,还有发泡蜂窝结构、玫瑰管结构等,如图 3.9(b)所示。其加热过程和金属网结构的相同。在多孔集热板中,还包括重叠玻璃板式,如图 3.9(c)所示。在这种结构中,玻璃平板和气流的温度,沿集热器的长度方向从顶部向底部逐渐增加。这种结构,在大大降低热损失的同时,压力降也很小,是空气集热器中常用的一种型式。

太阳辐射在多孔集热板中能够更深地射透。同时网孔增加了集热板和气流之间的接触传热面积,可以进行更为有效的传热。多孔集热板的孔隙形状、大小和厚度存在一定的最佳值,因此恰当的选择十分重要。但是这种选择的理论计算相当复杂,因此通常情况下都是根据试验来确定。

初看起来,由于网孔板阻碍流动,多孔集热板型空气集热器的压力损失会增大,但实际上它比在背后流动的无孔集热板型的压力降小。这是因为前者每单位横截面上流通的气量要低得多。试验表明,即使是发泡蜂窝结构,从压力降的观点来讲其也是有利的。

3.3.4　复合抛物面集热器

复合抛物面聚光器(CPC)是一种非成像低聚焦度的聚光器,它根据边缘光线原理设计,可以将给定接收角范围内的入射光线按理想聚光比收集到接收器上。由于它有较大的接收角,故在运行时不需要连续跟踪太阳,只需根据接收角的大小和收集阳光的小时数,每年定期调整倾角若干次就可以有效地工作。同时考虑到CPC 集热器的高温性能比较好,这种聚光集热器比较适用于采暖和制冷。

1) CPC 太阳能集热器

CPC 太阳能集热器是由两片槽形抛物面反射镜与装设在底部的吸收器构成,这种聚光器聚光而不成像,因而不需要跟踪太阳,最多只需要随季节做少量倾斜度的调整。它可能达到的聚光比一般在 10 以下,当聚光比在 3 以下时,可以做成固定聚光集热器(倾斜度不调整)。这种聚光集热器不但能接收直接辐射,而且能接收散射辐射(能利用总散射辐射的 20%),其性能和单轴跟踪型抛物面聚光集热器相当,却省去了复杂的跟踪机构。与平板型集热器相比由于有了一定程度的聚光,吸收体面积小,热损失也减小,因而集热温度提高。其合适的工作温度范围为 80~250℃,是具有一定特色的中温聚光集热器。图 3.10 为 CPC 集热器的基本结构,其中 P 为抛物线的焦点,1 与 2 分别是两条光线。

CPC 太阳能集热器的几何聚光比 C_G 为

$$C_G = \frac{b}{a} = \frac{1}{\sin\theta_{max}} \tag{3-1}$$

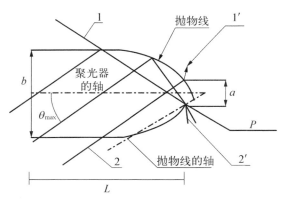

图 3.10   CPC 集热器的基本设计结构

a—出射孔径；b—入射孔径；L—镜槽深度；$\theta_{\max}$—接收角[a，b，L 的单位为 cm；$\theta_{\max}$ 的单位为(°)]

式中，a 为出射孔径(cm)；b 为入射孔径(cm)；$\theta_{\max}(\theta)$ 为接收角(°)，它的物理含义为对任意一个特定的复合抛物面聚光器，能将其接收角范围内的全部入射光线按最大聚光比聚集向吸收体，而接收角范围外的光线则不能接收，反射回天空。

如图 3.10 所示，镜槽的理论深度 L(cm)为

$$L = \frac{a+b}{2}\tan\theta_{\max} \qquad (3-2)$$

实际的镜槽深度，要比由式(3-2)求得的数值稍短 $\frac{1}{3}$ 为佳。这样接收角 θ_{A} 可以减少很小，却能大幅度地降低制作镜面的材料消耗量。标准复合抛物面聚光集热器的一般尺寸列于表 3.4，供设计时参考使用。

表 3.4   标准复合抛物面聚光集热器的一般尺寸

C_{G}	b /cm	a /cm	L /cm
3	70.4	24.2	91.2
5	45.7	9.0	91.2
10	30.5	3.0	91.2

2）与接收器的组合形式

CPC 集热器可以和不同形状的接收器相结合，以满足特定的要求。图 3.11 给出了 4 种可能的组合方案：图 3.11(a)为平板状接收器、图 3.11(b)为竖板式接收器、图 3.11(c)为楔板式接收器、图 3.11(d)为管式接收器。图 3.11(b)和(c)形式的优点在于接收器背部暴露于环境的面积比图 3.11(a)中接收器小，图 3.11(d)形式的接收器是应用最广泛的使用形式。

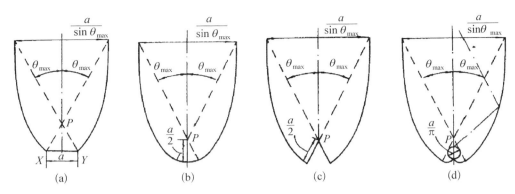

图 3.11　CPC 集热器与不同形状接收器的组合

（a）平板状接收器；（b）坚板式接收器；（c）楔板式接收器；（d）管式接收器

3）CPC 集热器的性能

复合抛物面聚光集热器的热损失比较小，图 3.12 展示了复合抛物面聚光集热器的瞬时效率与平板型集热器的比较。曲线越平，表示集热器的高温性能越好。从实际应用的效果来看，这种聚光集热器特别适用于采暖与制冷。

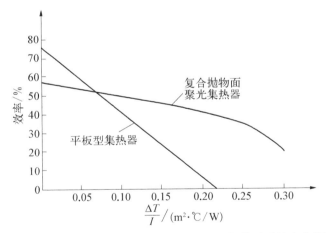

图 3.12　复合抛物面聚光集热器和平板型集热器的瞬时效率曲线比较

3.4　跟踪式太阳能集热器

跟踪式太阳能集热器是指太阳能集热器会根据太阳的运行规律对太阳进行追踪。太阳在一天之内位置变化很大，随着季节的不同，每天的变化情况也不相同。在位置变化的同时，光强也会发生变化。同时，由于气候的影响，如云雾遮住太阳，大风使系统摇摆等，都会影响太阳的光强和它相对系统的位置。因此，系统应随时做出相应的调整,这就使得设计跟踪系统显得十分必要。常见的跟踪式太阳能集热器包括槽集热器、菲涅尔透镜集热器、菲涅尔反射镜集热器、塔式集热器、碟式集热器等。

集热器跟踪方式的分类标准有以下几种:

(1) 按有没有动力机械来分:可分为无动力机械和有动力机械两大类。无动力机械的包括人工操纵和利用物体势能的跟踪装置;有动力机械的包括液力传动、电力传动类的跟踪装置。

(2) 按聚光器的运动学原理来分:可分为完全跟踪和局部跟踪两大类,或者不很严格地划分为单轴跟踪和双轴跟踪两大类。

(3) 按聚光器的运动速度来分:可分为连续的和间歇的两大类。

目前采用比较多的是第二种分类方法。

常见的跟踪系统可归纳为如下几类:

(1) 集热器平面沿着东西向的水平轴,每天调节一次,以使中午太阳光与集热器垂直,则有

$$\cos \theta = \sin^2 \delta + \cos^2 \delta \cos w \qquad (3-3)$$

(2) 为使太阳光入射角最小,集热器平面连续沿着东西向的水平轴调节,则有

$$\cos \theta = (1 - \cos^2 \delta \sin^2 w)^{1/2} \qquad (3-4)$$

(3) 为使太阳光入射角最小,集热器平面连续沿着南北向的水平轴调节,则有

$$\cos \theta = [(\sin \varphi \sin \delta + \cos \varphi \cos \delta \cos w)^2 + \cos^2 \delta \sin^2 w]^{1/2} \qquad (3-5)$$

(4) 集热器平面连续沿着平行于地球自转轴方向的南北轴调节,则有

$$\cos \theta = \cos \varphi \qquad (3-6)$$

(5) 集热器沿双轴连续跟踪,始终使太阳光垂直于集热器平面,则有

$$\cos \theta = 1 \qquad (3-7)$$

以上各式中,θ 为入射角、δ 为赤纬角、ω 为时角、φ 为纬度。

3.4.1　槽式太阳能集热器

3.4.1.1　槽式太阳能集热器原理

槽式抛物镜面太阳能集热器作为线聚焦型集热器中一种,是太阳能空调和发电系统的一个重要装置。它一般由抛物面反射镜、同轴太阳光接收器、太阳能位置传感器、自动跟踪机构、输配管路及支架组成(见图 3.13)。

槽式集热器的原理:太阳光线经抛物反射镜面汇聚到位于焦线的吸收器上,

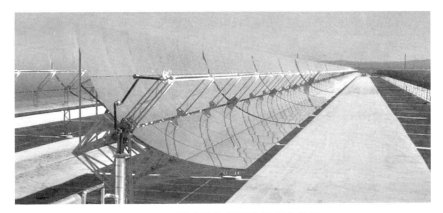

图 3.13　槽式抛物镜面太阳能集热器

将低能量密度的太阳直射辐射能转变成高能量密度的直射辐射能,进而加热吸收器中流动的介质(水、导热油等)。由于地球上的任一点绕太阳的位置是随时变化的,所以槽式集热器必须装设跟踪系统,根据太阳的方位,随时调整反射器的位置,以保证反射器的开口面与入射太阳辐射总是相互垂直的。图 3.14 为槽式抛物镜面对一组平行光线的汇聚作用示意图。

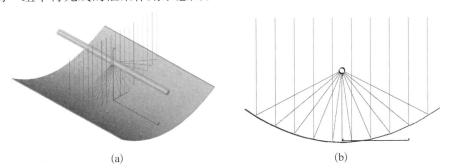

(a)　　　　　　　　　　　　　　　　　(b)

图 3.14　槽式太阳能集热器光线汇聚作用示意图

(a)槽式抛物面聚光示意图;(b)轴向视图

3.4.1.2　聚光装置

1)反射镜面

槽式太阳能集热器的反射镜面又称聚光器,用于收集太阳直射光线并将其聚焦到吸收器上。聚光器应满足的要求:① 较高的反射率;② 良好的聚光性能;③ 足够的刚度;④ 良好的抗疲劳能力;⑤ 良好的抗风能力;⑥ 良好的抗腐蚀能力;⑦ 良好的运动性能;⑧ 良好的保养、维护、运输性能。

反射镜由反射材料、基材和保护膜构成。以玻璃镜(基材为玻璃)为例,在槽式太阳能热发电中,常用的是以反射率较高的银或铝为反光材料的抛物面玻璃背面镜,通常银或铝反光层背面会再喷涂一层或多层保护膜。因为要有一定的弯曲度,所以其加工工艺较平面镜要复杂得多。

反射镜有两种。一种是表面反射镜面,即在基材(成型的金属或非金属)表面蒸镀或涂刷一层具有高反射率的材料,或将金属表面加工处理而成,如薄铝板表面阳极氧化、不锈钢板表面抛光或薄铁板表面镀铜后镀镍。这类反射镜面直接与空气接触,因此必须再涂上一层保护膜以防止氧化,例如,在氧化铝上镀一层氧化硅或喷涂一层硅胶。这种表面反射面的优点是消除了透射体的吸收损失,反射率较高;缺点是容易受磨损或因灰尘作用而影响反射率。

另一种是背面反射镜面,是在基材(透射体)的背面涂上一层反射材料。这是太阳能利用中经常采用的反射镜面。优点是本身可以擦洗,经久耐用;缺点是阳光必须经过二次透射,即阳光透过透射材料,经背面反射材料反射,再透过透射材料反射回去。这样增加了整个聚光系统的光学损失。

反射率是反射镜最重要的性能。反射率随反射镜使用时间的增多而降低,主要原因是:① 灰尘、废气、粉末等引起的污染;② 紫外线照射引起的老化;③ 风力和自重等引起的变形或应变等。

为了防止出现这些问题,反射镜需具有以下特性:① 便于清扫或替换;② 具有良好的耐候性;③ 质量轻且强度高;④ 价格合理。

2) 反射材料

常见的反射材料有金属板、箔和金属镀膜。几种高度抛光的金属具备良好的阳光反射率。银是其中的一种,但它和空气中的硫化氢相遇后,很快失去光泽,因此它只能用在玻璃镜的背面。铜和其他一些金属具备良好的反射性能,但表面易迅速氧化变暗。不锈钢、镍等金属经久耐用,表面明亮,但对阳光的反射率低。铝是目前直接反射阳光效果最佳最廉价的金属。铝可加工成各种形状的板、箔、蒸镀膜等,其反射率较高并且容易制取,作为反射材料被广泛使用。在高度抛光以后,铝的反射率高,虽表面立即形成 Al_2O_3 氧化层,但透入表面不深,所以仍是相当明亮的,对反射的影响不大。表 3.5 示出了几种常用反射材料的反射性能。

表 3.5　常用反射材料的反射性能

序号	材料名称	总反射比	漫反射比	镜面反射比
1	镀银膜	0.97	0.05	0.92
2	德国阳极氧化铝	0.93	0.05	0.08
3	430 不锈钢	0.56	0.13	0.43
4	304 不锈钢	0.60	0.38	0.22
5	扎花铝(表面有氧化层)	0.82	0.69	0.13

（续表）

序号	材料名称	总反射比	漫反射比	镜面反射比
6	扎花铝（表面无氧化层）	0.84	0.77	0.05
7	热漫镀锌彩涂钢板 33/白亮度 60	0.72	0.68	0.04
8	不锈钢镀膜玻璃（膜面）	0.45		
9	蒸镀铝膜（新鲜膜）	0.95	0.03	0.92
10	普通铝板	0.72	0.52	

3）基材材料

基材可分为表面镜基材和背面镜基材两类。表面镜基材有塑料、钢板、铝板等。当金属板作为反射板时，它就兼作基材使用。背面镜基材必须有很高的透射率，表面需平滑且不易老化、损伤。玻璃完全符合这些条件，但是玻璃笨重、容易破碎。透明塑料作为背面镜基材，虽然具有透光率高、质量轻及不易破碎的优点，但是其容易老化，故透光率很快下降。石英是一种高级背面镜基材，但是价格昂贵，不适宜在太阳能利用中使用。最理想的基材应当是结实、密度小、耐蚀性好的材料。

在基材与反射材料之间往往有一层基底镀层，它的作用是，如果基材表面较粗糙，则基底镀层可使其平滑化；如果基材不耐物理沉积加工，则附加的基底镀层可以起到保护作用，以提高基材和反射性金属层的结合力。

4）保护膜

表面镜的反射材料通常在基材表面，直接与阳光、雨水和空气接触，日久容易损坏或变质，所以表面必须有一层保护膜。一般可采用 SiO，SiO_2 等无机物的镀膜或透明塑料薄膜作为保护膜，前者长时间暴露空气中容易氧化变质，且其耐久性随镀膜条件的不同而相差很大；后者在紫外线下容易老化。添加氟化物的塑料可以延长老化的过程。当铝作为反射材料时，可用阳极氧化膜作为表面镜的保护膜。

目前，聚光器开发的重点是提高其效率，如提高反射面加工精度、研制高反射材料等。与此对应，降低制造成本也是研究的重点。近年来，国内一些高等院校与企事业单位对槽式抛物面聚光器作了不少单元性试验研究，并成功研制出采光口宽度为 2.5 m、长为 12 m 的槽式聚光器。通过对单向抛物反射器反射面的研究，采用复合蜂窝技术，研制出超轻型结构的反射面，解决了用平面玻璃制作曲面镜的问题，降低了制造难度。

3.4.1.3 支架

支架是反射镜的承载机构，其与反射镜接触的部分，要尽量与抛物面反射镜相贴合,以防止反射镜变形和损坏(见图 3.15)。支架还要求具有良好的刚度、抗疲劳能力及耐候性等,以达到长期运行的目的。支架的作用:① 支撑反射镜和真空集热管等;② 抵御风载;③ 具有一定强度,抵御转动时产生的扭矩,防止反射镜损坏。要达到这些作用,要求支架质量尽量小(传热容易、能耗小)、制造简单[成本低、集成简单(保证系统性能稳定)]和寿命长。

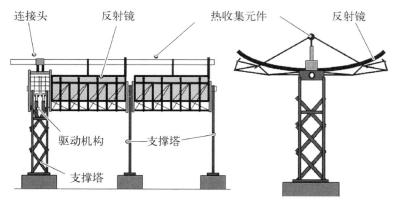

图 3.15　支架

目前使用的支架主要有管式支架和扭矩盒式支架,后者技术已逐步发展成熟。除钢结构支架外,还有木材支架结构,可大大降低支架的质量,减少能耗,但存在抗风能力减弱和寿命缩短的问题。

3.4.1.4　吸收器

吸收器位于抛物反射镜面的焦线上,是集热器中光能转换为热能过程的承载者,转换效率的高低将直接影响系统的集热效率。因为反射镜是线聚焦装置,阳光经聚光器聚集后,在焦线处形成一线形光斑带,所以吸收器需满足 5 个条件:① 吸热面的宽度要大于光斑带的宽度,以保证聚焦后的阳光不溢出吸收范围;② 良好的吸收太阳光性能;③ 在高温下具有较低的辐射率;④ 良好的导热性能;⑤ 良好的保温性能。

目前吸收器的形式有:直通式金属-玻璃真空管(简称真空管)、腔体吸收器、菲涅尔式聚光吸收器和热管式真空管。其中,真空管和腔体吸收器最为常用,前者在前文章节已有介绍,不再赘述,接下来主要介绍腔体吸收器。

腔体吸收器的结构为一槽形腔体,外表面包有隔热材料。腔体的黑体效应使其能充分吸收聚焦后的太阳光。腔体吸收器的优点为:经聚焦的辐射热流几乎均匀地分布在腔体内壁,与真空管吸收器相比,具有较低的透射辐射能流密度,使得开口的有效温度降低,从而使得热损降低。因此,腔体吸收器在同样工况下的效率一般优于真空管吸收器。腔体式吸收器既无需抽真空,也无需光谱选择性涂层,只需传统的材料和制造技术便可生产，且其热性能容易长期维持稳定。

中国科学技术大学以 Barra 论文中圆形结构的空腔集热管为基础，从改善工质和管壁间的换热效果出发，提出了内管与腔体内壁相焊接的环套结构和管簇结构两种结构的空腔集热器（见图 3.16），降低了腔体内壁温度和总体热损失。

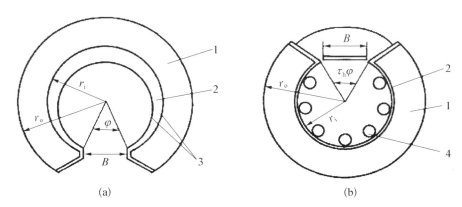

图 3.16　环套结构和管簇结构的空腔集热器

（a）环套结构；（b）管簇结构

1—保温层；2—金属管；3—工质；4—管簇（工质）

中国科学技术大学的研究结果表明，真空管集热器和腔体吸收器的单位长度热损失均随着工质平均温度的上升而增大，真空管的热损失大于管簇结构，管簇结构的热损失又大于环套结构。另外，其集热效率则随着温度的上升而降低。当温度大于 230℃，腔体吸收器的集热效率大于真空管；当温度大于 130℃时，真空管集

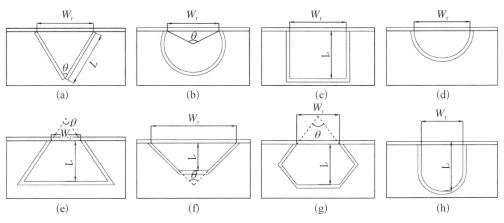

图 3.17　8 种线聚焦腔体吸收器

（a）三角形腔体吸收器；（b）圆弧形腔体吸收器；（c）长方形腔体吸收器；（d）半圆形腔体吸收器

（e）正梯形腔体吸收器；（f）反梯形腔体吸收器；（g）复合梯形腔体吸收器；（h）曲面形腔体吸收器

热效率呈非线性下凹曲线,与腔体吸收器的线性曲线相比,其下降速率显著。因此,对于中高温集热温度(大于 130℃),腔体吸收器热性能优于真空管。

基于管簇结构的腔体吸收器,上海交通大学研究构建了 8 种线聚焦的吸收器[1],如图 3.17 所示。研究结果表明,采用管束三角形腔体吸收器的线聚焦菲涅尔反射镜太阳能集热器,其空晒性能参数约为 0.364 m² K/W,性能已经超过真空管式吸收器,与其他 7 种线聚焦腔体吸收器相比,采用三角形腔体吸收器的集热器总热损失系数最小。

3.4.1.5　跟踪机构

为了使集热管、聚光器发挥最大作用,聚光集热器应跟踪太阳。槽式抛物面反射镜根据其采光方式,分为东西向和南北向两种布置形式:东西放置时只作定期调整,南北放置时,一般采用单轴跟踪方式。

跟踪方式分为开环、闭环和开闭环相结合 3 种控制方式。开环控制由总控制室计算机计算出太阳位置,控制电动机带动聚光器绕轴转动,跟踪太阳。优点是控制结构简单,缺点是易产生累积误差。闭环控制时,每组聚光集热器均配有一个伺服电动机,由传感器测定太阳位置,通过总控制室计算机控制伺服电动机,带动聚光器绕轴转动,跟踪太阳。传感器的跟踪精度为 0.50。优点是精度高,缺点是大片乌云过后,无法实现跟踪。采用开、闭环控制相结合的方式则克服了上述两种方式的缺点,效果较好。聚光集热器南北向放置时,除了正常的平放东西跟踪外,还可将集热器作一定角度的倾斜,当倾斜角度达到当地纬度时,效果最佳,聚光效率提高达 30%。

3.4.1.6　槽式线聚焦聚光器聚光性能的理论研究

槽式线聚焦聚光器通过单轴跟踪太阳,保证太阳光线在聚光器开口平面上的投影总是平行于焦线,这样入射的太阳直射辐射被聚光器反射后聚焦在焦平面上,形成一条光带。关于抛物线槽式聚光器的理论分析,全部采用二维几何光学模型;很少有文献对其他形式的截面形状(如圆锥曲线)的槽式聚光器进行过理论分析和研究。本节建立了截面形状为圆锥曲线的槽式聚光器的三维几何光学模型,对聚光器的聚光性能进行理论研究和分析。

1) 太阳圆盘模型

从地球上仰望太阳,太阳在人眼中成像为一个圆盘形状,同样,对于聚光器上的任意一点,太阳同样可以理解为一个圆盘,圆盘上发射的光线全部都会落在该点之上。根据相关模型,聚光器的每个点接收的光线可以假想为如图 3.18(a)所示的锥顶角为 $2\theta_s$ 的光锥,整个圆盘上能量分布并不是均匀的,而是和半径成反比关系:

$$I_s = I_{NUD} \frac{R_s + 1.564\ 1\sqrt{R_s^2 - R^2}}{2.564\ 1R_s} \tag{3-8}$$

式中，I_{NUD} 为中心处的能量密度（W/m²）；R_s 为太阳半径（km）；R 为距中心处的距离（km）；I_s 为距中心 R 处的能量密度（W/m²）。将整个太阳圆盘进行离散之后，如图 3.18（b）所示的太阳光锥可以看成由有限条光线组成，每条光线经过放大之后如图 3.18（c）所示，其所携带的能量为

$$
\begin{aligned}
I_s(i,j) &= \int_{\frac{(i-0.5)\,R}{M}}^{\frac{(i+0.5)\,R}{M}} \int_{\frac{(j-0.5)\,\pi}{N}}^{\frac{(j+0.5)\,\pi}{N}} I_s(R\mathrm{d}\theta\mathrm{d}R) \\
&= \frac{I_{NUD}\pi R_0^2}{2.564\,1\,M^2 N}\left\{i + \frac{0.521\,3}{M}\left[(M^2-(i+0.5)^2)^{1.5}-(M^2-(i-0.5)^2)^{1.5}\right]\right\}
\end{aligned}
$$

$$(3-9)$$

式中，M 为径向光线数量；N 为同心圆上的光线数量；θ 为圆心角（°）。

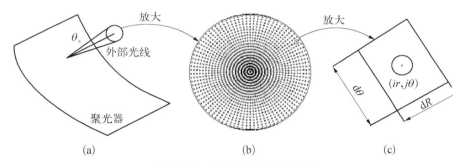

图 3.18　太阳圆盘模型示意图

（a）光锥；（b）太阳圆盘；（c）单根光线

光锥中的 $M \times N$ 条光线，每条光线在聚光器接收平面的入射角均不相同，如果单轴追踪没有任何误差，圆锥的轴线垂直于接收平面。在图 3.19 所示的坐标系中，任意一条光线的方向向量为

$$
\mathbf{A}_0 = \begin{bmatrix} \cos\theta\sin\alpha \\ \sqrt{1-\cos^2\theta\,\sin^2\alpha}\cos[-\arctan(\sin\theta\tan\alpha)] \\ \sqrt{1-\cos^2\theta\,\sin^2\alpha}\sin[-\arctan(\sin\theta\tan\alpha)] \end{bmatrix}
$$

$$(3-10)$$

如果系统采用单轴追踪，光锥轴线和聚光器接收平面之间的入射角通常不等于 90°；如果存在追踪误差，光锥轴线在 x 方向同样会和接收平面存在一个夹角。在这种情况下，根据三维空间内的坐标变化，可以得到任意入射角时太阳光线的方向向量：

$$
\mathbf{A} = \mathbf{G} \cdot \mathbf{A}_0
$$

$$(3-11)$$

式中，$\boldsymbol{G}=\begin{bmatrix} \cos\lambda_{x,x'} & \cos\lambda_{x,y'} & \cos\lambda_{x,z'} \\ \cos\lambda_{y,x'} & \cos\lambda_{y,y'} & \cos\lambda_{y,z'} \\ \cos\lambda_{z,x'} & \cos\lambda_{z,y'} & \cos\lambda_{z,z'} \end{bmatrix}$，$\lambda$ 为新旧坐标系坐标轴之间的夹角。如图 3.19

所示，当光线的入射角为 β，追踪误差为 γ 时，$\boldsymbol{G}=\begin{bmatrix} \cos\beta\cos\gamma & -\sin\gamma & \sin\beta \\ \sin\gamma & \cos\beta\cos\gamma & -\cos\beta \\ -\sin\gamma & \sin\beta & \cos\beta\cos\gamma \end{bmatrix}$。

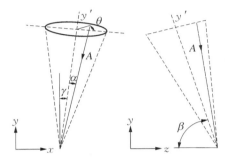

图 3.19　入射光线与聚光器法线夹角

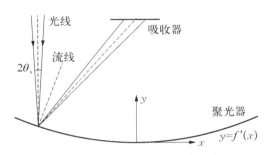

图 3.20　聚光器剖面光路计算示意图

2）光器的几何光学计算模型

当光线是三维空间内的光线时，应用矢量形式的反射定律来计算更为方便：

$$\boldsymbol{A}' = \boldsymbol{A} - 2\boldsymbol{N}(\boldsymbol{N} \cdot \boldsymbol{A}) \tag{3-12}$$

式中，$\boldsymbol{A}$ 为入射光线的方向向量，$\boldsymbol{A}'$ 为反射光线的方向向量，$\boldsymbol{N}$ 是沿界面法线方向的单位向量。

$$\boldsymbol{N} = \left(-\frac{f'(x)}{\sqrt{(f'(x))^2+1}}, \frac{1}{\sqrt{(f'(x))^2+1}}, 0 \right) \tag{3-13}$$

式中，$f'(x)$ 为聚光器截面方程，以抛物线槽式聚光器为例，$f'(x) = x^2/4f$。图 3.20 为光路计算的示意图，入射光线和反射光线的方程分别为

$$\frac{x-x_0}{A_x} = \frac{y-f'(x_0)}{A_y} = \frac{z}{A_z} \tag{3-14}$$

$$\frac{x-x_0}{A_{x'}} = \frac{y-f'(x_0)}{A_{y'}} = \frac{z}{A_{z'}} \tag{3-15}$$

式中，A_x、A_y、A_z 和 $A_{x'}$、$A_{y'}$、$A_{z'}$ 分别为入射光线和反射光线的分向量，后者的表达式可以根据式（3-10）～式（3-13）推导得到吸收器的方程为

$$y = f \tag{3-16}$$

式中，f 为焦距(m)，将式(3-16)代入式(3-15)，即可求得太阳光线在吸收器上的入射点坐标，表 3.6 列出了由三种圆锥曲线槽式聚光器聚光后吸收器上的入射点坐标表达式，其中 m,n 分别为入射光线在 x,y 方向上的分向量。

表 3.6　三种圆锥曲线槽式聚光器的吸收器上入射点的坐标

截面曲线方程	坐 标 表 达 式
$y=\dfrac{x^2}{4f}$ （抛物线）	$x_F=\dfrac{m\left(4f^2+x^2\right)^2}{4f\left(nx^2-4mxf-4nf^2\right)}$ $y_F=\dfrac{-p\left(16f^4-x^4\right)}{4f\left(nx^2-4mxf-4nf^2\right)}$
$y=b-b\sqrt{1-\dfrac{x^2}{a^2}}$ （椭圆）	$x_F=x+\dfrac{\left(-ab+af+\sqrt{a^2-x^2}\right)\left(a^4m-a^2mx^2-b^2mx^2+2abnx\sqrt{a^2-x^2}\right)}{a\left[2abmx\sqrt{a^2-x^2}-n\left(a^4-a^2x^2-b^2x^2\right)\right]}$ $y_F=\dfrac{p\left(-ab+af+b\sqrt{a^2-x^2}\right)\left(a^4-a^2x^2+b^2x^2\right)}{a\left[2abmx-n\left(a^4-a^2x^2-b^2x^2\right)\right]}$
$y=a\sqrt{1+\dfrac{x^2}{b^2}}-a$ （双曲线）	$x_F=x+\dfrac{\left(ab+bf-a\sqrt{b^2+x^2}\right)\left(a^4m-a^2mx^2+b^2mx^2+2abnx\sqrt{b^2+x^2}\right)}{b\left[2abmx\sqrt{b^2+x^2}-n\left(b^4-a^2x^2+b^2x^2\right)\right]}$ $y_F=\dfrac{p\left(ab+bf-a\sqrt{b^2+x^2}\right)\left(b^4+a^2x^2+b^2x^2\right)}{b\left[2abmx\sqrt{b^2+x^2}-n\left(b^4-a^2x^2+b^2x^2\right)\right]}$

由图 3.20 可以看到，无论是反射前还是反射后，太阳光线都是呈圆锥形状，圆锥和焦平面相交得到一个椭圆，因此太阳通过聚光器上一点反射后在平板吸收器上所成的像是一个椭圆。当 $z>2f\tan(\beta+\theta_s)$，吸收器的能量分布在 z 方向上全部相同，吸收器在 q 到 $q+0.1$ mm 区间上能量为

$$I_{abs}(q)=\int_{-W/2}^{W/2}\sum\nolimits_{(q-1)/10}^{q/10}I_s\mathrm{d}x \tag{3-17}$$

式中，W 为聚光器开口宽度(m)，采用数值方法计算上式中的积分，即可得到聚光器上的能量分布。

3）计算结果及分析

根据边缘光线原理，抛物线槽式聚光器的成像宽度为

$$w=2x(L,f,\boldsymbol{A}_{out}) \tag{3-18}$$

式中，w 为聚光光带宽度（mm），$\boldsymbol{A}_{out}$ 为最外侧光线的方向向量，此时 $\boldsymbol{A}_{out}=(\sin\theta_s,\cos\theta_s,0)$。如果槽式聚光器的截面曲线不是抛物线，不能够简单的采用边缘光线原理来确定聚光光带宽度，需要在整个区间内求最大值：

$$w = 2\max[x(L, f)] \tag{3-19}$$

聚光器的相对口径和聚光比:

$$r = L/f \tag{3-20}$$

$$C = L/w \tag{3-21}$$

图 3.21 为根据计算结果绘制的圆锥曲线聚光器的 $r\text{-}C$ 图,图中 e 表示圆锥曲线的离心率,可以看到抛物线槽式聚光器可以得到最好的聚光效果,最大光学聚光比可达到 106。当离心率大于 1 时,聚光器截面形状为双曲线;离心率小于 1 时,聚光器截面形状为椭圆;当离心率等于 0 时,截面形状变为圆形,当相对口径为 1.7~2.1 时,聚光比为 20~30。

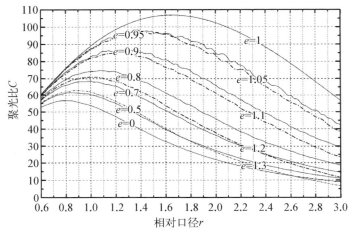

图 3.21 圆锥曲线聚光器的 $r\text{-}C$ 图

根据需要的开口宽度、焦距和聚光比,从 $r\text{-}C$ 图可以选择合适的曲线形状。举例来说,如果需要聚光比达到 70,那么 $e=0.9$,$e=1$ 和 $e=1.1$ 三种曲线均可以满足要求,三种聚光器的焦距分别为 1.05 m,0.72 m 和 1.13 m。尽管三种曲面镜的聚光比相同,但是吸收器上的能量分布有着很大区别,图 3.22 是开口宽度为 2 m、聚光比分别为 30 和 70 时,抛物线、椭圆和双曲线三类聚光器的聚光性能。可以看到椭圆或双曲线槽式聚光器聚光后的能量分布更为均匀,而抛物线槽式聚光器的能量分布更为集中。可见对于需要高聚光比的太阳能中高温集热系统,抛物线槽式聚光器是最好的选择。但是对于低倍聚光的太阳能电池及热电联产系统,电池能量分布的不均匀会导致电池局部温度过高,从而降低系统效率,故椭圆或者双曲线槽式聚光器应该是更好的选择。值得一提的是国内玻璃厂的流水线可直接生产圆弧形的热弯钢化玻璃,而且和标准曲线之间的最大误差不会超过 1 mm,因此圆

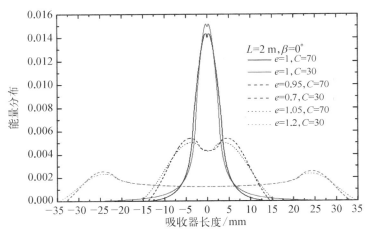

图 3.22 完美聚光器的能量分布

形槽式聚光器在采用单晶硅或者多晶硅的低倍聚光太阳能电池及热电联产系统中有着更广阔的应用前景。

3.4.2 菲涅尔式太阳能集热器

菲涅尔集热器是另一类聚光型集热器,其最早由法国工程师 Augustin Jean Fresnel 发明,故而得名。菲涅尔集热器实际上是对槽式集热器的改进,通过技术改进提高了系统的经济性,降低了加工成本和难度,使得系统的实用性得到提高,在聚光光伏发电、中高温太阳能热利用、太阳能制冷空调和太阳能热发电等领域具有广泛的应用前景。

3.4.2.1 菲涅尔式太阳能集热器工作原理

菲涅尔太阳能集热器主要包括菲涅尔反射镜太阳能集热器和菲涅尔透射镜太阳能集热器。其中,菲涅尔反射镜太阳能集热器主要是指线聚焦系统,而菲涅尔透镜太阳能集热器包括点聚焦系统和线聚焦系统,这些聚光集热器实现光热转换的核心部件是腔体吸收器,相应包括点聚焦式腔体吸收器和线聚焦式腔体吸收器。

两种菲涅尔太阳能集热器各自的特点如下所列。

1) 菲涅尔反射镜

(1) 平面或微面反射镜贴地安装,抗风性能强,镜架结构简易,造价低;

(2) 跟踪设计较为简易;

(3) 具有与槽式集热系统相当的聚光比;

(4) 吸收器放置在固定安装的塔顶,与槽式集热系统相比,接收器之间无需采用挠性连接,系统可靠性高;

（5）聚光装置的运行维修费用低。

2）菲涅尔透镜

（1）光学性能好，效率高；

（2）整体结构紧凑，材料消耗少，重量轻；

（3）镜面加工难度较低，易于低成本、规模化批量生产；

（4）跟踪系统较为复杂，尤其是点聚焦需要采用双轴跟踪，具有较大的误差。

3.4.2.2　菲涅尔反射镜聚光原理

菲涅尔反射镜集热器实际上是对槽式集热器的改进，用多排若干片小的平面镜（或微弧度镜面）来代替槽式集热器的抛物反射面，线性反射镜阵列中的每排镜面按照一定角度跟踪太阳，将太阳光汇聚到焦点吸收器，在吸收器中光能转化成热能被吸收器中流动的工质带走，供用热端使用，并随着太阳的位置变化而自动转动以跟踪太阳进行聚光，从而实现太阳能光热转换，其镜场实际上是离散的槽式抛物面太阳能反射镜阵列。图 3.23 所示为线性菲涅尔集热器，图 3.24 为菲涅尔集热器的聚光原理图。

图 3.23　线性菲涅尔集热器

线性反射式菲涅尔太阳能集热器的设计方法一般分为两种：一种采用变宽度的反射镜面，另一种是采用宽度固定的反射镜面。对于非等宽度反射镜面的设计来说，其优点在于焦面处能够得到比较均匀的能流密度分布，但是制造精度要求较高，镜面制造有较大的困难。对于等宽度的反射镜设计方案，其设计和制造更容易实现。对于不同的吸收器结构，线性反射式菲涅尔集热器的设计也各不相同。吸收器根据吸热表面的形式可分为：水平面、垂直面和圆柱面。

传统的线性反射式菲涅尔集热器采用平面镜作为反射镜，其光斑宽度大于镜

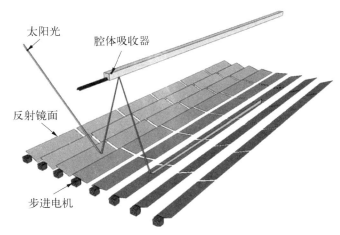

太阳光
腔体吸收器
反射镜面
步进电机

图 3.24　菲涅尔集热器 3D 聚光原理

面的宽度。这样是为了将光线聚集在比较小的范围内,使得集热器的几何聚光比增大,从而获得较高的集热温度。可以通过在吸收器上增加 CPC 二次聚光或者通过使用微小弧度的反射镜面将光线汇聚在较小的焦面处。而利用 CPC 二次聚光有如下几个缺点:① 二次聚光对 CPC 镜面的加工精度要求很高,CPC 的加工精度难以保证;② 通过二次反射会增加系统的光学损失,因为常用反射材料的反射率在 $90\%\sim95\%$ 左右,这意味着 $5\%\sim10\%$ 的能量损失在二次聚焦过程中。因此在下述的集热器光学设计中将采用微小弧度固定宽度的反射镜面[3],使得光线能够聚集在开口比较小的腔体吸收器中。

3.4.2.3　菲涅尔透镜聚光原理

菲涅尔透镜的表面由带尖劈的沟槽组成,尖劈角度由透镜中心到透镜边缘逐步变化,以形成对入射到不同半径处的平行光线产生不同的折射偏角,从而实现光线汇聚。菲涅尔透镜可以设计成线聚焦或者点聚焦的形式,即可将入射光线通过折射汇聚成一条线或者一个点。图 3.25 所示为菲涅尔点聚焦集热器。

3.4.2.4　菲涅尔集热器的聚光装置

1) 菲涅尔反射镜聚光装置

菲涅尔反射镜太阳能集热器的反射镜面又称聚光器,用于收集太阳直射光线并将其聚焦到吸收器上。由于跟槽式集热器同属于反射式集热器,并且菲涅尔集热器以槽式为基础发展而来,故在槽式集热器的基础之上,结合菲涅尔系统的自身特点,聚光器应满足如下要求:① 有较高的反射率;② 良好的聚光性能;③ 足够的刚度;④ 良好的抗疲劳能力;⑤ 良好的抗风能力;⑥ 良好的抗腐蚀能力;⑦ 良好的运动性能;⑧ 良好的保养、维护、运输性能;⑨ 应保证反射镜阵列各镜面在反射太阳光线过程中无相互遮挡。

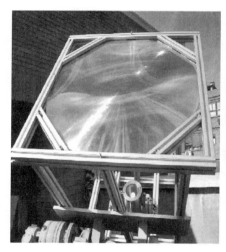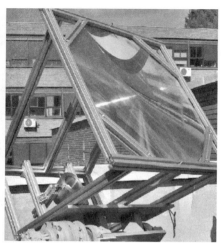

图 3.25　菲涅尔点聚焦集热器

反射镜由反射材料、基材和保护膜构成。由于菲涅尔集热器是在槽式集热器的基础上发展而来,因此其与槽式集热器的反射镜材料几乎具有相同的要求。由于槽式集热器要有一定的弯曲度,故其加工工艺较菲涅尔的反射镜更困难,采用菲涅尔集热器有更好的经济性。其反射镜面的相关内容可参阅前述槽式集热器部分。

与槽式集热器类似,一般的菲涅尔反射镜集热器为线聚焦集热器,上海交通大学谢文韬研究组构建了 8 种线聚焦的吸收器,其结构示意如图 3.17 所示。

由理论分析可知,采用圆弧形腔体吸收器的线聚焦菲涅尔反射镜太阳能集热器具有更好的光学性能,其光学效率和光学聚光比要大于采用其他形式腔体吸收器的线聚焦菲涅尔反射镜太阳能集热器。但是圆弧形腔体吸收器内部的能量分布出现了断层,没有三角形腔体吸收器内部的能量分布均匀,且圆弧形腔体吸收器和其他形式腔体吸收器内部的能量密度要小于三角形腔体吸收器。综上所述,对于线聚焦菲涅尔反射镜太阳能集热器,采用三角形腔体吸收器的线聚焦菲涅尔反射镜太阳能集热器具有较好的热性能。

通过实验研究可知,采用管束型三角形腔体吸收器的集热器,其空晒性能已经超过真空管式吸收器,当集热温度在 90℃ 时,其系统的光热转换效率可以达到 45.2%。当吸收器的进口流体温度为 90℃ 时,总热损失系数为 8 W/(m² · K);当吸收器的进口流体温度为 120℃ 时,总热损失系数为 12 W/(m² · K);当吸收器的进口流体温度为 150℃ 时,总热损失系数为 17 W/(m² · K)。

与用于中高温热发电领域的直通式真空管太阳能吸收器相比,三角形腔体吸收器的热损数值偏大,但是由于三角形腔体吸收器不需要真空密封、加工难度较低,有利于降低成本。采用三角形腔体吸收器的线聚焦菲涅尔反射镜太阳能集热器在集热温度为 150℃时集热效率为 36.6%,而采用三角形腔体吸收器的槽式太阳能集热器在 150℃时集热效率为 47.1%,相比而言,线聚焦菲涅尔反射镜太阳能集热器的集热效率低了接近 10%。但是由于线聚焦菲涅尔反射镜太阳能集热器的加工成本仅为槽式集热器的 50%左右,使得这种集热器仍旧有很大的应用市场。

2) 菲涅尔透镜聚光装置

菲涅尔透镜,又名螺纹透镜,多是由聚烯烃材料注压而成的薄片,也有玻璃制作的,镜片表面一面为光面,另一面刻录了由小到大的同心圆,它的纹理是根据光的干涉及折射以及相对灵敏度和接收角度要求来设计的,一片优质的透镜必须表面光洁、纹理清晰。菲涅尔透镜聚光器应满足要求:① 具有较高的透射率;② 良好的聚光性能;③ 良好的抗疲劳能力;④ 良好的抗腐蚀能力;⑤ 良好的保养、维护、运输性能。

菲涅尔透镜的吸收器按照形式分为点聚焦和线聚焦,菲涅尔透镜的线聚焦吸收器与菲涅尔反射镜集热器相同(见图 3.17),故在此不再赘述。下文将对点聚焦的吸收器做简要介绍。如图 3.26 所示为 8 种点聚焦腔体吸收器。

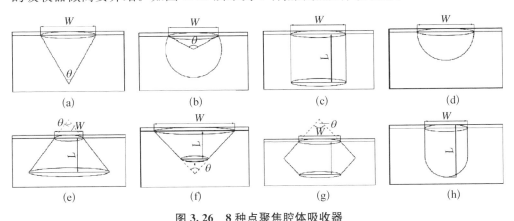

图 3.26　8 种点聚焦腔体吸收器

(a) 圆锥体型腔体吸收器;(b) 球体型腔体吸收器;(c) 圆柱体型腔体吸收器;
(d) 半球体型腔体吸收器;(e) 正圆锥台体型腔体吸收器;(f) 反圆锥台体型腔体吸收器;
(g) 复合圆锥台体型吸收器;(h) 凸球体型腔体吸收器

对于点聚焦菲涅尔透镜太阳能集热器,采用圆锥体型腔体吸收器,集热器的空晒性能参数为 0.551 m² K/W,具有最好的热性能(其性能已经超过真空管式吸收器)。当集热温度 100℃时,圆锥体型腔体吸收器的光热转换效率约为 57.2%;当集热温度 150℃时,光热转换效率约为 48.3%;当集热温度 200℃时,光热转换效率约为 40.1%;当集热温度 250℃时,光热转换效率约为 35.4%。与其他 7 种点聚焦腔体吸收器相比,圆锥体型腔体吸收器的总热损失系数最小:当吸收器的进口流体温度为100℃时,总热损失系数约为78 W/(m²·K);当吸收器的进口流体温度为150℃时,总热损失系数约为100 W/(m²·K);当吸收器的进口流体温度为200℃时,总热损失系数约为150 W/(m²·K);当吸收器的进口流体温度为250℃时,总热损失系数约为255 W/(m²·K)。

3.4.2.5 菲涅尔集热器的布置与跟踪

为使集热器发挥最大作用,聚光集热器应跟踪太阳。菲涅尔集热器也需要根据具体的地理位置和安装条件进行合理布置和跟踪。一般对于点聚焦系统而言,采用双轴跟踪;对于线聚焦系统,有水平东西布置和倾斜南北布置两种形式,相应的一般采用南北跟踪和东西跟踪,若为了提高效率,也可采用双轴跟踪。其跟踪方式与槽式集热器类似,都是通过计算不同日不同时刻的太阳位置,采用步进电机,设置检测时间,通过检测集热器当前位置与追踪角的差值,由控制器发出脉冲,控制电机转动,实时跟踪太阳。

3.4.2.6 菲涅尔太阳能集热器光学性能

菲涅尔太阳能集热器主要分为菲涅尔透镜太阳能集热器和菲涅尔反射镜太阳能集热器。

1)菲涅尔透镜太阳能集热器的光学性能

菲涅尔透镜一般设计成线聚焦或者点聚焦的形式,即可将入射光线通过折射汇聚成一条线或者一个点。图3.27是一个典型线聚焦平面菲涅尔透镜的示意图,通常带沟槽的一侧朝下,光滑的一侧朝上面向太阳,以利于光线入射同时避免灰尘落在同心槽内难以清洗。假设太阳光从菲涅尔透镜光滑的一侧入射,经过折射后汇聚在一平面接收器上而不存在像差和球差,则该菲涅尔透镜的几何聚光比可以定义为

$$C_G = \frac{A_a}{A_r} = \frac{b}{W} \tag{3-22}$$

如果要求所有入射光线经过菲涅尔透镜的折射都能汇聚到位于焦点的平面接收器上,则应满足如下条件:

$$W' \geqslant 2R_n \tan \delta_s \tag{3-23}$$

式中,δ_s是太阳对地球张角的一半,即16'。由图3.27可知,β和β'几乎相等,则

$$\tan \beta \approx \tan \beta' = \frac{W}{W'} \tag{3-24}$$

因此,菲涅尔透镜的几何聚光比可以改写成

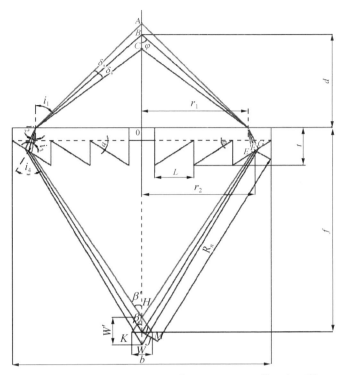

图 3.27 用于太阳能聚光的典型线聚焦平面菲涅尔透镜

$$C_{G} = \frac{b}{2R_{n}\tan\delta_{s}\tan\beta} \tag{3-25}$$

考虑图 3.27 中的几何关系，则有

$$R_{n} = \sqrt{r_{2}^{2} + \left(f - t + \frac{l}{2}\tan\alpha\right)^{2}} \tag{3-26}$$

$$\tan\beta = \frac{r_{2}}{f - t + \frac{l}{2}\tan\alpha} \tag{3-27}$$

将式(3-26)和式(3-27)代入式(3-25)，得到

$$C_{G} = \frac{107.4b\left(f - t + \frac{l}{2}\tan\alpha\right)}{r_{2}\sqrt{r_{2}^{2} + \left(f - t + \frac{l}{2}\tan\alpha\right)^{2}}} \tag{3-28}$$

如果该透镜是点聚焦菲涅尔透镜,则其几何聚光比为

$$C'_G = (C_G)^2 = \left[\frac{107.4b\left(f - t + \dfrac{l}{2}\tan\alpha\right)}{r_2\sqrt{r_2^2 + \left(f - t + \dfrac{l}{2}\tan\alpha\right)^2}} \right]^2 = \frac{11\,540.9b^2\left(f - t + \dfrac{l}{2}\tan\alpha\right)^2}{r_2^2\left[r_2^2 + \left(f - t + \dfrac{l}{2}\tan\alpha\right)^2\right]}$$

(3 − 29)

式中,α 为菲涅尔透镜沟槽侧尖劈的倾角,结合图 3.27 中的几何关系有

$$\tan\alpha = \frac{\sin\varphi + \sin\beta}{\sqrt{n^2 - \sin^2\varphi} - \cos\beta}$$

(3 − 30)

其中

$$\sin\beta = \frac{r_2}{\sqrt{r_2^2 + \left(f - t + \dfrac{l}{2}\tan\alpha\right)^2}}$$

(3 − 31)

$$\cos\beta = \frac{f - t + \dfrac{l}{2}\tan\alpha}{\sqrt{r_2^2 + \left(f - t + \dfrac{l}{2}\tan\alpha\right)^2}}$$

(3 − 32)

$$\sin\varphi = \frac{r_1}{\sqrt{r_1^2 + d^2}}$$

(3 − 33)

如果太阳光从菲涅尔透镜光滑的一侧平行入射,即 $d = \infty$,$\varphi = 0$,则有

$$\tan\alpha = \frac{\sin\beta}{n - \cos\beta}$$

(3 − 34)

如果太阳光从菲涅尔透镜带有沟槽的一侧平行入射,即 $f = \infty$,$\beta = \beta' = 0$,则有

$$\tan\alpha = \frac{\sin\varphi}{\sqrt{n^2 - \sin^2\varphi} - 1}$$

(3 − 35)

因此,如果 r_2 是常数,由式(3 − 31)和式(3 − 32)可以求出 α;如果 α 是常数,则 r_2 也可以求出,这样就得到了菲涅尔透镜几何聚光比的完整表达式。

菲涅尔透镜的光学性能模拟可通过 TracePro 软件完成,该商业软件利用 Monte Carlo 方法来追迹光线,Monte Carlo 方法是建立在数理统计和概率分析基

础上的一种随机性方法,常用于传统数值积分方法不能求解的问题。该方法利用重复的统计试验来求解物理或数学问题,因为其具有思路简单、易于实现、对复杂问题有很好的适应性等优点而备受重视。利用传统的光线追迹法对聚光器的光学性能进行分析时,一般是将发射面网格化以模拟发射面上光线的发射,且假定发射光线是在某一时刻同时发射的(与实际的太阳辐射有一定差异)。在应用 Monte Carlo 法进行光线追迹计算时,一般认为进入系统的太阳光由大量相互平行的光束组成,由太阳光的入射参数确定每一束光携带的能量。发射点位置则是在某一平面随机产生,某一光束在系统内表面的吸收、反射或折射是随机的,若光束被漫反射、表面反射,其反射方向亦随机。在计算中,跟踪记录每一束光的行为,直到它被吸收或者逸出系统,然后再跟踪下一束光线,跟踪大量的光束,将其结果平均就可以确定聚光器的光学效率。在模型的每个物理表面或者交点处,个体光线都遵从吸收、反射、折射定律,当光线在实体中沿不同的路径传播时,TracePro 跟踪每条光线的光通量以及计算光的吸收、镜面反射及折射能量。利用该方法还可以考虑不同表面的复杂特性,如镜面反射、各向异性反射和各向异性折射等,针对不同的截面辐射特性建立相应的物理模型,同时考虑到模型之间不同的结构,如重叠、遮挡和交叉等问题。因此,可以通过正确地建立实体模型、输入材料属性和表面性能参数,建立光源,利用 TracePro 来模拟菲涅尔透镜的光学性能并计算其光学效率。

在 TracePro 模拟中,设置点聚焦菲涅尔透镜的尺寸为 1 000 mm×1 000 mm×3 mm,环距为 0.5 mm,焦距为 900 mm;线聚焦菲涅尔透镜的尺寸为 400 mm×320 mm×2 mm,环距为 0.6 mm,焦距为 700 mm,模型的几何参数根据实际参数确定。模拟结果得到,点聚焦菲涅尔透镜的焦斑直径约为 30 mm,相应几何聚光比约为 1 415,光学效率为 91.32%,光学聚光比约为 1 292;线聚焦菲涅尔透镜的焦斑宽度约为 20 mm,相应几何聚光比约为 20,光学效率为 82.30%,光学聚光比约为 16.50。点聚焦菲涅尔透镜的光学效率大于线聚焦菲涅尔透镜,这与理论计算的结果是一致的。

(1) 点聚焦菲涅尔透镜太阳能集热器。基于点聚焦菲涅尔透镜,构建了 8 种点聚焦腔体吸收器,包括:圆锥体型腔体吸收器、球体型腔体吸收器、圆柱体型腔体吸收器、半球体型腔体吸收器、正圆锥台体型腔体吸收器、反圆锥台体型腔体吸收器、复合圆锥台体型腔体吸收器和凸球体型腔体吸收器(见图 3.26)。

采用上述 8 种点聚焦腔体吸收器的菲涅尔透镜太阳能集热器的光学性能模拟也由 TracePro 软件完成。在模拟过程中,忽略太阳角的影响,假设进入系统的太阳能辐射是由大量相互平行的光束组成,其中每一束光携带的能量和发射方向是确定的(由太阳光的入射参数确定),发射点位置则是在某一平面(发射面)上随机产生,某一光束与系统内物理模型的表面发生作用的结果(反射、折射和散射)取决于表面材料的性质。在计算中，自动跟踪并记录每一束光的实际行为，直到它被吸收或者逸出系统，然后再跟踪下一束光线。跟踪大量的光束，将其结果平均就可以确定进入腔体被吸收光线或者由开口逸出光线的比率，从而得到采用不同腔体吸收器的点聚焦菲涅尔透镜太阳能集热器的光学效率。假定腔体开口直径相等为60 mm，用于聚光的点聚焦菲涅尔透镜的尺寸为 1 000 mm×1 000 mm×3 mm，焦距为 900 mm（有环形沟槽的一面垂直朝向吸收器）。为了便于观察（排除非聚光光线的影响），在吸收器的上方 10 mm 处设置了一块中间开口的挡板，这样射入吸收器内的光线经过反射、吸收的情况就能清晰地显示出来，假设腔体吸收器内壁的选择性涂层材料的吸收率为 0.9，反射率为 0.1。表 3.7 给出了采用 8 种点聚焦腔体吸收器的菲涅尔透镜太阳能集热器的光学效率和光学聚光比。由表 3.7 可知，采用圆锥体型腔体吸收器（顶角为 60°）的点聚焦菲涅尔透镜太阳能集热器具有最好的光学性能，其光学效率和光学聚光比大于采用其他形式腔体吸收器的点聚焦菲涅尔透镜太阳能集热器。

**表 3.7 采用 8 种点聚焦腔体吸收器的菲涅尔透镜
太阳能集热器的光学效率和光学聚光比**

腔体类型		圆锥体型	球体型	圆柱体型	半球体型	正圆锥台体型	反圆锥台体型	复合圆锥台体型	凸球体型
光学性质	光学效率/%	89.95	87.71	81.89	82.72	81.48	77.64	77.08	85.20
	光学聚光比	318.12	310.23	289.61	292.57	288.18	274.60	272.61	301.33

（2）线聚焦菲涅尔透镜太阳能集热器。基于线聚焦菲涅尔透镜，也构建了8 种线聚焦腔体吸收器，包括：三角形腔体吸收器、圆弧形腔体吸收器、长方形腔体吸收器、半圆形腔体吸收器、正梯形腔体吸收器、反梯形腔体吸收器、复合梯形腔体吸收器和曲面形腔体吸收器（见图 3.17）。

同样，采用上述 8 种线聚焦腔体吸收器的菲涅尔透镜太阳能集热器的光学性能模拟也利用 TracePro 软件完成。在模拟过程中，同样忽略太阳角的影响，假设进入系统的太阳光是由大量相互平行的光束组成，其中每一束光携带的能量和发射方向是确定的（由太阳光的入射参数确定），发射点位置则是在某一平面（发射面）上随机产生的，某一光束与系统内物理模型的表面发生作用的结果（反射、折射和散射）取决于表面材料的性质。在计算中，自动跟踪并记录每一束光的行为，直到它被吸收或者逸出系统，然后再跟踪下一束光线。跟踪大量的光束，将其结果平均就可以确定进入腔体被吸收光线或者由开口逸出光线的比率，从而得到采用不同腔体吸收器的线聚焦菲涅尔透镜太阳能集热器的光学效率。假定腔体开口宽度相等,为 80 mm,用于聚光的线聚焦菲涅尔透镜的尺寸为 400 mm × 320 mm × 2 mm,焦距为 700 mm(有环形沟槽的一面垂直朝向吸收器),腔体吸收器内壁选择性涂层材料的吸收率假设为 0.9,反射率为 0.1。表 3.8 给出了采用 8 种线聚焦腔体吸收器的菲涅尔透镜太阳能集热器的光学效率和光学聚光比。由表可知,采用三角形腔体吸收器(顶角为 60°)的线聚焦菲涅尔透镜太阳能集热器具有最好的光学性能,其光学效率和光学聚光比大于采用其他形式腔体吸收器的线聚焦菲涅尔透镜太阳能集热器。

表 3.8 采用 8 种线聚焦腔体吸收器的菲涅尔透镜
太阳能集热器的光学效率和光学聚光比

腔体类型		三角形	圆弧形	长方形	半圆形	正梯形	反梯形	复合梯形	曲面形
光学性质	光学效率/%	81.15	74.49	77.40	73.77	72.77	72.41	60.88	74.66
	光学聚光比	4.06	3.72	3.87	3.69	3.64	3.62	3.04	3.73

2)菲涅尔反射镜太阳能集热器的光学性能

菲涅尔反射镜太阳能集热器由多排镜面组成,每排镜面按照一定角度跟踪太阳,并将太阳光反射并汇聚到固定的太阳能吸收器上,太阳能吸收器将吸收的热量传递给内部的传热工质从而实现光热转换。实现菲涅尔反射镜的高效聚光,镜面需要一定的弧度。故一般采用柱面镜,利用较小的弧度实现聚光效果,且相对于抛物面反射镜来说,其加工难度较小有利于控制成本。综上所述,基于菲涅尔反射镜低成本、易加工和高效聚光等特点,可以采用等弦长的柱面镜作为反射镜来设计镜场。

图 3.28 是一个典型线聚焦菲涅尔反射镜太阳能集热器镜场的示意图。假设每一排反射镜都能精确地跟踪太阳,反射镜面都是理想的光学镜面且入射到镜场的太阳光均是直射光。单排菲涅尔反射镜的宽度、排布方式和镜面之间的距离等参数的选择是基于太阳的直射光线与水平面 xx' 垂直,此时,从每排菲涅尔反射镜面中点入射的直射光线经过反射均可到达焦平面(吸收器)上的点 F。为防止相邻菲涅尔反射镜面之间相互遮挡,镜面之间应该保持一定距离 S,同时反射镜面的弦长 W、拱高 d、焦距 f、反射镜面中点到原点的距离 Q 以及弦长与 x 轴的夹角 θ,这 6 个主要参数决定了菲涅尔反射镜太阳能集热器的镜场设计。由于吸收器的尺寸最初是未知的,因此,首先假设吸收器的初始宽度为弦长 W。考虑到太阳光入射时

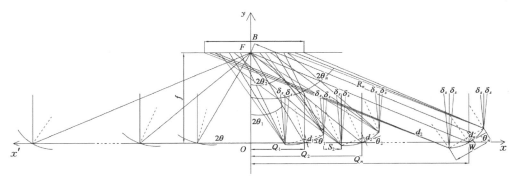

图 3.28　典型的线聚焦菲涅尔反射镜太阳能集热器的镜场示意图

吸收器可能在菲涅尔反射镜面产生阴影,因此,吸收器的正下方不应布置反射镜,此时图 3.28 中第一排菲涅尔反射镜镜面的中点到原点的距离为

$$Q_1 = W/2 + (W/2 + d_1 \tan \theta_1) \cos \theta_1 \qquad (3-36)$$

根据几何光学的知识,得出第一排菲涅尔反射镜的弦与 x 轴的夹角为

$$\theta_1 = \frac{1}{2} \arctan(Q_1/f) \qquad (3-37)$$

通过迭代得出 θ_1 的值。对于第二排菲涅尔反射镜,为了使从中点入射的直射光线经过反射到达焦平面(吸收器)上的点 F,同时镜面上所有的反射光线均不被第一排菲涅尔反射镜所阻挡,则两排镜面之间的间距为

$$S_2 = W \sin \theta_1 \tan(2\theta_2 + \delta_s) \qquad (3-38)$$

第二排菲涅尔反射镜的中点到原点的距离为

$$Q_2 = Q_1 + (W/2 - d_1 \tan \theta_1) \cos \theta_1 + S_2 + (W/2 + d_2 \tan \theta_2) \cos \theta_2 \qquad (3-39)$$

第二排菲涅尔反射镜的弦与 x 轴的夹角为

$$\theta_2 = \frac{1}{2} \arctan(Q_2/f) \qquad (3-40)$$

联立式(3-38)、式(3-39)和式(3-40),通过迭代可以解出 S_2,Q_2 和 θ_2。因此,基于相似的几何关系,对于第 n 排菲涅尔反射镜有

$$S_n = W \sin \theta_{n-1} \tan(2\theta_n + \delta_s) \qquad (3-41)$$

$$Q_n = Q_{n-1} + (W/2 - d_{n-1} \tan \theta_{n-1}) \cos \theta_{n-1} + S_n + (W/2 + d_n \tan \theta_n) \cos \theta_n \qquad (3-42)$$

$$\theta_n = \frac{1}{2}\arctan(Q_n/f) \tag{3-43}$$

上述三式的初始条件为 $\theta_0 = 0$，$S_1 = 0$，$Q_1 = W/2 + (W/2 + d_1\tan\theta_1)\cos\theta_1$，且 $n = 1,2,3,\cdots,k$。其中 k 为菲涅尔反射镜场一侧的柱面镜排数，通过迭代可以得出 S_n、Q_n 和 θ_n。根据柱面的反射形式，利用向量计算方法，可以计算出经过柱面反射之后在吸收器上形成的光斑宽度。根据光线反射原理，距离中心点 O 最远的菲涅尔反射镜面形成的光斑最宽，因此，只需要计算出该镜面形成的光斑宽度就可以得出吸收器的宽度为

$$B = 2\left[\left(Q_n + \frac{W}{2}\cos\theta_n\sec 2\theta_n\right)\frac{\sin\delta_s}{\sin 2\theta_n\cos(2\theta_n + \delta_s)} + \frac{W}{2}\cos\theta_n\sec 2\theta_n\right] \tag{3-44}$$

由于此时吸收器的宽度 B 有可能大于初始宽度 W，从而导致吸收器的阴影超过了初始值 Q_1，因此可以利用吸收器的宽度 B 重新计算 Q_1 为

$$Q_1 = B/2 + (W/2 + d_1\tan\theta_1)\cos\theta_1 \tag{3-45}$$

重复前述迭代过程直到收敛，最终可以得出吸收器宽度的精确值，则第 n 排菲涅尔反射镜的几何聚光比为

$$C_{G,n} = \frac{W\cos\theta_n}{B} = \frac{W\cos\theta_n}{2\left[\left(Q_n + \dfrac{W}{2}\cos\theta_n\sec 2\theta_n\right)\dfrac{\sin\delta_s}{\sin 2\theta_n\cos(2\theta_n + \delta_s)} + \dfrac{W}{2}\cos\theta_n\sec 2\theta_n\right]} \tag{3-46}$$

故菲涅尔反射镜太阳能集热器的几何聚光比为

$$C_G = 2\sum_{n=1}^{k}\left\{\frac{W\cos\theta_n}{2\left[\left(Q_n + \dfrac{W}{2}\cos\theta_n\sec 2\theta_n\right)\dfrac{\sin\delta_s}{\sin 2\theta_n\cos(2\theta_n + \delta_s)} + \dfrac{W}{2}\cos\theta_n\sec 2\theta_n\right]}\right\} \tag{3-47}$$

上海交通大学谢文韬[1]给出了柱面反射镜曲率半径的表达式：

$$r_n = \frac{2R_n}{\cos\theta_n} \tag{3-48}$$

式中，R_n 为柱面镜中心与焦平面（吸收器）上的点 F 之间的距离，考虑图 3.28 中的几何关系可以导出 $R_n = \sqrt{f^2 + Q_n^2}$，代入（3-48）式，则有

$$r_n = \frac{2\sqrt{f^2 + Q_n^2}}{\cos\theta_n} \tag{3-49}$$

而柱面镜的拱高为

$$d_n = r_n - \sqrt{r_n^2 - \frac{W^2}{4}} \tag{3-50}$$

因此

$$d_n = \frac{2\sqrt{f^2 + Q_n^2}}{\cos\theta_n} - \sqrt{\frac{4(f^2 + Q_n^2)}{\cos^2\theta_n} - \frac{W^2}{4}} \tag{3-51}$$

联立式(3-41)～式(3-47)和式(3-51),通过迭代可以得出 S_n,d_n,Q_n 和 θ_n,最终可以得出菲涅尔反射镜太阳能集热器几何聚光比的完整表达式。

基于线聚焦菲涅尔反射镜和 3.4.1.4 节中构建的 8 种线聚焦腔体吸收器,建立线聚焦菲涅尔反射镜太阳能集热器的模型,通过 TracePro 软件完成光学模拟。假定腔体吸收器的开口宽度都相等为 60 mm,用于聚光的线聚焦菲涅尔反射镜太阳能聚光器的尺寸为 6 000 mm×300 mm×2 mm,焦距为 1 500 mm,假设腔体吸收器内壁选择性涂层材料的吸收率为 0.9,反射率为 0.1。表 3.9 给出了采用 8 种线聚焦腔体吸收器的菲涅尔反射镜太阳能集热器的光学效率和光学聚光比。由表可知,采用圆弧形腔体吸收器(顶角为 60°)的线聚焦菲涅尔反射镜太阳能集热器具有较好的光学性能,其光学效率和光学聚光比要大于采用其他形式腔体吸收器的线聚焦菲涅尔反射镜太阳能集热器。但是圆弧形腔体吸收器内部的能量分布出现了断层,没有三角形腔体吸收器(顶角为 60°)内部的能量分布均匀,且圆弧形腔体吸收器和其他形式腔体吸收器内部的能量密度要小于三角形腔体吸收器(顶角为 60°),不利于集热器很好地收集太阳辐射能。综上所述,对于线聚焦菲涅尔反射镜太阳能集热器,采用三角形腔体吸收器(顶角为 60°)的线聚焦菲涅尔反射镜太阳能集热器具有较好的热性能。

表 3.9　采用 8 种线聚焦腔体吸收器的菲涅尔反射镜
太阳能集热器的光学效率和光学聚光比

腔体类型		三角形	圆弧形	长方形	半圆形	正梯形	反梯形	复合梯形	曲面形
光学性质	光学效率/%	74.91	81.67	79.40	72.26	77.32	73.48	75.12	78.57
	光学聚光比	29.96	32.67	31.76	28.90	30.91	29.39	30.05	31.43

3.4.3 塔式太阳能集热器

3.4.3.1 塔式太阳能聚焦集热原理

塔式太阳能聚焦集热装置由旋转抛物面聚光器或平面镜场与高温接收器构成，属于点聚焦集热系统。系统的聚光比通常在 200～1 000 之间，系统最高运行温度可达到 1 000℃以上，主要用于太阳能热发电。

3.4.3.2 聚光装置

塔式太阳能聚光装置主要由定日镜阵列和集热塔组成。定日镜阵列由大量安装在现场上的大型反射镜组成，这些反射镜通常称为定日镜。每台定日镜都配有太阳跟踪机构，对太阳进行双轴跟踪，准确地将太阳光反射集中到个高塔顶部的吸热器。

1）定日镜

定日镜（见图 3.29）是塔式太阳能热发电系统中最基本的光学单元体，是能量转化最初阶段非常重要的设备。它由光学反射镜、镜架和相应的跟踪控制机构组成。由于加工和制造等原因，光学反射镜通常由多个平面或曲面的子镜拼接而成，固定安装在镜架上，并通过跟踪控制机构对太阳进行跟踪。以下就各组成部件对定日镜加以说明。

图 3.29 定日镜

（1）反射镜。反射镜是定日镜的核心组件，从镜表面形状划分，主要有平面镜、凹面镜、曲面镜等类型。在塔式太阳能热发电站中，由于定日镜距离位于接收塔顶部的太阳能接收器较远，因此为了使阳光经定日镜反射后不致产生过大的散焦，同时把 95% 以上的反射阳光聚集到集热器内，目前国内外采用的定日镜大多是镜表面具有微小弧度（16′）的平凹面镜。

从镜面材料划分，反射镜主要有张力金属膜反射镜和玻璃反射镜两种。

张力金属膜反射镜（见图 3.30）的镜面是用 0.2～0.5 mm 厚的不锈钢等金属材料制作而成，可以通过调节反射镜内部压力来调整张力金属膜的曲度。这种定日镜的优点是其镜面由一整面连续的金属膜构成，可以仅仅通过调节定日镜的内部压力调整定日镜的焦点,而不像玻璃定日镜那样由多块拼接而成。以张力金属膜为定日镜,其自身难以逾越的缺点是反射率较低、结构复杂。

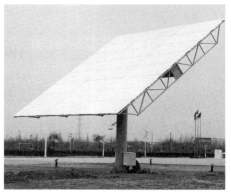

图 3.30　张力金属膜反射镜　　　　图 3.31　玻璃反射镜

玻璃反射镜是目前塔式热电站中最常见的反射镜(见图 3.31)。它的优点是质量轻、抗变形能力强、反射率高、易清洁等。目前,玻璃反射镜采用的大多是玻璃背面反射镜。由于银的太阳吸收比低,反射率可达 97%,所以银是最适合用于太阳能反射的材料之一,但由于它在户外环境会迅速氧化,因此必须予以保护。目前应用在日光反射系统中的镀银玻璃镜多是采用湿化学法或磁控溅射法制备的带有四层结构的第二表面镜,用 3~6 mm 厚的玻璃作为沉积镜子的基体,同时也提供了一个清洁的硬表面。在玻璃上镀 70 mm 厚的银层作为反射层,银的上层覆盖一层铜(厚度为 30 nm),它能够起到保护金属银的作用,同时作为过渡层,用于降低银和保护漆之间的内应力,改善保护漆与金属之间的黏结。在铜层外涂两层保护漆,使外层的保护漆在金属表面形成一个保护膜。有时还会把银镜封夹在两层玻璃之间或喷涂上多层漆保护层使其保护性能更好。另外,反射镜面要有很好的平整度;整体镜面的型线要具有很高的精度,一般加工误差不要超过 0.1;而且要求整个镜面与镜体有很高的机械强度和稳定性。

由于反射镜面长期暴露在大气条件下工作,不断有尘土会沉积在表面,大大影响反射面的性能,因此,如何保持镜面清洁,目前仍是聚光集热技术中面临的难题之一。一种解决方法是在反光镜表面覆盖一层低表面张力的涂层,使其具有抗污垢的作用。但已有的经验表明,在目前技术条件下,唯一有效可行的解决方法是采用机械清洗设备的方法,定期对镜面进行清洗。

(2)镜架及基座。塔式太阳能集热器常被用于太阳能热发电系统中,由于大型的太阳能发电站一般建在沙漠里,因此要求设备有较好的性能以适应特殊的气候,如较高的机械强度以抵御风沙天气、遇紧急情况便于转移等。考虑到定日镜的耐候性、机械强度等原因,国际上现有的绝大多数塔式太阳能热发电站都采用了金属定日镜架。定日镜架主要有两种:一种是钢板结构镜架,其抗风沙强度较好,对镜面有保护作用,因此镜本身可以做得很薄,有利于平整曲面的实现;另一种是钢框架结构镜架,这种结构减小了镜面的质量,即减小了定日镜运行时的能耗,使之更经济。但这种钢框架结构带来一个新问题,即镜面支架与镜面之间的连接既要考虑不破坏镜面涂层,又要考虑镜子与支架之间结合的牢固性,还要有利于雨水顺利排出,以避免雨水浸泡对镜子的破坏。目前,对此主要可采取 3 种方法:在镜面最外层防护漆上黏结陶瓷垫片,用于与支撑物的连接;用胶黏结;用铆钉固定。

定日镜的基座有独臂支架式的(见图 3.32),也有圆形底座式的(见图 3.30 中张力金属膜反射镜)。独臂支架式定日镜基座有金属结构和混凝土结构两种,而圆形底座式定日镜基座一般均为金属结构。独臂支架式定日镜具有体积小、结构简单、较易密封等优点,但其稳定性、抗风性也较差,为了达到足够的机械强度,防止被大风吹倒,必须消耗大量的钢材和水泥材料为其构建镜架和基座,建造费用相当惊人。圆形底座式定日镜稳定性较好,机械结构强度高,且运行能耗少,但其结构比独臂支架式复杂,而且其底座轨道的密封防沙问题也有待进一步解决。

图 3.32　独臂支架式基座

(3) 定日镜阵列的布置方式。定日镜阵列的投资成本一般占整个塔式系统总投资成本的 40%~50%,因此定日镜阵列的合理布置不但可以更有效地收集和利用太阳辐射能,而且也为降低投资成本和发电成本提供了条件。

定日镜阵列的布置方式主要有按直线排列(见图 3.33)和辐射网格排列(见图 3.34)两种。实际中一般采用辐射网格排列,其优点是避免了定日镜处于相邻定日镜反射光线的正前方而造成较大的光学阻挡损失。

(4) 定日镜之间间距。由于定日镜需通过二维跟踪机构对太阳的高度角和方位角进行实时跟踪,因此在定日镜场布置时,要考虑到定日镜旋转跟踪过程中所需空间的大小,避免相邻定日镜之间发生机械碰撞。除此之外,定日镜阵列的布置还要考虑到安装、检修及清洗定日镜,更换传动箱等部件过程所需要的操作空间,确保各种工艺过程的实施。为此,相邻定日镜之间、前后排定日镜之间都要留有足够的间距。

图 3.33　按直线排列的阵列　　　　图 3.34　按辐射网格排列的阵列

在辐射网格排列方式中,径向间距和周向间距还可以通过保证定日镜之间无光学阻挡来确定。但通过这种方法所定义的间距通常比较大,因而在实际镜场布置时需要进行一定的调整。

(5)吸热器与镜场之间的配合。定日镜阵列中的成百上千个定日镜同时将能量聚集到吸热器开口处,因此要求吸热器内受热面由耐热强度较高的合金钢材料制成,价格比较昂贵。为了使定日镜所汇集的能量能够被有效地接收,同时又不过多地增加镜场成本,在塔高一定的条件下,需要定日镜阵列布置与吸热器尺寸之间有较好的配合。

定日镜阵列多采用北场布置。在辐射网格排列方式下,镜场的布置范围主要取决于南北径向和东西方位上的限定。腔式吸热器开口通常为矩形或正方形,且向镜场布置方向有一定的倾斜角度,反射光线经吸热器开口进入后,其携带的太阳辐射能被受热面内的换热介质吸收。因此,定日镜阵列的布置范围受吸热器开口的大小、开口的倾斜角度、受热面的高度、受热面的周向布置范围以及受热面相对吸热器开口的深度等参数的限制。

(6)定日镜阵列的优化。定日镜阵列的优化是指如何选取定日镜的尺寸、个数、相邻定日镜之间以及定日镜与接收塔之间的相对位置、接收塔的高度、吸热器的尺寸和倾角等各项参数,以充分利用当地的太阳能资源,在投资成本最少的情况下,获得最多的太阳辐射能。

定日镜在接收和反射太阳光的过程中,存在余弦损失、阴影和阻挡损失、大气衰减损失和溢出损失等。为此,在布置定日镜阵列时,要考虑到这些损失产生的原因,并适当加以减免,从而收集到较多的太阳辐射能。

① 余弦损失。为了将太阳光反射到固定目标上,定日镜表面不能与入射光线始终保持垂直,可能会成一定角度。余弦损失就是由于这种倾斜所导致的定日镜表面面积相对于太阳光可见面积的减少而产生的。

② 阴影和阻挡损失。阴影损失发生在当定日镜的反射面处于相邻一个或多个定日镜的阴影下,因而不能接收到太阳辐射能,这种情况在太阳高度较低的时候尤其严重。接收塔或其他物体的遮挡也可能对定日镜阵列造成一定的阴影损失。当定日镜虽未处于阴影区下,但其反射的太阳辐射能因相邻定日镜背面的遮挡而不能被吸热器接收所造成的损失称为阻挡损失。

③ 衰减损失。从定日镜反射至吸热器的过程中,太阳辐射能在大气传播过程中的衰减所导致的能量损失称为衰减损失。衰减程度通常与太阳的位置(随时间变化)、当地海拔高度以及大气条件(灰尘、湿气、CO_2含量等)所导致的吸收率变化有关。

④ 溢出损失。自定日镜反射的太阳辐射能因没有到达吸热器表面而溢出至外界大气中,导致的能量损失称为溢出损失。

2) 太阳能吸收器

塔式太阳能集热系统中,太阳能吸收器位于中央高塔顶部,是实现塔式太阳能热发电最为关键的核心技术,它将定日镜所捕捉、反射、聚光的太阳能直接转化为可以高效利用的高温热能,加热工作介质至 500℃ 以上。塔高与定日镜反射光仰角相关,当仰角大于 60° 时,集热效率可达 90% 以上。吸收器为发电机组提供所需的热源或动力源,从而实现太阳能热发电过程。

吸收器的设计主要取决于聚光器的类型、温度和压力工作范围、辐射通量。随着温度、压力和太阳能辐射通量的增大,有效处理经聚光增强的太阳能变得越来越困难,这对接收器的设计带来巨大挑战。例如,材料性能决定了接收器最高的温度,这也会迫使设计人员在提高接收器工作温度的同时,尽量降低流体压力。通过不断努力,接收器呈现出以下的发展趋势:可接收的太阳光能量越来越强,吸收器本身的尺寸和质量却相对减少;由于吸收器和工作流体之间的温差相对较小,吸收器的平均温度得以降低,从而降低了辐射损失;吸收器启动时间和系统对太阳光波动的响应相对更快,系统的热阻和热损失减小,效率不断提高。

对吸收器的主要要求:能承受一定数值的太阳光能量密度和梯度,避免局部过热发生;流体的流动分布与能量密度分布相匹配,附带有蓄热功能;效率高,简单易造,成本经济。

塔式太阳能吸收器分为间接照射太阳能吸收器与直接照射太阳能吸收器两大类。

(1)间接照射太阳能吸收器,也称外露式太阳能接收器,其主要特点是接收器向载热工质的传热过程不发生在太阳照射面,工作时聚光入射的太阳能先加热受热面,受热面升温后再通过壁面将热量向另一侧的工质传递。管状接收器属于这一类型。

图 3.35 管状太阳能吸收器

如图 3.35 所示,管状吸收器由若干竖直排列的管子组成,这些管子呈环形布置,形成一个圆筒体,管外壁涂有耐高温的选择性吸收涂层。通过塔体周围定日镜聚光形成的光斑直接照射在圆筒体外壁,以辐射方式使得圆筒体壁温度升高;而载热工质从竖直管内部流过,在管内表面,热量以导热和对流的方式从壁面向工质传输,从而使载热工质获得热能成为可利用的高温热源。这种吸收器可采用水、熔盐、空气等多种工质,流体温度一般为 $100\sim600\ ℃$,压力不大于 120 atm(1 atm $= 1.013\ 25 \times 10^5$ Pa),能承受的太阳能能量密度为 $1\ 000\ kW/m^2$。

管状太阳能吸收器的优点是可以接收来自塔四周 $360°$范围内定日镜反射、聚光的太阳辐射,有利于定日镜镜场的布局设计和太阳能的大规模利用。但是,由于其吸热体外露于周围环境之中,存在较大的热损失,因此接收器热效率相对较低。管状太阳能吸收器的应用代表是美国的塔式热发电站 Solar One 和 Solar Two,两者的主要区别在于流经接收器的载热工质不同,分别为水和熔盐。

(2)直接照射太阳能吸收器。直接照射太阳能吸收器也称空腔式吸收器,这类吸收器的共同特点是吸收器向工质传热与入射阳光加热受热面在同一表面发生。同时,空腔式吸收器内表面具有近黑体的特性,可有效吸收入射的太阳能,从而避免了选择性吸收涂层的问题。但采用这类吸收器时,由于阳光只能从其窗口方向射入,因此定日镜阵列的布置受到一定限制。空腔式吸收器工作温度一般在 $500\sim1\ 300\ ℃$,工作压力不大于 30 atm。直接照射太阳能吸收器主要包括无压腔体式吸收器和有压腔体式吸收器两种。

① 无压腔体式吸收器。无压腔体式太阳能吸收器对其吸收体有一定的光学及热力学要求,通常要求其具备较高的吸热、消光、耐温性和较大的比表面积、良好的导热性和渗透性。如图 3.36 所示,早期的腔体式太阳能吸收器采用金属丝网作为吸收体,具有较大吸收表面的多孔结构金属网吸收体设置于聚光光斑处或稍后的位置,从周围吸入的空气在通过被聚光照射的金属网时被加热至 $700\ ℃$。由于多采用空气为传热介质,因此腔体式太阳能吸收器具有环境友好、无腐蚀性、不可燃、易得到、易处理等特点,其最主要优点就是结构简单。但采用空气载热存在热容量低的缺点,一般来说,其性能不会高于管状接收器。由于无压腔体式吸收器吸入周围空气流经吸收体时,气流近乎层流流动而不存在湍流,对流换热过程相对较弱。不稳定的太阳能容易使吸收体局部温度剧烈变化产生热应力,甚至超温破坏吸收器。因此该类型吸收器所承受的太阳能能量密度受到一定

限制,通常为 500 kW/m²,最高不超过 800 kW/m²。采用合金材料金属网或陶瓷片作为吸收体可使吸收器的性能得到一定的提高。

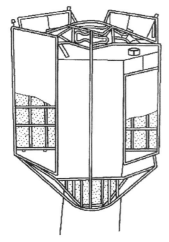

图 3.36　无压腔体式吸收器

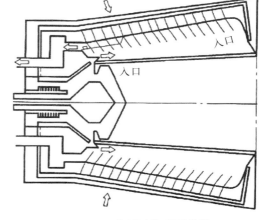

图 3.37　有压腔体式吸收器

② 有压腔体式吸收器。有压腔体式吸收器(见图 3.37)的结构与无压腔体式吸收器的结构大体相似,区别在于有压腔体式吸收器加装了一个透明石英玻璃窗口。一方面,使聚光太阳光可以射入吸收器内部;另一方面,可以使吸收器内部保持一定的压力。提高压力后,在一定程度上带来的湍流有效地增强了空气与吸收体间的换热,以此降低吸收体的热应力。有压腔体式吸收器具有换热效率高的优点,代表着未来吸收器的发展方向。但要求窗口玻璃同时具有良好透光性和耐高温及耐压力等性质,在一定程度上制约了它的发展。近年来,以色列在该技术上有了较大的进展,其开发研制的有压腔体式吸收器采用圆锥形高压熔融石英玻璃窗口,内部主要构件为安插于陶瓷基底上的针状放射形吸收体,可将流经吸收器的空气加热到 1 300℃,能承受的平均辐射通量为 5 000～10 000 kW/m²,压力为 1.5～3 MPa,其热效率可达 80%。

3)跟踪机构

(1)定日镜运转方式。目前,定日镜运转方式有两种:第一种,根据太阳高度角和方位角确定太阳位置,通过二维控制方式使定日镜旋转,改变其朝向,以及实时跟踪太阳位置。依据旋转方式绕固定轴的不同,分为绕竖直轴和水平轴旋转两种方式,即方位角-仰角跟踪方式。定日镜运行时,采用转动基座或基座上部转动机构,调整定日镜方位变化,同时调整镜面仰角。第二种,自旋-仰角跟踪方式,采用镜面自旋,同时调整镜面仰角的方向来实现定日镜的运行跟踪。这是由新的聚光跟踪理论推导出的新型跟踪方法,也叫"陈氏跟踪法",即利用行与列的运动来代替点的二维运动的数学控制模式,这样由子镜组成光学矩阵镜面的控制可以由几何级数减少为代数级数。陈氏跟踪法比传统的聚光跟踪方法能更有效地接收太阳能。

平面镜位置的微小变化都将造成反射光在较大范围的明显偏差,因此目前采用的多是无间隙齿轮传动或液压传动机构。在定日镜的设计中,传动系统选择的主要依据是消耗功率最小、跟踪精确性好、制造成本低、能满足沙漠环境要求、具有模块化生产的可能性。定日镜传动系统设计的特点和原则是输出扭矩大、速度低、箱体要有足够强度、体积小、有良好密封性能、有自锁能力。为保证反射镜长距离上的聚光效果,齿轮传动方式在风力载荷下不能有晃动;确保设备的高工作精度和在沙漠环境中的工作寿命;在底座上安装限位开关,限位夹角为180°。

(2)控制系统。定日镜的控制系统,使得定日镜可以实现将不同时刻的太阳直射辐射全部反射到同一个位置上。太阳光定点投射的含义即定日镜入射光线的方位角和高度角均是变化的,但目标点的位置不变。从实现跟踪的方式划分,有程序控制、传感器控制和程序传感器混合控制3种方式。程序控制方式,就是按计算的太阳运动规律来控制跟踪机构的运动,它的缺点是存在累积误差。传感器控制方式,是由传感器实时测得入射太阳辐射的方向,以此控制跟踪机构的运动,它的缺点是在多云的条件下难以找到反射镜面正确定位的方向。程序传感器混合控制方式实际上就是以程序控制为主,采用传感器实时监测作反馈的"闭环"控制方式,这种控制方式对程序进行了累积误差修正,使之在任何气候条件下都能得到稳定可靠的跟踪控制。

3.4.4 碟式太阳能集热器

碟式太阳能集热器的光热转换效率高,常被应用于太阳能热发电系统中。它通过旋转抛物面碟形聚光器将太阳辐射聚集到接收器中,通过集热工质收集热量。

1) 碟式太阳能聚焦集热原理

此处简要介绍 Scheffler 碟这种新型抛物线聚光镜集热原理。传统抛物线形聚光镜是采用整个抛物面进行聚光的,其聚光点和反光镜的位置相辅相成,即反光镜的位置发生改变后,聚光点的位置也随之改变。所以,传统抛物线形聚光镜的焦点支架和反光镜是固定在一起的。而 Scheffler 碟采用部分抛物面聚光形式,转动反射镜以保证聚焦点不发生改变,如图3.38所示。

2) 聚光装置

碟式太阳能聚光装置包括聚光器、接收器支架、跟踪控制系统等。系统工作时,从聚光器反射的太阳辐射聚光在接收器上,接收器吸收太阳辐射,将能量转化为工作介质的热能(见图3.39)。碟式太阳能集热器聚光比可达到3 000以上。

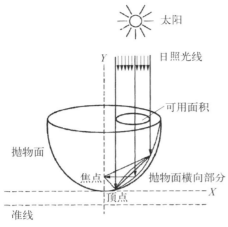

图 3.38　抛物面中 Scheffler 碟片段

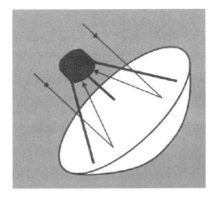

图 3.39　碟式太阳能原理示意图

聚光器将来自太阳的平行光聚光，以实现从低品位能到高品位能的转化。目前研究和应用较多的碟式聚光器，主要有玻璃小镜面式、多镜面张膜式、单镜面张膜式等。

（1）玻璃小镜面式聚光器。这种聚光器将大量的小型曲面镜逐一拼接起来，固定于旋转抛物面结构的支架上，组成一个大型的旋转抛物面反射镜，如图 3.40 所示，即美国麦道（McDonnell Douglas）公司开发的碟式聚光器，就是采用这种形式的。该聚光器总面积为 87.7 m^2，由 82 块小的曲面反射镜拼合而成，输出功率为 90 kW，几何聚光比为 2 793，聚光效率可达 88％左右。这类聚光器由于采用大量小尺寸曲面反射镜作为反射单元，因此可以达到很高的精度，而且可实现较大的聚光比，从而提高聚光器的光学效率。

图 3.40　麦道公司开发的玻璃小镜面式聚光器

图 3.41　多镜面张膜式聚光器

（2）多镜面张膜式聚光器。这种聚光器的聚光单元为圆形张膜旋转抛物面反射镜，将这些圆形反射镜以阵列的形式布置在支架上，并且使其焦点皆落于一点，从而实现高倍聚光。图 3.41 中的多镜面张膜式聚光器是由多只直径为 3 m 的张膜反射镜组合而成的阵列，其反射镜面积为 85 m²，可提供 70 kW 功率用于热机运转发电。

（3）单镜面张膜式聚光器。如图 3.42 所示，单镜面张膜式聚光器只有一个抛物面反射镜。它采用两片厚度不足 1 mm 的不锈钢膜，周向分别焊接在宽度约 1.2 m 的圆环的 2 个端面，然后通过液压气动载荷将其中的一片压制成抛物面形状。两层不锈钢膜之间抽成真空，以保持不锈钢膜的形状及相对位置。由于是塑性变形，因此很小的真空度即可达到保持形状的要求。由于单镜面和多镜面张膜式聚光镜成形后极易保持较高的精度，且施工难度低于玻璃小镜面式聚光器，因此得到了较多的关注。

图 3.42　单镜面张膜式聚光器

3）太阳能接收器

接收器是碟式太阳能热发电系统的核心部件，包括直接照射式和间接受热式接收器两种。前者是将太阳光聚集后直接照在热机的换热管上；后者则通过某种中间媒介将太阳能传递到热机。目前，接收器研究的重点是进一步降低接收器的成本以及提高接收器的可靠性和效率。关于接收器的详细介绍，请参考本书 8.2.3 节。

4）跟踪机构

跟踪机构的作用是使聚光器的轴线始终对准太阳，碟式集热系统有 3 种跟踪方式：极轴式全跟踪、高度角-方位角式太阳跟踪、三自由度并联球面装置的二维跟踪。与单轴跟踪装置相比，双轴系统投资较大、机构复杂、体积庞大、能耗较多、设备维护不方便，但其跟踪精度更高。

另外，跟踪太阳的方法有很多，但不外乎采用光电跟踪、根据视日运动轨迹跟踪和混合跟踪三种方式。混合跟踪具有较高的跟踪精度，因此在碟式集热系统实际应用中采用较多。目前，太阳跟踪装置的精度最高达到 0.01°。

3.5　集热器集热性能理论分析和实验测量

3.5.1　平板型集热器

随着计算机技术的发展，数学模型已经广泛应用于装置的计算、模拟和优化。本节主要介绍平板型集热器的能量模型，包括能量平衡方程、瞬态效率模型和稳态效率模型，最后分析平板型集热器的热损失。

1）平板型集热器数学模型

图 3.43 为平板型集热器的能量平衡关系。在单位时间内，集热器吸收的太阳辐射能等于同一时间内集热器损失的能量、集热器输出的有用能量和集热器本身热容变化量之和。以上能量平衡关系可以用数学方程表示：

$$Q_A = Q_L + Q_U + Q_S \qquad (3-52)$$

式中，Q_A 为单位时间内集热器吸收的太阳辐射能（W）；Q_L 为单位时间内集热器的能量损失（W）；Q_U 为单位时间内集热器的有用输出能量（W）；Q_S 为单位时间内集热器的热容变化量（W）。

当集热器在稳定工况时，集热器本身不吸热也不放热。

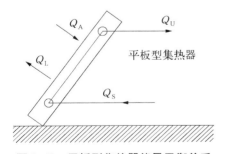

图 3.43　平板型集热器能量平衡关系

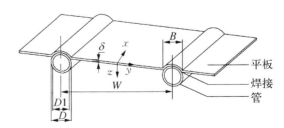

图 3.44　典型的集热器平板

目前通用的平板型集热器的稳态性能模型中，假定集热器部件的热容影响可忽略不计。

典型的集热器平板如图 3.44 所示。并列的传热管与平板两端的两个总管连接。假定总管对集热器性能的影响忽略不计,因为它们只占集热器表面积的较小部分。

(1)平板横向的温度分布。在具有均匀物理特性和内部放热的固体中,其稳态热传导由下列方程式描述:

$$\frac{\partial^2 T}{\partial x^2} + \frac{\partial^2 T}{\partial y^2} + \frac{\partial^2 T}{\partial z^2} + \frac{q}{K} = 0 \tag{3-53}$$

式中,T 为集热器板的温度(K);q 为由单位体积的内热源放出的热量(W/m³);K 为热导率[W/(m²·K)]。

假定薄的集热器平板在 z 方向的温度是均匀的,则流向面积为 A 的单元平板表面的净热流将在整个厚度上均匀分布,即:

$$q_{\text{net}} = q\delta \tag{3-54}$$

式中,δ 为平板厚度(m);q_{net} 为由吸收入射的太阳辐射输入平板的热量减去通过平板下面的隔热板传导的热损失,以及向玻璃盖板和四壁通过对流和辐射散出的热损失(W/m²)。即

$$\frac{\partial^2 T}{\partial x^2} + \frac{\partial^2 T}{\partial y^2} + \frac{q_{\text{net}}}{K\delta} = 0 \tag{3-55}$$

这里 $(\partial^2 T/\partial z^2) = 0$,因为 $T_{(z)}$ 假定为常数。对于一般的平板形式,$\partial^2 T/\partial x^2$ 可以忽略不计,则方程式简化为

$$\frac{\partial^2 T}{\partial y^2} + \frac{q_{\text{net}}}{K\delta} = 0 \tag{3-56}$$

而

$$q_{\text{net}} = q_{\text{in}} - q_{\text{lost}} \tag{3-57}$$

$$q_{\text{in}} = f_1(H) = (\alpha\tau)_{\text{eff}} H \tag{3-58}$$

式中,$(\alpha\tau)_{\text{eff}}$ 为透射板透射比与吸收板吸收比的有效乘积;H 为总日照时间。

给定集热器的几何形状、传热关系和材料特性为已知,则

$$q_{\text{lost}} = f_2(T_p, T_g, T_a, T_e, V_{\text{wind}}, \dot{m}) \tag{3-59}$$

式中,T_p、T_g、T_a、T_e 分别为集热平板的平均温度、发生器温度、环境温度和盖板温度,单位均为℃;V_{wind} 为风速(m/s);$\dot{m}$ 为换热流体质量流量(kg/s)。

于是

$$T_g = f_3(T_p, T_e, V_{\text{wind}}, \dot{m}, T_a) \tag{3-60}$$

如果假定 $\dfrac{T_{\mathrm{g}}}{T_{\mathrm{e}}}$ 为常数,则

$$q_{\mathrm{lost}} = f_4(T_{\mathrm{p}}, T_{\mathrm{e}}, V_{\mathrm{wind}}, \dot{m}) \tag{3-61}$$

所以,对给定的稳定质量流量和稳定风速

$$q_{\mathrm{lost}} = f_5(T_{\mathrm{p}} - T_{\mathrm{a}}) \tag{3-62}$$

一般可写为

$$q_{\mathrm{lost}} = U_{\mathrm{L}}(T_{\mathrm{p}} - T_{\mathrm{a}}) \tag{3-63}$$

式中,U_{L} 为集热器的总热损系数[$\mathrm{W}/(\mathrm{m}^2 \cdot \mathrm{K})$]。将以上方程式进行变换,可得到如下的二阶微分方程式,来描述集热器平板横向的温度分布,即

$$\frac{\partial^2 T}{\partial y^2} + \frac{(\alpha\tau)_{\mathrm{eff}}H - U_{\mathrm{L}}(T_{\mathrm{p}} - T_{\mathrm{a}})}{K\delta} = 0 \tag{3-64}$$

方程式对 T 求解,可表示为

$$T = A_1 \mathrm{e}^{by} + A_2 \mathrm{e}^{-by} + (H/U_{\mathrm{L}}) + T_{\mathrm{a}} \tag{3-65}$$

式中,$b = \sqrt{U_{\mathrm{L}}/K\delta}$,A_1 和 A_2 为常数。

应用第一个边界条件:管中心部位的温度梯度在所有地方均为零,即

$$\left(\frac{\mathrm{d}T}{\mathrm{d}y}\right)_{y=0,x} = 0 \tag{3-66}$$

第二个边界条件:在肋片根部 $y = (W-B)/2$ 处的温度等于 $T_{\mathrm{b},x}$,B 表示宽度,W 表示相邻两管之间的距离(见图 3.44)。即

$$T_{y=(W-B)/2} = T_{\mathrm{b},x} \tag{3-67}$$

应用以上两个边界条件,得到如下的结果:

$$T = T_{\mathrm{b},x}\frac{\cosh by}{\cosh b\left(\dfrac{W-B}{2}\right)} + \left(T + \frac{H}{U_{\mathrm{L}}}\right)\left[1 - \frac{\cosh by}{\cosh b\dfrac{W-B}{2}}\right] \tag{3-68}$$

(2)流体得到的有效热量。在流动方向的单位长度上,从平板两侧向管传导的能量 $q_{\mathrm{fin\text{-}tube}}$ 由下式确定:

$$q_{\mathrm{fin\text{-}tube}} = -2K\delta\left(\frac{\mathrm{d}T}{\mathrm{d}y}\right)_{y=(W-B)/2} \tag{3-69}$$

对 T 微分求导,并代入上式,得

$$q_{\text{fin-tube}} = (W - B)F[H - U_L(T_{b,x} - T_a)] \qquad (3-70)$$

式中,F 为肋片效率,$F = [\tanh b(W-B)/2]/[b(W-B)/2]$。

由于吸收太阳辐射能,平板获得的、直接超过向两侧输出的能量增益为

$$q_{\text{tube-sect}} = B[H - U_L(T_{b,x} - T_a)] \qquad (3-71)$$

于是在流动方向的单位长度上,集热管的总能量增益可表示为

$$q_u = q_{\text{fin-tube}} + q_{\text{tube-sect}} \qquad (3-72)$$

或

$$q_u = [B + F(W-B)][H - U_L(T_{b,x} - T_a)] \qquad (3-73)$$

从平板到管的热流阻力可认为由以下三部分组成:① 平板和管之间焊接材料的热阻;② 管子壁厚的热阻;③ 流体在管壁上温度梯度的热阻。

因此

$$q_u = \frac{T_{b,x} - T_{f,x}}{1/\lambda_b + 1/\lambda_w + 1/(\pi D_i h_{f,x})} \qquad (3-74)$$

式中,λ_b 为焊接部位的热导率[W/(m·K)];λ_w 为管壁的热导率[W/(m·K)];D_i 为管内径(m);$h_{f,x}$ 为局部的膜传热系数[W/(m²·K)]。

流体的有效能量增益可以用已知的尺寸大小、物理参数,以及由求解 T_b 的方程式得到局部流体温度表示,代入下式以求出 q_u,即

$$q_u = WF'[H - U_L(T_{f,x} - T_a)] \qquad (3-75)$$

$$F' = \frac{1/U_L}{W[1/U_L(B + (W-B)F + 1/\lambda_w + 1/\pi D_i h_{f,x})]} \qquad (3-76)$$

式中,F' 为集热器的效率因子。考虑流过长度为 dx 的管子、接受均匀热流 q_u 的流体单元上的能量平衡,得

$$\dot{m}c_p T_{f,x} - \dot{m}c_p T_{f,x+dx} + q_u dx = 0 \qquad (3-77)$$

或

$$\dot{m}c_p \frac{dT_{f,x}}{dx} - WF'[H - U_L(T_{f,x} - T_a)] = 0 \qquad (3-78)$$

如果假定 F' 和 U_L 为常数(与 x 无关),并令 $x = L_c$,则可求得集热器出口温度为

$$T_{out} = T_a + (H/U_L) - [(H/U_L) - (T_{in} - T_a)] \cdot \exp(-U_L F' A_c / \dot{m} c_p)$$

$$(3-79)$$

式中，A_c 为集热器的面积（m^2），$A_c = W_c L_c$。总有效能量收集率 Q_u 可以表示为

$$Q_u = \dot{m} c_p (T_{out} - T_{in}) \qquad (3-80)$$

代入已导出的 T_{out}，得

$$Q_u = A F_R [H - U_L (T_{in} - T_a)] \qquad (3-81)$$

式中，F_R 为集热器的热迁移因子。

$$F_R = \frac{\dot{m} c_p}{A U_L [1 - \exp(-F' U_L A_c / \dot{m} c_p)]} \qquad (3-82)$$

（3）总热损失系数。集热平板的能量损失包括：辐射热向盖板和侧面的对流热，以及通过壳体绝热体的热传导。Hottel 和 Woertz 指出，通过集热器的 N 层玻璃盖板的能量损失率 Q_t 可通过求解下列 $N+1$ 个非线性方程组得到：

$$\begin{cases} Q_t = \dfrac{\sigma A (T_p^4 - T_g^4)}{1/\varepsilon_p + 1/\varepsilon_g - 1} + h_{ci} A (T_m - T_g) \\ \cdots \\ Q_t = \dfrac{\sigma A (T_{g,i}^4 - T_{g,i}^4)}{2/\varepsilon_g - 1} + h_{c1} A (T_{g,i-1} - T_{g,i}) \\ \cdots \\ Q_t = \varepsilon_g \sigma A (T_{gN}^4 - T_{sky}^4) + h_w A (T_{gN} - T_a) \end{cases} \qquad (3-83)$$

式中，T_p 为集热平板的平均绝对温度（℃）；T_{gi} 为第 i 层玻璃盖板的平均绝对温度（℃）；ε_p、ε_g 为集热平板和玻璃的红外发射率；h_{ci} 为构成第 i 层空气夹层的两个表面之间的对流传热系数[$W/(m^2 \cdot K)$]；h_w 为最顶上的盖板和大气之间的对流传热系数[$W/(m^2 \cdot K)$]。

注意，这里已经假定玻璃不吸收太阳辐射，所以从集热盖板到第一层玻璃盖板的热损，等于随后的玻璃盖板之间和最顶上的盖板与大气之间的热损。

如果将 Q_t 和 N 个玻璃盖板的平均温度作方程中的未知数，那么为了求解方程组，集热平板的平均温度必须已知。集热平板的平均温度可以由积分描述的温度分布的方程式求得，即

$$T_p = \frac{1}{A} \int_0^{(W-B)/2} \int_0^L T \mathrm{d}x \, \mathrm{d}y \qquad (3-84)$$

一旦求得 T_p，就可用迭代法求解已给出的 $N+1$ 个方程，从而求得 Q_t 和 N 个玻璃盖板的平均温度。Hottel 和 Woertz 推导出可以快速计算 Q_t 的近似公式：

$$Q_t = \frac{A(T_p - T_a)}{\left[N/C' \sqrt[4]{(T_m - T_a)/(N+f)}\right] + 1/h_w} + \frac{\sigma A(T_p^4 - T_a^4)}{\left[(2N+f+1)/\varepsilon_g + 1/\varepsilon_p - N\right]}$$

(3-85)

式中，系数 C' 的数值决定于集热器的倾斜度；f 的数值，对应于风速 0、4.5 m/s 和 9 m/s，分别为 0.76、0.36 和 0.24。

Klein 利用对流传热系数的数值和 Tabor 推荐的玻璃的发射率，推导出更精确的计算 Q_t 的经验公式。更重要的是，他利用 Tabor 推荐的关系式去估计集热平板通过底部绝热层的能量损失率：

$$Q_{bottom} = \frac{A(T_p - T_a)}{(\delta_1/K_1) + 1/h_{bottom}}$$

(3-86)

式中，δ_1 为绝热层的厚度（m）；K_1 为热导率[W/(m·K)]；h_{bottom} 为集热器底部和大气之间的对流传热系数[W/(m²·K)]。

Klein 利用 Wkillier 式估计侧面损失，即

$$Q_{edge} = h_{edge} A_p (T_p - T_a)$$

(3-87)

式中，A_p 为集热器的外部周围面积（m²）；h_{edge} 为侧面传热系数[W/(m²·K)]。

这样，总热损失系数 U_L 定义为

$$U_L = \frac{Q_1 + Q_{bottom} + Q_{edge}}{A(T_p - T_a)}$$

(3-88)

Duffie 和 Beckman 对应不同的环境温度、玻璃温度、风速和平板发射率绘制了顶部损失系数 U_t 和 T_p 的关系曲线。这些曲线中反映的特点很有意思：对于平板发射率为 0.95 的涂黑漆和集热器，U_t 基本上是 $(T_p - T_a)$ 的线性函数；但是，对具有选择性表面而长波发射率为 0.1 的集热器，其顶部损失系数 U_t 是 $(T_p - T_a)$ 的非线性函数。

2）瞬时效率

根据式（3-52），在集热器工质的流量和工质的进出口温度不变或基本不变（稳态或准稳态）的工况下（$Q_S = 0$），则

$$Q_U = Q_A - Q_L$$

(3-89)

平板型集热器的瞬时效率可以用工质所获得的有用能量与入射到集热器上的

太阳总辐射能之比来表示：

$$\eta = \frac{Q_U}{A_a I} = \frac{Q_A - Q_L}{A_a I} = F'\left[\tau\alpha - U_L\frac{T_m - T_a}{I}\right] \tag{3-90}$$

式中，η 为集热器的瞬时效率（%）；I 为太阳辐射强度（W/m²）；A_a 为集热器采光面积（m²）；τ 为盖板的太阳透过率（%）；α 为吸热板的太阳吸收率（%）；F' 为集热器的效率因子，集热器结构特性参数，表征吸热体对工质传热的好坏；U_L 为集热器的总热损系数 [W/(m²·K)]；T_m 为工质的平板温度（℃）；T_a 为环境温度（℃）。

由式（3-90）可以看出：集热器的瞬时效率与集热器的结构、材料和工艺有关，$(\tau\alpha)$ 越大，吸收的太阳能越多，η 越高；F' 越大（吸热板对工质的传热性能越好），η 越高；U_L 越小，η 越高。

图 3.45 给出几种不同材料、结构的集热器的效率曲线，可以根据使用地区的气温、季节和水温度等情况来选择不同的集热器。

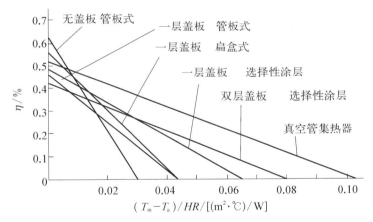

图 3.45　几种太阳能集热器的瞬时效率曲线

3）平板型集热器的性能测试

集热器的热性能试验项目包括：瞬时效率曲线、入射角修正系数、时间常数、有效热容量、压力降等。其中瞬时效率曲线是最主要的，下面主要关于它进行描述。

评价一台平板型集热器性能的好坏，其设计指标很多，其中最重要的一个指标就是集热器的热效率。目前广泛利用性能测试试验来获得集热器的热效率，集热器的性能测试试验有两种基本方法：瞬时法和量热法。

瞬时法要求在稳态或准稳态工况下，同时测量流过集热器的集热介质的流量 G（kg/s）、集热器进出口集热介质温差 ΔT（℃），以及集热器平面上的太阳辐射强度 I（W/m²），然后按下列公式计算集热器的有效功率 Q 和瞬时效率 η：

$$Q = Gc_f \Delta T = Gc_f(T_{t,o} - T_{t,i}) \tag{3-91}$$

$$\eta = \frac{Gc_f \Delta T}{AI} = \frac{Gc_f(T_{t,o} - T_{t,i})}{AI} \tag{3-92}$$

式中，c_f 为传热工质的比热容[J/(kg·℃)]；$T_{t,o}$ 为集热器中的集热工质出口温度(℃)；$T_{t,i}$ 为集热器中的集热工质进口温度(℃)；A 为集热器的面积(m²)。参数 A 的选择与集热器效率有直接关系，所以在计算集热器效率之前，必须先确定以哪一种面积为参考，即选择吸热体面积 A_A、采光面积 A_a、总面积 A_G 中的哪一个，然后计算出相应面积为参考的集热器效率：

$$\eta_A = \frac{Gc_f \Delta T}{A_A I} = \frac{Gc_f(T_{t,o} - T_{t,i})}{A_A I} \tag{3-93}$$

$$\eta_a = \frac{Gc_f \Delta T}{A_a I} = \frac{Gc_f(T_{t,o} - T_{t,i})}{A_a I} \tag{3-94}$$

$$\eta_G = \frac{Gc_f \Delta T}{A_G I} = \frac{Gc_f(T_{t,o} - T_{t,i})}{A_G I} \tag{3-95}$$

式中，η_A 为以吸热体面积为参考的集热器效率；η_a 为以采光面积为参考的集热器效率；η_G 为以总面积为参考的集热器效率。

量热法通常采用闭路系统，回路中有一个绝热良好的贮液容器，即量热器。通常每平方米的集热面积配以大约 45 L 的贮液容积。在用这种方法进行集热器的测量试验时，需要测量系统中总流体质量 M(kg)的温度变化率 $\dfrac{dT_f}{d\tau}$，然后由下列关系式计算效率：

$$\eta = \frac{Mc_f \dfrac{dT_f}{d\tau}}{AI} \tag{3-96}$$

同样，参数 A 选取吸热体面积 A_A、采光面积 A_a、总面积 A_G 中的一个进行计算。

以上两种方法，各有其优缺点。瞬时法只要对集热器本身分别准确地测定 G、ΔT 以及 I 即可。而量热法，除去要测定 $\dfrac{dT_f}{d\tau}$ 以及 I 外，还要事先对量热器的热容量、热损失及其内部温度梯度等做出仔细分析，所以量热法要比瞬时法复杂。瞬时法适用于测定集热器的瞬时效率，而量热法则更适宜于测定集热器的日平均效率。一般，气体的比热容太小，因此量热法不能用于测定空气集热器的性能。目前，普遍采用瞬时法测定和评价平板型集热器的各种性能。

3.5.2 真空管集热器

1) 真空管集热器效率计算

如图 3.46 所示,真空管集热器的效率可通过下式计算得到,

$$\eta = \frac{DF_{\text{R}}}{B'(I_{d\theta} + I_{\text{D}\theta})} \left[I_{\text{eff}} - \pi U_{\text{L}}(T_{\text{f,i}} - T_{\text{a}}) \right] \tag{3-97}$$

式中,D 为吸收管外径(mm);B' 为集热管中心线间距($B'=2D_1$);$I_{d\theta}$ 为集热器板单位面积的直射辐射量(W/m²);$I_{\text{D}\theta}$ 为集热器板单位面积的散射辐射量(W/m²);F_{R} 为集热器热迁移因子;I_{eff} 为集热管吸收的热量(W/m²);U_{L} 为集热器总热损失系数[W/(m²·℃)];$T_{\text{f,i}}$ 为集热器流体进口温度(℃);T_{a} 为环境空气温度(℃)。

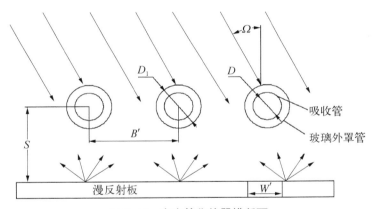

图 3.46 真空管集热器横断面

集热器吸收的总热量由以下四部分辐射量组成:

(1) 集热器正面照射到集热管的直射辐射量:

$$I_{\text{D.1}} = I_{\text{DN}} \cos i_{\text{t}} g(\Omega)(\tau\alpha)_{i_{\text{t}}} \tag{3-98}$$

式中,I_{DN} 为法线直射辐射量(W/m²);i_{t} 为直射阳光对集热管的入射角,即阳光直射线在集热管横断面上的投影与阳光直射线之间的夹角;$(\tau\alpha)_{i_{\text{t}}}$ 表示焦热管的入射角为 i_{t} 时,集热管的 $\tau\alpha$ 值。计算 $(\tau\alpha)_{i_{\text{t}}}$ 时集热管玻璃平面的法向透射系数 $\tau_{\text{n}}=0.92$,吸收管法向吸收系数 $\alpha_{\text{n}}=0.86$。集热管南北放置时 $\cos i_{\text{t}}$ 为

$$\cos i_{\text{t}} = \{1 - [\sin(\theta - \varphi)\cos\delta\cos\omega + \cos(\theta - \varphi)\sin\delta]^2\}^{1/2} \tag{3-99}$$

式中,θ 为集热器漫反射板与水平面的夹角;φ、δ、ω 分别表示纬度、赤纬和时角。集

热管东西放置时：

$$\sin i_t = | \cos \delta \sin \omega | \quad (3-100)$$

$g(\Omega)$ 为遮挡系数，当投影入射角 Ω（即阳光射线在集热管横断面上的投影与集热器板法线的夹角，见图 3.46）大于临近入射角 Ω_0 时，开始发生遮挡。Ω_0 计算公式如下：

$$|\Omega_0| = \cos^{-1}\left[\frac{(D+D_1)}{2B'}\right] \quad (3-101)$$

式中，D_1 为集热管玻璃外罩管外径（mm）。

集热管南北放置时，

$$\Omega = \cos^{-1}\left(\frac{\cos i_e}{\cos i_t}\right) \quad (3-102)$$

式中，i_e 为直射阳光对集热器板的入射角。

集热管东西放置时，

$$\Omega = \left| \cos^{-1}\left(\frac{\sin h}{\cos i_t}\right) - \theta \right| \quad (3-103)$$

式中，h 为太阳高度角。当 $|\Omega| < |\Omega_0|$ 时，$g(\Omega) = 1$；当 $|\Omega| > |\Omega_0|$ 时，$g(\Omega) = \frac{B'}{D}\cos\Omega + \frac{1}{2}\left(1 - \frac{D_1}{D}\right)$。

（2）集热器正面的直射辐射穿过管间间隙照在漫反射板上，再反射到集热管上的辐射量：

$$I_{D,2} = I_{DN}\cos i_t \rho_s \Delta \frac{W'}{D}(\tau\alpha)_{60°} \quad (3-104)$$

式中，ρ_s 为漫反射板的反射系数；W' 为直射阳光通过集热管间隙照在漫反射板上的光带宽度，$W' = B' - \frac{D_1}{\cos\Omega}$；$\Delta$ 为光带对集热管的形状系数，当 $B' = 2D_1$ 时，Δ 为 0.6～0.7。

（3）集热管直接拦截的散射辐射：

$$I_{d,1} = \pi F_{TS} I_{d\theta}(\tau\alpha)_{60°} \quad (3-105)$$

式中，F_{TS} 为集热管投影面积。

（4）来自集热器正面的散射辐射穿过集热管间隙，照在反射板上又反射到集热管的辐射量：

$$I_{d,2} = \pi F_{TS} I_{d\theta} \rho_s \bar{F}(\tau\alpha)_{60°} \quad (3-106)$$

式中，$\bar{F}$ 为散射光带对集热管的形状系数，当 $B'=2D_1$ 时，$\bar{F}\approx0.34$。则有效辐射量为

$$I_{\text{eff}}= I_{\text{DN}}\cos i_{\text{t}}g(\Omega)(\tau\alpha)_{60°}+\left[I_{\text{DN}}\cos i_{\text{t}}\rho_{\text{s}}\Delta\frac{W'}{D}(\tau\alpha)_{60°}+\pi F_{\text{TS}}I_{\text{d}\theta}(1+\rho_{\text{s}}\bar{F})\right](\tau\alpha)_{60°}$$

$$(3-107)$$

2）真空管集热器热性能实验

国家标准《真空管太阳能集热器》(GB/T 17581—1998)对真空管集热器的热性能试验做了明确的规定。基本内容与 3.5.1 节中平板型集热器的热性能试验方法基本一致，包括用于计算集热器的有效功率的式(3-91)和计算集热器效率的式(3-93)、式(3-94)、式(3-95)。这里不再赘述。

3.5.3　复合抛物面聚光集热器

在分析复合抛物面聚光(CPC)集热器的热性能时，应考虑以下这些热流(以接收器单位面积上的数值表示)：

① 接收器直接吸收和经反射后吸收的直射太阳辐射 $q_{\text{b,r}}$；

② 聚光器光孔直接吸收和由接收器反射后间接吸收的直射太阳辐射 $q_{\text{b,a}}$；

③ 聚光器吸收的散射太阳辐射 $q_{\text{d,r}}$；

④ 聚光器光孔吸收的散射太阳辐射 $q_{\text{d,a}}$；

⑤ 接收器吸热体与透明盖层之间的辐射换热 $q_{\text{i,r}}$；

⑥ 接收器透明盖层与周围环境之间的辐射换热损失 q_{sky}；

⑦ 接收器吸热体与透明盖层之间的对流换热 $q_{\text{c,ra}}$

⑧ 接收器透明盖层与周围环境之间的对流换热损失 $q_{\text{c,e}}$；

⑨ 接收器得到的有用热量 q_{u}。

上述这些热流可分别用如下计算式求得：

$$q_{\text{b,r}}=G_{\text{b,c}}\tau_{\text{a}}(i)\rho^{\bar{n}}\alpha_{\text{r}}(1+\rho^{2\bar{n}}\rho_{\text{r}}\rho_{\text{a}})\frac{A_{\text{a}}}{A_{\text{r}}}\qquad(3-108)$$

$$q_{\text{b,a}}=G_{\text{b,c}}\left[\alpha_{\text{a}}(i)+\tau_{\text{a}}(i)\rho^{2\bar{n}}\rho_{\text{r}}\bar{\alpha}_{\text{a}}\right]\frac{A_{\text{a}}}{A_{\text{r}}}\qquad(3-109)$$

$$q_{\text{d,r}}=G_{\text{d,c}}\bar{\tau}_{\text{a}}\rho^{\bar{n}}\alpha_{\text{r}}\qquad(3-110)$$

$$q_{\text{d,a}}=G_{\text{d,c}}\bar{\alpha}_{\text{a}}\frac{A_{\text{a}}}{A_{\text{r}}}\qquad(3-111)$$

$$q_{i,r} = E_{eff}\sigma(T_r^4 - T_a^4) \qquad (3-112)$$

$$q_{sky} = E_{eff}\sigma(T_a^4 - T_{sky}^4)\frac{A_a}{A_r} \qquad (3-113)$$

$$q_{c,ra} = h_{c,ra}(T_r - T_a) \qquad (3-114)$$

$$q_{c,e} = h_{c,e}(T_a - T_\infty)\frac{A_a}{A_r} \qquad (3-115)$$

式中,引入一个"平均反射数" $\bar{n}$ 作为确定光效率的参数, $\bar{n}$ 的定义为:进入 CPC 集热器光孔的全部辐射在到达接收器途中平均经过的反射次数。 $G_{b,c}$ 为投射在聚光器光孔平面上的直射太阳辐射; $G_{d,c}$ 为投射在聚光器光孔平面上的散射太阳辐射; T_{sky} 为有效天空辐射温度; $h_{c,ra}$、 $h_{c,e}$ 为对流换热系数; α_r、 α_a 为接收器吸热体和透明盖层的吸收比; ρ_r、 ρ_a 为接收器吸热体和透明盖层的反射比; T_∞ 为环境温度; A_a 为聚光器光孔的面积; A_r 为接收器上接收辐射的表面面积; E_{eff} 为有效发射率, $E_{eff} = (\varepsilon_r^{-1} + \varepsilon_a^{-1} - 1)^{-1}$。

透明盖层对直射辐射的透射比和吸收比都与太阳光线入射角有关,对散射辐射的透射比和吸收比可认为与太阳光线入射角无关。槽形复合抛物面内对流换热系数可按平面的自然对流关系估计。

根据上述各项计算式,可对接收器、透明盖层和传热介质分别得到稳态的能量平衡方程式如下。

(1) 吸热体的能量平衡方程为

$$q_{b,r} + q_{d,r} = q_u + q_{c,ra} + q_{i,r} \qquad (3-116)$$

(2) 透明盖层的能量平衡方程为

$$q_{b,a} + q_{d,a} + q_{i,r} + q_{c,ra} = q_{sky} + q_{c,e} \qquad (3-117)$$

(3) 传热介质的能量平衡方程为

$$c_p(T_{f,o} - T_{f,i}) = q_u A_r / \dot{m} \qquad (3-118)$$

通过联立求解式(3-116)～(3-118),运用迭代法,最终可求得满足精确度要求的 q_u,T_a 和 $T_{f,o}$。

复合抛物面集热器的瞬时效率,可由聚光系统得到的有用热量除以投射的总太阳能辐射能量求得

$$\eta_c = \frac{q_u A_r}{(G_{b,c} + G_{d,c})A_a} \qquad (3-119)$$

若假设接收器吸热体对直射辐射和散射辐射的吸收比都与太阳光线入射角无关,透明盖层的透射比也与太阳光线入射角无关,并假设全部热损失项都可以用 $U_L(T_r - T_\infty)$ 表示,则式(3 - 119)可简化为

$$\eta_c = \frac{q_u A_r}{G_a A_a} = \rho^{\bar{n}} \tau \alpha \gamma - \frac{U_L(T_r - T_\infty)}{C G_a} \qquad (3-120)$$

式中,C 为聚光比,有关太阳辐射的直射分量与散射分量的比例反映在采集因子 γ 中,

$$\gamma \equiv \frac{G_{b,c}}{G_a} + \frac{1}{C} \frac{G_{d,c}}{G_a} \qquad (3-121)$$

在此情况下,式(3 - 120)中的光学效率不再是一个与运行条件无关的简单参数,它将随着直射分量与散射分量的比例而有所变化。

典型的复合抛物面集热器的光效率数值范围为 0.6～0.7,低于非聚光的平板型集热器和真空管集热器。因此,复合抛物面集热器在低温运行条件下效果较差,这种情况下光效率很重要;而在较高温运行时,复合抛物面集热器因热损失减少而显示出优越性。

3.5.4　聚焦式集热器

跟非聚光的平板型集热器和真空管集热器一样,聚光集热器的热性能也是通过能量平衡来描述的,常用如式(3 - 116)～(3 - 121)所示的瞬时效率方程表示。但是,对聚光集热器来说,计算接收器热损失的方法不像非聚光的平板型集热器和真空管集热器所概括的那样简单,尽管其计算原理相同。这是因为聚光集热器的吸收器形式多样、表面温度更高、边缘影响更严重,热传导损失有时可能相当大,并且由于吸收器上的辐射流不均匀,接收器表面可能存在显著的温度梯度。所有这些因素使得提出一个简单而通用的估算热损失的方法十分困难,因而必须针对具体的吸收器形状进行讨论。

有一些圆管接收器热损失的简化描述,以单位长度的热损失表示。如果吸收器为吸热管外罩透明管、夹层抽真空的真空集热管,则有

$$q_1 = \frac{A_k}{R_k L}(T_r - T_a) + \sigma \varepsilon_r \frac{A_r}{L}(T_r^4 - T_{sky}^4) \qquad (3-122)$$

式中,A_k 和 R_k 分别为吸收器两端导热部件的横截面积和导热热阻。

如果吸收器为没有罩透明管的裸露吸热管,则有

$$q_1 = h_w \frac{A_r}{L}(T_r - T_a) + \frac{A_k}{R_k}(T_r - T_a) + \sigma \varepsilon_r \frac{A_r}{L}(T_r^4 - T_{sky}^4) \quad (3-123)$$

式中，h_w 为裸露吸热管表面与周围空气换热的热损失系数。

聚光集热器也可以做类似非聚光的平板型集热器和真空管集热器那样的分析，推导出聚光集热器的效率因子 F' 和热损失系数 U_L 的适当表达式，然后由已知的 F' 和 U_L 计算出聚光集热器的出口温度。当然，这也是一个简化的分析。

下面讨论一个接收器为裸露吸热管的槽形抛物面集热器。假设吸收器圆管圆周没有温度梯度，圆管外侧的热损失系数为 U_L。由于反射表面的存在，所以 U_L 中的辐射项本质上是对天空的辐射。热损失系数 U_L 由下式求得：

$$U_L = \left(\frac{1}{h_w} + \frac{1}{h_r}\right)^{-1} \quad (3-124)$$

式中，h_r 为辐射热损失系数，可利用辐射的平均温度来计算。如果沿着吸收器管内传热介质流动方向的温度梯度较大而不宜取单一的 h_r 值，可以将集热器分成两段或多段来考虑，每一段取一个恒定的 h_r 值。

由于聚焦系统的热流可能很高，所以从吸收器圆管外表面到传热介质的热阻必须考虑管壁的热阻。从周围环境到传热介质的总传热系数 U_0（以圆管外径为计算标准）为

$$U_0 = \left[\frac{1}{U_L} + \frac{D_o}{h_i D_i} + \frac{D_o \ln(D_o/D_i)}{2\lambda}\right]^{-1} \quad (3-125)$$

式中，D_o、D_i 为吸热器圆管的外径和内径；h_i 为传热介质与圆管内侧之间的换热系数；λ 为圆管材料的导热系数。

单位长度的聚光集热器的有用能量收益 q_u，可以用吸收器温度 T_r 来表示，

$$q_u = \frac{A_a}{L} G_b R_b \eta_0 - \pi D_o U_L (T_r - T_a) \quad (3-126)$$

式中，G_b 为直射太阳辐照度；R_b 为斜面和水平面上直射太阳辐照度的比值。

当然，也可以用圆管传递给传热介质的能量来表示：

$$q_u = \frac{\pi D_o (T_r - T_f)}{\dfrac{D_o}{h_i D_i} + \dfrac{D_o \ln(D_o/D_i)}{2\lambda}} \quad (3-127)$$

式中，T_f 为传热介质温度。

从式（3-126）和（3-127）中消去 T_f，则可得：

$$q_u = \frac{U_0}{U_L} \frac{A_a}{L} \left[G_b R_b \eta_0 - \frac{\pi D_o L}{A_a} U_L (T_r - T_a) \right] \tag{3-128}$$

或

$$q_u = F' A_a \left[G_b R_b \eta_0 - \frac{A_r}{A_a} U_L (T_r - T_a) \right] \tag{3-129}$$

式中，$A_r = \pi D_o L$，集热器的效率因子 F' 的表达式为

$$F' = \frac{U_0}{U_L} \tag{3-130}$$

由式(3-129)，等式两边同除以 $A_a G_b R_b$，可得聚光集热器的瞬时效率方程：

$$\eta_c = F' \left[\eta_0 - \frac{A_r}{A_a} U_L \frac{(T_r - T_a)}{G_b R_b} \right] \tag{3-131}$$

依照平板型集热器和真空管集热器类似的处理方法，可得：

$$\eta_c = F_R \left[\eta_0 - \frac{A_r}{A_a} U_L \frac{(T_i - T_a)}{G_b R_b} \right] \tag{3-132}$$

式中，F_R 为集热器热迁移因子；T_i 为传热介质进口温度。

集热器流动因子 F'' 的表达式为

$$F'' = \frac{F_R}{F'} = \frac{\dot{m} c_p}{A_r U_L F'} \left[1 - \exp\left(-\frac{A_r U_L F'}{\dot{m} c_p} \right) \right] \tag{3-133}$$

式中，$\dot{m}$ 为传热介质的流量；c_p 为传热介质的比定压热容。

上述同样分析方法，也可应用于有透明套管的吸收器，但 η_0 中 $\tau\alpha$ 应当是有效的透射比与吸收比的乘积，并在 U_L 中考虑附加的热阻。

3.6　习题

1. 什么是太阳能集热器？
2. 简述太阳能集热器的工作原理。
3. 太阳能集热器有哪些分类方法？
4. 简述平板太阳能集热器和真空管太阳能集热器的基本结构。
5. 简述复合抛物面太阳能集热器的工作原理。
6. 简述跟踪式太阳能集热器的种类及各自的特点。

参 考 文 献

［1］谢文韬.菲涅尔太阳能集热器集热性能研究与热迁移因子分析［D］.上海：上海交通大学,2013.

［2］Klein S A. Calculation of flat-plate collector loss coefficients［J］. Solar Energy, 1975, 17(1)：79-80.

［3］Tabor H. Stationary mirror systems for solar collectors［J］. Solar Energy，1958，2(3-4)：27-33.

第4章 太阳能热水系统

4.1 太阳能热水系统工作原理

太阳能热水系统是利用温室效应原理,将部分到达地球表面的太阳辐射能吸收,进而转变为热能,并通过工作介质将热能转换给热水,从而获得热水的供热水系统。太阳能热水系统由太阳能集热器、贮热水箱、泵、循环管道、辅助热源、控制系统等相关部件组成。

太阳能热水系统应该满足安全、适用、经济、美观的原则,且便于安装、清洁、维护及局部更换。

4.2 太阳能热水系统分类

4.2.1 太阳能热水系统介绍

太阳能热水系统是以太阳能作为能量来源,通过太阳能集热器将太阳辐照能转换为工质的热能,并且用此对水进行加热的系统装置。

太阳能热水系统有多个组成部分,主要包括集热器、贮热水箱、辅助能源、控制系统以及连接管路等其他零配件。

太阳能集热器通过自身高吸收率、低发射率的镀膜吸收太阳光的热量,并且通过降低集热器热损耗将热量保存起来,通过水、导热油等不同的工质将热量传递出去。

4.2.2 太阳能热水系统的分类方式[1]

太阳能热水系统可以根据太阳能热水系统内的不同组成部分或者不同的系统设计进行分类。根据现有的太阳能热水系统情况,将太阳能热水系统依据不同的标准进行划分,主要有6种划分的模式。

1）按照热交换的方式划分

太阳能热水系统按照热交换的方式划分为：直接式系统和间接式系统。

直接式太阳能热水系统（见图4.1），也称单回路系统或单循环系统，是指太阳能集热器直接加热用户使用的循环水。

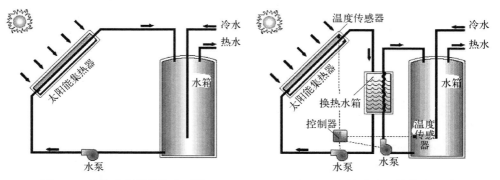

图 4.1　直接式太阳能热水系统　　　　图 4.2　间接式太阳能热水系统

间接式太阳能热水系统（见图4.2），也称双回路系统或双循环系统，是通过加热集热器中的工质，然后再通过热交换器将热量传递给用水。

2）按照辅助热源系统的有无划分

太阳能热水系统按照辅助热源系统的有无划分为：有辅助热源系统和无辅助热源系统。

有辅助热源的太阳能热水系统（见图4.3），是指除了利用太阳能热水系统进行加热之外，当太阳能不能满足用水舒适性的时候，通过辅助的热源，如燃气、电加热等方式，对热水进行辅助加热，从而使得热水达到使用要求。

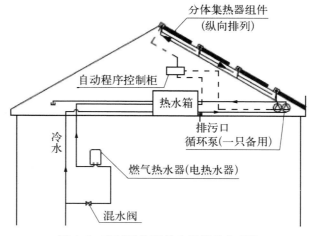

图 4.3　有辅助热源的太阳能热水系统

无辅助热源的太阳能热水系统,即没有辅助热源的太阳能热水系统,热水来源仅限于太阳能集热器加热的热水。

3）按照辅助热源的控制方式划分

太阳能热水系统按照辅助热源的控制方式划分为:手动启动系统、定时自动启动系统和全日自动启动系统。随着技术的发展,现在市场的主流控制方式以全日自动启动系统为主。

（1）手动启动系统,是指根据用户需要,随时手动启动辅助热源的太阳能热水系统。

（2）定时自动启动系统,是指定时自启动辅助热源,从而可以定时供应热水的太阳能热水系统。

（3）全日自动启动系统,是指始终自动启动辅助热源,确保可以全天 24 小时供应热水的太阳能热水系统。

4）按照水箱与集热器的连接位置

太阳能热水系统按照水箱与集热器的连接位置划分为:紧凑式系统、分离式系统和闷晒式系统。

（1）紧凑式系统,是指太阳能集热器与贮水箱相互独立,但是又直接安装在一起的系统。

（2）分离式系统,是指集热器与贮水箱分开安装的太阳能热水系统。

（3）闷晒式系统,是指集热器与贮水箱合为一体的太阳能热水系统。

5）按照太阳能热水系统贮热方式划分

太阳能热水系统按照太阳能热水系统贮热方式划分为:集中集热-集中贮热和集中集热-分户贮热系统。

（1）集中集热-集中贮热系统（见图 4.4）,是指太阳能热水系统在供应建筑用水时,多个用户共用一个贮热水箱。

（2）集中集热-分户贮热系统（见图 4.5）,是指在太阳能热水系统集热器产生热水之后,每个用户用自己的独立水箱进行贮热。

6）按照太阳能热水系统的循环方式划分

太阳能热水系统按照系统的循环方式划分为:自然循环系统、直流式系统和强制循环系统。

（1）自然循环系统,是指传热工质通过自身温度的不同,进行热交换和热对流,从而产生循环。如图 4.6 所示,在自然循环系统中,水在集热器中受太阳辐射能加热,温度升高,加热后的水从集热器的上循环管进入储水箱的上部,与此同时,储水箱底部的冷水由下循环管流入集热器,经过一段时间后,水箱中的水形成明显的温度分层,上层水达到可使用温度。用热水时,由补给水箱向储水箱底部补充冷

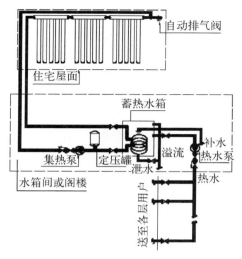

图 4.4　集中集热-集中贮热系统　　　　图 4.5　集中集热-分户贮热系统

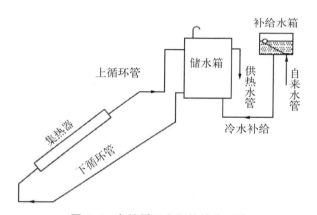

图 4.6　自然循环太阳能热水系统

水,将储水箱上层热水顶出使用,其水位由补给水箱内的浮球阀控制。其优点是系统结构简单、不需要附加动力和辅助能源,运行安全可靠、管理方便、设备维护费用少;缺点是为了维持必要的热虹吸压头,并防止系统在夜间产生倒流现象,储水箱必须置于集热器的上方,而且高度差要大,通常为 1～2 m。因为大型系统的储水箱很大,将储水箱置于集热器上方,在建筑布置和荷重设计上都会带来很多问题。因此,大型太阳能热水系统不适宜采用这种自然循环方式。

　　(2) 直流式系统,是指传热工质在与集热器进行热交换之后,直接流向用户端的系统模式。直流式系统有热虹吸型和定温放水型两种(见图 4.7、图 4.8)。热虹吸型直流式系统的集热器出口和热水管的最高位置一致。当集热器受到阳光照射时,其内部的水温升高,在系统中形成热虹吸压力,从而使热水由上升管流入储水箱,同时补给水箱的冷水自动经下降管进入集热器。太阳辐射越强,所得的热水温度越高流量越大,流量具有自我调节功能,但供水温度不能按照用户要求调节。定温放水型直流式系统在集热器出口处安装测温元件,通过温度控制器,控制安装在集热器入口管道上的开关,调节水流量,使出口水温始终保持恒定。对比自然循环系统,其优点是:产热水速度大大提高,系统运行由控制器控制,智能化提高,系统相对稳定,适用于大型热水工程。其缺点是对储水箱保温性能要求高,当储水箱内的水温降低而水箱又处于满水位时无法使集热器内的高温水继续进入水箱,造成浪费,且系统增加控制器及温度探头导致设备维护费用提高。

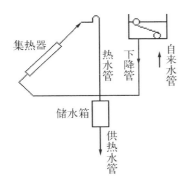

图 4.7　热虹吸型直流式热水系统

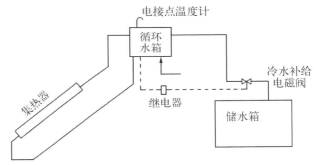

图 4.8　定温放水型直流式热水系统

（3）强制循环系统,又称主动循环系统,是指通过机械设备,对循环系统施加外部力量进行循环的系统(见图 4.9)。这种系统在集热器和储水箱之间管路上设置水泵,作为系统中的水循环动力。系统中设有控制装置,根据集热器出口与储水箱之间的温差控制水泵运转。在水泵入口处,装止回阀,防止夜间系统中发生水倒流而引起热损失。强制循环系统的循环动力大大加强,有利于提高热效率,实现热水系统的多种功能及控制,是目前应用比较广泛的一种热水系统形式。

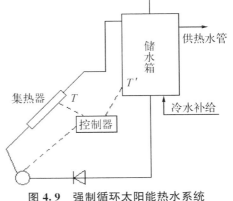

图 4.9　强制循环太阳能热水系统

4.3　太阳能热水系统的设计选型

太阳能集热系统主要包含太阳能集热器、贮水箱及相应的阀门和控制系统,强制循环系统还包括循环水泵,间接式系统还包括换热器。

确定太阳能热水系统设计方案,要充分考虑到用户单位的具体实际,收集太阳能热水系统安装点的有关资料,包括地理位置(纬度)、屋面情况(屋面荷载、平顶或斜顶)、承重墙(梁)分布、周围有无高大建筑物、集热器放置所需朝向的日照情况,以及其他管道、设备、设施的分布和高度尺寸。太阳能集热器的安装位置对建筑物屋面承载的要求:一般地区屋面的承载力应大于 $150 \, kg/m^2$,沿海地区因有台风影响,屋面的承载力应大于 $200 \, kg/m^2$。

太阳能集热器是太阳能热水系统的集热部件,也是太阳能热水系统的核心部件,其性能优劣直接影响到太阳能热水系统的性能。为了增强热水系统工作的稳定性,在选择太阳能集热器的时候,不应选择会因为局部损坏而导致系统整体失效的太阳能集热器。并且太阳能集热系统的相关太阳能产品应符合现行国家标准和设计的要求。

太阳能热水系统需要与建筑中的其他系统协同工作,为了提高太阳能热水系统与建筑的整合程度,太阳能热水系统设计应与建筑、结构、给排水、电气、暖通等相关专业同步设计。集热器、水箱、支架等主要部件的正常使用寿命不应少于 15 年。其相关内置辅助能源加热装置必须配置安全设施,同时,太阳能热水系统使用的管道、配件、水箱等部分的材质应该和建筑的给排水系统相匹配,满足使用和卫生的要求。

太阳能热水系统供水的设计水温、水压、水质和热水用水定额,应符合现行国家标准:《建筑给水排水设计规范》(GB 50015)、《民用建筑节水设计标准》(GB 50555)中的相关规定。

4.3.1　太阳能热水系统与建筑适用性

太阳能热水系统的太阳能集热器及其系统的性能应该与建筑物的围护结构相适配,与建筑围护结构一体化结合,并能与建筑物整体和周围环境相协调。

安装在建筑屋面、阳台、墙面和其他部位的太阳能集热器、支架及连接管线,不得影响建筑功能、破坏建筑造型。太阳能热水系统安装在室外的部分,应能承受风荷载和雪荷载。安装在建筑上或直接构成建筑围护结构的太阳能集热器,应有防止热水渗漏的安全保障设施。嵌入建筑屋面、阳台、墙面或其他围护结构的太阳能集热器,应满足建筑围护结构的承载、保温、隔热、隔声、防水、防护等功能。直接作为建筑屋面、部分屋面或阳台栏板、遮阳板等建筑围护结构构件使用的太阳能集热器,其承载、结构和防护等功能应与所替代的建筑构件的功能要求相同,且应便于更换和维修。

太阳能热水系统应与建筑物的相关设施相配套,太阳能集热系统的支架应有足够的支撑刚度、强度和抗腐蚀能力，能够与建筑牢固安装，不应破坏建筑物立面美观和围护结构的使用功能，不应破坏围护结构防水层，系统各部分负载不应超过建筑物的设计承载能力。

　　具体的太阳能热水系统的种类多样，太阳能热水系统的部件选择也需要根据实际情况确定。根据不同的建筑类型与建筑特点，选取不同的部件组成独特的太阳能热水系统，增强太阳能与建筑特点的匹配性，以达到太阳能热水系统的最佳利用效果。表 4.1 中示出了适合不同建筑类型的太阳能热水系统推荐选型。

表 4.1　太阳能热水系统的设计选用类型

系 统 选 择		建 筑 物 类 型								
		居 住 建 筑					公 共 建 筑			
		低层	多层	高层	养老院	学生宿舍	办公楼①	宾馆	医院	游泳馆
集热与供热水范围	集中供热水系统	—②	●③	—	●	●	●	●	●	●
	集中-分散供热水系统	●	●	●	●	●	—	●	●	—
	分散供热水系统	●	●	●	●	●	●	●	●	●
集热循环系统运行方式	自然循环系统	—	—	—	●	●	—	—	—	—
	强制循环系统	●	●	●	●	●	●	●	●	●
集热器布置位置	屋顶	●	●	●	●	●	●	●	●	●
	墙面/阳台	—	●	●	●	●	●	●	●	●
集热器形式	真空管	●	●	●	●	●	●	●	●	●
	平板	●	●	●	●	●	●	●	●	●
水箱位置	阳台	●	●	●	●	●	●	●	●	●
	屋顶	—	●	●	●	●	●	●	●	●
	阁楼	●	●	●	●	●	—	—	—	—
	地下室	—	—	—	●	●	●	●	●	●
	地面设备间	●	●	●	●	●	●	●	●	●
给水方式	重力式	—	—	●	●	●	●	●	●	●
	压力式	●	●	●	●	●	●	●	●	●
集热器内传热工质	直接加热	●	●	●	●	●	●	●	●	—
	间接加热	●	●	●	●	●	●	●	●	●

(续表)

系统选择		建筑物类型								
		居住建筑					公共建筑			
		低层	多层	高层	养老院	学生宿舍	办公楼①	宾馆	医院	游泳馆
辅助加热热源	电	●	●	●	●	●	—	—	—	—
	燃气	●	●	●	●	●	●	●	●	●
	空气源热泵	●	●	●	●	●	●	●	●	●
	地源热泵	●	—	—	—	—	—	—	●	●
辅助热源启动方式	全日自动启动系统	●	●	●	●	●	●	●	●	●
	定时自动启动系统	●	●	●	●	●	●	●	●	●
	按需手动启动系统	●	●	●	●	—	—	—	—	—

注：① "办公楼"指有集中热水供应的公共建筑；② "—"表示不建议选用；③ "●"表示可以选用。

4.3.2 热水负荷计算

全天供应生活热水的日耗热量计算公式：

$$Q_d = \frac{q_r C \rho_w (t_r - t_1) m}{86\,400} \quad\quad (4-1)$$

式中，Q_d 为日耗热量（kW）；q_r 为热水用水定额[L/(人或床·d)]；C 为水的比定压热容[$C=4.187$ kJ/(kg·℃)]；ρ_w 为设计热水温度所对应的密度（kg/L）；t_r 为热水温度；t_1 为冷水温度；m 为用水计算单位数（人数或床位）。

设计日热水量计算公式：

$$q_{rd} = \frac{86\,400 Q_d}{C \rho_w (t'_r - t'_1)}$$

式中，q_{rd} 为设计日热水量（L/d）；Q_d 为日耗热量（kW）；C 为水的比定压热容；ρ_w 为设计热水温度所对应的密度（kg/L）；t'_r 为设计热水温度（℃）；t'_1 为设计冷水温度（℃）。

一般工程上，设计日热水量可以按照下式估计计算：

$$q_{rd} = q_r m$$

式中，q_{rd} 为设计日热水量（L/d）；q_r 为热水用水定额[L/(人或床·d)]；m 为用水计算单位数（人数或床位）。

表 4.2 中示出了适合不同建筑类型的热水用水定额。

表 4.2　热水用水定额[2]

序号	建筑物名称	单位	使用时间/h	各温度时最高日用水定额/L[①②③]			
				50℃	55℃	60℃	65℃
1	住宅						
	有自备热水供应和淋浴设备	每人每日	24	49~98	44~88	40~80	37~73
	有集中热水供应和淋浴设备	每人每日		73~122	66~110	60~100	55~92
2	别墅	每人每日	24	86~134	77~121	70~110	64~101
3	单身职工宿舍、学生宿舍、招待所、培训中心、普通旅馆		24 或定时供应				
	设公用盥洗室	每人每日		31~94	28~44	25~40	23~37
	设公用盥洗室、淋浴室	每人每日		49~73	44~88	40~60	37~55
	设公用盥洗室、淋浴室、洗衣室	每人每日		61~98	55~88	50~80	46~73
	设单独卫生间、公用洗衣室	每人每日		73~122	66~110	60~100	55~92
4	宾馆、客房		24				
	旅客	每床位每日		147~196	132~176	120~160	110~146
	员工	每人每日		49~61	44~55	40~50	37~56
5	医院住院部						
	设公用盥洗室	每床位每日	24	55~122	50~110	45~100	41~92
	设公用盥洗室、淋浴室	每床位每日	8	73~122	66~110	60~100	55~92
	设单独卫生间	每床位每日	24	134~244	121~220	110~200	101~184
	门诊部、诊疗所	每病人每次	24	9~16	8~14	7~13	6~12
	疗养院、休养所住房部	每床位每日	24	122~196	110~176	100~160	92~146
6	养老院	每床位每日	24	61~86	55~77	50~70	46~64

（续表）

序号	建筑物名称	单位	使用时间/h	各温度时最高日用水定额/L①②			
				50℃	55℃	60℃	65℃
7	幼儿园、托儿所 有住宿	每儿童每日	24	25~49	22~44	20~40	19~37
	无住宿	每儿童每日	10	12~19	11~17	10~15	9~14
8	公共浴室 淋浴	每顾客每次	12	49~73	44~66	40~60	37~55
	淋浴、浴盆	每顾客每次	12	73~98	66~88	60~80	55~73
	桑拿浴（淋浴、按摩池）	每顾客每次	12	85~122	77~110	70~100	64~91
9	理发室、美容院	每顾客每次	12	12~19	11~17	10~15	9~14
10	洗衣房	每干克干衣	12	19~37	17~33	15~30	14~28
11	餐饮厅 营业餐厅	每顾客每次	10~12	19~25	17~22	15~20	14~19
	快餐店、职工及学生食堂	每顾客每次	11	9~12	8~11	7~10	7~9
	酒吧、咖啡厅、茶座、卡拉OK房	每顾客每次	18	4~9	4~9	3~8	3~8
12	办公楼	每顾客每次	8	6~12	6~11	5~10	5~9
13	健身中心	每人每班	12	19~31	17~28	15~25	14~23
14	体育场（馆） 运动员淋浴	每人每次	4	31~43	28~39	25~35	23~34
15	会议厅	每座位每次	4	2~4	2~4	2~3	2~3

注：① 表内所列用水量已包括在冷水用水定额之内；
② 冷水温度按5℃计；
③ 本表热水温度为计算温度。

4.3.3　太阳能集热器设计选型

1）太阳能集热器选型

太阳能集热器的类型应与使用太阳能热水系统的当地太阳能资源、气候条件相适应,在保证系统全年安全、稳定运行的前提下,应使所选太阳集热器的性能价格比最优。太阳能集热器的规格、构造应与建筑物的安装条件相适应,太阳集热器的规格宜与建筑模式相协调。太阳能集热器的构造、形式应利于在建筑围护结构上安装,便于拆卸、修理、维护。应优先采用可与建筑构件有机结合,共同构成建筑围护结构的太阳能集热器形式。

嵌入建筑屋面、阳台、墙面或建筑其他围护结构的太阳能集热器,应具有建筑围护结构的承载、保温、隔热、隔声、防水等防护功能。

架空在建筑屋面和附着在阳台或墙面上的太阳能集热器,应具有足够的承载能力、刚度、稳定性和相对于主体结构的位移能力。安装在建筑上或直接构成建筑围护结构的太阳能集热器,应有防止热水渗漏的安全保障设施。

作为屋面板构成建筑坡屋面的太阳能集热器在刚度、强度、热工、锚固、防护功能上应按建筑围护结构进行设计。构成阳台栏板的太阳能集热器,在刚度、强度、热工、锚固和防护功能上应满足相关建筑设计要求。构成建筑墙面的太阳能集热器,在刚度、强度、热工、锚固和防护功能上应满足建筑围护结构要求。

2）太阳能集热器的连接

太阳能集热器的连接方式主要有串联、并联以及串-并联组合连接的方式(见图 4.10)。在设计太阳能集热系统的时候,需针对不同的太阳能集热循环系统使用不同的连接方式:

(1)针对自然循环系统,集热器的组合连接方式应选用并联方式,并且,每个系统的全部集热器数目不宜超过 24 个。

(2)针对强制循环系统,集热器的组合连接宜采用并联或者串并联方式。

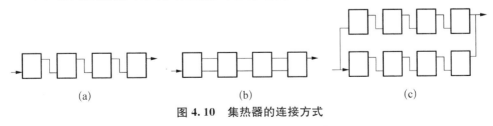

图 4.10　集热器的连接方式

(a)串联;(b)并联;(c)串-并联组合

3）太阳能集热器面积

根据不同的太阳能热水系统加热方式,太阳能集热器的面积计算也有所不同。

直接加热系统的集热器总面积可根据用户的日均用水量和用水温度确定,按下式计算:

$$A_c = \frac{q_w C \rho_w (t_r - t_1) f}{J_T \eta_{cd} (1 - \eta_L)} \tag{4-2}$$

式中,A_c 为直接加热系统集热器总面积(m^2);q_w 为设计日用热水量(L/d),其中热水平均日节水用水定额按现行国家标准《民用建筑节水设计标准》(GB 50555)中的表 3.1.7 取值;C 为水的比定压热容,$C = 4.187$ kJ/(kg·℃);t_r 为贮热水箱内水的设计温度(℃);t_1 为水的初始温度(℃);f 为太阳能保证率,应根据当地规定选取,上海地区应取不小于 45%;J_T 为集热器采光面上的年平均日太阳辐照量(kJ/m^2);ρ_w 为设计热水温度所对应密度(kg/L);η_{cd} 为基于集热器总面积计算的年平均集热效率,根据经验可取 40%~55%;η_L 为贮热水箱和管道的热损失率(%);根据经验可取 10%~20%。

间接加热系统的集热器总面积应按下式计算:

$$A_{IN} = A_c \left[1 + \frac{F_R U_L \cdot A_c}{U_{hx} \cdot A_{hx}} \right] \tag{4-3}$$

式中,A_{IN} 为间接加热系统集热器总面积(m^2);$F_R U_L$ 为集热器总热损失系数[W/(m^2·℃)],对于平板型集热器,$F_R U_L$ 一般取 4~6 W/(m^2·℃),对于真空管集热器,$F_R U_L$ 一般取 1~2 W/(m^2·℃),具体数值应根据集热器产品的实际测试结果而定;U_{hx} 为换热器传热系数[W/(m^2·℃)];A_{hx} 为换热器换热面积(m^2)。

例 设计条件:北京市某住宅楼,3 个单元,每个单元 12 户,共 36 户,集中供热水,全年使用,采用直接式系统。按每户 2.8 人考虑,用水人数约 100 人。计算满足该住宅楼需求的热系统的集热器总面积[2]。

解

(1) q_w、t_r 和 t_1 的确定。

日均用水量 q_w 按最高日用水定额的 50% 考虑,日最高用水定额为 100 L/(人·d)(60℃),日均用水量为 50 L/(人·d),则系统日均用水量为 5 000 L/d。

贮水箱内水的设计温度 t_r 和水的初始温度 t_1 参照规范选取,分别为 60℃ 和 10℃。

(2) f 值的确定。

采用经验法,北京地区属于太阳能资源较富区,取 f 值为 0.6。

(3) 集热器年平均集热效率 η_{cd} 的确定。

该系统贮热水箱容积大于 600 L,查相关数据得,在集热器倾角为 40° 时年平均日太阳辐照量为 16 014 kJ/m²,年平均每日的光照小时数 S_Y 为 7.5 h,则平均总日射辐照度 G 为 16 014/(3 600×7.5)＝593(W/m²)。

查得北京市年平均室外温度为 11.5℃,则归一化温差 T_i^* 计算为[(10/3＋60×2/3)－11.5]/593＝0.054。

将以上数据代入相应产品的集热器瞬时效率曲线图,得到 η_{cd} 为 42%。

(4) 管路及贮水箱热损失率 η_L 的确定:本算例按经验取值为 20%。

(5) 集热面积的计算。

将以上参数代入下式,

$$A_c = \frac{q_w C \rho_w (t_r - t_1) f}{J_T \eta_{cd}(1 - \eta_L)} \tag{4-4}$$

计算得到 A_c 为 98 m²,以该面积为基准,进行经济比较和分析,如分析的结果不能满足业主要求,则可返回更改相应的参数重新计算,直到满足业主要求为止。

4) 太阳能集热器的定位

集热器的朝向与倾角。集热器朝向与倾角的确定要确保集热器得到最大的太阳辐射能。当采光面与太阳光线垂直时,就能得到最大的太阳辐射能。

(1) 对于跟踪式太阳能集热器,通过自动跟踪使集热器的采光面与太阳的入射光线垂直即可。但跟踪装置复杂、成本太高,一般采用固定朝向与倾角。

(2) 对于固定式集热器,为了得到最大的太阳辐射量,应尽可能使当地正午的太阳光线与集热器的采光面垂直。因此,对于在北半球使用的集热器,应选取正南、南偏西、南偏东放置。

(3) 考虑到早上气温低,易有雾,光照度差,而下午气温高,一般光照较好,因此尽可能将集热器南偏西放置,使集热器在下午能得到更多的太阳辐射能。

太阳能集热器的安装倾角按下式计算:

$$\theta = \Phi - \delta$$

式中,θ 为太阳能集热器的安装倾角(°);Φ 为当地纬度(°);δ 为太阳赤纬角(°)。当全年使用时,可认为全年的平均赤纬角为 0°;当侧重于夏季使用时,可认为该期间的平均赤纬角为 10°;当侧重于冬季使用时,可认为该期间的平均赤纬角为 －10°(见表 4.3)。

表 4.3　全年各月代表日太阳赤纬角的近似值

日期	1.17	2.15	3.16	4.15	5.15	6.11	7.17	8.17	9.16	10.2	11.2	12.1
δ/(°)	－20	－13	0	10	19	23	21	13	0	－10	－19	－23

太阳能集热器安装的方位,原则上应为南偏西5°。在国标中,特殊情况下南偏东或偏西30°均可,主要是为了和建筑相结合。集热器的倾角,根据实际情况应为当地纬度加(或减)10°,但为了和建筑有机结合可以采取不同的角度安装。

若太阳能集热器安装朝向方位角和倾角在一定的范围内影响到集热效果,应增加集热器面积。进行面积补偿后的太阳能集热器总面积按下式计算。

$$A_b = A_j / R_s \qquad (4-5)$$

式中,A_b 为进行面积补偿后实际确定的太阳能集热器总面积(m^2);A_j 为按公式计算得出的太阳能集热器总面积(m^2);R_s 为集热器补偿面积比(根据当地相关技术规程选取)。

北京、广州、上海地区的太阳能集热器补偿面积比 R_s 如表 4.4 所示。

表 4.4 不同地区的太阳能集热器补偿面积比 R_s[2]

北京 纬度 39.48°

	东	−80°	−70°	−60°	−50°	−40°	−30°	−20°	−10°
90°	52%	55%	58%	61%	63%	65%	67%	68%	69%
80°	58%	61%	65%	68%	71%	73%	76%	77%	78%
70°	63%	67%	71%	75%	78%	81%	83%	85%	86%
60°	69%	73%	77%	81%	84%	87%	89%	91%	92%
50°	75%	78%	82%	86%	89%	92%	94%	96%	97%
40°	79%	83%	86%	89%	92%	95%	97%	98%	99%
30°	83%	86%	89%	92%	94%	96%	98%	99%	100%
20°	87%	89%	91%	93%	94%	96%	97%	98%	98%
10°	89%	90%	91%	92%	93%	94%	94%	95%	95%
水平面	90%	90%	90%	90%	90%	90%	90%	90%	90%

南	10°	20°	30°	40°	50°	60°	70°	80°	西
69%	69%	68%	67%	65%	63%	61%	58%	55%	52%
78%	78%	77%	76%	73%	71%	68%	65%	61%	58%
86%	86%	85%	83%	81%	78%	75%	71%	67%	63%
92%	92%	91%	89%	87%	84%	81%	77%	73%	69%
97%	97%	96%	94%	92%	89%	86%	82%	78%	75%
99%	99%	98%	97%	95%	92%	89%	86%	83%	79%

（续表）

南	10°	20°	30°	40°	50°	60°	70°	80°	西
100%	100%	99%	98%	96%	94%	92%	89%	86%	83%
99%	98%	98%	97%	96%	94%	93%	91%	89%	87%
95%	95%	95%	94%	94%	93%	92%	91%	90%	89%
90%	90%	90%	90%	90%	90%	90%	90%	90%	90%

广州　　　　　　　　　　　　　　　　　　　　　　　　　　纬度 23.12°

	东	−80°	−70°	−60°	−50°	−40°	−30°	−20°	−10°
90°	53%	54%	55%	56%	57%	57%	58%	58%	58%
80°	60%	61%	63%	64%	65%	66%	66%	67%	67%
70°	67%	69%	70%	72%	73%	74%	75%	75%	75%
60°	74%	75%	77%	79%	80%	81%	82%	83%	83%
50°	80%	82%	84%	85%	86%	88%	89%	89%	90%
40°	86%	87%	89%	90%	92%	93%	94%	94%	95%
30°	91%	92%	93%	95%	96%	97%	97%	98%	98%
20°	95%	95%	96%	97%	98%	99%	99%	100%	100%
10°	97%	97%	98%	98%	99%	99%	99%	100%	100%
水平面	98%	98%	98%	98%	98%	98%	98%	98%	98%

南	10°	20°	30°	40°	50°	60°	70°	80°	西
57%	58%	58%	58%	57%	57%	56%	55%	54%	53%
67%	67%	67%	66%	66%	65%	64%	63%	61%	60%
75%	75%	75%	75%	74%	73%	72%	70%	69%	67%
83%	83%	83%	82%	81%	80%	79%	77%	75%	74%
90%	90%	89%	89%	88%	86%	85%	84%	82%	80%
95%	95%	94%	94%	93%	92%	90%	89%	87%	86%
98%	98%	98%	97%	97%	96%	95%	93%	92%	91%
100%	100%	100%	99%	99%	98%	97%	96%	95%	95%
100%	100%	100%	99%	99%	99%	98%	98%	97%	97%
98%	98%	98%	98%	98%	98%	98%	98%	98%	98%

上海 纬度 31.08°

	东	−80°	−70°	−60°	−50°	−40°	−30°	−20°	−10°
90°	55%	56%	57%	58%	59%	60%	61%	61%	61%
80°	61%	63%	65%	66%	67%	68%	69%	69%	70%
70°	68%	70%	72%	73%	75%	76%	77%	77%	78%
60°	75%	77%	78%	80%	82%	83%	84%	85%	85%
50°	81%	83%	84%	86%	88%	89%	90%	91%	91%
40°	86%	88%	90%	91%	96%	94%	94%	95%	96%
30°	91%	92%	94%	95%	92%	97%	98%	98%	99%
20°	94%	95%	96%	97%	98%	99%	99%	100%	100%
10°	97%	97%	98%	98%	99%	99%	99%	99%	100%
水平面	97%	97%	97%	97%	97%	97%	97%	97%	97%

南	10°	20°	30°	40°	50°	60°	70°	80°	西
61%	61%	61%	61%	60%	59%	58%	57%	56%	55%
70%	70%	69%	69%	68%	67%	66%	65%	63%	61%
78%	78%	77%	77%	76%	75%	73%	72%	70%	68%
85%	85%	85%	84%	83%	82%	80%	78%	77%	75%
91%	91%	91%	90%	89%	88%	86%	84%	83%	81%
96%	96%	95%	94%	94%	96%	91%	90%	88%	86%
99%	99%	98%	98%	97%	92%	95%	94%	92%	91%
100%	100%	100%	99%	99%	98%	97%	96%	95%	94%
100%	100%	99%	99%	99%	99%	98%	98%	97%	97%
97%	97%	97%	97%	97%	97%	97%	97%	97%	97%

当根据以上公式计算所得到的集热器总面积在建筑物围护结构表面不够安装时,可按围护结构表面的最大允许安装面积确定系统集热器总面积。

集热器与遮光物或集热器前后排间的最小距离(即不遮阴距离),如图 4.11 所示,可按下式计算:

$$\sin h = \sin \Phi \sin \delta + \cos \Phi \cos \delta \cos \omega \qquad (4-6)$$

$$\sin \alpha = \frac{\cos \delta \sin \omega}{\cos h} \qquad (4-7)$$

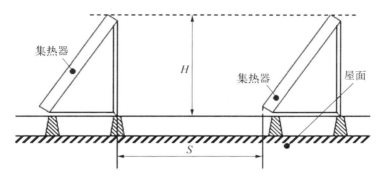

图 4.11　不遮阳距离[3]

$$\gamma_0 = \alpha - \gamma \tag{4-8}$$

$$S = \frac{H \cos \gamma_0}{\tan \gamma_0} \tag{4-9}$$

上式中，S 为集热器与遮光物或集热器前后排间最小距离（m）；H 为遮光物最高点与集热器最低点的垂直距离（或前排集热器最高点与后排集热器最低点间的垂直距离）（m）；Φ 为当地纬度（°）；h 为太阳高度角（$-90° < h < 90°$）；α 为太阳方位角（°）；γ 为集热器方位角（°）；γ_0 为太阳光线在水平面上的投影与集热器表面法线在水平面上的投影线之间的夹角（°）；ω 为时角（°）；δ 为赤纬角（°）。

计算时刻的选择，应遵循如下原则[2]：

① 全年运行系统选春分/秋分日（此时赤纬角 $\delta = 0$）的 9:00 或 15:00；

② 主要在春、夏、秋三季运行的系统应选春分/秋分日的 8:00 或 16:00；

③ 主要在冬季运行的系统选冬至日（此时赤纬角 $\delta = -23°57'$）的 10:00 或 14:00；

④ 太阳能集热器安装方位为南偏东时，选上午时刻，南偏西时，选下午时刻。

例　计算北京地区全年使用的太阳能热水系统，太阳能集热器安装方向为正南，太阳能集热器安装高度为 H，前后排最小不遮光间距为 S。

解

首先查得北京的纬度 $\Phi = 40°$，对应春分（或秋分）日的赤纬角 $\delta = 0$，对应 9:00（或 15:00）的时角 $\omega = 3 \times (-15°) = -45°$，集热器的方位角 $\gamma = 0$。

$$\sin h = \sin \Phi \sin \delta + \cos \Phi \cos \delta \cos \omega = 0.54$$

则太阳高度角 $h = 32.8°$

$$\sin \alpha = \frac{\cos \delta \sin \omega}{\cos h} = -0.84$$

则太阳方位角 $\alpha = -57.3°$

$$\gamma_0 = \alpha - \gamma = -57.3°$$

则得

$$S = \left| \frac{H \cos \gamma_0}{\tan \gamma_0} \right| = 0.84H$$

4.3.4 贮热水箱与供热水箱的设计选型

太阳能热水系统主要包含两种水箱：贮热水箱与供热水箱。贮热水箱与供热水箱应该分开设置，并且串联连接，如果系统中有辅助热源，则热源应设在供水箱的一侧。

贮热水箱分为开式水箱和闭式水箱。无论是开式还是闭式水箱，都需要注意其本身的材质、强度、防腐以及保温性能。贮热水箱的材质、规格应符合设计要求，且应满足与所贮存的水容积，以及系统最高工作压力相匹配的结构强度要求。承压水箱在通过水压试验，非承压水箱通过满水灌水试验后，应不渗、不漏白，水箱壳体应做内表面防腐处理或选用耐腐蚀材料，以保证水质清洁，运行时不发生渗漏，使用寿命达到 15 年以上。钢板焊接的贮水箱，其水箱内、外壁均应按设计要求做防腐处理，内壁防腐涂料应卫生、无毒，能耐受所贮存热水的最高温度。

贮热水箱的保温应在水箱检漏合格后进行，并且符合《工业设备及管道绝热工程质量检验评定标准》(GB 50185)的规定，宜选用热导率不高于 0.06 W/m·℃的保温材料，经过保温后贮水箱的热损系数应符合相关标准的规定。

开式太阳能热水系统的贮热水箱的箱体内胆材料宜采用不锈钢，并且应设置进出水管、补水管、溢流管、泄水管、通气管、水位控制以及水温指示装置。

闭式太阳能热水系统的贮热水箱的箱体内胆材料宜采用碳钢搪瓷或不锈钢，并且应满足承压要求，设置进出水管、自动补水装置、安全阀以及水温指示装置。

太阳能集热系统贮热水箱的有效容积可按下式确定：

$$V_{rx} = q_{rjd} \cdot A_j \tag{4-10}$$

式中，V_{rx} 为贮热水箱有效容积(L)；A_j 为集热器总面积(m^2)；q_{rjd} 为集热器单位面积平均每日产热水量，根据集热器产品的实测结果确定。当资料不足时，可根据当地太阳辐照量、集热器集热性能、集热面积大小、供水温度等因素，并参考下列原则确定：直接加热系统 q_{rjd} 取 40~70 L/($m^2 \cdot d$)，间接加热系统 q_{rjd} 取 30~60 L/($m^2 \cdot d$)。

贮热水箱与建筑墙面或其他箱壁之间的净距离，应满足施工或装配的需要：无管道的侧面，净距不宜小于 0.7 m，安装有管道的侧面，净距不宜小于 1.0 m，且管道外壁与建筑本体墙面之间的通道宽度不宜小于 0.6 m;对设有入孔的箱顶,顶板面与上部建筑本体的净空不应小于 0.8 m。

贮热水箱宜结合集热器的安装位置进行布置,应放置在通风良好的位置。集热器安装在屋顶时,贮热水箱宜布置在屋顶空间;集热器在阳台或者墙面上布置时,贮热水箱宜结合房型合理布置,尽量布置在阳台。

太阳能热水供应系统的供热水箱设计应符合现行国家标准《建筑给水排水设计规范》(GB 50015)中的相关规定。并且热水供应系统中供热水箱出口的设计水温宜设计为 50～60℃。采用集中热水供应系统的住宅,配水点的水温应满足现行国家标准《建筑给水排水设计规范》(GB 50015)要求。

4.3.5　辅助热源的设计选型

由于太阳能是一种具有不稳定性以及不确定性的能源,受天气的影响非常巨大,除了晴天之外,阴、雨和雪天都会受到很大的影响,甚至几乎无法被利用。因此,为了保证热水的供给,以及用户用水的舒适性和热水系统的可靠性,太阳能热水系统必须与其他能源的热水加热设备共同使用,以保证热水的持续供应。这种加热设备通常被称为"辅助热源"。现今大量使用的辅助热源,包括热泵、燃气、燃油、电加热等加热水方式。

太阳能热水系统配置的其他能源水加热设备所使用热源的种类应考虑当地普遍使用的常规能源种类、价格、对环境的影响、使用的方便性等多项因素,且在做完技术经济比较后综合评定选择,优先考虑环保和节能因素。

对已设有集中供热、空调系统的建筑,其太阳能热水系统配置的其他能源水加热设备辅助热源宜与供热、空调系统热源相同或匹配,宜重视废热、余热的利用。

其他能源水加热设备的容量,宜按最不利条件,即太阳能得热量为零的情况,按照现行国家标准《建筑给水排水设计规范》(GB 50015)的要求进行计算。对经济、生活水平偏低的欠发达地区和用热水要求较低的民用建筑,可适当放宽要求,降低其他能源水加热设备的容量,以减少太阳能热水系统的初始投资。

辅助热源加热设备还应根据热源种类及其供水水质、冷热水系统型式等选用直接加热或间接加热设备。

采用压力锅炉、电加热元件作辅助热源时,应有国家质量监督检验机构出具的产品安全合格检定证书,保证辅助热源系统运行的安全可靠性。

采用城市热网等集中热源,通过热交换器作为太阳能热水系统辅助热源的情况,应选择高效换热器,换热效率应大于 90%,且不对水产生二次污染,同时采取防结垢措施。

分散供水系统用于末端用户的辅助电加热器应符合《日用管状电热元件》

(JB 4085)规定的要求,其工作寿命不小于 3 000 h,使用电压 220 V 或 380 V。

辅助热源应设置性能优良、操作灵活的控制装置,辅助热源应能根据需要自动启停,按设计参数要求补充太阳能热水系统的不足,并保持节能运行。

辅助热源应便于维护管理,方便维修及更换元器件。

辅助加热热源的启动方式应根据用户对热水供应的不同需求,采用按需手动启动系统、全日自动启动系统或定时自动启动系统。

1) 辅助能源和太阳能储能系统[4]

辅助能源和太阳能储能系统的结合方式有直接加热式、通过水箱内置的盘管换热器加热、通过外置换热器加热三种形式,各种形式都有自己的特点,本节主要介绍辅助能源加热系统功率的设计计算。太阳能热水系统的辅助能源加热系统有多种形式,实际设计中应根据用户实际情况、操控方便性综合考虑。目前常见的辅助能源加热形式有:内置式电加热器、电锅炉、燃气锅炉、燃油锅炉和燃煤炉。各种辅助能源加热系统的热效率如表 4.5 所示。

表 4.5　各种辅助能源加热系统的热效率

能源类型	燃气炉	燃油炉	电锅炉	燃煤炉
效率/%	80	80	90~95	60

2) 辅助能源加热设备的功率计算[4]

辅助能源加热系统的功率单位一般为 kW,单位时间转换的能量为 kW·h,目前我国锅炉行业一般以锅炉 1 h 的发热量称其能力,单位为卡,生产热水时要考虑各种辅助能源的效率。根据能量守恒定律可以得到如下辅助能源加热系统的功率计算公式:

$$3\,600PT\eta = c_p m\Delta t$$

$$P = 0.001\,163\,\frac{m\Delta t}{T\eta} \qquad (4-11)$$

式中,P 为辅助能源加热系统的功率(kW);T 为辅助能源加热系统的工作时间(h);η 为辅助能源加热系统的效率(%);c_p 为水的比定压热容,$c_p = 4.186\,8\,\text{kJ/(kg·℃)}$;$\Delta t$ 为储热水箱内水的温升(℃);m 为被加热水的质量(kg)。

表 4.6 是将辅助能源加热系统的效率视为 100% 时的功率速查表。

设计太阳能辅助能源加热系统的原则:在阴、雨雪天气,没有太阳辐照时,制造热水需要的所有能量都要由辅助能源系统提供。因此辅助能源的总能量必须大于太阳能热水系统的总能量需求,辅助能源系统一天工作多少时间,怎样工作是决定太阳能热水系统辅助能源功率的关键因素,根据此原则对于不同使用情况要分

表 4.6　辅助能源加热功率速查表

热水量/kg	温升/℃	所需能量/(kW·h)	辅助能源功率					
			时间/h	功率/kW	时间/h	功率/kW	时间/h	功率/kW
1 000	10	11.6	2	5.8	3	3.9	4	2.9
1 000	20	23.2	2	11.6	3	7.7	4	5.8
1 000	30	34.8	2	17.4	3	11.6	4	8.7
1 000	40	46.4	2	23.2	3	15.5	4	11.6
1 000	50	58.0	2	29.0	3	19.3	4	14.5
1 000	60	69.6	2	34.8	3	23.2	4	17.4
1 000	70	81.2	2	40.6	3	27.1	4	20.3
2 000	35	81.2	2	40.6	3	27.1	4	20.3
3 000	30	104.4	2	52.2	3	34.8	4	26.1
4 000	30	139.2	2	69.6	3	46.4	4	34.8
5 000	30	174.0	2	87.0	3	58.0	4	43.5
6 000	30	208.8	2	104.4	3	69.6	4	52.2
7 000	30	243.6	2	121.8	3	81.2	4	60.9
8 000	30	278.4	2	139.2	3	92.8	4	69.6
9 000	30	313.2	2	156.6	3	104.4	4	78.3
10 000	30	348.0	2	174.0	3	116.0	4	87.0

别设计辅助能源的功率。

（1）白天定时使用热水的用户。

为充分利用太阳能资源,对这种要求不严格的用户,一般考虑在其使用热水前2～4 h启动辅助能源系统,这样的设计操作比较方便。

（2）白天连续用热水时太阳能辅助能源的功率。

白天连续用热水系统,由于随时要提供热水,因此辅助加热系统基本上是连续工作的,这时要保证辅助加热系统的功率能满足最大用水高峰时的用水需求。在设计时应该分析用户用水特点,根据用水习惯列出小时用水量表,找出其中的最大用水量,根据最大用水量选择辅助能源的功率。

（3）24 小时连续供热水太阳辅助能源的功率。

24 小时连续供热水系统和白天连续使用热水情况性质基本相同,也需要分析最大用水量分布情况。由于太阳能热水系统有较大的储热水箱,在设计连续供水系统时还要考虑辅助能源设备的间歇时间,如果利用电能,而又实行了峰谷电价的地区,则应考虑适当增加辅助能源的功率,以便最大限度地利用低谷电来降低运行费用。

3)内置式电加热器安装应注意的问题[4]

当辅助能源功率较小时可以采用在水箱内直接安装内置式电加热器,这样的系统结构简单、水箱和辅助能源系统造价较低、维修简单、热效率高。但采用内置式电加热器要注意如下几个问题:

(1)电加热器必须按设计或产品要求,设有安全可靠的接地措施。

(2)电加热器应有符合设计或产品要求的过热安全保护措施,以防止热水温度过高和出现无水干烧现象。

(3)电加热器应有必要的电源开关指示灯、水温指示等装置。

(4)设计水箱时要保证水箱的出水口在内置式电加热器上方,这样即使出水控制系统出现故障,也不至于把水箱中的水排空,造成电加热器干烧的问题。

4.3.6 控制系统的设计选型

太阳能热水系统的控制系统能够在很大程度上影响整个系统的工作效率。太阳能热水系统的控制系统应做到使太阳能热水系统运行安全、可靠、灵活。系统运行时应根据天气条件进行调节,并在太阳能与常规能源加热方式之间进行运行切换,因此控制系统宜选用全自动控制系统。条件有限时,可部分选用手控,但温度控制、防冻、过热控制应尽可能实行自动控制。

系统控制一般宜符合下列要求:

(1)采用强制循环的集热循环系统宜采用温差控制。

(2)集热器用温度传感器应能承受250℃的温度,精度为±1℃;贮热水箱用温度传感器应能承受150℃的温度,精度为±1℃。

(3)热水供应系统的循环水泵在非供热水时段应能自动关闭。

辅助燃气加热装置和辅助电加热装置的安全措施设计应符合相应的产品性能标准要求。控制系统中使用的控制元件应质量可靠、性能优良、抗老化、使用寿命长,且应有由地方或国家质检部门出具的控制功能、控制精度、电气安全等性能参数的质量检测报告。

太阳能热水系统中所用控制器的使用寿命应在15年以上,控制传感器的使用寿命应在3年以上。

太阳能热水系统中使用的温控器应能实现自动控制,符合《家用和类似用途电自动控制器》(GB 14536.1)第一部分"通用要求"的规定要求。直流热水系统的温控器应有水满自锁保护功能。

太阳能热水系统中使用的温控阀应能满足系统实际运行时的水压条件要求，其温度控制误差应不大于 2.5℃，并要求有良好的防腐性能和较长的工作寿命。

太阳能热水系统中使用的电磁阀应能满足系统实际运行时的水压条件要求，应做到动作可靠、关闭严密。

太阳能热水系统中使用的辅助电加热器和电热元件的工作寿命应大于 3 000 h，使用电压为 220 V 或 380 V。

太阳能集中供热水系统和集中-分散供热水系统的过热温度宜设置为(80±5)℃。系统若采用开式水箱，则防过热温度宜设置为(75±5)℃。

4.3.7　系统保温

太阳能热水系统的设备与管道应采取保温措施。系统保温应满足以下要求：

(1) 选用保温材料的耐火性、吸水率、吸湿率、热膨胀系数、收缩率、抗折强度、耐蚀性等性能应满足现行的国家相关标准要求。

(2) 选用保温材料制品的允许使用温度应高于正常操作时的介质最高温度。

(3) 相同温度范围内有不同保温材料可供选择时，应选用导热系数小、密度小、造价低、易于施工的材料制品。

(4) 选用复合保温材料应满足在高温条件下的使用要求。

(5) 选用保温材料的散热损失不应超过现行国家标准《设备及管道绝热技术通则》(GB/T 4272)中规定的最大热损值。

(6) 选用保温材料的保温层厚度应经计算确定，并应符合现行国家标准《设备及管道绝热设计导则》(GB/T 8175)和上海市现行《公共建筑节能设计标准》(DGJ 08—107)的相关规定中对设备、管道最小保温厚度的要求。

1) 材料导热系数[5]

导热系数 λ，单位 W/(m·℃)，是表征物质导热能力的热物理参数，在数值上等于单位导热面积、单位温度梯度在单位时间内的导热量。数值越大，导热能力越强，数值越小，绝热性能越好。该参数的大小主要取决于传热介质的成分和结构，同时还与温度、湿度、压力、密度以及热流方式有关。成分相同的材料，导热系数不一定相同，即便是已经成型的同一种保温材料制品，其导热系数也会因为使用的具体系统、具体环境而有差异。

为了计算方便，根据相关的部门标准和国标相关规定，选择材料的导热系数作为设计标准。

(1) 硬质聚氨酯泡沫塑料。硬质聚氨酯泡沫塑料是用聚醚与多异氰酸酯为主要原料，再加入阻燃剂、稳泡剂和发泡剂等，经混合搅拌、化学反应而成的一种微孔发泡体,其导热系数一般在 0.016～0.055 W/(m·℃),使用温度为－100～100℃。根据石油部颁布的标准(SY/T 0415—96),设备及管道用的硬质聚氨酯泡沫塑料的导热系数应小于 0.035 W/(m·℃)。计算中取 $\lambda = 0.035$ W/(m·℃)＝0.126 kJ/(h·m·℃)。

(2) 聚苯乙烯泡沫塑料。聚苯乙烯泡沫塑料简称 EPS,是以聚苯乙烯为主要原料,经发泡剂发泡而成的一种内部有无数密封微孔的材料。可发性聚苯乙烯泡沫塑料的导热系数为 0.033～0.044 W/(m·℃),安全使用温度为－150～70℃;硬质聚苯乙烯塑料泡沫的导热系数为 0.035～0.052 W/(m·℃)。根据 GB 10801.1—2002 的规定,绝热用聚苯乙烯的塑料泡沫的导热系数不大于 0.041 W/(m·℃)。计算中取 $\lambda = 0.041$ W/(m·℃)＝0.147 6 J/(h·m·℃)。

(3) 聚乙烯塑料泡沫。聚乙烯塑料泡沫的导热系数一般为 0.035～0.056 W/(m·℃),根据《民用建筑热工设计规范》(GB 50176—93)中的规定,聚乙烯塑料泡沫料的导热系数＜0.047 W/(m·℃)。计算中取 $\lambda = 0.047$ W/(m·℃)＝0.169 2 J/(h·m·℃)。

(4) 岩棉。岩棉是一种无机人造棉,生产岩棉的原料主要是一些成分均匀的天然硅酸盐矿石。岩棉的化学成分为：SiO_2(40%～50%),Al_2O_3(9%～18%),Fe_2O_3(1%～9%),CaO(18%～28%),MgO(5%～18%),其他(1%～5%)。不同岩棉制品的导热系数一般为 0.035～0.052 W/(m·℃),最高使用温度为 65℃。根据《绝热用岩棉、矿渣棉及其制品》(GB/T 11835—2007)的规定,散棉的导热系数不大于 0.044 W/(m·℃),岩棉毡、垫及管壳、筒等在常温下的导热系数一般为 0.047～0.052 W/(m·℃)。计算中取 $\lambda = 0.052$ W/(m·℃)＝0.187 2 J/(h·m·℃)。

2) 保温层厚度计算

按照《设备及管道绝热技术通则》(GB/T 4272),对于方形水箱保温层按平面计算,对于圆形水箱按管道计算。

保温层厚度按下式计算[1]：

$$\delta = 3.14 \frac{d_w^{1.2} \lambda^{1.35} \tau^{1.75}}{q^{1.5}} \tag{4-12}$$

式中,δ 为保温层厚度(mm);d_w 为管道或圆柱设备的外径,公称直径为 20、40、50(mm)的管道(钢)的外径分别为 33.5、48、60(mm);λ 为保温层的热导率[kJ/(h·m·℃)];τ 为未保温的管道或圆柱设备外表面温度(℃),由于钢的导热系数很大,管道壁又薄,所以可以认为管道外表面的温度和流体的温度相等(误差不超过 0.2℃);q 为保温后允许热损失[kJ/(h·m)],可参考表 4.7 采用。

表 4.7　保温后允许热损失值[2]

管道直径 DN /mm	流体温度/℃					注
	60	100	150	200	250	
15	46.1					
20	63.8					
25	83.7					
32	100.5					
40	104.7					① 允许热损失单位 kJ/(h·m)；
50	121.4	251.2	355.0	367.8		② 流体温度 60℃ (用于热水管道)
70	150.7					
80	175.5					
100	226.1	355.9	460.5	544.3		
125	263.8					
150	322.4	439.6	565.2	690.8	816.4	
200	385.2	502.4	669.9	816.4	983.9	
设备面	—	418.7	544.3	628.1	753.6	允许热损失单位 kJ/(h·m)

保温层厚度也可参考表 4.8 采用。

表 4.8　不同安装形式下管道直径和保温层厚度速查表[6]

公称直径/mm			15	20	25	32	40	50	65	80	100
管道外径/mm			22	28	32	38	47	57	73	89	108
地沟安装	λ	0.02	20	20	20	25	25	25	25	25	25
		0.03	25	30	30	30	30	35	35	35	35
		0.04	35	35	35	40	40	40	40	45	45
		0.05	40	40	45	45	45	50	50	50	60
室内安装	λ	0.02	25	25	25	25	25	35	35	35	35
		0.03	30	30	35	35	35	35	40	40	40
		0.04	35	40	40	40	45	45	45	50	50
		0.05	45	45	45	50	50	60	60	60	60
室外安装	λ	0.02	30	30	30	30	30	35	35	35	35
		0.03	35	40	40	40	45	45	50	50	50
		0.04	45	50	50	50	60	60	60	60	70
		0.05	60	60	60	60	70	70	70	80	80

4.3.8　系统防冻[6]

太阳能热水系统中的集热器及其置于室外的管路,在严冬季节常常因积存在其中的水结冰膨胀而胀裂损坏,此情况在高纬度寒冷地区尤其严重,因此必须从技术上考虑太阳能热水系统的"越冬"防冻措施。目前常用的防冻措施大致有以下几种。

1) 选用防冻的太阳能集热器

集热器是太阳能热水系统中暴露在室外的重要部件,如果直接选用具有防冻功能的集热器,就可以避免对集热器在严冬季节冻坏。

热管式真空管集热器以及内插热管的全玻璃真空管集热器都属于具有防冻功能的集热器。因为被加热的水不直接进入真空管内,真空管的玻璃罩管不接触水,再加上热管本身的工质容量又很少,所以即便在零下几十摄氏度的环境温度下真空管也不冻坏。

另一种具有防冻功能的集热器是热管平板集热器,它跟普通平板集热器的不同之处在于,吸热板的排管位置用热管代替,以低沸点、低凝固点介质作为热管的工质,因此吸热板不会冻坏。不过由于热管平板集热器的技术经济性能不及上述真空管集热器,目前应用尚不普遍。

2) 使用防冻液的双循环系统

双循环系统(或称双回路系统)就是在太阳能热水系统中设置换热器,集热器与换热器的热侧组成第一循环(或称第一回路),并使用低凝固点的防冻液作传热工质,从而实现系统的防冻。双循环系统在自然循环和强制循环两类太阳能热水系统中都可以使用。

在自然循环系统中,尽管第一回路使用了防冻液,但由于贮水箱置于室外,系统的补冷水箱与供热水箱管也部分敷设在室外,在严寒的冬夜,这些室外管路虽有保温措施,但仍不能保证管中的水不结冰。因此,在系统设计时需要考虑采取某种设施,在太阳能热水系统使用结束后使管路中的热水排空。如采用虹吸式取热水管,兼作补冷水管,在其顶部设置通大气阀,控制其开闭,实现该管路的排空。

3) 采用自动落水的回流系统

在强制循环的单回路系统中,一般采用温差控制循环水泵的运转,贮水箱通常置于室内(底层或地下室)。冬季白天,有足够的太阳辐射时,温差控制器开启循环水泵,集热器可以正常运行;夜晚或阴天,太阳辐照不足时,温差控制器关闭循环水泵,这时集热器和管路中的水由于重力作用全部回流到贮水箱中,避免因集热器和管路中的水结冰而损坏;次日白天或太阳辐照再次足够时,温差控制器再次开启循环水泵,将贮水箱内的水重新泵入集热器中,系统可以继续运行。这种防冻系统简单可靠,不需增设其他设备,但系统中的循环水泵要求有较高的扬程。

近几年,国外开始将回流防冻措施应用于双回路系统,其第一回路不使用防冻液而仍使用水作为集热器的传热介质。当夜晚或阴天太阳辐照不足时,循环水泵自动关闭,集热器中的水通过虹吸作用流入一专门设置的小贮水箱中,待次日白天或太阳辐照再次足够时,重新泵入集热器,使系统继续运行。

4）采用排空存水的排放系统

自然循环或强制循环的单回路系统中,在集热器吸热体的下部或室外环境最低处的管路上埋设温度敏感元件,接至控制器。当集热器内或室外管路中的水温接近冻结温度(3～4℃)时,控制器将根据温度敏感元件传送的信号,开启排放阀和通大气阀,集热器和室外管路中的水由于重力作用排放到系统外,不再重新使用,从而达到防冻的目的。

5）贮水箱热水夜间自动循环

强制循环的单回路系统中,在集热器吸热体的下部或室外环境温度最低处的管路上埋置温度敏感元件,接至控制器。当集热器内或室外管路中的水温接近冻结温度时,控制器打开电源,启动循环水泵,将贮水箱内的热水送往集热器,使集热器和管路中的水温升高。当集热器或管路中的水温升高到某设定值(或当水泵运转某设定时段)时,控制器关断电源,循环水泵停止工作。这种防冻方法需要消耗一定的动力以驱动循环水泵,因而适用于偶尔发生冰冻的非严寒地区。

6）室外管路上敷设自限式电热带

在自然循环或强制循环的单回路系统中,将室外管路中最易结冰的部分敷设自限式电热带,利用一个热敏电阻设置在电热带附近并接到电热带的电路中。当电热带通电后,加热管路中水的同时也使热敏电阻的温度升高,随后其电阻增加;当热敏电阻增加到某个数值时,电路中断,电热带停止通电,温度逐步下降。这样无数次重复,既保证室外管路中的水不结冰,又防止电热带温度过高造成危险。这种防冻方法要消耗一定的电能,但对十分寒冷的地区还是行之有效的。

4.3.9　系统防雷[4]

由于太阳能热水器及热水系统的工作原理是通过集热器吸收太阳辐射能量,所以太阳能集热器大多安装在建筑物屋面上,因此必须考虑热水器及热水系统的防雷保护问题。

如果安装热水器及热水系统的建筑物已有防雷保护措施,按《建筑物防雷设计规范》(GB 50057)中有关突出屋面构筑物的规定,在屋面接闪器保护范围之外的热水器及热水系统应装设接闪器,并和屋面防雷装置相连。如果建筑屋面没有防雷保护措施,要单独装设避雷针或架空避雷线(网),使集热器、水箱、管路等突出屋面的物体均处于接闪器的保护范围内,避雷针或架空避雷线(网)的设计和施工应符合《建筑物防雷设计规范》(GB 50057)中的有关规定。

1) 接闪器的类型

接闪器应由下列的一种或多种组成:

(1) 独立避雷针。

(2) 架空避雷线或架空避雷网。

(3) 直接装设在建筑物上的避雷针、避雷带或避雷网。

2) 接闪器常用材料和规格

(1) 用避雷针做接闪器时,避雷针要有一定的刚度和强度,制作避雷针应选择导电性能良好且有较强防腐性能的材料。目前常用的材料是经热镀锌处理的圆钢或焊接钢管,避雷针的直径应不小于表 4.9 中的数值。

表 4.9　避雷针的直径与长度

避雷针长度/m	圆钢直径/mm	钢管直径/mm	避雷针长度/m	圆钢直径/mm	钢管直径/mm
≤1	12	20	1～2	16	25

(2) 避雷网和避雷带宜采用圆钢或扁钢,优先采用圆钢。圆钢直径不应小于 8 mm。扁钢截面不应小于 48 mm^2,其厚度不应小于 4 mm。

(3) 架空避雷线和避雷网宜采用截面不小于 35 mm^2 的镀锌钢绞线。

(4) 除利用混凝土构建内钢筋做接闪器外,接闪器应热镀锌或镀漆。在腐蚀性较强的场所,应采取加大界面或其他防腐措施。

3) 接闪器布置

不同类别的建筑物其防雷保护等级不同,接闪器的布置方式也不同。在布置接闪器时,可以采用单独或任意组合的滚球法、避雷网(见表 4.10)。

建筑物根据其重要性、使用性质、发生雷电事故的可能性和后果,按防雷要求分为三类。

(1) 第一类防雷建筑物。凡制造、使用或储存炸药、火药、起爆药、火工品等大量爆炸物质的建筑物,因电火花而引起爆炸,会造成巨大破坏和人身伤亡者。

(2) 第二类防雷建筑物。国家级重点文物保护单位的建筑物;国家级会堂、办公建筑物、大型展览和博览建筑物、大型火车站、国宾馆、国家级档案馆、大型城市的重要给水水泵房等特别的建筑物。

(3) 第三类防雷建筑物。预计雷击次数大于或等于 0.012 次/年,且小于或等于 0.06 次/年的部、省级办公建筑物及其他重要或人员密集的公共建筑物;预计雷击次数大于或等于 0.06 次/年,且小于或等于 0.3 次/年的住宅、办公楼等一般民用建筑物;预计雷击次数大于或等于 0.06 次/年的一般性工业建筑物。

目前可以安装太阳能的建筑物大多数是三类防雷建筑及少量的二类防雷建筑物,一类防雷建筑物上一般不允许安装太阳能热水器和热水系统。

表 4.10　接闪器布置

建筑物防雷类别	滚球半径 hr/m	避雷网网格尺寸/m
第一类防雷建筑物	30	≤5×5 或≤6×4
第二类防雷建筑物	45	≤10×10 或≤12×8
第三类防雷建筑物	60	≤20×20 或≤24×16

4.3.10　太阳能热水系统计量

太阳能热水系统中的参数计量:

(1)太阳能热水系统宜测试集热量、辅助热源耗能量等参数。

(2)太阳能集中供热水系统宜装设总、支管热水表和分户热水表,并对供热水温度进行监测。

(3)太阳能集中-分散供热水系统应在集热供水总管上装设水表和温度传感器。

(4)辅助热源耗能量应根据系统所使用的辅助热源类型选用相应的计量装置进行计量。

4.3.11　管道及循环泵设计

太阳能热水系统的管道不宜跨越建筑伸缩缝、沉降缝、抗震缝等变形缝。并且住宅建筑中太阳能热水系统的管道不应穿越卧室,穿越起居室应采取防渗漏措施。

太阳能热水系统中,集热循环管道设计应符合下列要求:

① 集热循环管道应设计为同程式。

② 集热循环管横管敷设时,应有不小于0.3%的坡度。在管道最高点应设自动排气阀。

③ 集热器组为多排或多层组合时,每排或每层集热器的总进出水管上均应设置阀门。

④ 闭式集热循环系统应设置膨胀罐、安全阀和压力表。

⑤ 集热循环管道及配件应选用耐腐蚀和连接方便、可靠的管材。

⑥ 集热循环管道的设计应符合系统防过热、防冻要求。

⑦ 集热循环管道上应有补偿管道热胀冷缩的措施。

⑧ 集热循环供水管、回水管等管道及配件均应进行保温。

另外,太阳能热水系统中的热水供应管道设计应符合下列要求:

① 热水供应管道设计计算应符合现行国家标准《建筑给水排水设计规范》(GB 50015)的相关规定。

② 集中供热水系统的循环管道宜设计为同程式。

③ 集中-分散供热水系统和分散供热水系统可根据用户的具体要求设计热水循环管道。

④ 热水供应管道及配件应选用耐腐蚀和连接方便、可靠的管材。

集热循环泵设计应符合下列要求:

(1) 集热循环泵的流量采用下式计算。

$$q_x = q_{gz} \cdot A_j \qquad (4-13)$$

式中,q_x 为集热系统循环流量(L/s);q_{gz} 为单位采光面积集热器对应的工质流量 $[L/(s \cdot m^2)]$,按照集热器产品的实测数据确定或直接由生产厂家提供;A_j 为集热器面积。无条件时,可取 $0.015 \sim 0.020 \ L/(s \cdot m^2)$。

(2) 开式直接加热太阳能集热系统循环泵的扬程应按下式计算:

$$h_x = h_{jx} + h_j + h_z + h_f \qquad (4-14)$$

式中,h_x 为集热循环泵扬程(kPa);h_{jx} 为集热系统循环管道的沿程与局部阻力损失(kPa);h_j 为集热循环流量流经集热器的阻力损失(kPa);h_z 为集热器顶与贮热水箱最低水位之间的几何高差(kPa);h_f 为附加压力(kPa),取 $20 \sim 50 \ kPa$。

(3) 闭式间接加热太阳能集热系统循环泵的扬程应按下式计算。

$$h_x = h_{jx} + h_j + h_e + h_f \qquad (4-15)$$

式中,h_e 为集热循环流量经集热水加热器的阻力损失(MPa)。

集热循环泵耐热温度应大于太阳能热水系统循环泵入口介质最高集热温度,集热循环泵应设置备用泵。

例[5] 广州××大酒店 4~9 层,共 402 个床位,需每人每天提供 45℃热水 140 L;要求 24 小时提供热水。根据用户基本情况和要求,设计工程方案并说明。

解

(1) 方案设计。

采用真空管联集管集热器,结合相关的管路、管件以及控制装置组成太阳能热水系统,为用户提供满足使用要求的热水,用燃油(气)作为辅助能源。

(2) 主要设备选型。

① 联集管集热器。

a. 集热器型号及参数,选用型号为 HJI-24LX18-38°单层联集管集热器,其技术参数如表 4.11 所示。

表 4.11　HJI-24LX18-38°集热器技术参数*

型　号	采光面积/m²	管长/mm	直径/mm	管数	功率
HJI-24LX18-38°	3.6	1 800	58	24 支	1.93 匹

注：* 表中功率是太阳能照度为 800 W/m²，瞬时日效率为 50%时热水器的功率,1 匹=735 W。

b. 集热器面积及台数的确定。

i. 系统总用水量确定。按照每人每天 140 L 热水(50℃)的标准设计,则每天用水总量为 402×140=56 280 L。

ii. 集热器面积及台数。联集管集热器,在太阳辐照大于等于 800 W/m² 的条件下,每天能产生热水 100~120 L,按照每天产生 60℃热水 110 L(相当于 50℃热水 132 L)计算,共需要集热器面积为 56 280/132=426 m²,需要安装 HJI-24LX18-38° 联集管集热器 120 台,楼顶实际能安装 115 台集热器,总面积为 414 m²。

c. 集热器阵列将整个系统分成 4 个小系统,其中 3 小系统配 30 台集热器,另外一个配 25 台集热器,每个小系统配 1 个 14 t 的保温水箱。

② 保温水箱系统安装 4 个保温水箱,每个容积 14 t。

③ 燃油(气)锅炉选用 60 万千卡"斯大"常压立式热水锅炉(1 台),型号为 CLHS0.7,"炬炼"燃烧器。

④ 水泵每个小系统装配 WILO-LG 热水循环泵 1 台,室内安装 WILO-LG 热水循环泵 2 台,参数如表 4.12 所示。

表 4.12　WILO-LG 热水循环泵参数

型　号	电源	输出功率/W	扬程/m	最大排水量/(m³/h)	吸(出)水口径/mm
PH-251E	220 V 50 Hz	250	7.5	18.6	65
PH-400E		400	16/19.5	18.6/15	80

(3) 系统工作原理。

系统安装调试好以后按照以下方式运行:

① 定温放水系统采用定温放水的方式运行,依靠自来水的压力给联集管集热器上水(若自来水的压力不够,可通过泵上水)。根据联集管集热器中的温度控制 DCF(常闭电磁阀)的开启和关闭。当联集管中充满水的时候,在太阳辐照下,联集管集热器中的水温升高;当水温 $T_1 \geqslant 55℃$ 的时候,DCF 打开,自来水进入联集管,将其中的热水顶入到保温水箱中,同时自身的温度慢慢降低;当温度 $T_1 \leqslant 50℃$ 的时候,DCF 关闭,停止上水,联集管中的水温又开始升高,升高到大于

或等于55℃时又开始下一个定温放水的过程(定温放水的温度在40～60℃之间可调)。

② 温差循环由14 t保温水箱的水位和水温来控制。当水箱水满以后,DCF关闭(不再受 T_1 的控制);当 $T_1 - T_2 \geqslant 5$℃,循环泵P1启动;当 $T_1 - T_2 \leqslant 3$℃时,循环泵P1停止。当水箱中的水位≤3/4满水位时,不再温差循环,开始定温放水。

③ 管路循环根据温度传感器探测到 T_3 的大小来控制P2的启动与停止,实现管路循环,保证一开始即有热水的目的。当 $T_3 \leqslant 30$℃,P2启动,当 $T_3 \geqslant 40$℃,P2停止(温度可以在30～50℃之间设定)。

④ 辅助能源系统采用燃油(气)锅炉作为辅助能源,当 $T_2 \leqslant 48$℃,锅炉启动,开始加热, $T_2 \geqslant 50$℃时,锅炉停止加热。

⑤ 最低水位保护。当天气不好时,定温放水启动的次数少,水箱中的水量不够,为了保证用水,设置最低水位保护。根据14 t水箱的水位来控制DCF的开启和关闭,实现最低水位保护功能。当14 t水箱中的水位小于等于1/4时,DCF打开(不再受 T_1 控制),自来水通过联集管补入到保温水箱中;当14 t水箱的水位达于等于1/2时,DCF关闭,停止补水。

4.4 太阳能热水系统评价

为了保证太阳能热水系统的工作效率、安全性以及耐久性,在设计选型上应该提前考虑系统部件的热性能、安全性以及耐久性。同时要考虑整个太阳能热水系统的保证率以及投资收益比。

4.4.1 热性能

1) 系统的供水温度

太阳能热水系统的供水水温应按《建筑给水排水设计规范》中的相关规定执行。

对水箱容积小于600 L的小型太阳能热水系统,在日太阳辐照量为17 MJ/m^2,日平均环境温度为15～30℃,环境风速≤4 m/s。集热开始时,贮热水箱内水温为20℃;集热结束时,太阳能热水系统贮热水箱内的水温应升至45℃及以上。

对水箱容积大于600 L的太阳能热水系统,在日太阳辐照量为17 MJ/m^2,日平均环境温度为8～39℃,环境风速≤4 m/s。集热开始时,贮热水箱内水温为8～25℃;集热结束时,太阳能热水系统贮热水箱内水的温升应升至25℃及以上。

保证安全的供水水温,设置恒温混合阀等装置限制供水温度不致超过规范的要求。

2）系统的日有用得热量

水箱容积小于 600 L 的小型太阳能热水系统（太阳能集热器与贮热水箱），在日太阳辐照量为 17 MJ/m² ，日平均环境温度为 15℃～30℃，环境风速≤4 m/s。集热开始时，贮热水箱内水温为 20℃；集热结束时，太阳能热水系统的日有用得热量应≥7.0 MJ/m²；水箱的平均热损因数应＜22 W/(m³/K)。

对于水箱容积大于 600 L 的太阳能热水系统，在日太阳辐照量为 17 MJ/m² ，日平均环境温度为 8℃～25℃。集热结束时，对于直接系统，日有用得热量应≥7.0 MJ/m²；对于间接系统，日有用得热量应≥6.3 MJ/m²。在当地标准温差条件下，贮热水箱中水的温降值应为：水箱容积 V≤2 m³ 时，温降值≤8℃；水箱容积为 2～4 m³ 时，温降值≤6.5℃；当水箱容积大于 4 m³ 时，温降值≤5℃。

3）系统的年热性能预测

在民用建筑上安装使用的太阳能热水系统，宜进行系统年热性能预测的试验检测。该试验检测应符合相关国际、国内标准的要求，并应具有科学性、权威性、公正性，由国家质量监督检验机构完成。

4.4.2　安全性

太阳能热水系统的安全性能是系统最重要的技术指标，在《民用建筑太阳能热水系统应用技术规范》中，涉及系统安全性的条文全部是强制性条款。因此，系统和部件的安全性能应引起太阳能热水器生产企业的特别重视，设计人员和业主在选择使用太阳能集热器等产品时，必须要求企业或供货商提供由国家质检总局授权的检验机构出具的安全性能检验报告。

（1）水压太阳能热水系统的供水压力，应符合《建筑给水排水设计规范》的相关要求。并且能满足卫生器具要求的最低工作压力。

（2）耐压太阳能热水系统应具备一定的承压能力，能承受系统设计所规定的工作压力，并通过水压试验的检验。试验压力应符合设计要求，设计未注明时，试验压力应为系统顶点的工作压力加 0.1 MPa，同时在系统顶点的试验压力不小于 0.3 MPa。

（3）过热保护太阳能热水系统应设置过热保护措施，能在高太阳辐照而且有用热量消耗较少的条件下正常运行。太阳能热水系统通过排放一定量蒸汽或热水作为过热保护时，不应由于排放蒸汽或热水而对用户构成危险。在按照国家标准进行过热保护试验时，应无蒸汽从任何阀门及连接处排放出来。当太阳能热水系统的过热保护依赖电控或冷水等措施时，其产品使用说明书中应有清楚的标注说明。因特殊要求向用户提供温度超过 60℃的太阳能热水系统，其产品使用说明书中应有提示用户防止烫伤的说明。

(4) 电气安全太阳能热水系统中配置的电器设备,其电气安全性应符合 GB 4706.1,GB 4706.12,GB/T 14536 和 GB 8877 以及 NY/T 513 规定的要求。太阳能热水系统中使用的电器设备应有剩余电流保护、接地和断电等安全措施。

(5) 其他安全装置的太阳能热水系统中应设置安全泄压阀和膨胀罐/箱等安全装置。太阳能集热器组中每个可以关闭的回路应至少安装一个安全阀。

4.4.3　耐久性

(1) 耐冻太阳能热水系统应具有防冻功能。太阳能热水系统为直接系统时,应设计如下系统防冻措施。

① 自然循环系统,宜采用手动排空的方式防止结冻。

② 强制循环系统,直接系统宜采用自动控制阀门启闭的排空方式;间接系统宜采用集热循环泵关闭,并使热媒水靠重力流回贮热水箱的排回方式,或采用防冻液作为集热器传热工质的防冻方式。

③ 采用贮热水箱中贮存热水进行循环防冻。

(2) 抗风太阳能热水系统安装在室外的部分应有可靠的防风措施,应能经受不低于当地历史最大风力的负载,按该风荷载的标准值,根据规范计算抗风设计的负载和设计抗风措施。

(3) 抗冰雹太阳能热水系统应能承受冰雹和其他与冰雹质量相同的下落重物的撞击,并且能通过国家标准规定的耐撞击试验而无破损现象。

(4) 雷电保护新建建筑太阳能热水系统的设计应符合国家标准《建筑物防雷设计规范》(GB 50057)中的有关规定。如果太阳能热水系统不处于建筑物避雷系统的保护中,应按《建筑物防雷设计规范》的有关规定增设避雷措施。既有建筑上安装太阳能热水系统,应按《建筑物防雷设计规范》的有关规定增设避雷措施。

(5) 淋雨太阳能热水系统应有抵抗雨水冲刷而不被浸入的能力,按国家标准的规定,完成淋雨试验后,不允许有雨水浸入太阳能热水系统的集热器、水箱、通气口和排水口等。

(6) 防热冲击太阳能热水系统应能耐受系统内部突然的冷热水交换,以及外部环境导致的突然热冲击。例如,晴天空晒后突然遭遇暴雨的情况。按国家标准规定,完成内、外热冲击试验后应无裂纹、变形、毁坏、水凝结或浸水现象发生。

(7) 防过热太阳能热水系统应设置过热保护装置,以保证系统在过热状态下的安全性,防止系统被损坏,其主要防过热措施如下。

① 采取防止集热器空晒的集热循环控制措施。

② 太阳能热水系统用于就近供热或太阳能空调。

③ 采用加装温度压力安全阀（T.P 阀）的防过热水箱。

④ 太阳能热水系统热量通过风冷换热器环境散热。

⑤ 采取集热器分区运行控制措施。

⑥ 采取集热器遮盖措施。

（8）防倒流　太阳能热水系统的集热部分应设有防倒流措施。若集热部分采用自然循环，则贮热水箱底部应高于集热器顶部；若集热部分是机械循环，则应设置止回阀或其他防倒流装置。

（9）抗震　太阳能热水系统安装在室外的部分应考虑抗震设计要求。

4.4.4　太阳能保证率

太阳能热水系统的太阳能保证率是指太阳能热水系统中由太阳能部分提供的能量占系统总负荷的百分率。太阳能保证率的取值与系统使用期内当地的太阳辐照、气候条件、系统的投资回收期等经济性参数以及用户要求等因素有关。

为尽可能发挥太阳能热水系统的节能作用，太阳能热水系统的太阳能保证率不应取得太低，按我国的具体情况，取值宜在 40%～80% 之间。

在太阳能资源丰富区，太阳能热水系统的年太阳能保证率宜大于 60%；较丰富区宜大于 50%；一般区宜大于 40%。

在太阳能资源一般的地区，设计使用太阳能热水系统时应进行技术经济分析，太阳能保证率的取值可降至 40% 以下。

在上海地区，太阳能热水系统全年太阳能保证率不应低于 45%，太阳能热水系统的集热器效率不应低于 50%。

4.4.5　经济效益

目前市面上除了太阳能热水系统之外，还存在燃气与电两种热水系统，且这两种热水系统跟太阳能热水系统的功能很相近。通过加热速率、废气排放、产生水垢量、室内占地面积、能源消耗、安全性能、出水量 7 部分性能的对比分析（见表 4.13），可以看出太阳能热水系统相对于燃气热水系统与电热水系统，有无污染、安全性能高、不占室内空间等优势[7]。

表 4.13　燃气、电以及太阳能热水系统性能的对比分析

	加热速率	废气排放	水垢	室内占地面积	能源消耗	安全性能	出水量
燃气热水系统	快	有	少	小	燃气	不高	大
电热水系统	较快	无	多	大	电能	较高	少
太阳能热水系统	较快	无	少	不占	太阳能	高	大

太阳能热水系统与常规热水系统最大的不同点是其热源(太阳能)的不稳定性。常规能源的发热量是固定的,但太阳辐照量会随地区、季节、天气状况(阴、晴、雨、雪)发生变化。因此,在一个要求稳定供应热水的民用建筑太阳能热水系统中,必须配置常规能源辅助加热装置,以保证在不利气候条件下用户的热水需求。也就是说,与常规生活热水系统相比,太阳能热水系统的初投资会较高,因为系统的热源有两个——太阳能集热系统和常规能源辅助加热装置。

虽然太阳能热水系统的初投资较高,但由于在工作运行时使用了无偿的太阳能,节约了常规能源,所以,安装了太阳能热水系统的用户实际上可以通过节能而减少运行费用,从而获得收益回报,并用以补偿增加的初投资,这就是太阳能热水系统节能效益的反映。

太阳能热水系统的节能效益或者说投资收益比,常用投资回收年限(也称投资回收期)来表示。太阳能热水系统的增投资应在一定的年限内用系统的节能费用补偿回收,该年限即称为投资回收年限(投资回收期),根据计算方法的不同,可分为静态投资回收期和动态投资回收期。

太阳能热水系统应具有较高的节能效益-合理投资收益比。一个设计合理的太阳能热水系统,应在太阳能集热系统的使用寿命期内,用节约的常规能源使用费完全补偿回收太阳能热水系统的增初投资。如果不能回收,则该系统的设计在经济上是不合理的。

经过技术经济比较,进行优化设计的太阳能热水系统,处在太阳能资源丰富区的地区,其静态投资回收期宜在 5 年以内,资源较丰富的地区宜在 8 年以内,资源一般的地区宜在 10 年以内,资源贫乏区宜在 15 年以内。

投资回收期法是对技术方案进行静态评价的主要方法,投资回收期的计算形式有两种:一种是按累计净收益计算,另一种是按投产后每年取得的净收益计算。[8]

(1) 按累计净收益计算投资回收期,计算公式如下:

$$I = \sum_{t=0}^{P_t} NB_t = \sum_{t=0}^{P_t} (S_t - C_{ot} - T_t) \qquad (4-16)$$

式中,I 为总投资额(元);NB_t 为第 t 年的净收益(包括利润和折旧)(元);S_t 为第 t 年销售收入(元);C_α 为第 t 年的经营费用(元);T_t 为第 t 年的销售税金(元);P_t 为投资回收周期(年)。

$$\text{投资回收期}(P_t) = [\text{累计净收益出现正值的年份数}] - 1 + \frac{\text{上年累计净收益的绝对值}}{\text{当年净收益}}$$

例 拟建太阳能热水器厂,预计每年获得的净收益及投资回收情况如表 4.14 所示,试计算其投资回收期(P_t)。若标准投资回收期 $P_s = 7$ 年,判断其经济合理性。

表 4.14　投资回收期计算表　　　　　　　　　　　单位：万元

时　　期	建设期		生　　产　　期							
年　　份	1	2	3	4	5	6	7	8	9	10
投　　资	−2 000	−1 500								
年净收益			500	800	1 000	1 500	1 500	1 500	1 500	2 500
累计净收益	−2 000	−3 500	−3 000	−2 200	−1 200	300	1 800	3 300	4 800	7 300

解　根据表 4.12 中的数据

$$P_t = 6 - 1 + \frac{1\,200}{1\,500} = 5.8 \text{(年)}$$

由于 $P_t < P_s = 7$ 年，故此方案合理，可以采纳。

（2）按投产年净收益计算投资回收期，计算公式如下：

$$P_t = \frac{I}{NB}$$

式中，I 为总投资额（元）；NB 为年平均净收益（包括利润和折旧）（元）。

例　某太阳能企业初始投资为 2 000 万元，投资后每年均等地获得净收益 500 万元。若标准投资回收期 $P_s = 5$ 年，试用投资回收期方法判断该方案是否可取。

解

$$P_t = \frac{I}{NB} = \frac{2\,000}{500} = 4 \text{(年)}$$

由于 $P_t < P_s = 5$ 年，故该方案可采纳。

下面分别介绍使用周期成本法、使用周期成本年值和单位能源的使用周期成本法，对太阳能热水系统进行经济效益的分析评估，将太阳能热水系统加辅助常规能源的联合系统与单独常规能源系统进行实例比较[7]。

① 使用周期成本法。

任何一种能源系统，在使用期内的总成本值计算公式为

$$PV = I - (V_n a^n) + \sum_{j=1}^{n} a^j (M_j + R_j) + \sum_{K=1}^{H} \sum_{j=1}^{n} P_K Q_K b^j \quad (4-17)$$

式中，PV 为联合能源系统使用周期内税前总现值（元）；I 为联合能源系统的总成本（包括设计、采购、安装、修改和占用建筑的价值）（元）；V_n 为 n 年后的剩余值或残值；a 为指定年的现值[$j = 1 \sim n$，年利率（或贴现率）为 d，$a^j = (1+d)^{-j}$]；M_j 为 j 年的保养费（元）；R_j 为 j 年的维修和更换费用（元）；P_K 为 K 类常规能源的初期

投资$(K=1\sim H)$(元);Q_K为K类常规能源所需的数量(设备效率应考虑计算Q_K);b^j为j年得到的现值{e_K为燃料上涨率,K表示K类能源,年利率为d,则$b^j=[(1+e_K)/(1+d)^j]$}。

使用周期成本法来比较两种能源系统,表4.15列举了两种系统的比较实例:太阳能热水系统和常规能源辅助热源的联合能源系统与单独使用常规能源系统。

表 4.15　两种能源系统使用周期内成本计算

能源系统类型	使用年限/年	初投资费/元	年燃料开支/元	能源成本现值/元	更换装置成本/元	更换成本现值/元	指定年后的残值/元	指定年后的残值现值/元	总成本现值/元
联合能源	20	160 000 (96 000+ 64 000)	4 000	50 872	0	0	0	0	210 872
常规能源	20	96 000	16 000	203 480	48 000 (第15年)	11 491	32 000 (第20年)	4 755	306 216

表中第3栏为两系统的总投资。联合系统为160 000元,其中常规辅助系统为96 000元,太阳能热水系统为640 000元,若每平方米按960元计算,相当于67 m²采光面积的热水工程。

联合能源系统在使用期内,有时因天气原因,辅助能源需要消耗燃料,表中第4栏年燃料开支为4 000元。而单独常规能源系统全年均靠燃料运行,所需消耗燃料较多,其年燃料开支为16 000元。假定20年内年利率10%,燃料年上涨率为5%,则第5栏成本现值为:

$$4\,000\sum_{j=1}^{20}\left(\frac{1+0.05}{1+0.10}\right)^{20}=50\,872(元)(联合能源系统)$$

$$16\,000\sum_{j=1}^{20}\left(\frac{1+0.05}{1+0.10}\right)^{20}=203\,480(元)(常规能源系统)$$

联合系统使用年限为20年,而常规能源系统使用到第15年就需要花费48 000元更换设备(第6栏),年利率按10%,则更换设备的成本现值为11 491元(第7栏)。

联合系统20年后的残值为0,而常规能源系统20年后的残值为32 000元(第8栏),年利率按10%,20年后的残值的现值为4 755元。

两种系统的总成本现值(第10栏)=(第3栏)+(第5栏)+(第7栏)-(第9栏)

由表 4.16 可知,太阳能与常规能源联合系统在 20 年试用期内比单独常规能源系统节约的费用为:306 216－210 872＝95 344(元)。因此,联合系统优于常规能源系统,是优选的投资方案。

② 使用周期成本年值。

能源系统在使用期内总成本的现值转化为年现值的计算公式如下:

$$AV = C \cdot PV \tag{4-18}$$

式中,AV 为联合能源系统使用期内的总年值(元);PV 为联合能源系统使用期内税前总现值(元);C 为统一资金回收公式 $\{C=i/[1-(1+i)^{-n}]\}$。

太阳能热水系统和常规能源辅助热源的联合能源系统与单独使用常规能源系统的年成本现值如表 4.16 所示。

表 4.16 两种能源系统使用期内年成本现值

能源系统类型	使用年限/年	总成本现值/元	总成本年现值/元
联合能源	20	210 872	24 777
常规能源	20	306 216	35 980

按年利率 10%,则

$$C = \frac{i}{1-\dfrac{1}{(1+i)^n}} = 0.117\,5$$

这样,表 4.16 中的第 4 栏为:

$$210\,872 \times 0.117\,5 = 24\,777(\text{元})$$

$$306\,216 \times 0.117\,5 = 35\,980(\text{元})$$

太阳能与常规能源联合系统的年现值为 24 777 元,而单独常规能源的系统则为 35 980 元,故联合能源系统年值节约 11 203 元。

③ 单位能源的使用周期成本法。

在现实生活中,无论使用何种能源方案,用户购买的能源数量是一样的,因此在使用周期内的单位能源成本就显得十分必要。如表 4.17 所示。

太阳能提供的单位能源在使用期内的成本现值用下式表示:

$$U_s = \frac{AV_s}{SE_c} \tag{4-19}$$

表 4.17　太阳能与常规能源的单位能源成本比较

太阳能投资成本/元	太阳能年投资成本/元	太阳能节约的总成本/元	太阳能节约的年成本/元	太阳能的年成本/元	太阳能年供总能量/kJ	太阳能年成本	常规能源年成本
64 000	7 520	48 000（15 年）32 000（20 年）	791	6 729	22.10×10⁷	3.04 元/10⁵ kJ	8.08 元/10⁵ kJ

式中，U_s 为太阳能在使用周期内的年成本（元）；AV_s 为太阳能在使用周期内的总成本（元）；SE_c 为每年提供太阳能的数量 $[J/(m^2 \cdot a)]$ 或 $[kJ/(m^2 \cdot a)]$。

需要说明的是，表 4.17 中的太阳能系统实际上是指太阳能与常规能源的联合系统，若太阳能没有辅助热源，和常规能源是无法比较的。

由表 4.17 可以知道太阳能投资为 160 000－96 000＝64 000（元），这是表 4.17 中第 1 栏的数据。

年利率按 10%，使用期为 20 年，1 元的分期偿还系数为 0.117 5，故太阳能年投资成本为 64 000×0.117 5＝7 520（元）。

表 4.17 第 3 栏表示太阳能在 15 年内无需更换设备；而常规能源系统 15 年后更换成本现值为 48 000 元，20 年后的残值现值为 32 000 元。

年利率按 10%，1 元 15 年现值系数为 0.239 4，20 年现值系数为 0.148 6，故 1 元分期偿还系数为 0.117 5。这样，则表 4.17 第 4 栏可作如下计算：（48 000×0.239 4－32 000×0.148 6）×0.117 5＝791（元）。

表 4.17 中第 5 栏太阳能年成本＝太阳能投资成本（第 2 栏）－太阳能年节约成本（第 4 栏），为：7 520－791＝6 729（元）。

表 4.17 中第 6 栏为太阳能联合系统每年可提供的能量。该能量根据表 4.15 中提到的投资采光面积约 67 m² 太阳热水系统计算而得：假定全年按 300 天阳光可用天数，根据实践，在华北地区每平方米可将 75 kg 的水升高 35℃，即 $Q = 300 \times 75 \times 35 \times 1 \times 4.186\,8 = 3.3 \times 10^6$ kJ/(m² · a)，系统可获热量 $Q' = 67Q = 22.1 \times 10^7$ (kJ/a)，再用太阳能节约的年成本 6 729 元除以 22.1×10^7 kJ，得到 3.04 元/10⁵ kJ。

常规能源系统提供的能源单位成本为 U_c，计算公式如下：

$$U_c = \left[\left(\frac{SP_c}{COP} \sum_{j=1}^{n} b_c^j \right) + \left(\frac{HP_h}{F} \sum_{j=1}^{n} b_h^j \right) \right] C \tag{4-20}$$

式中，U_c 为常规能源的单位能源成本（元）；S 为年能源总量中的冷却部分能量；H 为年能源总量中的加热部分能量；P_c 为冷却能源的单位能源购买价格（元）；COP

为冷却设备的性能系数;b_c^j 为当年利率为 e_c 时 j 年内冷却能源单位成本现值的一个系数 $\{b_c^j = [(1+e_c)/(1+i)^j]\}$;$P_h$ 为加热能源的单位购买价格(元);F 为加热炉在加热时的性能系数;b_h^j 为当年利率为 e_h 时 j 年内加热能源单位成本现值的一个系数 $\{b_h^j = [(1+e_h)/(1+i)^j]\}$;$C$ 为资金回收系数 $\{C = i/[1-(1+i)^{-n}]\}$。

假定常规能源用油,每加仑(1 gal,约合 4.55 L)为 8 元,油炉的效率为 0.5,每加仑油的发热值为 1.4 therm(1 therm $=10^5$ Btu,1 Btu $=1\,055.06$ J)。可计算出常规能源的单位能源成本:

$$U_c = \frac{\delta}{0.5}\left[\sum_{j=1}^{20}\left(\frac{1+0.05}{1+0.10}\right)^j\right] \times \frac{0.117\,5}{1.4} = 8.08(\text{元}/10^5\,\text{kJ})$$

可以看出,太阳能系统单位能源的年成本为 3.04 元/10^5 kJ,远低于常规能源系统单位能源的年成本 8.08 元/10^5 kJ。

4.4.6　环境效益[7]

太阳能热水系统作为一种节能环保产品,直接或间接地在使用过程中减少了煤炭资源的消耗,因此建筑用太阳能热水系统的节能环保效益主要是计算节约使用煤炭所产生的环保效益,即通过计算标准煤的节约量和外部性系数来确定太阳能热水系统的节能环保效益。

1) 标准煤的节约量

太阳能热水系统相对于燃气热水系统和电热水系统在为用户提供热水时并不需要消耗化石能源,通过集热系统吸收太阳能来对循环系统内的水进行加热以供用户使用,因此要计算太阳能热水系统节约标准煤的数量就需要计算取得相同热量时标准煤的消耗值。

首先需计算出太阳能热水系统全年为用户提供充足热水时所吸收和转化的有用热量 ΔQ,计算公式如下:

$$\Delta Q = E \times A_{IN} \times (1-\eta_L) \times \eta_{cd} \tag{4-21}$$

式中,ΔQ 为太阳能热水系统提供的年有用热量(MJ);E 为系统所在地区年平均太阳辐射量(MJ/m²);A_{IN} 为太阳能热水系统集热面积(m²);η_L 为贮水箱和管路的热损失率(%);η_{cd} 为太阳能热水系统年均集热效率(%)。

然后,根据有用热量 ΔQ 与标准煤热值 29.307 MJ/kg 的比值,计算出太阳能热水系统全年节约的标准煤量。

2) 标准煤外部性系数

标准煤在燃烧过程中主要产生二氧化碳(CO_2)、二氧化硫(SO_2)、粉尘以及氮

氧化物等污染物,因此标准煤外部性系数 $P_煤$ 可以通过下式计算:

$$P_煤 = K_1 \times P_1 + K_2 \times P_2 + K_3 \times P_3 + K_4 \times P_4 \qquad (4-22)$$

式中,P_1、P_2、P_3、P_4 分别表示 CO_2、SO_2、粉尘、NO_x 等污染物的减排价值;K_1、K_2、K_3、K_4 分别表示 CO_2、SO_2、粉尘、NO_x 等污染物的排放系数。

(1)CO_2 的减排价值。

清洁发展机制(CDM)是目前国际碳交易机制的一种,因此 CO_2 的减排价值可参考 CDM 项目可用于交易的"核证的减排量"(CERs)的合同价格。当节能项目实现 CDM 交易,产生 CERs,获得 CO_2 减排价值,一般为 8~12 欧元/吨,取平均值 10 欧元/吨。EUAs(欧盟)价格高于 CERs,为 25 欧元/吨;北欧实施的能源税收制度中的碳税为 16 欧元/吨,通过赋权,可得到国民经济评价下 CO_2 的减排量价值约为 160 元/吨(见表 4.18)。

表 4.18　CO_2 的减排价值

费 用 类 型	价格(欧元/吨)	权重
CERs	10	0.4
EUAs	25	0.4
碳税	16	0.4
CO_2 的减排价值	18.4 欧元/吨,即 159.56 元/吨	

(2)SO_2 的减排价值。

SO_2 的减排价值主要是依据当前 SO_2 的废气排污费征收价格,即 630 元/吨。

(3)粉尘的减排价值。

粉尘的减排价值主要依据当前粉尘的废气排污费征收价格,即 275.2 元/吨。

(4)NO_x 的减排价值。

NO_x 的减排价值主要依据当前 NO_2 的废气排污费征收价格,即 631.6 元/吨。

以上污染物的减排价值如表 4.19 所示。

表 4.19　污染物的减排价值

污 染 物	减排价值/(元/吨)
CO_2	159.56
SO_2	630
粉尘	275.2
NO_x	631.6

（5）排放系数。

标准煤燃烧时所产生污染物的排放系数如表 4.20 所示。

表 4. 20　污染物的排放系数 *

污　染　物	排放系数/tce
CO_2	2.456 7
SO_2	0.016 5
粉尘	0.009 6
NO_x	0.015 6

注：* 数据来源于国家发展和改革委员会能源研究所；tce，表示吨标准煤当量。

根据标准煤外部性系数的公式，引入污染物的排污费价格表与污染物的排放系数表的数据，可以计算出标准煤的外部性系数为 414.89 元/tce（见表 4.21）。

表 4. 21　标准煤外部系数表

污染物	排污费价格/(元/吨)	排放系数/(t/tce)	减排外部系数/(元/tce)
CO_2	159.56	2.456 7	392
SO_2	630	0.016 5	10.4
粉尘	275.2	0.009 6	2.64
NO_x	631.6	0.015 6	9.85
合计		414.89	

4.5　太阳能热水系统的发展现状及典型案例

4.5.1　发展现状

不论在国家层面还是世界层面，作为可再生能源重要组成部分的太阳能有非常好的发展前景。太阳能热水系统，已由简单的太阳能热水器，发展成一个集成度较高的系统工程，由此可见太阳能热水系统在近几年有着长足的发展。

在政策支持方面，不同于太阳能光伏系统，太阳能热水系统受到的政策支持相对较少，太阳能热水系统的发展基本上完全依靠市场。2009—2011 年太阳能热水器通过"家电下乡"，以及列入"节能惠民工程"产品行列获得了一些补贴。这些政策在一定程度上促进了太阳能热水系统的发展，但是当时推广的多为紧凑式的太阳能热水器。这种紧凑式太阳能热水器由于价格便宜，使用方便，在农村地区得到了大规模的应用。由于该系统只能用于农村市场,并不适合城市中的居民使用,因此,当农村市场饱和之后,在新产品大规模应用推广之前,太阳能热水系统的销量产生了一定程度的下滑。

近些年来,针对某些特殊建筑强制安装太阳能热水系统的政策在各地推出,例如,上海市要求新建 6 层及 6 层以下的建筑需要强制安装太阳能热水系统。这些新政策对太阳能热水系统的发展是有利好作用的。

在不同的地方安装太阳能热水系统,考虑的方面也各有不同。由于农村建筑的特殊性,人们在选用太阳能热水系统的时候,最多考虑的是产品的价格与易用性,因此紧凑式太阳能热水器颇受欢迎。但是在城市中,考虑的因素比较多,高楼安全性、防风性能、美观、屋顶面积占用、所有权等一系列的问题都需要考虑,因此开发了很多更为先进与复杂的太阳能热水系统(如集中-分散式太阳能热水系统),以达到城市中使用的要求。

另外,太阳能热水系统的辅助能源发展也是近几年的重点。不同的太阳能热水系统中,产生了与传统电加热、燃气加热、热泵等加热方式耦合的太阳能热水系统,这些热水系统在保证用户使用舒适性的情况下,尽可能多的节约传统能源。

在市场与政策方面,农村和城市都有着非常好的发展空间,并且政府也长期支持太阳能的发展。在产品方面,太阳能热水系统的发展应该更加注重增强系统的整合度,加强产品与建筑的整合度,美观性与节能效果结合。同时能够与其他原本就节能的辅助热源相结合,提供更为完善的系统解决方案。

4.5.2 典型案例

1)北京某小区坡屋面多层住宅

建筑背景与设计要求:

该建筑为平屋面 7 层住宅,第 7 层为跃层;建筑面积为 4 800 m²,分为 3 个单元;每单元 7 户,总户数为 21 户。

针对该建筑的太阳能热水系统设计为集中式供水系统,直接式系统。要求 24 小时全日供应热水,贮热水箱与供热水箱双水箱;太阳能集热器安装在坡屋顶上;水箱等设备安装在底下一层设备房内;辅助热源为天然气锅炉,锅炉供回水温度为 85℃/60℃。

(1)通过计算,按每户 2.8 人计算,系统日设计用热水量 5 900 L(每天);日平均用热水量 2 950 L(每天)。建筑每小时耗热量通过计算得出为 68 620 W;全日供应热水系统的热水循环流量为 590 L/h;热水管道设计流量为 1.51 L/s。

太阳能集热器与建筑同方位,朝向正南,倾角为 40°。

通过计算可得,集热器采光面积为 36.16 m²,共需要 2 m² 大小规格的太阳能集热器共 19 块,实际面积为 38 m²。

按照每平方米太阳能集热器采光面积对应 75 L 贮热水箱容积,可以确定水箱有效容积为 2.85 m³。

(2) 辅助热源的选择,需要根据太阳能最不利的情况进行计算。该系统选用容积式热交换器,通过计算得出加热面积为 1.75 m²,贮水容积为 1 770 L,热媒耗量为 0.75 kg/s。

(3) 该太阳能热水系统设计如图 4.12 所示。

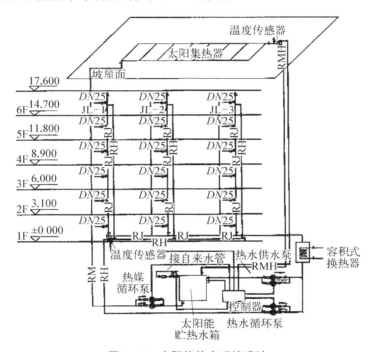

图 4.12 太阳能热水系统设计

(RM:热媒给水管;RMH:热媒回水管;RH:热水回水管;RJ:热水给水管;
JL:生活给水管;DN25:直径为 25 mm 的钢管/铸铁管;图中高度单位:m)

该系统预计每年节能 148 004 MJ,在 15 年内节约燃料费用约为 54 473 元,系统回报周期为 6.02 年,费效比为 0.08 元/kW·h。

通过使用该太阳能热水系统,每年的节约能量折合标准煤 5.05 t,天然气为辅助热源,二氧化碳排放因子为 0.404,二氧化硫排放因子为 0.02,烟尘减排量为 0.758 t。

2) 上海某小区别墅案例

建筑背景与设计要求:

该工程位于上海某住宅小区,上海经纬度为:北纬 31°10′,东经 121°26′;该建筑为别墅型建筑,正南朝向,坡面屋,建筑面积:250 m²。该别墅为两层,一层有一个卫生间一个厨房,二层有两个卫生间,热水用水点共 8 个。

设计太阳能热水系统为局部(独户)间接供水系统,24 小时全日供应热水,设置单水箱既作为贮热水箱又作为供水箱;太阳能集热器通过预埋件以嵌入式安装在坡屋面上;水箱等设备安装在底层车库内;辅助热源为电加热器。

(1) 该别墅的用水人数为 5 人,通过计算可得该系统的日用水热量为 500 L;系统平均日用热水量为 300 L。每小时的耗热量为 4 386.42 W;热水供水管的设计流量为 0.51 L/s。

该系统的太阳能集热器与建筑同方位,朝向为正南,与坡屋面同倾角,为 30°。根据该建筑的热属性,用水量为 300 L 每天,因此选用相近的水箱大小,为 305 L,集热器面积为 5.43 m² 的户用分离式间接系统。

通过计算可得,该系统的得热量为 22.61 MJ,日耗热量为 54.01 MJ,因此该系统的太阳能保证率约为 42%,符合当时上海地区推荐的 40%～50% 的要求。

(2) 系统的辅助热源为电加热式的容积式水加热器。根据计算可得在最差的情况下,每小时需要的电加热量为 3 242.46 W,假设电加热效率为 95%,选择额定功率为 3.5 kW 的电加热器。

(3) 该太阳能热水系统的设计如图 4.13 所示。

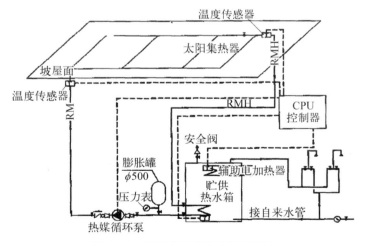

图 4.13 别墅太阳能热水系统设计

该系统的设计年节约能量为 24 558 MJ,15 年内节约的总费用为 5 621 元,回收年限为 7.8 年,费效比为 0.25 元/kW·h。

该系每年节约能量折合标准煤 0.80 t,电为辅助热源,二氧化碳排放因子为 0.866,二氧化硫排放因子 0.02,烟尘排放因子 0.01,则太阳能热水系统寿命期内:

二氧化碳减排量为 38.10 t；二氧化硫减排量为 0.24 t；烟尘减排量为 0.12 t。

4.6　习题

1. 简述太阳能热水系统的分类并说明分类依据。

2. 上海某住宅楼，为六层楼，坡屋顶结构，坡屋面倾斜角 $25°$，朝向南偏西 $10°$，共有 24 户，若每户日用热水 150 升（$50℃$），请设计太阳能热水系统，并计算太阳能集热器面积（假设：上海地区水平面平均太阳辐射强度 600 W/m²）。

3. 计算北京地区春夏秋季使用的太阳能热水系统，太阳能集热器安装方位为南偏东 $10°$，太阳能集热器安装高度为 H 时的前后排最小不遮光间距为 S。

参 考 文 献

［1］姚俊红,刘共青,卫江红.太阳能热水系统及其设计[M].北京：清华大学出版社,2014.
［2］郑瑞澄.民用建筑太阳能热水系统工程技术手册[M].北京：化学工业出版社,2006.
［3］罗运俊,王玉华,陶桢.太阳能热水器及其系统[M].北京：化学工业出版社,2015.
［4］吴振一,窦建清.全玻璃真空太阳集热器热水及热水系统[M].北京：清华大学出版社,2008.
［5］袁家普.太阳能热水系统手册[M].北京：化学工业出版社,2009.
［6］何梓年,朱敦智.太阳能供热采暖应用技术手册[M].北京：化学工业出版社,2009.
［7］顾亮杰.太阳能热水系统在住宅建筑中应用的经济效果评价及政策建议[D].西安：西安建筑科技大学,2014.
［8］罗运俊,陶桢.太阳热水器及系统[M].北京：化学工业出版社,2007.

第5章 太阳能采暖

　　中国东北、华北和西北地区的冬季都是需要进行采暖的地区,大部分处于太阳能资源较丰富的地区,这对利用太阳能作为采暖的能源提供了优越的条件。但考虑太阳能采暖时,如果只根据年总辐射量来判断是不够的,还要注意采暖期(11—3月)的太阳能辐射总量的大小。如哈尔滨的年总辐射量[4 939 MJ/(m² · a)]高于西安[4 771 MJ/(m² · a)],但采暖期的总辐射量[1 260 MJ/(m² · a)]却低于西安[1 352 MJ/(m² · a)]。这是因为太阳总辐射量按月份的变化不仅和太阳高度角的变化有关,而且还和当地气象条件、日照率(日照率=实际日照时间/可能日照时间)等有关。各地区全年日照率按月份平均出现的峰值时间是不同的。按其主峰出现的月份不同,可将全国分为三个地区:A 区的主峰值出现在秋季(9—10 月);B 区的主峰值出现在冬季(12—2 月);C 区的主峰值出现在夏季(6—8 月)。我国采暖区的总面积中,几乎三分之二的地区日照率的主峰值正好处于采暖季节。

　　中国不仅有丰富的太阳能资源,而且利用太阳能作为建筑物供暖的区域非常辽阔。因此,在我国利用太阳能作为采暖能源有着巨大的市场前景。

5.1　太阳能采暖系统工作原理

　　图 5.1 为典型的主动式太阳能采暖原理图,以此为例来说明太阳能采暖系统的工作原理。该系统包括收集太阳能的集热设备、贮存热量用的贮热装置、供暖房间的配热设备、辅助热源以及输送热媒的动力设备(泵、风机)和管道等。该系统以水为热媒,由两个回路组成:第一个回路中的低温水经太阳能集热器加热后,被泵入贮热装置中的热交换器以加热第二回路中的热媒(水),换热后其温度降低,又重新泵回集热器进行加热。第二回路中的热媒经热交换器升温后,进入室内的散热器,将热量散入室内。当集热量不足时,则由辅助热源供给。

　　下面介绍各组成部分的特点。

　　1) 集热器的配置

　　太阳能采暖系统中的太阳能集热器相当于常规供暖系统中的锅炉(或其他热

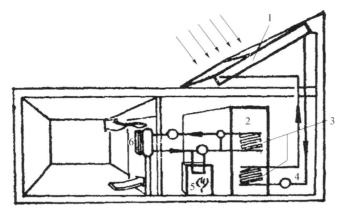

图 5.1　主动式太阳能采暖原理

1—太阳能集热器；2—贮热装置；3—热交换器；4—泵；5—辅助热源；6—散热器

源装置）。由于地球表面单位面积上收集到的太阳辐射能有限（每平方米每小时最多只能收集热量 4 200 kJ），所以需要的集热器面积较大。当太阳能保证率为 60% 左右时，所需平板型集热器面积约占供暖房间地板面积的 50%。甚至还要更大些。当然，供暖所需集热器面积的大小，不仅与集热器的型式有关，还与供暖房间的耗热指标密切相关。在同等的太阳能资源情况下，耗热指标越低，所需集热器面积越小。实践证明，集热设备的投资在整个太阳能供暖系统中占主要部分。因此，设计太阳能供暖系统，如何提高集热器效率及合理地布置集热器是十分关键的。表 5.1 列出了一般集热器所需的面积和最佳安装角度。

表 5.1　集热器集热面积和最佳安装角度

用　　途	最 佳 倾 斜 角	大致需要的面积
供暖、供热水	（纬度）+（15°～25°）	供暖面积的 10% 以上
供冷暖、供热水	（纬度）-（10°～15°）	供冷面积的 80% 以上
热泵供冷暖	（纬度）+（15°～25°）	供暖面积的 20% 以上
专供热水	30°～45°	2～6 m²

在建筑的设计阶段充分考虑到太阳能系统的应用，将集热器和建筑形式结合考虑，可以提高太阳能集热系统的效果，同时对于建筑外观和结构的影响也可以达到最小。表 5.2 介绍了几种在建筑物上布置太阳能集热器的方法。供暖和供热水用的集热器，其面积比供冷暖用的小一些，但由于冬季太阳高度角较小，所以集热器的倾角很陡。因此，如果利用集热器和屋面构造结合的型式，则南立面遮挡较大。如垂直式集热器，其集热量虽稍有下降，但它的优点是可以减少玻璃面的污损和漏雨现象，而且夏天不会出现过热。

表 5.2　集热器与建筑结合的方式

部位	类　　　型		
坡屋面	**集热器一体型** 关联因素：集热器倾角、模块化、屋面材料与构造、屋面连接构造、水箱空间 优点：整体感好、美观 缺点：维修不便、热效率受屋面坡度制约	**集热器叠合型** 关联因素：集热器倾角、屋面连接构造、水箱空间、管道安装方式 优点：无支架、美观 缺点：热效率受屋面坡度制约	**热水器叠合型** 关联因素：集热器倾角、屋面连接构造、管道安装方式 优点：无支架、较美观 缺点：热效率受屋面坡度制约
	热水器支架型（屋面） 关联因素：屋面连接构造、支架形式 优点：安装维修方便、热效率高 缺点：增加支架	**热水器支架型（切入）** 关联因素：屋面连接构造、支架形式 优点：安装维修方便、热效率高、水管可不穿屋面 缺点：增加支架	**热水器支架型（平顶）** 关联因素：屋面连接构造、支架形式、北立面处理 优点：安装维修方便、热效率高 缺点：增加支架、抗风性差
平屋面	**集热器支架型** 关联因素：屋面构造、支座对排水影响、水箱位置 优点：配置灵活、热效率高、安装维修方便 缺点：增加支架	**热水器支架型** 关联因素：屋面构造、支座对排水影响 优点：配置灵活、热效率高、安装维修方便 缺点：增加支架	**集热器叠合型** 关联因素：屋面构造、顶层空间、水箱位置 优点：热效率高、安装维修方便 缺点：增加屋顶构造

（续表）

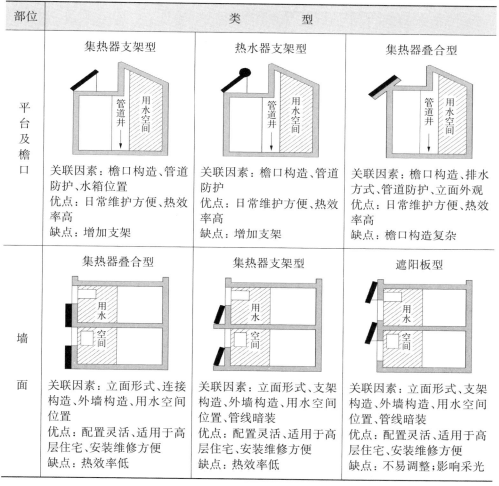

部位	类　型		
平台及檐口	**集热器支架型** 关联因素：檐口构造、管道防护、水箱位置 优点：日常维护方便、热效率高 缺点：增加支架	**热水器支架型** 关联因素：檐口构造、管道防护 优点：日常维护方便、热效率高 缺点：增加支架	**集热器叠合型** 关联因素：檐口构造、排水方式、管道防护、立面外观 优点：日常维护方便、热效率高 缺点：檐口构造复杂
墙面	**集热器叠合型** 关联因素：立面形式、连接构造、外墙构造、用水空间位置 优点：配置灵活、适用于高层住宅、安装维修方便 缺点：热效率低	**集热器支架型** 关联因素：立面形式、支架构造、外墙构造、用水空间位置、管线暗装 优点：配置灵活、适用于高层住宅、安装维修方便 缺点：热效率低	**遮阳板型** 关联因素：立面形式、支架构造、外墙构造、用水空间位置、管线暗装 优点：配置灵活、适用于高层住宅、安装维修方便 缺点：不易调整；影响采光

　　图 5.2 中两种方式安装的集热器一般都设有反射板，这样可以提高集热效率，但如何保持反射板的高度反射率，目前还在研究中。图 5.2(a)型是将反射板设置在住宅外部地面，并可以沿一定角度转动，将太阳辐射反射到住宅外墙的集热器上；图 5.2(b)型则是将反射板设置在住宅屋顶，将太阳辐射反射到布置于屋顶的集热器上。

　　集热器最佳方位是正南方向或稍偏西南方向（偏西 10°~15°），后者能使集热器的工作温度比朝正南时高一些，因为下午的气温往往比上午高。集热器朝东南方向时，收集到的太阳能量将比朝正南时减少 20% 左右，但在一日之中可以早收集到太阳能量。

　　2）蓄热器

　　蓄热一般有显热储存、潜热储存和化学能储存三类。储存的材料可为：水、岩

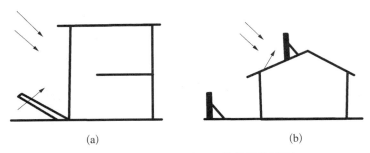

图 5.2　设有反射板的住宅集热器的配置

(a) 反射板设置在住宅外部地面；(b) 反射板设置在住宅屋顶

石、土壤和相变材料($Na_2SO_4 \cdot 10H_2O$)等。详细参见第 10 章。

利用太阳能供暖需贮存 1～2 日的热量，按总面积为 100 m^2 的住宅计算，则约需($2～4$)$\times10^5$ kJ 左右。用水贮存热量时，若利用温差为 10℃，则需要 5～10 m^3 容积的贮水槽；用卵石等固体来贮热，则需要 15～30 m^3 的容积。因此，利用显热贮热需要有很大的贮热容积，这样不仅设备费用大，而且占用房间的有效面积大。利用潜热蓄热可使贮热体积降低到 1/5 左右。

3）辅助热源

考虑到太阳能源的不稳定性和经济因素，一般太阳能采暖系统中，由太阳能供给的热量占供暖房屋总热负荷的 60%～80%(此值称为太阳能供暖保证率)。因此，主动式太阳能供暖系统中，除了要有太阳能集热设备外，还要备有辅助热源(煤油炉、电炉或与集中供热系统相连接)，以解决高峰负荷时的供暖问题。

4）配热系统

所谓配热设备，就是太阳能供暖系统设置在供暖房间的散热设备。太阳能供暖系统的集热器多使用构造简单、价格便宜的平板型集热器。由于其构造特点，它的集热效率随集热温度的升高而降低。平板型集热器的集热温度一般控制在 30～60℃，但冬季集热温度只能达到 30～40℃。

考虑到上述情况，室内散热系统一般采用适于低温热源的天棚辐射供暖或地板辐射供暖方式。天棚和地板没有尺寸的限制，整个天棚或地板面积都可以用作散热器。按照舒适条件，天棚表面温度不得高于 32℃，地板表面温度不高于 25℃，因此，热煤温度只要达到 30～35℃即可满足要求。

5.2　太阳能采暖系统分类

本章第一节介绍的是一个主动式采暖系统，实际上，太阳能采暖系统一般可以分为两大类：被动式系统和主动式系统。主动式系统设置了太阳能集热器、供热管道、散热设备、储热设备及辅助热源等设备，以满足建筑物的采暖要求。被动式系统不需要另设机械系统，而是依靠建筑方位的合理布置，通过建筑物的门、窗、屋顶等构件，以自然热交换的方式（辐射、对流、传导）使建筑物在冬季尽可能地多吸收和贮存热量，以达到供暖的目的。简言之，被动式供暖就是根据当地气象条件，在基本不添加附加设备的条件下，在建筑构造和材料性能上下工夫，使房屋达到一定的供暖效果的一种方法。因此，这种供暖系统比主动式供暖系统造价便宜、构造简单、易于实现。

5.2.1　被动式太阳能采暖系统

从太阳能热利用的角度看，被动式太阳能采暖系统又称自然式系统，主要分为：直接受益式、集热蓄热墙式、附加温室式、屋顶集热蓄热式和花格墙式等。

1）直接收益式

直接收益式是被动式太阳能采暖中最简单又最常用的一种。在直接收益系统中，太阳辐射通过窗户直接投射到室内各个表面，这些表面一方面吸收太阳能并转化为热能，通过自然对流方式传递给室内空气并通过导热方式将部分热量储存于物体内部，另一方面反射部分太阳能到室内其他不直接接收太阳光的表面上。为了使室内气温昼夜波动不致过大，要求直接收益式太阳房中直接接收太阳辐射的物体要采用重质材料，以增加系统在白天的蓄热能力，便于在夜间向室内供热。图5.3 为直接收益式太阳房的采暖原理。

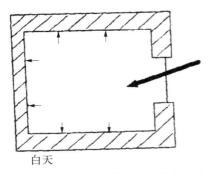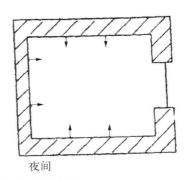

白天　　　　　　　　　　　夜间

图 5.3　直接收益式太阳房采暖原理

由图可见，直接收益式太阳房的南窗在白天起着收集太阳能的作用。为了在冬季获得尽量多的太阳能，必须将南窗设计得尽量大。但是，单纯靠南窗玻璃是不足以在夜间保持室内温度的，因此必须加强保温。事实上，不论何种形式的太阳房，窗子的散热都是不可忽视的。

为了使房间收集更多的直射阳光,根据建筑平面组合的型式和朝向房间的进深不同,可采用下述几种型式(见图 5.4)。

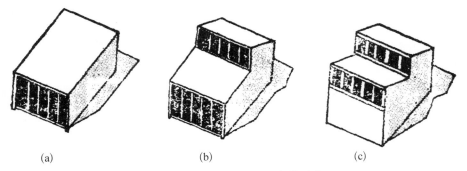

(a)　　　　　　　　(b)　　　　　　　　(c)

图 5.4　直接收益式太阳房的型式

(a) 单排房间的房屋;(b) 双排房间的房屋;(c) 多排房间的房屋

(1) 单排房间的房屋:如图 5.4(a)所示。当房屋只有一排房间,而且进深不太大时,只需在南墙上设置较大的南窗(有条件可采用落地窗)即可,窗高和房间进深的关系,根据房屋所处纬度而定。一般而言,房屋进深越小,南窗面积与地板面积之比越大,则集热量就越大。

(2) 双排房间的房屋(包括进深大的单排房间的房屋):如图 5.4(b)所示,除在南墙上开设南窗外,在北排房间(包括大进深房间的深部——后部)的上部应开设高侧窗。

(3) 多排房间的房屋:如图 5.4(c)所示为多排房间房屋的一部分。自该房屋的第二排开始,为了使所有后排房间都能得到直射阳光,需将屋顶做成向北倾斜的锯齿形屋顶,在每个垂直部分都设置高侧窗。锯齿形斜屋面的坡度应保证前排屋顶在冬季太阳高度角最低时(冬至日中午 12 点)不遮挡后排的窗子。

图 5.5 是英国柴郡华莱斯伊(Wallasey Cheshire)圣乔治(St. George)学校的太阳房,建于 1961 年。华莱斯伊位于北纬 53°,冬天风大,屋顶是 17 cm 混凝土,覆盖 13 cm 泡沫塑料保温层,隔断为 23 cm 砖墙。南墙长 70.1 m(230 ft),高 8.2 m(27 ft),大部分是双层玻璃,中间空气层为 60 cm,有少数几个窗是开扇。这幢建筑保温性能好,并且围护结构热容量很大,即使在晴天室内温度的波动也小于 3℃。

2) 集热蓄热墙(Trombe 墙)式

上文已经提到,为使直接收益式太阳房内的昼夜温差不致过大,应使用重质材料作为直接接受阳光的物体。即使如此,仍然存在着热量分配不均的问题。在太阳能进入 Trombe 墙式太阳房之前,首先被一重质材料制成的墙体吸收,转化为热

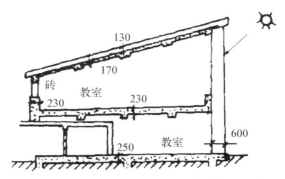

图5.5 圣乔治学校的太阳房型式(单位:mm)

能,然后加热空气并通过空气的自然对流向房间供暖,由墙体内表面和室内进行对流和辐射供暖。显然 Trombe 墙式太阳房内的气温受太阳辐射剧烈波动的影响比直接收益式小。图5.6为 Trombe 墙式太阳房的供暖原理图。

如图5.6所示,太阳辐射投射到外表面涂黑的 Trombe 墙上后转化为热能,墙表面的温度升高,一方面,加热夹层中的空气,在热虹吸作用下受热空气上行由出风口进入室内,同时室内冷空气由下部进气口进入夹层接收热量,如此循环;另一方面,墙表温度升高,热量便由墙表面向内部传导,将热量储存于墙体中。待墙体内表面温度高于室内气温后,内表面便向室内供暖。

在夜间,室外气温降低,夹层空气温度降低,在热虹吸作用下室内热空气由上部风口进入空气夹层放热,由下部风口进入室内接收热量,这样就造成因夜间空气"倒流"导致的散热。为防止倒流散热,应在上、下风口加设倒流滞止幕。

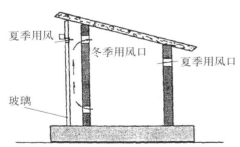

图5.6 Trombe 墙式太阳房

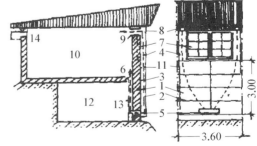

图5.7 法国奥台罗(Odeillo)太阳房(单位:m)

图5.7为法国奥台罗(Odeillo)太阳房,是集热蓄热墙式理论转向实际应用的第一座样板房。它的南侧集热蓄热墙1用60 cm厚的混凝土制成,外面盖上透明的玻璃罩面2。当阳光透过玻璃时,被涂黑的表面3所吸收,从而加热了墙体及夹层的空气,受热上升的空气7流经上部进风口9送入房间10,同时房间冷空气6从

下风口 5 进入夹层 4 而又被加热,如此形成自然循环。到了夏天,打开风口 8 和 14,被加热的空气流经风门 8 排到室外,室外空气经 14 进入室内,使室内保持较凉爽的感觉。

图 5.8 为鼓形集热墙太阳房,建于美国新墨西哥州的阿尔布开克(Albuguerque)。南墙由 20 个装满 55 gal(1 gal=3.785 43 L)水的鼓形罐组成,该墙外面安装一层玻璃及可拉动的保温板。保温板表面材料为铝箔,白天放平增加反射光,板内为蜂窝纸板填以泡沫塑料,夜间将保温板拉直以减少热损失。鼓形罐的向阳面全部涂黑。在鼓形墙与起居室之间装设拉帘,对散热稍加控制。

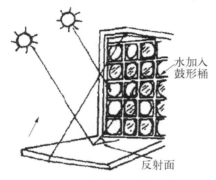

水加入鼓形桶

反射面

图 5.8　鼓形桶壁式太阳房

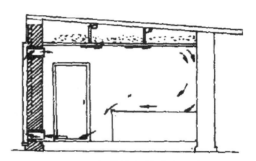

图 5.9　集热墙式被动太阳房

中国甘肃、天津、北京等地对被动式太阳房进行了很多实验研究。图 5.9 为甘肃省 1977 年建造的集热墙式被动太阳房。该房南墙为 370 mm 厚砖墙,其余为 490 mm 土坯墙。

3) 附加温室式

所谓"附加温室",是指在房屋的南墙外建造一间阳光温室,其后墙即为房屋的南墙。附加阳光间是直接收益式和集热墙式技术的结合。阳光首先从温室的采光面进入,投射到房屋南墙和其他表面上转化为热量,加热温室内的空气和房屋南墙。这样,一方面温室中的热空气通过自然对流与房屋内较冷空气互换;另一方面,房屋南墙也起到集热墙的作用。附加阳光间式太阳房的原理如图 5.10 所示。这种太阳房的优点是附加阳光间形成了一个可以使用的空间,但在设计中也应注意克服其缺点,即附加阳光间冬季的温度波动大,温室空间大易产生热空气死角以及需解决夏季温室高温问题。

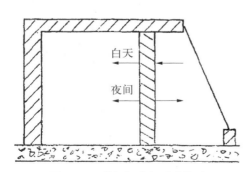

白天

夜间

图 5.10　附加阳光间式太阳房

这种附加温室式被动太阳房,既可用于新建太阳房,也可用于已有太阳房的改造。一般可分为如图5.11所示的三种基本形式。

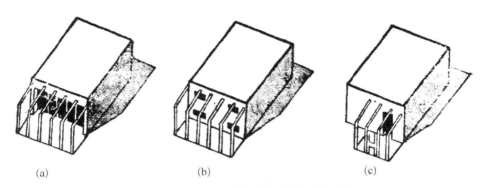

图 5.11　附加温室式太阳房的基本形式

(a) 附加温室与房间之间设置玻璃墙;(b) 附加温室与房间之间采用砖石或混凝土;
(c) 附加温室作为入口门厅

图5.11(a)是附加温室与房间之间设置玻璃墙;5.11(b)是附加温室与房间之间采用砖石或混凝土,上下开设通风孔;5.11(c)将附加温室作为入口门厅的形式。附加温室可以直接用作生活空间,也可以用于种植蔬菜和花草。在设计中应该注意以下问题:

(1)附加温室的玻璃面积大(一般仅一面与房屋相邻),因此,晴天白昼时室内温度很高,而夜间热损失也非常大。如何解决夜间隔热问题十分重要。

(2)温室后面房间的供暖主要靠温室和房间的空气对流以及中间墙体的传热(以辐射和对流方式向房间放热),因此要解决好气流组织问题,严防形成热流阻滞的死角。

(3)夏季温室的温度较高,如不采取有力措施,会造成温室内过热,甚至影响到相邻房间,因此要处理好遮阳和通风问题,一般将温室玻璃做成可拆卸的,在夏天拆掉部分玻璃。

(4)冬季利用温室种植蔬菜时,会产生较大的潮气,应提供适当的通风加以排除。还应注意避免施加有机肥料,以免产生恶臭。

4) 屋顶集热蓄热式

该系统的工作原理如图5.12所示,在屋顶金属顶棚台板之上,放置装满水的密封塑料袋(作为贮热体),其上设置可以水平推拉启闭的保温盖板。屋顶集热蓄热式系统能在冬夏两季工作,可以兼顾供暖与降温的作用。由于此系统完全依靠这些屋顶构件的组合关系,故亦称为屋顶池式系统。

冬季白天晴朗时,将保温盖板敞开,让水袋暴露在阳光下,充分吸收太阳辐射

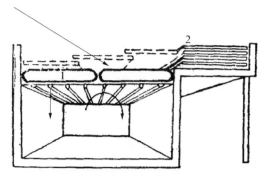

图 5.12　屋顶池式系统示意图

1—贮热体；2—保温盖板

热；夜晚，将保温盖板关闭，使水袋与外界隔离，水袋中贮存的热量，大部分从顶棚辐射到下面的房间里，小部分从顶棚以对流方式散入房间。

夏季的集热和放热方式，保温盖板的启闭情况和时间与冬季正好相反：白天关闭保温盖板，盖住水袋以隔绝阳光直射及室外的热空气，同时水袋中低温的水（前一天夜晚冷却的）吸收下面房间的热量，使室温下降；夜晚，将保温盖板拉开，借助自然对流和向凉爽的夜空辐射的方法，使水袋冷却。在夜间被冷却了的水袋，又可以为次日白天吸收下面房间内的热量做好准备。

这种系统适合纬度较低，冬季不太冷而夏季较热的地区。由于在一年中系统有两个季节可使用，故可提高经济效益。

这种屋顶池系统最先由哈罗德·海（Harold Hay）[1]于 1969 年发明设计。1973年他又与建筑师肯尼思·哈格德（K Haggard）[2]合作，在原设计的基础上设计建造了一座住宅，位于美国加利福尼亚州的阿塔斯卡德洛（北纬 35°，日照率 75%）。该建筑面积为 108 m²，屋顶水袋尺寸为 2.4 m×11.4 m×0.22 m，共有四个水袋，由 0.5 mm厚的聚氯乙烯透明塑料薄膜制成，放在肋形钢板屋顶上；水袋底下衬以黑色聚氯乙烯塑料布，上面盖有抗紫外线的聚氯乙烯透明薄膜，沿着四个边缘加以密封，并在此薄膜与水袋之间充气，使水袋上面有一个平均厚 50 mm 的空气夹层。全部水袋的总水容量为 24 m³。

房间的踏脚板处设有电加热器，作为辅助热源（据说从未使用过）。室内温度全年维持在 19～23℃之间，最大的日供暖负荷为 126 MJ 左右、最大日冷负荷为 167 MJ 左右（分别发生在 2 月和 7 月），太阳能供冷暖的保证率达到 100%，取得良好的供暖与降温效果（见图 5.13）。

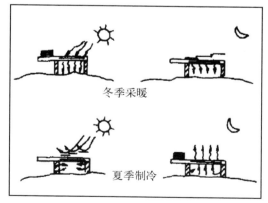

冬季采暖

夏季制冷

图 5.13　屋顶池系统的采暖和制冷

5）花格墙式

花格墙式太阳房是 Trombe 墙式太阳房的一种改进型，其集热体上布满通风孔。图 5.14 为花格墙的示意图,其中每一块阴影代表一个砌块体,它可以是混凝土预制件,也可以是砖砌体或土坯。常见的花格墙有固定后挡板型(GH)和无后挡板型(WH)两种。GH 型花格墙系统中的后挡板上下端都开有通风孔。白天打开玻璃盖板外的保温装置,墙体在阳光照射下迅速增温,加热了花格墙系统中的空气,空气在系统中流动可以使墙体均匀充分地受热,因而可积蓄更多的热量(与相同热容量的 Trombe 墙系统相比)。在墙体受热的同时,由于系统内部与室内的温差使空气通过后挡板的通风孔在花格墙系统与室内形成自然对流,向室内传递部分热量。夜间关好玻璃盖板外的保温装置,花格墙系统通过对流及辐射向采暖空间供暖。

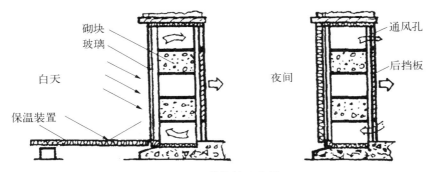

图 5.14　花格墙示意图

WH 型花格墙系统在白天有更多的热量传入室内,因而适合应用于公共建筑;GH 型花格墙在夜间可提供更多的热量,因而较适用于家庭住宅类建筑。

花格墙的显著优点是墙与空气的接触面积大大增加,这样非常有利于墙体的蓄热和放热。由于花格墙向室内散热的速度很快,因此,为防止白天室内气温过高,可在白天将后挡板关闭或在其室内一侧安挂一层布帷。

总之,与其他各种被动式太阳房相比,Trombe 墙式和花格墙式太阳房具有一些明显的优点,即:室内温度波动更小,温度更加稳定;超过需求的多余太阳能及由此引起的一切问题传递给住室的可能性最小;建筑费用或改造一座现有普通房屋所需的费用较低,其中尤以 Trombe 墙式更为优越。

其缺点有如下几方面,即如果没有很好的遮荫,冬季温暖而夏季炎热地区的太阳房将会产生更大的过热问题;寒冷且连续的阴天会使墙体成为一个热洞,附加热源的热量被大量浪费,因此需要对墙体进行隔热;有效加热区域只能达到墙面 1.5 倍的深度,这是因为墙体的对流散热量大而室内得不到来自太阳的直接辐射加热;对于多层楼房而言,对采光面的维护要求设置阳台,而阳台会对下层采光面造成遮荫问题等。

为克服这些问题,可以在集热墙旁或在集热墙内设置窗户。这样,室内早晨可以迅速升温,尽管此时墙体仍是凉的。

6) 温差环流壁

温差环流壁也称热虹吸式或自然循环式。与前几种被动采暖方式不同,这种采暖系统的集热和蓄热装置是与建筑物分开,独立设置的,集热器低于房屋地面,储热器设在集热器上面,形成高差,利用流体的对流循环集蓄热量,如图 5.15 所示。白天,太阳能集热器中的空气(或水)被加热后,借助温差产生的热虹吸作用通

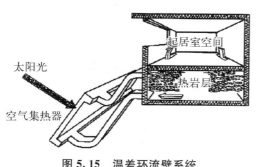

图 5.15 温差环流壁系统

过风道(用水时为水管)上升到上部的岩石储热层,被岩石堆吸热后变冷,再流回集热器的底部,进行下次循环。夜间,岩石储热器通过送风口向采暖房间以对流方式采暖,或者通过辐射向室内散热。该类型太阳能建筑的工质有气、液两种。由于其结构复杂、占用面积较大,故应用受到一定的限制。温差环流壁系统一般适用于建在山坡上的房屋。

5.2.2 主动式太阳能采暖系统

1) 空气式及热水式主动太阳能暖房

其集热器环路内循环的流体是空气则称为空气式太阳能暖房,是水则称为热水式太阳能暖房。

太阳能热风采暖系统是以空气为集热介质的太阳能采暖系统。如图 5.16 所示,由一台风机驱动空气在集热器与贮热器之间不断地循环,让空气与集热器中的采热板发生热接触,将集热器所吸收的太阳热量通过空气传送到贮热器存放起来,或者直接送往建筑物。另一台风机驱动建筑物内空气的循环,将建筑物内冷空气输送到贮热器中与贮热介质进行热交换,加热空气。然后将暖空气送往建筑物中

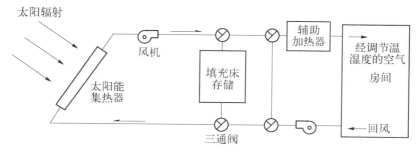

图 5.16 主动式太阳能热风采暖系统原理

进行采暖。若空气温度太低,需要使用辅助加热装置。这种系统的优点是集热器不会出现冻坏和过热情况、可直接用于热风采暖、控制使用方便、腐蚀问题不严重。缺点是所需集热面积大、管道投资大、风机电力消耗大、蓄热体积大,以及不易和吸收式制冷机组配合使用。

太阳能低温热水辐射地板是利用太阳能集热器收集的热量作为热源,以低温热水为热媒的一种较理想的房间采暖方式。系统低温热水不高于 $60℃$,通过铺设在地板内的塑料盘管以辐射和对流的传热方式均匀地向室内供热。太阳能地板辐射采暖系统如图 5.17 所示,它包括太阳能集热器、蓄热水箱、补水箱、供回水管、循环泵、辅助热源等组成部分。低温地板辐射采暖的热舒适性高、卫生条件好、使用寿命长、安全性能好,解决了许多传统取暖方式存在的问题。

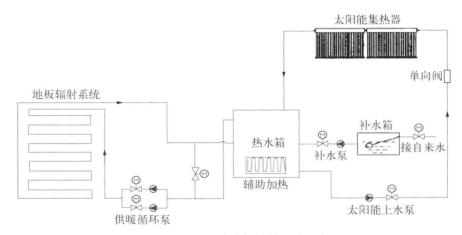

图 5.17 太阳能地板辐射采暖系统

图 5.18 为空气式丹佛太阳房,由 Lof 博士在美国科罗拉多州丹佛市建造的。利用太阳能集热器加热空气,集热器的有效面积为 49.2 m^2 ,地板面积约 195 m^2 。两组空气集热器串联连接,第一组有一层玻璃,第二组有两层玻璃。集热器相对于平屋顶的角度为 $45°$ 。蓄热介质为 10 640 kg 卵石,卵石直径为 2.5~3.8 cm。蓄热介质装在直径为 0.91 m、高 5.5 m 的两根圆柱形管内。其中一根蓄热管中有一根导管自上而下地穿过,作为屋顶上的集热器组与地下室设备之间的通道。生活用热水通过空气-水热交换器由太阳能预热,所需的其余热能由常规使用燃料的加热器提供。该系统的辅助热源是使用天然气的炉子。

系统的四种运行方式如下:

(1) 当建筑物不需采暖而太阳辐射很强时,风闸①、④打开而②、③关闭,空气经集热器到热水预热器、风机、蓄热器,再回到集热器,如此即为集热、蓄热过程。

(2) 当建筑物所需热量可直接由太阳能满足时,风闸①、③打开而②、④关闭,

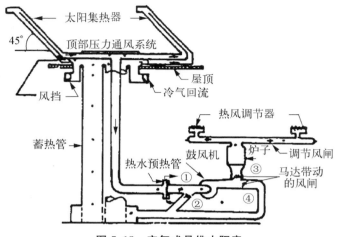

图 5.18　空气式丹佛太阳房

空气由集热器到热水预热器、风机、炉子、热风调节器、回风口,又返回集热器。如果太阳能不能满足建筑物的要求,则辅助热源投入运行。

（3）当需要利用蓄热器中热量对建筑物供暖时,风闸②、③打开而①、④关闭,室内回风由回风口向下通过蓄热器到风机、炉子、热风调节器再进入室内。

（4）完全采用辅助热源时,空气流程与（3）一致,不同的是需要点燃炉子。

图 5.19 是麻省理工学院 4# 太阳房的热水供暖系统。该系统的集热器为两层玻璃构成,吸收板为涂黑铝板,集热管采用铜管。集热器的 $F_R = 0.86$,$\alpha = 0.97$,$U_L = 3.97$。 不用集热器系统时,可将水卸至容量为 757 L 的膨胀水箱内。辅助热源是一个烧油的水加热器,并包括一个 378.5 L 的水箱。供暖房间采用热风采暖,热量靠一个水-空气式换热器传给室内空气。室内装有温度敏感元件,当室内温度降低时,则由蓄热水箱供应热量;如果室内温度继续下降,即蓄热水箱的热量不能

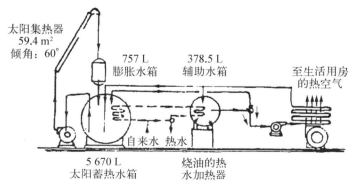

图 5.19　MIT4# 太阳房热水供暖系统

满足负荷的要求,电动阀就改变位置,使热水从辅助水箱而不是从主水箱循环。该系统也可供应生活用热水,它与自来水混合以得到所需的温度为 60℃ 的热水。

图 5.20 是在甘肃省建造的主动式太阳房热水采暖系统。集热器为管板式,吸热板为厚度 $\delta=1\,\text{mm}$ 的铝板,集热管为 $\Phi21\times1(\text{mm})$ 的铝管,面盖为一层 3 mm 厚的玻璃和一层 30 μm 厚的聚酯薄膜。热水箱容积为 3 m³。采暖房间分别设置排管式地板辐射板及铸铁圆翼型散热器。采暖房间温度要求维持在 15℃,由自动控温仪监控,当蓄热水箱温度高于 35℃ 时,由该水箱热水供暖;当蓄热水箱温度低于 35℃ 时,只由辅助电炉供暖。

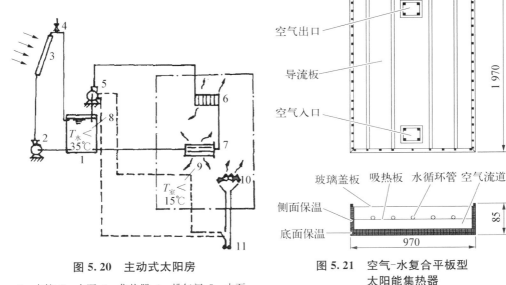

图 5.20　主动式太阳房

1—水箱;2—水泵;3—集热器;4—排气阀;5—水泵;
6—散热器;7—散热器(地面辐射板);8,9—温度监
控仪;10—辅助热源;11—电源

图 5.21　空气-水复合平板型
太阳能集热器

(图中数值的单位为:mm)

图 5.21 是赵东亮等人[3]设计的一种空气-水复合平板型太阳能集热器。该集热器可以使用空气或水作为传热介质,也可同时以空气和水为传热介质[3]。在采暖季,使用空气作为传热介质为建筑供暖;非采暖季,使用水作为传热介质提供生活热水。

其导流板安装在吸热板芯背部的空气流道内,导流板的高度等于空气流道的高度。这样,空气流道截面积明显减小,空气在流道内的流速增大,同时导流板起到肋片的作用,强化了空气与吸热板芯之间的对流换热。该集热器的有效面积为 1.76 m²,空气进出口分别设置在集热器背部的上下两端,集热器盖板为单层钢化玻璃,吸热板芯采用镀锌薄板材料,吸热板上喷涂选择性吸收涂层(吸收率为

0.93,发射率为0.3～0.4),集热器空气流道高度为30 mm,玻璃盖板与吸热板间距为26 mm。集热器外框为铝合金材料,背部保温材料为玻璃丝棉,侧面保温材料为橡塑板[3]。试验测得该集热器的空气集热效率在45%～60%之间,且还有一定的提升空间,水循环集热热效率约为32%～34%。集热器垂直安装,当立面辐照强度大于400 W/m²,空气流量为45 m³/h/m² 时,空气进出口温升在20℃以上,可以满足采暖的需要[4]。空气和水两种循环介质同时在集热器内部工作,将会提高建筑物全年的太阳能的保证率[3]。

2)直接式和间接式主动太阳能暖房

所谓直接式就是由太阳能集热器加热的热水或空气直接被用来供暖。如上文介绍的丹佛太阳房,就是将集热器加热的空气送入采暖房间供暖;甘肃太阳房是将集热器加热的热水送入采暖房间供暖;MIT4# 太阳房将集热器加热的热水送入风机盘管加热空气,再将被加热的空气送入采暖房间供暖。此类太阳房均称为直接式太阳能采暖系统。所谓间接式就是集热器加热的热水并不直接用来供暖而通过热泵将该热水的温度再次提高后再去供暖,也称为热泵式。

太阳能热泵采暖系统是将太阳能集热器作为热泵系统中的蒸发器,换热器作为冷凝器,通过热量传送将太阳能的低温集热传递到温度为35～50℃的采暖热媒中,如图5.22所示。太阳能热泵解决了冬季室外温度较低时热泵效率低的问题,同时可以有效利用太阳能资源,解决了太阳能因间断性的特点而难以满足全天候供热的问题。太阳能热泵采暖系统的主要特点是花费少量电能就可以得到几倍于电能的热量,同时可以有效地利用低温热源,减少集热面积。

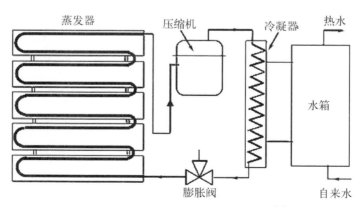

图5.22 太阳能热泵采暖系统原理图[5]

图5.23是美国亚利桑那州图森的一个实验室中的简易太阳能供暖及制冷系统。该实验室为一层建筑,其平屋顶向南倾斜7°,屋顶表面由涂成暗黑色的、带管子的薄铜皮覆盖,即为无盖板的太阳能集热器。蓄热水箱是一个垂直水箱,中间用

隔热挡板分开,其顶部储存热水而底部储存冷水。此外,利用一个热泵将热量由水箱下部送至水箱上部。热泵的蒸发器盘管在水箱底部,凝结器盘管在水箱顶部。

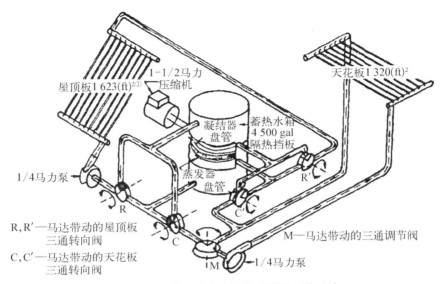

图 5.23　图森实验室太阳能采暖及制冷系统

该系统的两种运行方式:

(1) 冬天的集热、供暖过程。当许可收集太阳能时,水由集热泵送至屋顶集热器、蓄热水箱底部,再回到集热器则为集热过程。当室内要求供暖时,储存在蓄热水箱顶部的热水通过循环流到顶棚辐射板供暖,此为供暖过程。打开热泵,热泵将水箱底部的热能传至水箱顶部,使水箱顶部的温度上升到能满足建筑物供暖的要求。

(2) 夏季夜空辐射过程及室内降温过程。夏季夜间蓄热箱顶部的水由集热泵送至屋顶集热器(此时作为散热器用),由于夜空辐射作用,水温降低又回到蓄热箱顶部,此即夜空辐射过程。夏季当室内需降温时,将蓄热箱底部的冷水经负载泵送入顶棚辐射板,水吸收室内热量,使室内降温,温度变高的水又将回到蓄热水箱底部,此即室内降温过程。打开热泵,热泵将水箱底部的热能传至水箱顶部,使水箱底部的水温足够低从而达到室内降温的要求。

此外,按建筑物内配热系统的型式不同,太阳房又可分为顶棚辐射板式(如图 5.23 中的图森太阳房)、地面辐射板式(如图 5.20 中的甘肃太阳房)、风机盘管式(如图 5.19 中的 MIT4# 太阳房)和暖气片式(如图 5.20 中的甘肃太阳房)。

按太阳能采暖系统可否与其他系统综合利用,其可分为太阳能发电供暖系统

---

① 　1 ft＝3.048×10⁻¹ m。

（即该系统既可发电又可供暖）及太阳能供暖、空调系统（即该系统冬季可供暖夏季可制冷）。

图 5.24 是美国特拉华大学一号太阳房的带太阳电池的平板集热器。该太阳房的一个特点是应用太阳电池发电的同时利用电池的冷却热来采暖。太阳电池在阳光作用下产生电能，同时散发热量，冷空气吸收这部分热能变为热空气从而提供采暖。另外，因有空气冷却太阳电池，可以使太阳电池的效率提高、寿命延长，所以这是一种很好的结合方式，但是这种联合运行方式局限于低温（C_dS 电池工作温度为 70℃ 以下）。

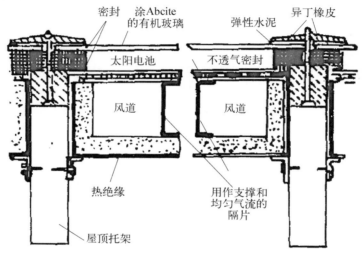

图 5.24　特拉华大学太阳房的带太阳电池的平板集热器

5.2.3　根据供暖规模分类

根据供暖规模，太阳能供热采暖系统可以分为单户型供暖系统和区域集中型采暖系统。单户型即针对用户，一家一户设置的太阳能系统，而区域集中供热则为全区域提供供暖负荷，集中供热系统一般规模较大，蓄热体积也较大，甚至可以季节性蓄热，即 CSHPSS(central solar heating plants with seasonal storage) 系统。CSHPSS系统蓄热时间跨度可达 3～4 个月，相对于短期蓄热太阳能供热采暖系统而言，季节性蓄热系统稳定性更好、太阳能利用效率更高。在集中供暖系统中，短期系统的太阳能全年保证率仅为 10%～20%，而对于季节性系统，这一指标可达 50%[6]。

欧洲、北美对太阳能供热采暖（热水、采暖）系统的研究和工程应用已有几十年历史，过去主要应用于单户型建筑，即"太阳能建筑"和"零能建筑"内的小型系统。近十余年来，包括区域供暖在内的大型集中太阳能供热采暖系统"Solar Combisystems"的工程应用有较快发展，这种系统可以同时向建筑提供采暖需求和生活热水。北欧、中欧的主要国家如瑞典、奥地利、丹麦、挪威等,其集中供热采暖系统的应用比例已占全部供热采暖系统安装量的 50% 左右[4]。

德国的太阳能供热采暖技术一直都走在世界的前列。在德国,建筑采暖的热水能耗占建筑总负荷之比超过 50%[7],因此对太阳能的开发利用就显得极为重要。从 2000 年开始,德国 BMBF(联邦教育科技部)和 BMWi(联邦经济技术部)实施了太阳能区域供暖政府项目("Solarthermie-2000-Part 3:Solar assisted district heating"):至 2003 年已建成 12 个太阳能区域供暖示范工程,8 座季节蓄热区域热力站和 4 座短期蓄热区域热力站。

据不完全统计,目前欧洲共有三十多个集热面积超过 500 m² 的大规模供热采暖系统,而大规模供热采暖系统通常伴随着季节性蓄热,如表 5.3 所示。随着大量理论和实验研究的进行,显热的季节性蓄热太阳能供热采暖应用已经比较成熟[4]。

表 5.3　欧洲部分 CSHPSS 示范工程

国　　家	年份	集热面积 /m²	平板集热器 安装类型	蓄热方式	蓄存体积 /m³
德国(Friedrichshafen)	1996	4 050	屋面安装	水蓄热	12 000
德国(Humburg)	1996	3 000	屋面安装	水蓄热	4 500
德国(Neckarsulm)	1997	5 670	屋面安装	埋管蓄热	63 400
瑞士(Off.of Statistics)	1997	1 120	屋面安装	水蓄热	2 000
德国(Rostock)	2000	980	屋面安装	含水层蓄热	20 000
丹麦(Rise)	2001	3 575	地面安装	水蓄热	4 000
荷兰(ENECO Energy)	2002	2 900	屋面安装	水+含水层	8×9
瑞典(Brf Anneberg)	2002	2 400	屋面安装	埋管蓄热	60 000
德国(Crailsheim)	2007	7 500	屋面安装	埋管蓄热	37 500
德国(Eggenstein)	2008	1 600	屋面安装	砾石-水系统	4 500

5.3　被动式太阳房性能评价指标

太阳房的性能评价指标包括热工性能与技术经济性能两部分,本节将着重介绍被动式太阳房的热工性能评价指标。

我国的被动式太阳房大多处于无辅助热源的运行状态(人体生活产热除外),可用室内外平均温差、全天室温波动率和不舒适度来评价。

室内外平均温差 ΔT 是指在某一研究时段内,室内平均温度与室外环境平均温度之差,室内外日均温差可表达为

$$\Delta T = \frac{1}{24}\sum_{i=0}^{23}\Delta T_i \qquad (5-1)$$

式中，ΔT_i 是室内外小时平均温差（℃）。

全天室温波动率 TFF 定义为

$$\text{TFF} = \left[\sum_{i=0}^{23} (T_r - \overline{T}_r)^2 \right]^{\frac{1}{2}} / (24 \overline{T}_r) \tag{5-2}$$

式中，T_r 为室温的小时平均值，$\overline{T}_r$ 为日平均室温。TFF 说明太阳房集热与贮热、放热系统的匹配关系，TFF 过大，则表示三者匹配不良。

不舒适度反映人体的主观感受。人体与环境之间存在着湿、热平衡。正常情况下人体产热等于其对环境的净散热（包括潜热）时，人就会感觉舒适。这里净散热是指人体散热量减去人体由外界获得的热量（如太阳辐射热）。当产热量大于人体的净散热量时，人就会有热的感觉，便会通过出汗或减少所穿的衣服等方式来增强散热；当产热量小于人体的净散热时，人就会有冷感，便会通过增加衣服或活动量来减少散热和增加自身产热。显然，人体与环境的湿热动态平衡关系是反映人体主观感觉舒适程度的重要因素。

卡洛尔（Carroll）[8] 用综合作用温度 T_0 来反映人体与环境之间的湿热平衡关系：当处于正常状态的人在假想的均匀黑色封闭空间的湿热交换量与同样状态的人在实际环境中的湿热交换量相等时，该假想空间的温度即为作用温度。已证明，T_0 可以用人体所处实际环境中的一个直径 150 mm 的空的黑色钢球内部的温度来代表。人体达到舒适的作用温度称为最佳作用温度 PT_0。该值需要通过对居住者热感觉的实地调查确定，因此，PT_0 与居住者的生活习惯、劳动强度等因素密切相关，并不是一个一成不变的值。

卡洛尔得到的人体舒适度指标表达式为

$$\text{DI} = \sum (E^2 W) / \sum W \tag{5-3}$$

式中，$E = 0.93T_0 + 0.04T_a + 2 - PT_0$；$T_0 = 0.4T_r + 0.12T_e + 0.48\overline{T}_w$；$PT_0 = 0.91T_b - 0.09T_a - DN$。其中，$T_0$ 为黑球温度；T_e 为玻璃窗温度；$\overline{T}_w$ 为各壁面温度的平均值；T_b 为室内基准采暖温度，即设计室温；W 为无因子加权因素，DN 为常数，两者都与时间有关。$W = 1$，$DN = 0(7:00 \sim 22:00)$；$W = 0.5$，$DN = 2(23:00 \sim 7:00)$。

我国学者根据中国实际国情对太阳房的舒适度指标进行了研究。李元哲指出，太阳房的不舒适度指标 DI 可用稳态偏差表示[9,10]，即

$$E = \text{ET} - \text{PT} \tag{5-4a}$$

上式表示稳态环境下人体的不舒适程度，式中 ET 为反映人体与环境之间湿热交换的有效温度。我国的研究再次证明，有效温度 ET 可由"黑球温度"来近似，即

$ET=T_0$；$PT=16℃-N$。白天时，$N=0℃$；黑夜时，$N=2℃$。

在非稳态环境中人体的不舒适度 DI 由动态偏差表示，即

$$R=(E_0-E_1)/2 \tag{5-4b}$$

式中，E_0，E_1 分别为当时及前一时刻的稳态偏差。

任何情况下，人体不舒适度 DI 为动态与稳态因素的综合。

$$DI=\sum_{i=1}^{n}(E^2+5R^2)/6 \tag{5-5a}$$

式中，n 为统计的小时数。显然，统计阶段的小时数对 DI 是有影响的，也就是说，同一太阳房，所取得统计时段长度不同，其不舒适度指标值 DI 就不同。这一问题在卡洛尔定义的不舒适度中不存在，为解决这一问题，可定义不舒适度为以下两种情况之一，即：

（1）将不舒适度定义在某一特定天内，这样，$n=24$，成为一固定值。

（2）将 DI 定义为

$$DI=\frac{1}{n}\sum_{i=1}^{n}(E^2+5R^2)/6 \tag{5-5b}$$

以消除 n 的影响。显然，这种定义中，试验时段的选择应特别慎重，否则会使不舒适度失去意义。例如，将时段取为覆盖两段气候完全不同的两个时期，如将时段选为一年，由此计算的太阳房的不舒适度就没有意义了。这一问题对于卡洛尔不舒适度的计算同样存在。

经验告诉我们，仅利用太阳能供暖来保证一个建筑的采暖要求是不经济的。故对太阳房性能评价中引入太阳保证率（SHF）和节能率（SSF）两个概念来评价太阳房对商品能源的节约程度。太阳保证率（solar heating fraction，SHF）定义为

$$SHF=\frac{L-Q_{aux}}{L} \tag{5-6}$$

式中，L 是太阳房的净负荷，它是除太阳能采暖部件外太阳房其他围护结构的热负荷：

$$L=NLC \cdot DD \tag{5-7}$$

NLC 是太阳房的净负荷系数[kJ/（℃·d）]；DD 是采暖期内太阳房的度日数（℃·d）。Q_{aux} 是为保证太阳房采暖需要而加入的辅助热量。

需要指出的是，SHF 只能用于与同类结构、同样采暖方式的太阳房和同样室内设计温度下的比较。当不同设计及使用条件的太阳房的 NLC 相同时，也可用 SHF 对比热性能。

太阳房的节能率 SSF（solar saving fraction）定义为

$$\text{SSF} = \frac{L_c - Q_{aux}}{L_c} \qquad (5-8)$$

式中，L_c 是对照房(与所比太阳房的规格、类型及大小等条件相同的普通建筑)的采暖负荷。当维持采暖温度相同时，不同类型的太阳房可以对比节能率判断热性能的优劣。

被动太阳房的特征参数为负荷集热比 LCR(load collector ratio)：

$$\text{LCR} = \frac{L}{A_p} \qquad (5-9)$$

式中，A_p 为实际采光面在垂直面上的投影面积。在达到使用要求的条件下，LCR 应保持较小的值，即要求太阳房保温好而相应的采暖面积小。

5.4 被动式太阳房设计参数

1) 太阳房设计中所需的气象参数

太阳房设计用气象参数主要是度日值 DD 和不同表面上的太阳辐射月平均日总量 $\overline{Q}$。

(1) 度日值 DD。一个时段的度日值为

$$\text{DD} = \sum (T_d - \overline{T}_a)^+ \qquad (5-10)$$

式中，T_d 为室内设计气温，即基准温度(℃)，一般取 14℃ 或 12℃；$\overline{T}_a$ 为室外月平均气温(℃)；"+"表示 $T_d - \overline{T}_a$ 为正值时才取值，否则，取 0。

我国一些城镇的 DD 值可参考文献[9]中关于我国部分城市被动式太阳房设计用气象参数的表格。

(2) 投射到各表面上的太阳辐射月平均日总量 $\overline{Q}$。该值计算参照太阳辐射的计算。一些城镇的 $\overline{Q}$ 可以由参考文献[9]中关于我国部分城市被动式太阳房设计用气象参数的表格查出。

2) 负荷系数

负荷系数是房间负荷系数的简称，分为净负荷系数 NLC(net load coefficient)和总负荷系数 TLC(total load coefficient)。总负荷系数 TLC 表示室内温度每升高 1℃ 当天所需加入的热量[kJ/(℃·d)]，它是房间设计供暖负荷与室内外设计温差之比。设计供暖负荷时，房屋在设计室温和室外设计温度下一天中的热损失，包括围护结构的传热损失和冷风渗透损失两部分。

$$L = 86.4 \sum_{i=1}^{m} A_i U_i (T_d - \overline{T}_a) + nV\rho_a c_p (T_d - \overline{T}_a) \qquad (5-11)$$

式中，A、U 分别表示维护结构某部分的面积（m²）和热损系数［W/(m²·℃)］；$\overline{T}_a$ 表示设计时所考虑的代表时段各日平均气温（℃）；n 表示每日换气次数；V 为室内容积（m³）；ρ,c_p 分别表示空气的平均比重（kg/m³）和比热［kJ/(kg·℃)］；m 为维护结构的数目。

设计时的代表时段主要是指平均月。有学者给出了某一气象要素（如日照、气温、气湿等）平均月选定的方法，其步骤为：

（1）气象要素月均值 $W_{k,m}$ 的计算。

选择近十年为统计计算基础。首先将统计时段中各年各月的气象要素的各年月总量 $W_{k,y,m}$ 抄列于一表中，然后求取各要素十年的月平均值 $\overline{W}_{k,m}$。

$$\overline{W}_{k,m}=\sum_{y=1}^{10}W_{k,y,m}/10 \qquad (5-12\text{a})$$

式中下标 k 用以区别不同的气象要素；y 表示年总量；m 表示各月总量。

（2）距平均值 $DW_{k,y,m}$ 的计算。

距平均值是各气象要素历年的月总量 $W_{k,y,m}$ 减去十年的月总量平均值 $\overline{W}_{k,m}$，即

$$DW_{k,y,m}=W_{k,y,m}-\overline{W}_{k,m} \qquad (5-12\text{b})$$

根据距平均值可得各气象要素各月的标准偏差 $SW_{k,m}$，即

$$SW_{k,m}=\sqrt{\sum_{y=1}^{10}(DW_{k,y,m})^2/10} \qquad (5-12\text{c})$$

（3）历年历月数值指标值 $DM_{y,m}$ 的确定。

对历年历月进行对比的数值指标值 $DM_{y,m}$，由下式确定：

$$DM_{y,m}=DW_{1,y,m}+K_2DW_{2,y,m}+K_3DW_{3,y,m} \qquad (5-13)$$

式中，下标 1,2,3 分别表示气温、绝对湿度和日射。K_2、K_3 为系数，取值参考表 5.4。

表 5.4　标准建筑的基础数值 K_2、K_3 取值

K_2	$K_3\times10^4$											
	1 月	2 月	3 月	4 月	5 月	6 月	7 月	8 月	9 月	10 月	11 月	12 月
0.562 8	250	209	164	131	115	116	117	125	148	187	232	263

（4）平均月的选定。

各月均以历年历月指标值 $DM_{y,m}$ 绝对值最小者为该月份的平均月（即代表时段，或称代表月）。则总负荷系数为

$$TLC = L/(T_d - \overline{T}_a) = \sum_{i=1}^{m} A_i U_i + nV\rho_a c_p \quad [\text{kJ}/(℃ \cdot \text{d})] \quad (5-14)$$

净负荷系数的计算与总负荷系数相同,但应去掉 $\sum_{i=1}^{m} A_i U_i$ 中涉及集热部件的项。

3) 透过玻璃的日射得热

太阳辐射穿过玻璃透射到集热部件的过程,是一个被玻璃吸收、透射和反射的过程。太阳房建设中一般都选用低铁窗玻璃,一般情况下可以忽略玻璃对太阳辐射的吸收,而只认为玻璃透射和反射太阳辐射。这样,透过玻璃的日射得热就等于透射到集热各部件表面的太阳辐射。其值仅受玻璃透光率和太阳辐射质量(入射角、直射部分比率)的影响。

研究者曾试图对太阳房集热表面获得的太阳辐射能进行更加详细的计算,在计算中进行了许多假设,虽然这样的计算结果并不像预期的那样准确,但如果考虑到其他热工参数的不准确性,这种计算在一定程度还是可用的。

通过玻璃的月均日总辐射值

$$\overline{Q}_r = \overline{Q}_t + \overline{Q}_a \quad (5-15)$$

其中,$\overline{Q}_t$ 为穿过玻璃的太阳辐射;$\overline{Q}_a$ 为被玻璃吸收后转化为热量之后又向玻璃内表面以热传递而进入集热环境的热量,下面介绍透过单层和双层玻璃的日射得热量的计算方法。

(1) 单层玻璃。

$$\overline{Q}_t = \overline{Q}_{t,b,d}\,\overline{\tau}_{t,b,d} + \overline{Q}_{t,d,d}\,\overline{\tau}_{t,d,d} \quad (5-16a)$$

下标 t 表示斜面上,下标 b,d 表示直射和漫射,下标 d 表示日总量,τ 为透过率,上线 "‾" 表示月平均值。

$$\overline{Q}_a = (\overline{Q}_{t,b,d}\,\overline{\alpha}_{t,b,d} + \overline{Q}_{t,d,d}\,\overline{\alpha}_{t,d,d})\frac{R_o}{R_o + R_i} \quad (5-16b)$$

式中,α 表示玻璃的吸收率;R_o,R_i 分别为玻璃外、内表面的空气对流热阻。

令

$$\overline{k}_{t,b,d} = \overline{Q}_{t,b,d}/\overline{Q}_{t,g,d}$$

$$\overline{k}_{t,d,d} = \overline{Q}_{t,d,d}/\overline{Q}_{t,g,d}$$

则

$$\overline{t}_t = \overline{k}_{t,b,d}\,\overline{\tau}_{t,b,d} + \overline{k}_{t,d,d}\,\overline{\tau}_{t,d,d} \quad (5-17)$$

$$\overline{t}_a = [\overline{k}_{t,b,d}\,\overline{\alpha}_{t,b,d} + \overline{k}_{t,d,d}\,\overline{\alpha}_{t,d,d}]\frac{R}{R_o + R_i}$$

$$\overline{t} = \overline{t}_t + \overline{t}_a$$

式中，对于常用普通玻璃：

$$\tau = 0.915/(1-a)$$

$$\alpha = 0.956\,6a/(1-0.043\,36(1-a)) \tag{5-18}$$

$$a = 1 - \exp(-kL/(1-0.43\sin^2\theta)^{0.5})$$

式中，θ 为太阳光线入射角，在本节计算中，选择代表月的日均太阳辐射入射角数值，此值可通过对代表月中（15 日）一天太阳辐射在某斜面上的入射角进行积分求均值得到；k 是玻璃的消光系数；L 为玻璃厚度（mm）。则：

$$\bar{Q}_t = \bar{Q}_{t,g,d}\,\bar{\tau} \tag{5-19}$$

以上各式中下标 g 表示总辐射（直射和散射之和）。

（2）双层玻璃。与单层玻璃相似，有

$$\bar{Q}_t = \bar{Q}_{t,g}\,\bar{\tau}_2$$

$$\bar{\tau}_2 = \bar{k}_{t,b,d}\,\bar{\tau}_{t,b,d,2} + \bar{k}_{t,d,d}\,\bar{\tau}_{t,d,d,2} +$$

$$(\bar{k}_{t,b,d}\,\bar{\alpha}_{t,b,d,1} + \bar{k}_{t,d,d}\,\bar{\alpha}_{t,d,d,1})\frac{R_o}{R_o+R_g+R_i} + \tag{5-20}$$

$$(\bar{k}_{t,b,d}\,\bar{\alpha}_{t,b,d,2} + \bar{k}_{t,d,d}\,\bar{\alpha}_{t,d,d,2})\frac{R_o+R_g}{R_o+R_g+R_i}$$

式中，R_g 为玻璃的导热热阻，在一般计算中可以省略。当两层玻璃相同时，有

$$\bar{\alpha}_{t,1} = \alpha\left(1 + \frac{\tau\rho}{1-\rho^2}\right) \tag{5-21a}$$

$$\bar{\alpha}_{t,2} = \frac{\tau\alpha}{1-\rho^2} \tag{5-21b}$$

$$\bar{\tau}_{t,2} = \frac{\tau^2}{1-\rho^2} \tag{5-21c}$$

式中，α、τ 的计算参见式（5.18），ρ 值由下式计算：

$$\rho = 1 - \alpha - \tau \tag{5-21d}$$

当两层玻璃不相同时，式（5.21）改为

$$\bar{\tau}_{t,2} = \frac{\tau_1 \tau_2}{1 - \rho_1 \rho_2}$$

$$\bar{\alpha}_{t,1} = \alpha_1 \left[1 + \frac{\tau_1 \rho_2}{1 - \rho_1 \rho_2} \right] \tag{5-22}$$

$$\bar{\alpha}_{t,2} = \frac{\tau_1 \alpha_2}{1 - \rho_1 \rho_2}$$

式中，α_1，α_2，τ_1，τ_2，ρ_1，ρ_2 分别指第 1、2 层玻璃的吸收、透过和反射率，由式(5-18)和(5-21d)计算。

计算了透过玻璃的太阳辐射日照量，就可以计算由集热部件吸收的太阳辐射日总量 $\bar{Q}_m$。

$$\bar{Q}_m = \bar{Q}_r \alpha_\theta A_g X_m \tag{5-23}$$

式中，A_g 为玻璃表面积(m^2)；X_m 为玻璃窗的有效透光系数；α_θ 为反映集热部件吸收太阳辐射能力的参数，它的取值因太阳房形式的不同而不同。

对直接收益式太阳房，有

$$\alpha_\theta = \frac{1 - \rho_w}{1 - \rho_w + \rho_w(1 - \rho_g)\dfrac{A_g}{A_w}} \tag{5-24a}$$

式中，ρ 为反射率、A 为表面积(m^2)，下标 w 代表室内各不透光表面，g 代表直接收益窗。

对于附加阳光间式太阳房，有

$$\alpha_\theta = \frac{A_1 \alpha_1 + A_2 \alpha_2 + 0.5 A_3 \alpha_3 + 0.2 A_4 \alpha_4 + 0.1 A_5 \alpha_5}{A_1 + A_2 + 0.5 A_3 + 0.2 A_4 + 0.1 A_5} \tag{5-24b}$$

式中，A 为表面积(m^2)、α 为表面吸收率，下标 1、2、3、4、5 分别代表公共墙(即阳光间的北墙)的开孔、公共墙、阳光间地面、阳光间端墙(东西墙)及阳光间顶部。

对于 Trombe 墙式(含花格墙式)α_θ 一般取作墙表涂层的吸收率，但花格墙一般取作 $\alpha_\theta = 0.9$。

经过统计分析，得出 $\bar{Q}_m$ 的简化计算方法，即

$$\bar{Q}_m = \bar{Q}_{h,g,d} \bar{R} \bar{\tau} \alpha_\theta A_g X_m \tag{5-25}$$

式中，$\bar{Q}_{h,g,d}$ 为水平面上月总辐射日均值($kJ/m^2 \cdot d$)；$\bar{R}$ 为斜面上太阳总辐射值与水平面上太阳总辐射值之比，可由下式计算：

$$\bar{R} = \bar{Q}_{\text{t,g,d}} / \bar{Q}_{\text{h,g,d}} = \sum_{i=1}^{3} (B_i + K_g B_{i+3}) Y^{i-1} \qquad (5-26\text{a})$$

$$\bar{\tau} = \bar{Q}_r / \bar{Q}_{\text{t,g,d}} = \sum_{i=1}^{6} (B_i + K_g B_{i+6}) Y^{i-1} \qquad (5-26\text{b})$$

式中，$K_g = \bar{Q}_{\text{h,g,d}} / \bar{Q}_{\text{0,h,g,d}}$，脚标 0 表示大气上界、h 代表水平面、g 表示总辐射；B_i 可以查参考文献[9]中关于投射在不同朝向倾斜面上的总日射和水平面上总日射的比值 R 的表格以及关于不同朝向及倾角的玻璃（KL＝0.135 时）总日射透过系数的表格得到；$Y = (\Phi - \delta)/100$。

　　下面将推荐一种理论计算方法，该方法已完全抽象化，不仅适用于太阳辐射的传递，而且适用于各种射线传递过程的详细计算。

　　如图 5.25 所示，设一束阳光射线 M 投射到表面 1，当 1 表面的光特性已知，则该束射线在 1 的外表面有可能产生以下动作之一：可能被透射（透过率为 τ_1）；可能被反射而损失掉（反射率为 e_1）；可能被吸收（吸收率为 α_1），吸收后以热辐射的方式被反射。

　　设有 M_1 太阳辐射及 N_1 的热辐射离开 1 的内表面，投向表面 2 方向。则 M_1 投向 2 的太阳辐射可能由 1、2 相互关系及 M_1 的方向决定；而 N_1 投向 2 的太阳辐射可能由 1、2 相互关系 F_{12}（辐射角系数）单独决定。

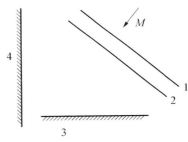

图 5.25　计算分析对象

　　太阳辐射（及其在一些表面中被转化的热量）在穿过表面 2 及到达 3、4 表面后，都按表面 1 的分析方法进行分析，最后得到被表面 3、4 完全转化为热量的形式。这一方法称作射线跟踪法，需要利用计算机进行计算。读者如有兴趣，可以参考相关文献。

　　4）挑檐遮阳修正系数

　　为防止夏季过热，几乎所有太阳房都在屋前设有挑檐。这时，用集热面遮阳修正系数 $\bar{k}_{\text{ah}}$ 表示集热窗在设有挑檐后获得的月均日辐射总量与未设挑檐时集热窗获得的月均日总量之比，按下式计算：

　　当 $\Phi - \delta < Y^*$ 时，

$$\bar{k}_{\text{ah}} = B_1 + B_7 K_g + (B_2 + B_8 K_g) Y + (B_3 + B_9 K_g) Y^2 + \qquad (5-27)$$
$$(B_4 + B_{10} K_g) Y^3 + (B_5 + B_{11} K_g) Y^4 + (B_6 + B_{12} K_g) Y^5$$

如果 $\bar{k}_{\text{ah}} > 1$，取 $\bar{k}_{\text{ah}} = 1$；当 $\Phi - \delta > Y^*$ 时 $\bar{k}_{\text{ah}} = 1$。式中，Φ 表示当地纬度；δ 表示计算月的月中赤纬值；Y^* 是根据挑檐的水平延伸比及竖向间隔比而确定的数值；$Y=$

$(\Phi-\delta)/100$；$B_1\sim B_{12}$ 取值可参考文献[9]中关于南向挑檐对角窗的遮阳修正系数的表格，$\bar{k}_{\mathrm{ah}}$ 越大，挑檐遮阳造成的影响越小。

5.5 被动式太阳房采暖设计

本节首先将介绍被动式太阳房的基本设计原理，然后，举例说明直接收益式、Trombe 墙式和花格墙式太阳房的设计。

1）被动太阳房设计 SLR 法

SLR 法是李元哲等人在《被动式太阳房热工设计手册》中提出的一种方法[10]，主要用于计算采暖期内的辅助热源供热量 Q_{aux} 和太阳房的节能率 SSF，属于稳态计算法，是目前国内应用最广的被动式太阳能建筑辅助能源的计算方法。

对室内不住人的太阳房的模拟计算表明，太阳能供暖率 SHF 与太阳负荷比 SLR 之间存在一定的函数关系，即

$$\mathrm{SHF}=f(\mathrm{SLR}) \tag{5-28}$$

这种关系因太阳房的类型不同而异。

其中，SLR 的计算公式为

$$\mathrm{SLR}=\frac{MQ_{\mathrm{a}}}{\mathrm{NLC}\cdot\mathrm{DD}} \tag{5-29}$$

式中，M 为计算时代表时段的总天数。

已知 SLR 之后，根据各种不同太阳房的 SLR-SHF 关系曲线，即可查得 SHF 值，这样，在整个采暖期内的辅助热量为

$$Q_{\mathrm{aux}}=\mathrm{NLC}\cdot\mathrm{DD}(1-\mathrm{SHF})-Q_{\mathrm{in}} \tag{5-30}$$

式中，Q_{in} 为太阳房和对比房内的内热源，它是伴随人类活动而产生的热量，对于基准太阳房和对比房，李元哲规定 Q_{in} 为 17 280 kJ/d。所谓基准太阳房，根据李元哲等学者的定义，确定为具有基准尺寸的正南向太阳房，其集热部件全部设在正南方向上。基准尺寸为：宽 6.6 m，进深 5 m，室内净高 2.8 m。房间宽、进深等尺寸的确定：对夹心外墙，以其内层墙体的中心线为计算准线；对其余墙体，以墙体中心线为计算准线。基准太阳房的外墙体（除集热部件外）由室内向室外依次为实心砖墙（0.24 m）＋保温层＋实心砖墙（0.12 m），墙体总传热系数为 0.35 W/(m²·℃)；屋顶为人字形顶，加装保温的吊顶，其总传热系数 0.30 W/(m²·℃)；地面平均传热系数为 0.23 W/(m²·℃)；房间换气次数为 1 次/小时。这样，其净负荷系数为

$$\mathrm{NLC} = 2\,916.9 + 2\,228.6\rho_a \tag{5-31}$$

式中，ρ_a 为空气的平均比重，可取 $1.2\ \mathrm{kg/m^3}$。这时 $\mathrm{NLC} = 5\,591\ \mathrm{kJ/(℃ \cdot d)}$。

当太阳房集热部件保温板的附加热阻值 R 不同于已有 SHF-SLR 性能曲线规定的值时，集热部件的效率 η 和太阳能供暖率 SHF 应进行修正：

$$\eta = \eta_0 + k(\eta_b - \eta_0)\,;\quad \mathrm{SHF} = \mathrm{SHF}_0 + k(\mathrm{SHF}_b + \mathrm{SHF}_0) \tag{5-32}$$

式中，脚标 0 表示集热部件不加任何保温；脚标 b 表示集热部件的附加热阻为 R_b（即标准 SHF-SLR 曲线中的规定值）时的情形；η, SHF 是集热部件的附加热阻为 R 时的情形，是待定的数值；$k = (1 + R_0/R_b)/(1 + R_0/R)$。

关于对比房，它的作用是与太阳房比较，以获得太阳房节能率和节能绝对值的具体数值。标准对比房的尺寸与标准太阳房相同，外墙为 $0.24\ \mathrm{m}$、$0.37\ \mathrm{m}$ 和 $0.49\ \mathrm{m}$ 厚的砖墙，内表面为 $0.02\ \mathrm{m}$ 厚的石灰砂浆抹面，墙体总传热系数依次为 $2.08\ \mathrm{W/(m^2 \cdot ℃)}$，$1.56\ \mathrm{W/(m^2 \cdot ℃)}$，$1.27\ \mathrm{W/(m^2 \cdot ℃)}$。南窗为木窗，共 $5.4\ \mathrm{m^2}$；当墙厚 $0.24\ \mathrm{m}$ 和 $0.37\ \mathrm{m}$ 时用单层玻璃窗，传热系数 $5.82\ \mathrm{W/(m^2 \cdot ℃)}$；墙厚 $0.49\ \mathrm{m}$ 时用双层窗，传热系数 $2.68\ \mathrm{W/(m^2 \cdot ℃)}$。屋顶与太阳房相同，但其吊层不保温，传热系数为 $1.16\ \mathrm{W/(m^2 \cdot ℃)}$。地面不保温，传热系数为 $0.67\ \mathrm{W/(m^2 \cdot ℃)}$。冷风渗透量为 1.5 次/小时。对此房的净热负荷系数为

$$\mathrm{NLC} = 5\,217.7 + 5\,146 U_w + 3\,343\rho \tag{5-33}$$

其总负荷系数为 $\qquad \mathrm{TLC} = \mathrm{NLC} + 466.6 U_g \tag{5-34}$

式中，U_w，U_g 分别代表墙体的散热系数和玻璃窗的传热系数（$\mathrm{W/m^2 \cdot ℃}$）。

对比房的太阳保证率 SHF_c 为

$$\mathrm{SHF}_c = f(\mathrm{SLR}_c) \tag{5-35}$$

式中，脚标 c 代表对比房，且

$$\mathrm{SLR}_c = MQ_{c,a}(\mathrm{TLC \cdot DD}) \tag{5-36}$$

则对比房所需的辅助热量为

$$Q_{\mathrm{aux},c} = \mathrm{TLC \cdot DD}(1 - \mathrm{SHF}_c) - Q_{\mathrm{in}} \quad (\mathrm{kJ}) \tag{5-37}$$

太阳房的节能量为

$$\Delta Q_{\mathrm{aux}} = Q_{\mathrm{aux},c} - Q_{\mathrm{aux}} \quad (\mathrm{kJ}) \tag{5-38}$$

节能率为

$$\mathrm{SSF} = 1 - Q_{\mathrm{aux}}/Q_{\mathrm{aux},c} = \Delta Q_{\mathrm{aux}}/Q_{\mathrm{aux},c} \tag{5-39}$$

表 5.5 给出了太阳房和对比房辅助热量计算步骤。

表5.5　太阳房和对比房辅助热量计算(以月为基础)[①②③]

序号	项　　目		符　号	单　位	备　　　注
(1)	各月天数		N	d	
(2)	月度日值($T_d = 14℃$ 或 $12℃$)		DD	℃·d	查文献[9]
(3)	太阳能	透过玻璃及被玻璃吸收后进入室内的月总射日均值	$\bar{Q}_r$	kJ/(m²·d)	按5.4节计算或查文献[9]
(4)		月太阳有效得热量	$\bar{Q}_m$	kJ/月	按式(5.23)计算
(5)		月得热负荷比	SLR		(4)/NLC×(2)
(6)		月太阳能供暖率	SHF		查 SHF-SLR 图
(7)		月辅助热量	Q_{aux}	kJ/月	[(1)−(6)]×NLC×(2)
(8)	对比房	透过玻璃及被玻璃吸收后进入室内的月总射日均量	$\bar{Q}_r$	kJ/(m²·d)	按5.4节计算或查文献[9]
(9)		月太阳有效得热量	$\bar{Q}_m$	kJ/月	按式(5.23)计算
(10)		月得热负荷比	SLR_c		(9)/TLC×(2)
(11)		月太阳能供暖率	SHF_c		查 SHF-SLR 图
(12)		月辅助热量	$Q_{aux,c}$	kJ/月	[(1)−(11)]×TLC×(2)

注：① 本表可直接用于直接收益式和附加阳光间型太阳房的计算。② 对集热墙型太阳房,表中序号第(3)栏的项目名称应改为:透过玻璃的月总射日均值,符号改为 $\bar{Q}_t$;第(4)栏的项目名称改为:集热墙墙体外表面的月太阳有效得热量,按式(5.23)计算。③ 表中月份栏可根据实际需要增删。

2) Trombe 墙式太阳房设计

根据墙体的厚度、有无风口、玻璃层数以及夜间有无保温板,针对最常用的砖质集热蓄热墙,李元哲等[10]确定了12种定型结构,如表5.6所示。

表5.6　定型砖质 Trombe 墙[①②③④⑤]

序号	型　号	构　　　造				传热热阻 R_0 /(m²·℃/W)	
		风口	夜间保温	墙体厚/mm	玻璃层数	木框	钢框
1	ZFB240-1	有	有	240	1	0.98	0.81
2	ZFB370-1	有	有	370	1	0.86	0.70
3	ZF240-1	有	无	240	1	0.98	0.81
4	ZF240-2	有	无	240	2	1.32	1.27
5	ZF370-1	有	无	370	1	0.86	0.70
6	ZF370-2	有	无	370	2	1.48	1.28
7	ZB240-1	无	有	240	1	0.98	0.81

（续表）

序号	型 号	构 造				传热热阻 R_0 /(m²·℃/W)	
		风口	夜间保温	墙体厚/mm	玻璃层数	木框	钢框
8	ZF370-1	无	有	370	1	0.86	0.70
9	Z240-1	无	无	240	1	0.98	0.81
10	Z240-2	无	无	240	2	1.32	1.27
11	Z370-1	无	无	370	1	0.86	0.70
12	Z370-2	无	无	370	2	1.84	1.28

注：① 夜间保温板的导热热阻 $R_b = 0.86$ m²·℃/W；② 空气夹层厚度为 100 mm；③ 上（或下）通风口面积与空气夹层横断面积之比为 0.8～1.0；④ 上、下风口中心距为 2.1 m；⑤ R_0 为无保温板时集热蓄热墙的传热热阻。

通过建立 Trombe 墙式太阳房的动态数学模型，对采用不同型式 Trombe 墙太阳房进行计算，从而获得供设计计算使用的 Trombe 墙式太阳房 SHF-SLR 曲线，如图 5.26、图 5.27 和图 5.28 所示。

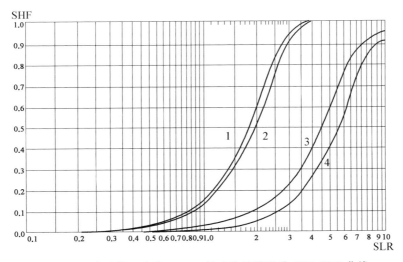

图 5.26 砖质单层玻璃 Trombe 墙式集热蓄热墙 SHF-SLR 曲线

1—墙体厚 240 mm，有风口；2—墙体厚 370 mm，有风口；3—墙体厚 240 mm，无风口；
4—墙体厚 370 mm，无风口

由图 5.26～图 5.28 可知，当风口面积与夹层空气横断面积之比小于 0.8 时，Trombe 墙太阳房的太阳供暖率 SHF 会下降；当面积比等于 0 时（即无风口）其 SHF 达到最低值；面积比小于 0.8 时，可根据插值法计算。

当风口面积与夹层空气横断面积之比一定，高墙和矮墙的太阳能供暖率 SHF 差别不大，因此可以不考虑墙高的影响。

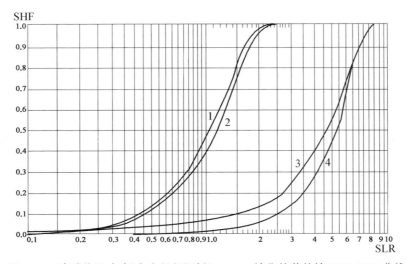

图 5.27　砖质单层玻璃(有夜间保温板)Trombe 墙集热蓄热墙 SHF-SLR 曲线

1—墙体厚 240 mm,有风口;2—墙体厚 370 mm,有风口;3—墙体厚 240 mm,无风口;
4—墙体厚 370 mm,无风口

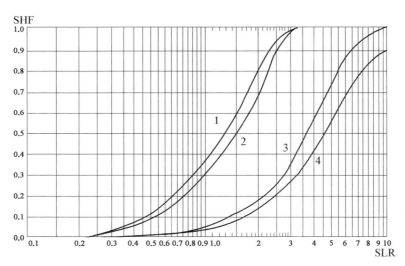

图 5.28　砖质双层玻璃 Trombe 墙式集热蓄热墙 SHF-SLR 曲线

1—墙体厚 240 mm,有风口;2—墙体厚 370 mm,有风口;3—墙体厚 240 mm,无风口;
4—墙体厚 370 mm,无风口

　例　北京地区某 Trombe 墙式太阳房,房宽 6.6 m,深 5 m,高 2.8 m。太阳房朝向正南,南墙设有 6.0 m 宽,2 m 高的 ZF240-2 型集热蓄热墙,盖层采用钢框标准玻璃(玻璃消光系数为 0.45 cm^{-1},厚度为 3 mm),有效透光面积系数 $X_m = 0.85$,墙体外表面涂无光黑漆,其表面吸收系数 $\alpha_0 = 0.92$,设计室温不低于 14℃,求该太阳房的太阳能供暖率 SHF 及节能率 ESF。对比房尺寸和 Trombe 墙式太阳房（见表 5.7）相同。

表 5.7　**Trombe 墙式太阳房基本数据**

外围护结构的名称	尺　寸	面积	太　阳　房		对　比　房	
	$a \times b$	A	U	$U \cdot A$	U	$U \cdot A$
	m×m	m²	W/(m²·℃)	W/℃	W/(m²·℃)	W/℃
东墙	2.8×5.0	14.0	0.35	4.90	1.56	21.84
西墙	2.8×5.0	14.0	0.35	4.90	1.56	21.84
北墙	6.6×2.8	18.48	0.35	6.47	1.56	28.83
屋顶	6.6×5.0	33.0	0.30	9.90	1.16	38.28
地面	6.6×5.0	33.0	0.23	7.59	0.67	22.11
南窗	1.5×1.8×2	5.4	—	—	5.82	31.43
集热蓄热墙	6.0×2.0	12.0	—	—	—	—
南墙	6.6×2.8~6×2	6.48	0.35	2.27	—	—
南墙	6.6×(2.8~5.4)	13.08	—	—	1.56	20.4
冷风渗透系数	$nV\rho_a c_p$			30.93		46.40
				$\sum 66.96$		$\sum 231.13$

解　设计计算步骤：

(1) 查参考文献[9]中关于我国部分城市被动式太阳房设计用气象参数的表格获得以下气象资料：

北京地区地理纬度为 39.8°；采暖期为 11 月—3 月，各月在室温 14℃时的度日值 DD 填入表 5.8 中第(2)项。

(2) 计算太阳房净负荷系数 NLC 和对比房总负荷系数 TLC。有关数据参见表 5.8。

(3) 计算太阳房的下列值，填入表 5.8。

a. 集热蓄热墙墙体外表面的月得热量 $\overline{Q}_m$，填入第(4)项；

b. 计算月太阳能得热负荷比 SLR，填入第(5)项；

$$SLR = \frac{\overline{Q}_a}{NLC \cdot DD}$$

c. 根据各月的 SLR 值，查图 5.28 得到该太阳房的月太阳能供暖率 SHF，填入第(6)项；

d. 计算月辅助供热量 Q_{aux}，填入第(7)项；

$$Q_{aux} = (1 - SHF) \cdot NLC \cdot DD$$

表 5.8　Trombe 墙式太阳房月太阳能供暖率 SHF, SHF$_c$ 和月辅助热量 Q_{aux}, $Q_{aux,c}$ 计算表

序号		项目	符号	单位	11月	12月	1月	2月	3月	备注
(1)		各月天数	N	d	30	31	21	28	31	
(2)		月度日值	DD	℃·d	297	518	577	454	294	查参考文献[9]
(3)	太阳房	透过玻璃的总日射月平均日辐照量	$\bar{Q}_r$	kJ/(m²·d)	8107	8151	8699	8371	6904	查参考文献[9]
(4)		月吸收的热量	$\bar{Q}_m$	10³ kJ	2282.3	2371.2	2374.4	2199.5	2008.4	9.384×(3)×(1)
(5)		月得热负荷比	SLR		1.33	0.79	0.71	0.84	1.2	(4)/[NLC×(2)]
(6)		月太阳能供暖率	SHF		0.50	0.24	0.21	0.27	0.45	查 Trombe 墙太阳房的 SHF-SLR 图
(7)		月辅助热量	Q_{aux}	10³ kJ	859.1	2277.4	2636.0	1917.3	935.4	[(1)−(6)]×NLC×(2)
(8)	对比房	透过玻璃及玻璃吸收后进入室内的月总日均值	$\bar{Q}_r$	kJ/(m²·d)	11056	11047	11847	11711	10168	查参考文献[9]
(9)		月太阳有效得热量	$\bar{Q}_a$	10³ kJ	1227.2	1267.1	1358.8	1213.2	1166.3	3.70×(8)×(1)
(10)		月得热负荷比	SLR$_c$		0.207	0.122	0.118	0.134	0.119	(9)/[TLC×(2)]
(11)		月太阳能供暖率	SHF$_c$		0.075	0.023	0.020	0.025	0.070	查对比房的 SHF-SLR 图
(12)		月辅助热量	$Q_{aux,c}$	10³ kJ	5486.3	10106.5	11292.2	8839.7	5460.2	[(1)−(11)]×TLC×(2)

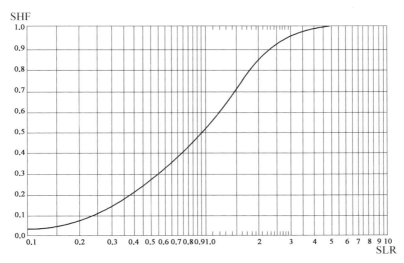

图 5.29 对比房的 SHF-SLR 曲线

e. 计算采暖期(北京地区为 11 月—3 月)的辅助热量 $Q_{aux,t}$;

$$Q_{aux,t} = \sum_{i=11}^{3} Q_{aux,i}$$

$$= (859.1 + 2\,277.4 + 2\,637.0 + 1\,917.3 + 935.4) \times 10^3$$

$$= 8\,626.2 \times 10^3 \quad (kJ)$$

(4) 计算对比房的下列值,填入表 5.8 中。

a. 月太阳有效得热量 $\overline{Q}_a$,填入第(9)项;外窗的月太阳得热负荷比 SLR_c,填入第(10)项;查图 5.29 获得对比房的 SHF_c,填入第(11)项;计算月辅助热量 $Q_{aux,c}$,填入第(12)项;

b. 计算采暖期辅助热量 $Q_{aux,c,t}$;

$$Q_{aux,c,t} = \sum_{i=11}^{3} Q_{aux,c,i}$$

$$= (5\,486.3 + 10\,106.5 + 11\,292.2 + 8\,839.7 + 5\,460.2) \times 10^3$$

$$= 41\,184.9 \times 10^3 \quad (kJ)$$

(5) 计算采暖期太阳房的节能量 $\Delta Q_{aux,t}$ 及节能率 ESF_t;

a. 采暖期太阳房的节能量 $\Delta Q_{aux,t}$;

$$\Delta Q_{aux,t} = Q_{aux,c,t} - Q_{aux,t} = (41\,184.9 - 8\,626.2) \times 10^3 = 32\,558.7 \times 10^3 \quad (kJ)$$

b. 采暖期太阳房的节能率 ESF_t；

$$ESF_t = \frac{\Delta Q_{aux,t}}{Q_{aux,c,t}} = \frac{32\,558.7 \times 10^3}{41\,184 \times 10^3} = 79.1\%$$

3）花格墙式太阳房设计

表 5.9 列出了 12 种花格集热蓄热墙的设计参数，其中 6 种为固定后挡板型（GH1～GH6），6 种无后挡板型（WH1～WH6）。墙体及后挡板材料物性参数如表 5.10 所示。其他设计参数为：

（1）花格墙南面吸收系数为 0.93。

（2）轻质材料后挡板为 5 mm 厚纤维板，重质后挡板为 5.5 cm 厚砖砌体及 1.5 cm 厚砂浆抹面。

（3）墙体结构 D_h，D_v，D_s 值如表 5.11 所示。

（4）保温装置热阻仅指保温装置本身导热热阻。在下述 SHF-SLR 曲线中所用保温装置热阻为 0.86 m² · ℃/W。

（5）后挡板上、下端通风孔面积相同，均为集热面积的 2.56%。

上述 12 种花格墙均分为有保温装置和无保温装置两种情况。在无保温装置时各集热蓄热墙的 R_0 值列于表 5.9 中。

表 5.9　花格集热蓄热墙设计参数

型号	墙体材料	墙厚/cm	玻璃层数	后挡板	孔隙率/%	无保温装置时 R_0/(m² · ℃/W)
GH1	混凝土	30	双层	轻质	45	0.853 3
GH2	混凝土	24	双层	轻质	45	0.876 9
GH3	砖	37	双层	轻质	33	1.112 7
GH4	砖	24	双层	重质	33	1.057 1
GH5	砖	37	单层	轻质	33	0.911 4
GH6	砖	24	单层	重质	33	0.855 8
WH1	混凝土	24	双层		45	0.593 4
WH2	混凝土	30	双层		45	0.617 0
WH3	砖	24	双层		33	0.738 3
WH4	砖	37	双层		33	0.852 8
WH5	砖	24	单层		33	0.537 0
WH6	砖	37	单层		33	0.651 5

把上述各种集热蓄热墙建砌在基准太阳房内，经过计算并整理出花格墙式太阳房的 SHF-SLR 曲线，利用这些曲线即可进行太阳房热工设计计算。

表 5.10　墙体材料物性参数

名　称	导热系数/[W/(m·℃)]	密度/(kg/m³)	比定压热容/[kJ/(kg·℃)]
混凝土	1.4	2 200	0.836
砖砌体	0.76	1 700	0.878
砂浆抹面	0.87	1 700	0.878
纤维板	0.163	600	2.508

表 5.11　花格墙的 D_h，D_v，D_s 推荐值　　　　　　（单位：cm）

孔的尺寸	空宽 D_h	孔高 D_v	空深 D_s
混凝土块	18	6	7～8
土坯，普通砖	18	6	12

例　北京地区 GH1 型花格墙式太阳房，房宽 6.6 m、进深 5.0 m、净高 2.8 m。太阳房朝向正南，南墙上有总宽 6 m，高 2 m 的 GH1 型花格墙，夜间保温热阻为 0.86 m²·℃/W，玻璃消光系数 0.45 cm⁻¹，玻璃厚度为 3 mm，集热墙涂无光黑漆，其吸收系数为 0.93，设计室温 $T_d = 14$ ℃。求该太阳房的太阳能供暖率 SHF 和节能率 ESF。

太阳房及对比房围护结构传热系数如表 5.12 所示，对比房南墙上有两个尺寸为 1.5 m×1.8 m 的单层玻璃木窗，使用标准玻璃。室内无其他热源。

表 5.12　GH1 型花格墙基本数据

外围护结构的名称	尺　寸 $a×b$ (m×m)	面　积 A (m²)	太 阳 房 U [W/(m²·℃)]	太 阳 房 $U·A$ (W/℃)	对 比 房 U [W/(m²·℃)]	对 比 房 $U·A$ (W/℃)
东墙	2.8×5.0	14.0	0.35	4.90	1.56	21.84
西墙	2.8×5.0	14.0	0.35	4.90	1.56	21.84
北墙	6.6×2.8	18.48	0.35	6.47	1.56	28.83
屋顶	6.6×5.0	33.0	0.30	9.90	1.16	38.28
地面	6.6×5.0	33.0	0.23	7.59	0.67	22.11
南窗	1.5×1.8×2	5.4	—	—	5.82	31.43
GH1 型花格墙	6.0×2.0	12.0	—	—	—	—
南墙	6.6×2.8～6×2	6.48	0.35	2.27	—	—
南墙	6.6×(2.8～5.4)	13.08	—	—	1.56	20.4
冷风渗透系数	$nV\rho_a c_p$			30.93		46.40
				$\sum 66.96$		$\sum 231.13$

解 设计计算步骤：

(1) 查参考文献[9]中关于我国部分城市被动式太阳房设计用气象参数的表格获得以下气象资料：

北京地区地理纬度为 39.8°；采暖期为 11 月—3 月，各月在室温 14℃时的度日值 DD 填入表 5.13 第(2)项。

(2) 计算太阳房净负荷系数 NLC 和对比房总负荷系数 TLC。有关数据参见表 5.13。

(3) 计算太阳房的下列值，填入表 5.13。

a. GH1 型花格墙墙墙体外表面的月得热量 $\overline{Q}_m$，填入第(4)项；

b. 计算月太阳能得热负荷比 SLR，填入第(5)项；

$$SLR = \frac{\overline{Q}_a}{NLC \cdot DD}$$

c. 根据各月的 SLR 值，查 GH1 型花格墙的 SHF‐SLR 图，得到该太阳房的月太阳能供暖率 SHF，填入第(6)项；

d. 计算月辅助供热量 Q_{aux}，填入第(7)项；

$$Q_{aux} = (1 - SHF) \cdot NLC \cdot DD \quad (kJ)$$

e. 计算采暖期(北京地区为 11—3 月)的辅助热量 $Q_{aux,t}$；

$$Q_{aux,t} = \sum_{i=11}^{3} Q_{aux,i}$$

$$= (309.3 + 1\,887.9 + 2\,169.7 + 1\,549.6 + 510.2) \times 10^3$$

$$= 6\,426.7 \times 10^3 \text{ kJ}$$

(4) 计算对比房的下列值，填入表 5.13。

a. 月太阳有效得热量 $\overline{Q}_a$，填入第(9)项；外窗的月太阳得热负荷比 SLR_c，填入第(10)项；查图 5.29 获得对比房的 SHF_c，填入第(11)项；计算月辅助热量 $Q_{aux,c}$，填入第(12)项；

b. 计算采暖期辅助热量 $Q_{aux,c,t}$；

$$Q_{aux,c,t} = \sum_{i=11}^{3} Q_{aux,c,i}$$

$$= (5\,486.3 + 10\,106.5 + 11\,292.2 + 8\,839.7 + 5\,460.2) \times 10^3$$

$$= 41\,184.9 \times 10^3 \quad (kJ)$$

表 5.13　GH1 型花格墙式太阳房月太阳能供暖率 SHF, SHF_c 和月辅助热量 Q_{aux}, $Q_{aux,c}$ 计算表

序号	项目		符号	单位	11月	12月	1月	2月	3月	备注
(1)	各月天数		N	d	30	31	21	28	31	
(2)	月度日值		DD	℃·d	297	518	577	454	294	查参考文献[9]
(3)		透过玻璃的总日射月平均日辐照量	$\overline{Q}_r$	kJ/(m²·d)	8107	8151	8699	8371	6904	查参考文献[9]
(4)	太阳房	月吸收的热量	$\overline{Q}_m$	10³kJ	2307.1	2396.9	2558.1	2223.4	2030.2	9.486×(3)×(1)
(5)		月得热负荷比	SLR		1.34	0.8	0.766	0.847	1.19	(4)/NLC×(2)
(6)		月太阳能供暖率	SHF		0.82	0.37	0.35	0.41	0.70	查 GH1 的 SHF-SLR 图
(7)		月辅助热量	Q_{aux}	10³kJ	309.3	1887.9	2169.7	1549.6	510.2	(1-(6))×NLC×(2)
(8)		透过玻璃及被玻璃吸收后进入室内的月总日射日均量	$\overline{Q}_r$	kJ/m²·d	11056	11047	11847	11711	10168	查参考文献[9]
(9)	对比房	月太阳有效得热量	$\overline{Q}_a$	10³kJ	1227.2	1267.1	1358.8	1213.2	1166.3	3.70×(8)×(1)
(10)		月得热负荷比	SLR_c		0.207	0.122	0.118	0.134	0.119	(9)/TLC×(2)
(11)		月太阳能供暖率	SHF_c		0.075	0.023	0.020	0.025	0.070	查对比房的 SHF-SLR 图
(12)		月辅助热量	$Q_{aux,c}$	10³kJ	5486.3	10106.5	11292.2	8839.7	5460.2	(1-(11))×TLC×(2)

（5）计算采暖期太阳房的节能量 $\Delta Q_{aux,t}$ 及节能率 ESF_t

a. 采暖期太阳房的节能量 $\Delta Q_{aux,t}$；

$$\Delta Q_{aux,t} = Q_{aux,c,t} - Q_{aux,t} = (41\,184.9 - 6\,426.7) \times 10^3 = 34\,758.2 \times 10^3 \quad (kJ)$$

b. 采暖期太阳房的节能率 ESF_t；

$$ESF_t = \frac{\Delta Q_{aux,t}}{Q_{aux,c,t}} = \frac{-34\,758.2 \times 10^3}{41\,184 \times 10^3} = 84.4\%$$

4）直接收益式太阳房的 SHF-SLR 关系曲线

SHF 和 SLR 分别代表太阳能供暖率和太阳负荷比，表 5.14 所列 4 种类型直接收益窗的直接收益式太阳房的 SHF-SLR 曲线如图 5.30 所示。

表 5.14   直接收益窗基本类型

序　号	玻璃层数	夜间有无保温	保温热阻
1	1	无	
2	1	有	0.86 m² · ℃/W
3	2	无	
4	2	有	0.86 m² · ℃/W

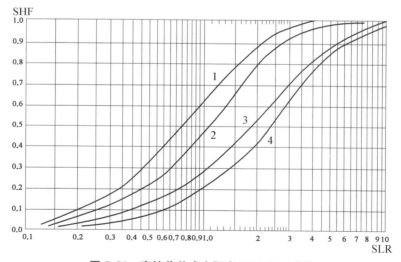

图 5.30   直接收益式太阳房 SHF-SLR 曲线

1—单层玻璃，无夜间保温；2—单层玻璃，有夜间保温，保温帘热阻 0.86 m² · ℃/W；
3—双层玻璃，无夜间保温；4—双层玻璃，有夜间保温，保温帘热阻 0.86 m² · ℃/W

5）组合式被动太阳房的设计

组合式被动太阳房是指集热措施不是单一类型，而是由不少于两个不同类型集热部件共同组成的太阳房。

被动太阳房的供暖通常采用组合式系统。这样做是为了利用不同集热系统在供热时间上的搭配,以达到供热均衡、室温平稳的目的。合理的组合系统比单一集热型式的太阳房更舒适。

由于视野和采光通风的需要,在被动太阳房上经常需要设置直接收益窗,而 Trombe 墙式花格墙集热体可与直接收益窗配合。

这里简单介绍 SLR 法在组合式被动太阳房设计中的应用。其出发点是将建筑的净负荷(Q_{net})按各种集热部件的面积比例进行分配,每种部件只负担与其面积相当的负荷所对应的供暖区域。这样就可以把每个区域看成是单一系统的太阳房来进行处理,最后,由供给各区的采暖期辅助热量的总和来确定整个建筑物的热特性。

最简单的情况同时也是大多数情况,是将建筑物以内墙分割为不同的区域,每一区域仅由一个集热系统负责,内墙被看作是热屏障,阻止热量在区间传递,如图 5.31 所示。于是两个区域就可以看作是两栋单独的建筑,不计通过内墙的热损失,每个区域的净负荷系数 NLC_i 都可采用前面几节所述的一般方法进行计算。

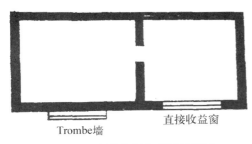

图 5.31　内墙分割为不同的区域

Trombe墙　　　直接收益窗

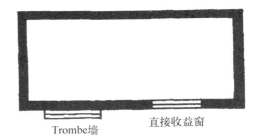

图 5.32　由两个不同的被动集热系统供同一栋建筑

Trombe墙　　　直接收益窗

另一种情况是由两个或两个以上的被动集热系统负担一个建筑物,该建筑物并没有由墙或其他屏障分割成不同的区域,如图 5.32 所示。在这种情况下,有两种处理方法:第一,如果被动系统十分近似,例如有两个或两个以上的直接收益窗,它们的区别仅仅是朝向不同,这时应该把它们看成是一个系统的组成部分,处理这种单一系统多组件的情况是做彼此独立的系统处理;如图 5.32 所示的直接收益窗和实体墙系统共同向同一建筑供暖,在这种情况下,就需要人为地分区,分区的原则是把整个建筑的净负荷系数(NLC)按各系统的采光投影面积的比例来划分,即按下式计算:

$$NLC_i = \frac{A_{g,i}}{A_{g,t}}NLC \tag{5-40}$$

式中，$A_{g,t} = \sum_{i=1}^{n} A_{g,i}$，这样划分的区称之为虚拟区。

5.6　太阳能采暖系统的发展现状

综上所述，太阳能供暖方式目前可分为主动式和被动式两种。随着我国各类建筑节能设计标准的发布，被动式太阳能采暖已经被逐渐实施，这种采暖方式多由建筑师统一考虑实施。目前常用的被动式系统主要有以下三种：直接收益式系统、集热蓄热墙式系统、附属温室式系统（也称为阳光间）。主动式太阳能采暖可以分为太阳能空气加热供暖和太阳能热水系统供暖，太阳能热水系统加热供暖又可分为太阳能季节蓄热供暖和太阳能短期蓄热供暖技术。主动式采暖在我国应用较晚，目前最为成熟、最适宜市场化运作的就是太阳能短期蓄热供暖系统。[11]

发展太阳能采暖系统的措施：[12]

（1）加强建筑节能。建筑节能是实现太阳能采暖的先决条件，由于太阳能在单位面积上的能量密度较低，如果不通过加强围护结构保温等措施来有效降低建筑物的采暖负荷，太阳能采暖系统的集热面积将会很大，系统的初投资也会增大，使太阳能采暖系统完全不能发挥应有的节能效益。我国已陆续颁布实施了针对不同建筑气候区的建筑节能设计标准，这些标准的强制实施将大大降低建筑物的耗热量指标，减轻太阳能采暖系统所承担的负荷，形成太阳能供热采暖工程应用的有利条件。

（2）提高太阳能集热系统的效率。目前建设的太阳能采暖工程中，集热器、水箱等关键产品还有较大的改进空间，如进一步提高平板型集热器的密封性以增加集热效率等。相关企业应加强研发力量，提高产品质量和工艺水平，开发安全可靠、高效稳定的新产品以不断提高太阳能集热系统的效率。房屋设计之初就同步进行太阳能采暖系统的设计，使设计适合太阳能设备或部件的应用，且在不影响建筑物的条件下，达到最佳的太阳能集热性能。

（3）提高太阳能利用率。目前，跨季节蓄热的理论和实验研究还很少，研究较多的是利用太阳能产生的热水驱动吸收式制冷机的太阳能制冷。由于吸收式制冷机需要高温水（85℃以上）做热源，从而开发适用于太阳能空调系统的中高温太阳能集热器就显得更为迫切。在目前国内太阳能制冷技术和跨季节蓄热技术还没有市场化的条件下，可强调全年的综合利用，考虑适当降低系统的太阳能保证率，合理匹配供暖和供热水的建筑面积，例如使系统供热水的建筑面积大于供暖的建筑面积。

（4）政府制定鼓励支持政策。太阳能采暖系统具有较高社会效益，但存在投资相对较高，投资回收期较长的缺点，对房地产开发商而言，如果开发成本的增加不能带动房屋销售,则开发商的积极性不高。因此,政府应积极建设试点工程,针对生产厂商、房地产开发商、终端用户,制定更完善、合理的鼓励支持政策,积极推广试点工程经验,提高系统整体技术水平,促进太阳能采暖行业及市场的良性发展。

5.7　习题

1. 简述在我国推广太阳能采暖的可能性。
2. 简述太阳能供暖系统的分类及各自的原理。
3. 简述主动式太阳能采暖的组成部分及原理。
4. 为当地设计一被动式太阳房。

参 考 文 献

［1］ Hay H. Development of natural air conditioning[J]. Arch Concept,1973,28:313.

［2］ Loughnan M,Carroll M. Tapper N J. The relationship between housing and heat wave resilience in older people[J]. International Journal of Biome teorology,2015,9(59):1291 - 1298.

［3］ 赵东亮,代彦军,李勇.空气-水复合平板型太阳能集热器[J].可再生能源,2011,29(3): 108 - 111.

［4］ 赵东亮.空气-水复合集热太阳能供热采暖系统研究与应用[D].上海:上海交通大学,2011.

［5］ Islam M R,Sumathy K,Khan S U. Solar water heating systems and their market trends [J]. Renewable and Sustainable Energy Reviews,2013, 17 (0): 1 - 25.

［6］ Schmidt T,Mangold D,Muller-Steinhagen H. Central solar heating plants with seasonal storage in Germany[J]. Solar Energy,2004,76:165 - 174.

［7］ Bauer D,Marx R,Nußbicker-Lux J,et al. German central solar heating plants with seasonal heat storage[J]. Solar Energy,2010,84:612 - 623.

［8］ Hay H,Yellott J. Natural air conditioning with roof ponds and movable insulation[J]. ASHRAE Trans,1969,75:158 - 162.

［9］ 董仁杰,彭高军.太阳能热利用工程[M].北京:中国农业科技出版社,1996.

［10］ 李元哲.被动式太阳房热工设计手册[M].北京:清华大学出版社,1993.

［11］ 张军杰.太阳能采暖设计探讨[J].制冷与空调,2013,27(3):236 - 240.

［12］ 赵春光,李志强.浅议太阳能采暖系统应用现状与发展[J].建筑工程技术与设计,2014(9): 650 - 650.

第6章 太阳能空调

6.1 太阳能空调系统工作原理

太阳能空调系统包括太阳能供热系统和太阳能供冷系统,其中太阳能供热系统相对比较简单,只需将热能贮存并分配到建筑内部即可,而太阳能供冷系统则比较复杂,下面将主要讨论太阳能制冷系统,以下所说的空调系统也都是指制冷系统。

太阳能空调制冷最大的特点是与季节的匹配性好,夏季太阳越好,天越热,太阳能空调系统的制冷量也越大。太阳能制冷技术包括主动制冷和被动制冷两种方式,主动式太阳能制冷通过太阳能来驱动能量转换装置实现制冷,包括太阳能光伏系统驱动的蒸气压缩制冷、太阳能吸收式制冷、太阳能蒸气喷射式制冷、太阳能固体吸附式制冷、太阳能干燥冷却系统等。被动式制冷不需要能量转换装置,利用自然方式实现制冷,包括夜间自然通风、屋顶池式蒸发冷却以及辐射冷却等。当前主要发展主动式太阳能制冷,通过太阳能光热转换产生热能驱动制冷机进行制冷的技术研究最多,可操作性最强。目前的研究工作主要集中在两个方面:一是中低温太阳能集热器强化换热和筛选新的制冷流程实现,利用低温为热能进行制冷;二是研究集热效率高、性能可靠的中高温太阳能集热器,这种集热器可以产生150℃以上的蒸气,从而直接驱动双效吸收式制冷机。

太阳能制冷空调的几种形式有太阳能吸收式制冷(溴化锂-水、水-氨)、太阳能吸附式制冷(包括物理吸附、化学吸附等多种吸附制冷工作对)、太阳能热驱动的除湿蒸发冷却空调、太阳能驱动的蒸气喷射制冷和太阳能半导体制冷等。针对各种不同的制冷方式,下面将叙述各制冷方式的工作原理。

6.1.1 太阳能吸收式空调系统

太阳能吸收式制冷主要包括两大部分:太阳能热利用系统和吸收式制冷机(见图6.1)。太阳能热利用系统包括太阳能收集、转化以及贮存等构件,其中最核

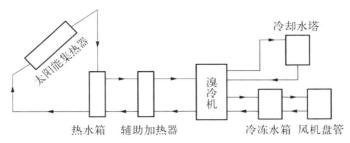

图 6.1　太阳能驱动的溴化锂-水吸收式制冷机

心的部件是太阳能集热器。适用于太阳能吸收式制冷领域的太阳能集热器包括平板型集热器、真空管集热器、复合抛物面聚光集热器,以及抛物面槽式等线聚焦集热器。

太阳能驱动的溴化锂-水吸收式制冷系统,其最核心的部分是溴化锂-水吸收式制冷机,可根据实际系统的需要,选择合适的制冷机,然后根据制冷机的驱动热源选择与之相匹配的太阳能集热器。对于太阳能驱动的溴化锂吸收式制冷系统,目前应用广泛的仍然是单效溴化锂吸收式制冷系统。

吸收式制冷的工作原理:吸收式机组以热能为驱动能源,吸收式制冷机由发生器、冷凝器、蒸发器、冷剂泵、吸收器及热交换等部件组成,工作介质除制取冷量的制冷剂外,还有吸收、解吸出制冷剂的吸收剂,两者组成工质对。在发生器中,工质对被加热介质加热,解吸出制冷剂蒸气。制冷剂蒸气在冷凝器中被冷却凝结成液体,然后降压进入蒸发器吸热蒸发,产生制冷效应,蒸发产生的制冷剂蒸气进入吸收器,被来自发生器的工质对吸收,再由溶液泵加压进入发生器。如此循环不息地制取冷量。

在溴化锂吸收式冷水机组中,以水为制冷剂(以下称冷剂水),以溴化锂溶液为吸收剂,可以制取 7~15℃ 的冷水供冷却工艺或空调过程使用,为此,冷剂水的蒸发压力必须保持在 0.87~2.07 kPa。

溴化锂吸收式制冷循环如图 6.2 所示,在吸收器中溴化锂溶液吸收来自蒸发器的制冷剂蒸汽(水蒸气,以下称冷剂蒸汽),溶液被稀释。溶液泵将稀溶液从吸收器经溶液热交换提升到发生器,溶液的压力从蒸气压力相应地提高到冷凝压力。在发生器中,溶

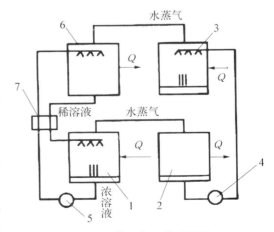

图 6.2　第二类吸收式热泵

1—发生器;2—冷凝器;3—蒸发器;4—冷剂泵;
5—溶液泵;6—吸收器;7—溶液交换器

液被加热浓缩并释放出冷剂蒸汽。流出发生器的浓溶液经溶液交换器回到吸收器,来自发生器的冷剂蒸汽在冷凝器中冷凝成冷剂水。冷剂水经过节流元件降压后进入蒸发器制冷,产生冷剂蒸汽,冷剂蒸汽进入吸收器。这样完成了溴化锂吸收式制冷循环。可见,溴化锂溶液的吸收过程相当于制冷压缩机的吸收过程;溶液的提升和发生过程相当于制冷压缩机的压缩过程,因此,吸收-发生过程是吸收式制冷循环的特征,它也被称为热压缩过程。在溶液热交换器的回热过程中,流出发生器的浓溶液把热量传递给流出吸收器的稀溶液,可以减少驱动热能和冷却水的消耗,上述吸收、发生、冷凝、蒸发和回热过程构成了单效溴化锂吸收式制冷循环。

6.1.2 太阳能吸附式空调系统

最简单的基本型吸附式制冷系统及相应的热力循环如图 6.3 所示。

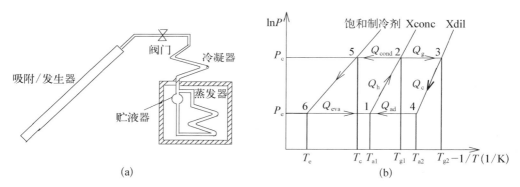

图 6.3 基本型吸附式制冷循环系统

(a) 间歇式吸附式制冷系统;(b) 吸附式制冷循环热力图

如图 6.3(a)为一太阳能制冷机,它的组成部分主要有吸附器/发生器、冷凝器、蒸发器、阀门、贮液器,其中阀门和贮液器对实际系统来说是不必要的。晚上当吸附床被冷却时,蒸发器内制冷剂被吸附而蒸发制冷,待吸附饱和后,白天太阳能加热吸附床,使吸附床解吸,然后冷却吸附,如此反复完成循环制冷过程。该太阳能制冷机的工作过程简述如下。

(1) 关闭阀门。循环从早晨开始,处于环境温度($T_{a2}=30℃$)的吸附床被太阳能加热,此时只有少量工质脱附出来。吸附率近似常数,而吸附床内压力不断升高,直至制冷工质达到冷凝温度下的饱和压力,此时温度为 T_{g1}。

(2) 打开阀门。在恒压条件下制冷工质体不断脱附出来,并在冷凝器中冷凝,冷凝的液体进入蒸发器,与此同时,吸附床温度继续升高至最大值 T_{g2}。

(3) 关闭阀门。此时已是傍晚,吸附床被冷却,内部压力下降直至相当于蒸发温度下工质的饱和压力,该过程中吸附率也近似不变,最终温度 T_{a1} 。

（4）打开阀门。蒸发器中液体因压强骤减而沸腾起来,从而开始蒸发制冷过程,同时蒸发出来的气体进入吸附床被吸附,该过程一直进行到第二天早晨。吸附过程放出的大量热量,由冷却水或外界空带走,吸附床最终温度为 T_{a2} 。

目前,在吸附式制冷/热泵系统中常用工作对有:活性炭-甲醇、活性炭-水、硅胶-水、氯化钙-氨、氯化锶-氨等,下面结合硅胶-水机组详细介绍吸附式机组。

6.1.2.1　太阳能热水驱动的硅胶-水吸附式冷水机组

太阳能制冷系统除了与太阳能集热器结合成一体的形式外,还有与太阳能热水系统相结合的吸附制冷系统。这种系统采用独立的吸附制冷机,其驱动热源为太阳能热水系统,采用成熟的太阳能集热系统就可以构建有效的太阳能吸附空调系统。由于硅胶-水吸附式制冷机需要的热源驱动温度低,因而被选作太阳能吸附空调的主要主机形式。

下文将介绍硅胶-水吸附冷水机组系统的构成及工作原理。

图6.4为上海交通大学发明的硅胶-水吸附冷水机组的示意图,它是由两个单床吸附式制冷系统复合而成的双床连续制冷系统,采用硅胶-水作为工质对,整个系统由三个真空腔组成,左右为两个吸附床、冷凝器和蒸发器组成的吸附/解吸工作腔,底部为热管隔离蒸发器的工作腔,一个完整的回热回质吸附制冷循环包括如下六个过程。

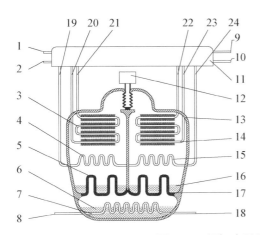
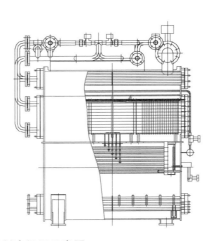

图6.4　硅胶-水吸附制冷机组示意图

1—热水出口;2—热水进口;3—左吸附床;4—左冷凝器;5—左隔离器;6—甲醇;7—蒸发器;8—冷冻水入口;9—冷却水出口;10—冷却水入口;11—阀门组件;12—回质真空阀;13—机组外壳;14—右吸附床;15—右冷凝器;16—制冷剂(水);17—右隔离器;18—冷冻水出口;19—冷凝器出口;20—左吸附床入口;21—左吸附床出口;22—右吸附器出口;23—右吸附器入口;24—冷凝器入口

（1）左床解吸、右床吸附过程。驱动热源热水通入左侧吸附床中，使得左侧吸附床内吸附剂升温，左真空腔内蒸气压力升高，当压力超过左冷凝器温度对应的饱和蒸气压力时，左冷凝器开始冷凝制冷剂；此时，左隔离器蒸发面不工作，其温度升高的冷凝温度高于热管工作腔内的蒸发器温度，从而实现左隔离器与蒸发器之间的热隔离。与此同时，制冷剂进入右吸附床，右吸附床被冷却水冷却，开始降温吸附；右真空腔内的制冷剂蒸气压力随之下降，当压力低于右隔离器温度对应的饱和蒸气压时，右隔离器的蒸发面开始蒸发制冷，其温度迅速降低，热管工作腔底部的蒸发器蒸发出来的热管工质蒸气在右隔离器传热表面上凝结，从而输出制冷量。

（2）从左到右的回质过程。当左床解吸/右床吸附过程临近结束时，回质真空阀打开，左腔内的制冷剂蒸气就会在较大的压力作用下迅速流到右腔，导致左隔离器温度降低而右隔离器温度升高，左右两腔体内的压力迅速区域平衡；同时，左吸附床解吸出的制冷剂蒸气通过回质阀流入右吸附床内被吸附，实现二次解吸和吸附过程。

（3）从左到右的回热过程。当左右腔体内的压力接近平衡时，关闭回质真空阀，打开相应阀门进行两个吸附床之间的回热，左吸附床内的热水进入右吸附床中，将其中的冷水排出。

（4）右床解吸、左床吸附过程。驱动热源热水通入右吸附床中，右侧吸附床吸附剂温度升高，右真空腔中的蒸气压力上升，当压力超过右冷凝器温度对应的饱和蒸气压时，右冷凝器开始冷凝工作。同时，制冷剂进入左吸附床，冷却水通入左吸附床使得其降温吸附，左隔离器的蒸发面开始蒸发制冷，其温度迅速降至蒸发器温度一样，热管工作腔底部的蒸发器蒸发出来的热管工质蒸气在左隔离器传热表面上凝结，从而输出制冷量。

（5）从右到左的回质过程，右床解吸/左床吸附结束时，回质真空阀打开，右腔内的制冷剂蒸气进入左床，实现二次解吸和吸附过程。

（6）从右到左的回热过程。当左右腔体内的压力接近平衡时，关闭回质真空阀，打开相应的阀门完成两个吸附床之间的回热过程，于是吸附制冷机组完成了一次制冷循环，可以实现连续输出冷冻水。

6.1.2.2 太阳能蓄能转换空调

由于能源的供给和需求在很多的情况下有很强的时间和空间依赖性，为了合理地利用能源，人们常把暂时不用的能量贮存起来，在需要的时候再让它释放出来，这就是蓄能。蓄能同时也是一种重要的节能方式，它也可以调节能量需求，实现能量的高效合理利用。太阳能空调液因太阳辐射的昼夜变化而存在运转间歇性。最简单的空调方案是利用太阳能制冰机生产冰块进行有限范围的冷却。其缺点是不能连续制冷，同时因为蒸发温度不高，还存在系统效率较低的问题，适当提高太阳能吸附制冷装置系统的蒸发温度,并辅以蓄能措施以克服太阳能系统运转间歇性的问题,从而构成太阳能蓄能转换空调。

图 6.5 是一种能连续稳定运转的太阳能蓄能转换空调系统,它利用固体吸附制冷原理,将太阳辐射能转化为驱动吸附制冷系统运转的动力,通过吸附势能和物理显热贮存克服太阳能空调系统运转存在的间歇性、制冷量输出不易调节等缺点,并可利用吸附过程产生的吸附热为用户生产一定温度的热水。

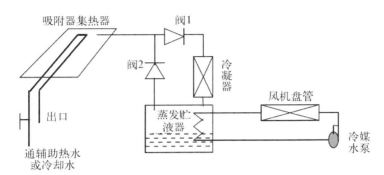

图 6.5 太阳能蓄能转换空调系统

太阳能蓄能转换空调系统的吸附工作对一般为沸石-水、硅胶-水,或者活性炭-甲醇。系统制冷原理与前面所述的制冷装置相同。这里蒸发贮液器采取增加制冷剂容积的方法实现冷量存贮,存贮冷量的目的是与风机盘管结构相结合对冷量输出进行调配,蒸发贮液器贮存冷量的形式为物理显热。吸附势能的存贮通过解吸吸附床来实现,解吸后的吸附床具备继续吸附进行制冷的能力,将吸附床吸附势能贮备起来,在需要的时候与蒸发器连接即可吸附制冷。该贮能方式与显热蓄能相比,不存在与周围环境的温差,且易于调节。亦可通过太阳能对吸附床加热解吸,实现太阳能辐射向吸附剂吸附势能的转变。吸附势能存贮的另一大特点是可以长期贮存,而且在吸附势能释放时既能制冷,又能对外界提供吸附热供热。

太阳能蓄能转换吸附空调系统还可以将吸附热回收,获得适度的生活热水。

6.1.3 太阳能驱动的除湿空调系统

除湿是空调系统的主要任务之一,常用的除湿方法有三种:第一种是利用冷却方法使水蒸气在零点温度下凝结分离;第二种是利用压缩的方法,提高水蒸气的压力,使之超过饱和点,成为水分分离出去;第三种是使用干燥剂(液体或固体)吸湿的方法。干燥剂除湿具有传质效率高、可充分利用低品位热能等优点,近年来发展很快,干燥剂除湿装置加上喷水冷却部件后,即可组成干燥冷却系统。由于采用空气作为工质,水为制冷剂,整个系统在开放环境中运行,因而不再需要复杂的密闭系统,也没有环境污染问题,是传统压缩机空调系统的替代方案之一。且这种空调方式可以利用 60~100℃ 左右的驱动热源,因而也是一种有效的太阳能空调方案。

干燥剂可分为液体干燥剂、固体干燥剂。常用的液体干燥剂有氯化钙水溶液、二甘醇、三甘醇氯化锂水溶液等;固体干燥剂包括硅胶、氧化铝、分子筛等。

1) 液体除湿系统

常用的液体除湿器使用 40% 氯化锂溶液作干燥剂,液体接触设备为逆流或叉流形式,整个液体除湿系统如图 6.6 所示,由除湿器、再生器、贮液罐、蒸发冷却器组成。

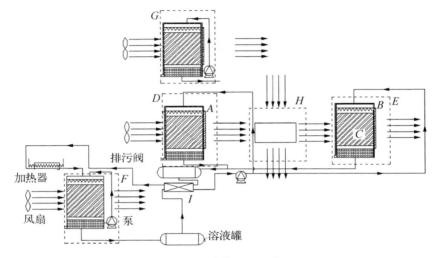

图 6.6　液体除湿系统

A—过滤层;B—喷淋管;C—填料;D—第一级除湿模块;E—第二级除湿模块;
F—再生模块;G—蒸发冷却器;H—叉流换热器;I—板式换热器

处理空气:空气进入第一级除湿模块,与喷淋的盐溶液接触,空气湿度降低,盐溶液浓度降低;空气经过第一级除湿模块后,在叉流板式换热器中与从蒸发冷却器出来的冷风换热,空气温度降低;最后,空气经过第二级除湿模块,湿度进一步降低,处理空气完毕。

除湿溶液:从第一级除湿模块底部排除的稀溶液与从第二级除湿模块底部排出的稀溶液汇合后,进入稀溶液贮液罐,经过板式换热器,与从浓溶液贮液罐出来的高温浓溶液换热;之后温度升高的稀溶液到达电加热器被进一步预热,达到理想的再生温度后,进入再生器,溶液的浓度升高,达到除湿模块的初始喷淋浓度。再生器再生后的溶液进入浓溶液贮液罐,之后进入板式换热器,与从稀溶液贮液罐出来的溶液进行热交换,温度降低,最后溶液由溶液泵分成两股打入两级除湿模块。

系统将空气显热、潜热负荷分别处理,潜热负荷由除湿模块处理,显热负荷由蒸发冷却器处理。贮液罐实现有效蓄能。系统的主要能耗在于再生溶液的预热,即电加热器耗能。一般来说液体除湿的制冷性能系数 COP 不高，目前根据实验数据得到的 COP 都没有超过 2。但装置可以做相应的改进来提高系统的性能和COP 指数，再生环节可以用低品位热源或者太阳能替代，除湿和再生模块的技术也相应提高。

太阳能集热器可应用于再生器的实验研究，集热器所收集的太阳能可加热集热板上流过的再生溶液，提高其表面蒸气压。

2）固体除湿

固体干燥剂材料具有很强的吸湿和容湿能力，通常商用固体干燥剂吸附水分的质量可达其自身质量的 $10\%\sim1100\%$（要依干燥剂类型和环境湿度而定）。当干燥剂表面蒸气压与周围湿空气中蒸气分压相等时，稀释过程停止。此时使温度为 $50\sim260\,℃$ 的热空气流过干燥剂表面，可将干燥剂吸附的水分带走，这就是再生过程。如此往复，就形成了除湿循环。

固体干燥剂包括硅胶、氧化铝、分子筛等。这些物质对水分具有强烈的亲和性，常用于除湿操作。

固体吸附剂除湿装置主要有固定床和干燥转轮等类型，除湿转轮一般由支撑结构、附有干燥剂的转芯、电动机等组成，如图 6.7 所示。转芯由隔板分为两部分：处理空气侧和再生空气侧。为达到较好的传热传质效果，两侧常采用逆流布置，转芯在电动机的驱动下，以一定的速度转动。转轮除湿系统有两种工作模式：除湿和焓交换。除湿模式又称为"主动除湿"，转速较低，待处理的空气流过转芯，其中的水分由于干燥剂作用而被吸附在转芯上，在再生侧流动的、温度较高的再生空气将吸附下来的水分从转芯上解析出来。此时处理空气中水分的减少是以再生空气侧的热量消耗为代价的。当转速较高时，再生侧流动的是空调房间的回风，湿度较低，与处理侧流动的空气进行焓、湿交换后，同样可达到除湿的目的，故焓交换模式又称为"被动除湿"。以上两种工作模式的本质区别在于干燥剂的再生方法不同，即系统中是否采用再生加热器，采用了再生加热器的工作模式为主动除湿模式，否

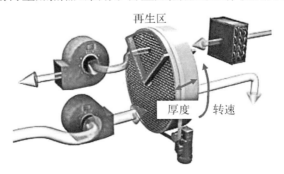

图 6.7 转轮除湿机

则为被动除湿模式。此外,经过对除湿转轮的理论优化和实验验证,在一般情况下,主动除湿转轮的再生区角度应为除湿角度的三分之一,即 90°;被动除湿转轮的再生区角度应等于除湿角度,即 270°。

3)带辅助热源的太阳能再生吸附除湿冷却系统

除湿后的空气吸湿能力强,因此除湿干燥系统与蒸发冷却系统联合使用可提高后者的制冷性能。图 6.8 为一种带蓄热装置及辅助热源的太阳能再生吸附除湿冷却系统,系统主要由太阳能集热器、带辅助加热器的蓄热罐、除湿器、热回收装置、调湿器及送风机构成。来自房间的热湿空气经热回收装置初步加热和太阳能集热器(或辅助热源)进一步加热后,流经除湿器,对干燥剂进行再生。处理空气流经除湿器进行除湿后,温度升高,湿度下降,然后处理空气流经热回收装置进行热量回收,干燥的处理空气进入调湿器进行调温调湿,最后送入空调房间。

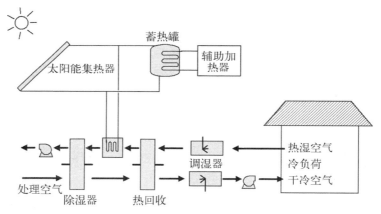

图 6.8　带蓄热装置及辅助热源的太阳能再生吸附除湿系统

研究结果表明,在室外温度约为 31℃ 的气候条件下,带蓄热装置及辅助热源的太阳能再生吸附除湿冷却系统可以向房间提供 19℃ 冷空气,系统的制冷系数 COP 约为 0.6。与采用空气集热器对干燥剂进行再生相比,采用平板型集热器及载热液体对干燥剂进行再生的系统成本较低,并且通过合理地配置平板型集热器的面积及蓄热装置的容量,系统的太阳能利用率可以接近 76%。

6.1.4　太阳能驱动的蒸气喷射制冷原理

与吸收式制冷机相类似,蒸气喷射式制冷机也是依靠消耗热能而工作的,但蒸气喷射式制冷机只用单一物质为工质。虽然理论上可应用一般的制冷剂如氨、R11、R12、R113(R11,R12,R113 都是氟利昂制冷剂)等作为工质,但到目前为止,只有以水为工质的蒸气喷射式制冷机得到实际应用。但以水为工质所制取的低温必须在 0℃ 以上,故蒸气喷射式制冷机目前只用于空调装置或用来制备某些工艺过程需要的冷媒水。

图 6.9 为蒸气喷射式制冷机系统的示意图,它的工作过程如下:锅炉 A 提供参数为 p_1,T_1 的高压蒸气,称为工作蒸气。工作蒸气被送入喷射器(由喷射嘴 B、混合室 C 及扩压管 D 组成),在喷嘴中绝热膨胀,达到很低的压力 p_0(例如,当蒸发温度为 5℃ 时,相应的压力 $p_0 = 0.889$ kPa)并获得很大的流速(可达 800~1 000 m/s)。

在蒸发器中由于制冷量 Q_0 而产生的蒸气便被吸入喷射器的混合室中,与工作蒸气混合,一同流入扩压管中,并借助工作蒸气的动能被压缩到较高的压力 p_k(例如,当冷凝温度为 35℃ 时,相应的压力 $p_k = 5.74$ kPa),然后进入冷凝器 H 中冷凝成液体,并向环境介质放出热量 Q_k。 由冷凝器引出的凝结水分为两路:一路经节流阀 G,节流降压到蒸发压力 p_0 后进入蒸发器 E 中产生制冷量 Q_0,而另一路则经水泵 F 被送入锅炉中,于是便完成了工作循环。

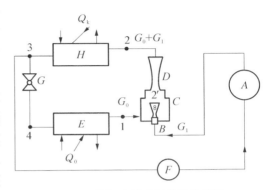

图 6.9　蒸气喷射式制冷机的系统

A—锅炉;*B*—喷嘴;*C*—混合室;*D*—扩压器;
E—蒸发器;*F*—泵;*G*—节流阀;*H*—冷凝器

6.1.5　太阳能半导体制冷原理

热电制冷(亦名温差电制冷、半导体制冷或电子制冷)是以温差电现象为基础的制冷方法,它是利用塞贝克效应的逆反应(珀尔帖效应)的原理达到制冷目的。

在两种不同金属组成的闭合线路中,如果保持两接触点的温度不同,就会在两接触点间产生接触电动势,此即塞贝克效应。同时闭合线路中有电流流过,称为温差电流。反之,在两种不同金属组成的闭合线路中,若通以直流电,就会使一个接点变冷,一个变热,这种现象称为珀尔帖效应,亦称温差电现象。

由于半导体材料内部结构的特点,决定了它产生的温差电现象比其他金属要显著得多,所以热电制冷技术都采用半导体材料,故亦称半导体制冷。

由一块 P 型半导体和一块 N 型半导体连接成的热电偶,如图 6.10 所示:当通以直流电流 I 时,P 型半导体内载流子(空穴)和 N 型半导体内载流子(电子)在外电场作用下产生运动。由于载流子(空穴和电子)在半导体和金属片内具有的势能不同,势必在金属片与半导体接头处发生能量的传递及转换。P 型半导体内,空穴具有的势能高于金属片内空穴的势能,在外电场作用下,当空穴通过结点 a 时,就要从金属片 Ⅰ 中吸取一部分热量,以提高自身的势能,才能进入 P 型半导体内。这样,结点 a 处就冷却下来。当空穴过结点 b 时,空穴将多余的一部分势能传递给结点 b 而进入金属片Ⅲ,因此,结点 b 处就热起来。

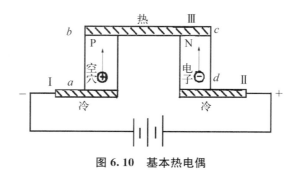

图 6.10 基本热电偶

同理,电子在 N 型半导体内的势能大于在金属片中的势能。在外电场作用下当电子通过结点 d 时,就要从金属片Ⅱ中吸取一部分热量转换成自身的势能,才能进入 N 型半导体内,这样结点 d 处就冷却下来;当电子运动到达结点 c 时,电子将自身多余的一部分势能传给结点 c,而进入金属片Ⅲ,因此结点 c 处就热起来,这就是电偶对制冷与发热的基本原因。如果将电源极性互换,则电偶对的制冷端与发热端也随之互换。

6.2 太阳能空调系统特点及分类

6.2.1 太阳能空调系统的特点

太阳能作为一种洁净的能源,既是一次能源,又是可再生能源,有着矿物能源不可比拟的优越性。但是太阳能热利用与季节并不是很匹配,寒冷的冬季需要太阳能时太阳能辐射强度往往不够高,而夏季天气炎热时太阳能辐射强度则很高,此时对热水的需求则很少,好的太阳能热利用系统不仅要考虑冬季采暖、四季供应热水,更要考虑太阳能的夏季应用问题。太阳能空调制冷显然是夏季太阳能有效利用的最佳方案,太阳能建筑一体化系统可以成为建筑物空调系统的热源,太阳能热系统与热驱动制冷机结合就可以构建真正的太阳能空调系统。利用太阳能的辐射热,还可以直接制冰。太阳能空调制冷最大的特点是与季节的匹配性好,夏季阳光越强、天越热,太阳能空调系统制冷量也越大。

太阳能制冷空调的几种形式包括太阳能吸收式制冷(溴化锂-水、水-氨)、太阳能吸附式制冷、太阳能热驱动的除湿蒸发冷却空调、太阳能驱动的蒸气喷射制冷和太阳能半导体制冷等。

6.2.2 吸收式制冷空调系统特点及分类

吸收式制冷技术方面,从使用的工质对角度看,应用广泛的有溴化锂-水和氨-水,其中溴化锂-水的 COP 高,对热源温度要求低、环境友好且无毒,因而占据了当今研究与应用的主流地位。从吸收式制冷循环角度看,目前有单效、双效、两级、三效,以及单效/两级等复合式循环,当前市场上应用最广泛的是双效型机组。

吸收式机组是一种以热能为驱动能源、以溴化锂溶液或氨水溶液等为工质对的吸收式制冷或热泵装置。它利用溶液吸收和发生制冷剂蒸气的特性,通过各种循环流程来完成机组的制冷、制热或热泵循环。吸收式机组种类繁多,可以按其用途、工质对、驱动热源及其利用方式、低温热源及其利用方式,以及结构和布置方式等进行分类,其简单的分类如表 6.1 所示。

表 6.1 吸收式机组的种类

分类方式	机组名称	分类依据、特点和应用
用途	制冷机组 冷水机组 冷热水机组 热泵机组	供应 0℃ 以下的冷量 供应冷水 交替或同时供应冷水和热水 向低温热源吸热,供应热水或蒸汽,或向空间供热
工质对	氨-水 溴化锂 其他	采用 $NH_3 - H_2O$ 工质对 采用 $LiBr - H_2O$ 工质对 采用其他工质对
驱动热源	蒸气型 直燃型 热水型 余热型 其他型	以蒸气的潜热为驱动热源 以燃料的燃烧热为驱动热源 以热水的显热为驱动热源 以工业和生活余热为驱动热源 以其他类型的热源,如太阳能、地热能等
驱动热源的利用方式	单效 双效 多效 多级发生	驱动热源在机组内被直接利用一次 驱动热源在机组内被直接和间接地利用二次 驱动热源在机组内被直接和间接地多次利用 驱动热源在多个压力不同的发生器内被多次直接利用
低温热源	水 空气 余热	以水冷却散热或作为热泵的低温热源 以空气冷却散热或作为热泵的低温热源 以各类余热作为热泵的低温热源
低温热源的利用方式	第一类热泵 第二类热泵 多级吸收	向低温热源吸热,输出热的温度低于驱动热源 向低温热源吸热,输出热的温度高于驱动热源 吸收剂在多个压力不同的吸收器内吸收制冷剂,制冷机组有多个蒸发温度或热泵机组有多个输出热温度

（续表）

分类方式	机组名称	分类依据、特点和应用
机组结构	单筒 多筒	机组的主要热交换器布置在一个筒体内 机组的主要热交换器布置在多个筒体内
筒体的布置方式	卧式 立式	主要筒体的轴线按水平布置 主要筒体的轴线按垂直布置

6.2.3 吸附式制冷空调系统特点及分类

1）太阳能吸附式制冷空调系统特点

与其他制冷系统相比，太阳能吸附式制冷空调系统具有以下特点：

（1）系统结构及运行简单，不需要溶液泵或精馏装置。因此，系统运行费用低，也不存在制冷剂的污染、结晶或腐蚀等问题，例如采用基本吸附式制冷循环的太阳能吸附式制冰机，可以仅由太阳能驱动，无运动部件及电力消耗。

（2）可采用不同的吸附工作对以适应不同的热源及蒸发温度。如采用硅胶-水吸附工作对的太阳能吸附式空调系统可由 65～85℃ 的热水驱动，用于制取 7～20℃ 的冷冻水；采用活性炭-甲醇工作对的太阳能吸附制冰机，可直接由平板或其他形式的吸附集热器吸收的太阳辐射能驱动。

（3）系统的制冷功率、太阳辐射及空调制冷利用率在季节上的分布规律高度匹配，即太阳辐射越强、天越热、需要的制冷负荷越大时，系统的制冷功率也相应越大。

（4）与吸收式及压缩式制冷系统相比，吸附式系统的制冷功率相对较小，受机器本身传热传质特性以及工作对制冷性能影响。增加制冷量时，就势必增加吸附剂并使换热设备的质量大幅度增加，因而增加了初投资，机器也会显得庞大而笨重。此外，由于地面上太阳辐射的能流密度较低，收集一定量的加热功率通常需较大的集热面积，受以上两方面的因素限制，目前研制成功的太阳能吸附式制冰机或空调系统的制冷功率一般较小。

（5）由于太阳辐射在时间分布上的周期性、不连续性及易受气候影响等特点，太阳能吸附式制冷系统用于空调或冷藏等应用场合时通常需配置辅助热源。

2）太阳能吸附式制冷系统的分类

自 20 世纪 70 年代以来，世界上许多国家都在开展太阳能吸附式制冷技术的研究，美国、日本等国已有部分吸附式制冷产品开始投入市场。我国也从 20 世纪 70 年代开始对太阳能吸附式制冷技术进行研究，其中北京、上海、天津、浙江、湖北、河南等省市均进行过太阳能吸附式制冷的理论及试验研究。目前已研制出的太阳能吸附式制冷空调系统种类繁多,结构也不尽相同,可以按系统的用途、吸附工作对及吸附制冷循环方式等对其进行分类,其简单的分类如表6.2所示。

表6.2 太阳能吸附式制冷系统的种类

分 类 方 式		系 统 名 称	应 用 及 特 点
用途		制冰机 冷水/空调系统 冷藏系统 除湿空调	制冰,可采用基本制冷循环,系统结构简单 用于供应7~20℃的冷冻水,制冷是连续的 用于食物及农产品等的低温贮藏 通过吸附除湿直接处理空气或配合蒸发冷却进行空调
循环方式 (闭式、 开式)	吸附制 冷机	基本吸附制冷循环 连续制冷循环 回质循环 回热循环 回热/回质循环	白天加热解吸,夜间冷却吸附,制冷是间歇的 采用两个或多个吸附器交替运行,制冷是连续的 采用回质过程提高系统的性能,制冷是连续的 采用回热过程提高系统的性能,制冷是连续的 采用回热及回质过程提高系统的性能
	除湿 系统	转轮除湿或液体除湿	除湿剂直接吸收空气中的水分处理空气,或与水的蒸汽冷却相结合处理空气送风温度与湿度
吸附工作对		活性炭-甲醇制冷系统 活性炭-氨制冷系统 氯化锶-氨制冷系统 硅胶-水制冷系统 分子筛-水制冷系统 氯化钙-氨制冷系统	采用活性炭-甲醇工作对,较适用于太阳能制冰工况 采用活性炭-氨工作对,系统工作在正压条件下制冰 采用氯化锶-氨工作对,其吸附制冰性能优良,材料价格高 采用硅胶-水工作对,解吸温度低,较适用于太阳能空调 采用分子筛-水工作对,所需的解吸温度较高 采用氯化钙-氨工作对,适用于制冰系统

3)吸收和吸附式制冷的特点

液体蒸发时要从周围环境吸收热量,吸收和吸附式制冷利用液体的这种特性来制冷,这也是最为广泛应用的一种制冷方法。为了连续制冷,已经蒸发成气体的制冷剂必须恢复到液体状态,从而实现制冷循环。如图6.11所示,在压缩式制冷循环中,压缩机将制冷剂蒸气压缩,使它在较高的压力和温度下向环境放热,从而冷凝成液体。在吸收/吸附式制冷循环中,则是利用液体吸收剂或固体吸收剂对制冷蒸气进行吸收或吸附,再用驱动热源加热吸收或吸附工质对,使所产生的制冷剂蒸气在较高的压力和温度下向环境放热,从而冷凝成液体。

吸收或吸附式制冷以热能驱动,利用二元或多元工质对实现制冷循环。与压缩式制冷相比其有以下特点。

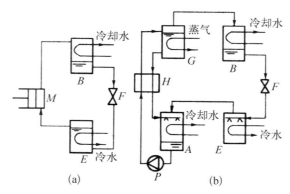

图 6.11 吸收式与压缩式制冷循环的比较

(a) 压缩式制冷循环；(b) 吸收式制冷循环
A—吸收器；B—冷凝器；E—蒸发器；F—节流阀；G—发生器；
H—溶液热交换器；M—压缩机；P—溶液泵

（1）可以利用各种热能驱动。除利用锅炉蒸气的热能、燃气和燃油燃烧产生的热能外，还可以利用废热、废气、废水和太阳能等低品位热能，热电站和电气共生系统等集中供应的热能，从而节省初级能源的消耗。

（2）可以大量节约用电，平衡热电站的热负荷，在空调季节削减电网的峰值负荷。

（3）结构简单，运动部件少，安全可靠。除了泵和阀件外，绝大部分是换热器，运行时没有振动和噪声，安装时无特殊要求，维护管理方便。

（4）热力系数 COP 低于压缩式制冷循环。例如，单效溴化锂吸收式制冷循环 COP≈0.6，双效溴化锂吸收式制冷循环 COP≈1.2，单级氨水吸收式制冷循环 COP≈0.4，吸附式制冷循环 COP 为 0.4～0.6。

6.2.4 太阳能驱动的除湿空调系统的特点及分类

1）除湿空调特点

除湿空调系统具有以下特点：

① 以空气和水为工质，对环境无害。

② 系统中能量以直接传递方式进行，进入室内的空气温度与空气的干燥程度有关。

③ 由于在干燥冷却过程中首先进行除湿，故在处理潜热负荷方面尤其奏效。

④ 节能效果显著。其耗电量比传统制冷系统大大减少，由于整个系统可由低品质热源（65～85℃，如太阳能、余热、天然气等）驱动，因而还可减少化石燃料的消耗。

⑤ 干燥剂可以有效吸附空气中的污染物质，从而提高室内空气品质。

⑥ 整个装置在常压开放环境中运行，旋转部件少，噪声低，运行维护方便。

⑦ 除湿空调系统在冬季可用作供暖设施，取代炉子等冬季取暖设备。

2）除湿空调的分类

（1）液体除湿空调的特点及分类。

为了得到最大的除湿效果，尽可能地减少空气在除湿器内的压损，已有许多形式的除湿器被提出和研究。这些形式多样的除湿器，根据是否对除湿过程进行冷却，可以分为两大类：绝热型除湿器和内冷型除湿器。绝热型除湿器是在空气和液体除湿剂的流动接触中完成除湿，除湿器与外界的热传递很小，可以忽略，除湿过程可近似看成绝热过程。内冷型除湿器指在空气和液体除湿剂之间进行除湿的同时，被外加的冷源（冷却水或冷却空气等）冷却，借以带走除湿过程中所产生的潜热（水蒸气液化所放出的潜热）。该除湿过程近似于等温。

常见的液体除湿器，按空气和溶液的相对流动方式可分为顺流、逆流和叉流，如图 6.12 所示，Rahamah，Elasayed 等人[1]对顺流的布置运用控制体积法进行了相关的理论分析，发现减少空气流量和增大填料的高度可以延长液气接触时间和扩大接触面积，从而改进除湿效果。Rahmah 等[2]在顺流布置的装置中针对不同影响参数对除湿效果的影响进行了实验研究。逆流布置是液体除湿中最广泛运用的一种方式，Factor，Grossman[3]在逆流布置的填料塔中进行了相关的实验研究。关于叉流布置的除湿装置，目前研究的不多。Y.J.Dai 等对叉流布置，特别是以蜂窝纸为填料的除湿装置进行了相关的理论分析。相关分析结果表明，逆流和叉流的布置在传质方面要优于顺流布置。关于叉流和逆流的比较研究，由于实验条件和各种影响因素的不同，目前还没有统一的结论，但是，在设备安装、风道布置，以及提高装置的紧凑性方面，叉流布置要优于逆流布置。

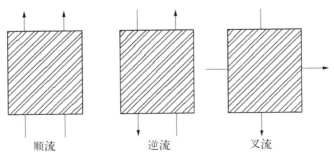

顺流　　　　　逆流　　　　　叉流

图 6.12　液体除湿器中空气和溶液相对流动的方式

太阳能集热器被广泛应用于再生器的实验研究，集热器收集的太阳能用于加热集热板上流过的再生溶液，提高其表面蒸压，向空气释放水分。太阳能集热板再生器可分为四大类：开式太阳能再生器、闭式太阳能再生器、风强制对流太阳能再生器（半开半闭式）、强制对流太阳能再生器（开式）。

① 开式太阳能再生器如图 6.13 所示，它由倾斜的涂层平板、隔热层、导流管组成。再生溶液被导流管均匀地分布在涂层平板的表面，平板吸收的太阳能加热溶液。这样，当溶液的蒸压高于周围空气的蒸压时，溶液的水分即被释放到空中。

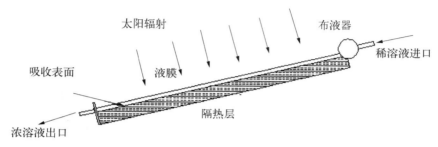

图 6.13　开式太阳能再生器

② 闭式太阳能再生器如图 6.14 所示，其基本结构类似于开式，只是多了一个玻璃罩。集热器利用太阳能加热溶液，溶液蒸压升高并向封闭空间的空气释放水分，水分凝结在上层的玻璃板上流出。这种类型再生器的热量传递方式有三种：对流换热、辐射、蒸发和凝结。由于该结构完全封闭，因此不受环境的影响，可以应用在湿度大的地区。

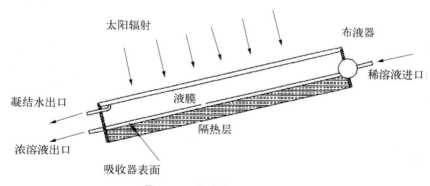

图 6.14　闭式太阳能再生器

③ 风强制对流太阳能再生器（半开半闭式）类似于全封闭式的太阳能再生器，只是两端有开口，设有折流挡板，空气被鼓入。该方式中再生器风向的不确定性限制了集热板尺寸的增加，因为长度太大时，不确定的风向会产生滞止风囊，影响传质。

④ 强制对流太阳能再生器（开式）如图 6.15 所示，空气被鼓入流道与热溶液进行传热传质。这种方式，溶液的流动速度相对于空气流动速度很小，因此液膜表

面没有波纹。该类型再生器中空气和液膜的流动方式也可分为逆流和顺流。一般来说,顺流要优于逆流布置,因为逆流布置中,接近液膜表面的空气由于阻力产生回旋,因而产生部分高湿度的低速空气,增大传质阻力。按照空气的速度可以分为自然对流和强制对流,强制对流的传质系数高于自然对流的传质系数。

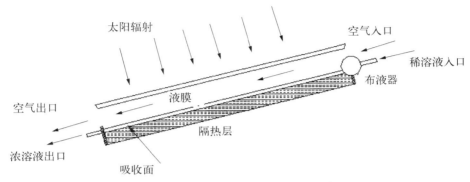

图 6.15　强制对流太阳能再生器(开式)

(2) 固体除湿空调的特点及分类。

① 固体除湿空调的特点。

通常除湿装置加上喷水冷却部件后,即可组成除湿空调系统。除湿空调系统首先利用干燥剂吸附空气中的水分,经热交换器进行降温,再经蒸发冷却器,以进一步迅速、简便有效地冷却空气从而达到调节室内温度与湿度的目的。除湿空调系统不仅可以起到调节和控制相对湿度的目的,而且便于与原有的集中式空气处理机组相匹配,能够有效地利用工业余热、太阳能和天然气等作为再生用加热器的热源。除了不污染环境外,固体除湿空调系统还可消除一部分工厂的热污染,省去了压缩机、工质与空气的间接换热及一些辅助设备,无压缩机噪声,符合环保要求,是一种环保型的制冷方式。此外利用转轮除湿制冷机,不但可实现对相对湿度的控制,而且提高了细菌的捕捉率(达到 $39\%\sim64\%$),从而极大地提高了室内空气品质和人的舒适性水平。

除湿空调系统根据工作流的来源划分,有通风式和再循环式两种。对固体除湿空调系统,根据其吸附床的工作状态又分为固定床式和旋转床式。由于固定床系统工作的间歇性(再生和吸附要连续切换),旋转床系统近年来越来越受重视,并得到了较快的发展。

② 固体除湿空调的分类。固体除湿空调系统中各部件及其类型如表 6.3 所示。

固体除湿空调系统中常用的干燥剂材料有活性炭、硅胶、活性氧化铝、天然和人造沸石、硅酸钛、合成聚合物、氯化锂、氯化钙等。

表 6.3　固体除湿空调系统中各部件及其类型

部　件	类　型
除湿床	固定床、旋转床
空气冷却器	水冷、直接蒸发冷却、间接蒸发冷却
再生用热源	电能、锅炉热能、直燃式、太阳能、地热、各种余热
热回收器	内部显热交换器、制冷机冷凝热回收器

6.3　太阳能空调系统评价及设计

6.3.1　制冷性能系数

传统空调由电能驱动,其制冷性能系数(COP)是指名义制冷量(制热量)与运行功率之比。如图 6.16 所示,太阳能冷水空调由热能 Q_{heat} 驱动,制冷量为 Q_{cold},其制冷性能系数 $COP_{thermal}$(thermal coefficient of performance)定义为制冷量和由此所需驱动热能之间的比值。

$$COP_{thermal} = \frac{\dot{Q}_{cold}}{\dot{Q}_{heat}} \qquad (6-1)$$

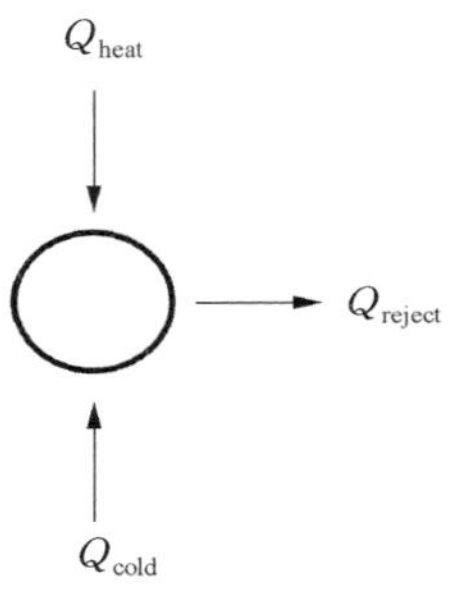

理想情况下的制冷性能系数为

图 6.16　热驱动冷水机组的原理

$$COP_{ideal} = \left(\frac{\dot{Q}_{cold}}{\dot{Q}_{heat}}\right)_{ideal} = \left(\frac{T_e}{T_c - T_e}\right)\left(1 - \frac{T_c}{T_g}\right) \qquad (6-2)$$

式中,T_e 为蒸发温度(K);T_c 为冷凝温度(K);T_g 为再生温度(K)。能够驱动吸收/吸附机的热源 Q_g 多种多样,太阳能是其中一种。

从热力学的角度看,无论是热驱动还是电驱动的冷水机组,T_c 和 T_e 越接近,则 COP 越大,对太阳能冷水空调而言,则 T_g 越大越好。

在实际应用中,根据冷水机组所采用的技术和操作条件,再生温度 T_g 低则达到 55℃,高则达到 160℃ 以上[1]。例如,若 $T_g = 100℃ = 373.15$ K,$T_e = 9℃ = 280.15$ K,$T_c = 28℃ = 301.15$ K,根据上式计算得到 $COP_{ideal} = 3.79$。吸收/吸附机的性能与运行条件,尤其与 T_g、T_e、T_c 密切相关。

图 6.17 是吸收/吸附机组的 COP 曲线图,蒸发温度 9℃,冷凝温度 28℃。由此可见,吸附机所需要的驱动温度较低(55~80℃),能够较好地与太阳能集热器进行匹配,COP 能够达到 0.5~0.65。单效吸收机获得的 COP 较高(0.6~

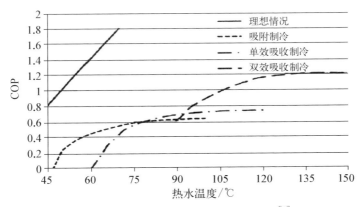

图 6.17　吸收/吸附机组制冷性能曲线[4]

0.75),同时也需要更高的驱动温度(75～80℃)。双效吸收机获得的 COP 最佳(约 1.2),但是相应的驱动温度也最高(120～160℃),比较适合与 CPC、追踪型集热器匹配。

为评价太阳辐射能转换为制冷的能力,引入太阳能 COP(即 COP_{solar}),它是指集热器接收到的太阳辐射转变为制冷量的份额,定义式为

$$COP_{solar} = \frac{Q_{cold}}{Q_{solar}} \tag{6-3}$$

6.3.2　除湿量与潜热负荷

太阳能除湿空调的性能评价指标包括除湿量和除湿效率,其中除湿效率是评价某一除湿过程与最优除湿过程的接近程度。

除湿量:

$$\Delta d = d_{in} - d_{out} \tag{6-4}$$

除湿效率:

$$\varepsilon_{de} = \frac{d_{in} - d_{out}}{d_{in} - d_{equ}} \tag{6-5}$$

式中,d_{in}、d_{out} 分别是除湿器除湿空气进出口空气含湿量;d_{equ} 是出口空气理论上能达到的最低含湿量。

6.3.3　集热器选择与热量冷量匹配

6.3.3.1　冷负荷计算

为保持建筑物的热湿环境,单位时间内需向房间供应的冷量称为冷负荷。夏

季建筑围护结构的冷负荷是指由于室内外温差和太阳辐射作用,通过建筑围护结构传入室内的热量形成的冷负荷[5]。建筑物冷负荷主要取决于:室内外空气的干湿泡温度、室内外空气的相对湿度、太阳辐射量的大小和风速。

计算建筑物冷负荷的步骤如下[6]:

(1)确定建筑围护结构特性:墙面积及其结构类型和材料特性;屋顶面积及结构类型和材料特性;窗户面积,密封情况和玻璃种类;建筑物位置和方向。

(2)确定室内外空气的干湿泡温度。

(3)确定太阳辐射量和风速。

(4)计算下列因素造成的冷负荷:窗户、墙壁和屋顶传热造成的负荷;渗透(包括渗进和渗出)引起的显热增变量;潜热增变量(水蒸气);内部热源(人、灯光等)。

式(6-6)~式(6-12)可用于计算各种冷负荷。

对于窗户不遮蔽或部分遮蔽的建筑物:

$$Q_{wi}=A_{wi}\left[F_{ah}\,\bar{\tau}_{b,wi}G_{h,b}\,\frac{\cos\theta}{\sin\alpha}+\bar{\tau}_{d,wi}G_{h,d}+\bar{\tau}_{t,wi}G_t+U_{wi}(T_o-T_i)\right] \quad (6-6)$$

对于全遮蔽的窗户(不考虑散射辐射):

$$Q_{wi,sh}=A_{wi,sh}U_{wi}(T_o-T_i) \quad (6-7)$$

对于不遮蔽墙:

$$Q_{wa}=A_{wa}\left[\bar{a}_{a,wa}\left(G_r+G_{h,d}+G_{h,b}\,\frac{\cos\theta}{\sin\alpha}\right)+U_{wa}(T_o-T_i)\right] \quad (6-8)$$

对于全遮蔽墙(忽略散射辐射):

$$Q_{wa,sh}=A_{wa,sh}[U_{wa}(T_o-T_i)] \quad (6-9)$$

对于屋顶:

$$Q_{rf}=A_{rf}\left[\bar{a}_{s,rf}\left(G_{h,d}+G_{h,b}\,\frac{\cos\theta}{\sin\alpha}\right)+U_{rf}(T_o-T_i)\right] \quad (6-10)$$

对于渗透引起的显热:

$$Q_i=\dot{m}_a(h_{a,o}-h_{a,i}) \quad (6-11)$$

对于渗透引起的潜热:

$$Q_w=\dot{m}_a(\omega_o-\omega_i)\lambda_w \quad (6-12)$$

式中,Q_{wi} 为通过不遮蔽窗户面积 A_{wi} 的热流(kW);$Q_{wi,sh}$ 为通过不遮蔽窗户面积

$A_{\mathrm{wi,sh}}$ 的热流(kW)；Q_{wa} 为通过不遮蔽窗户面积 A_{wa} 的热流(kW)；$Q_{\mathrm{wa,sh}}$ 为通过不遮蔽窗户面积 $A_{\mathrm{wa,sh}}$ 的热流(kW)；Q_{rf} 为通过屋顶面积 A_{rf} 的热流(kW)；Q_{i} 为由渗透引起的负荷(kW)；Q_{w} 为潜热负荷(kW)；$G_{\mathrm{h,b}}$ 为水平面上太阳直射辐射通量(W/m²)；$G_{\mathrm{h,d}}$ 为水平面上太阳扩散辐射通量(W/m²)；G_{t} 为地面反射和辐射通量(W/m²)(直射辐射＋散射辐射)；ω_{i}，ω_{o} 为室内外空气比湿度[水蒸气(kg)/干空气(kg)]；U_{wi}，U_{wa}，U_{rf} 为窗户、墙和屋顶的总传热系数[W/(m²·℃)]；$\dot{m}_{\mathrm{a}}$ 为干空气的净渗透率(kg/s)；T_{i}，T_{o} 为室内外空气的干泡温度(℃)；F_{ah} 为遮阳因子，当 $F_{\mathrm{ah}}=1.0$ 时不遮挡，当 $F_{\mathrm{ah}}=0$ 时全遮挡；$\bar{a}_{\mathrm{s,wa}}$ 为墙面的太阳吸收率；$\bar{a}_{\mathrm{s,rf}}$ 为屋顶的太阳吸收率；θ 为墙、窗户和屋顶上的太阳入射角(°)；$H_{\mathrm{a,i}}$，$H_{\mathrm{a,o}}$ 为室内外空气的焓值(kJ/kg)；α 为太阳高度角(°)；λ_{w} 为水蒸气潜热(kJ/kg)；$\tau_{\mathrm{b,wi}}$，$\tau_{\mathrm{d,wi}}$，$\tau_{\mathrm{t,wi}}$ 为窗户对直射辐射、散射辐射和地面反射辐射的透射率。

6.3.3.2　集热器类型和面积计算

太阳能集热器是太阳能空调系统中最重要的部件之一，其选型与效率直接影响整个空调系统的效果和经济性。与太阳能空调系统匹配的太阳能集热器种类有很多，包括平板型集热器、真空管集热器、CPC、槽式集热器、菲涅尔式聚焦集热器等。目前，国内太阳能空调项目应用真空管和聚焦集热器较多，欧洲也有一些项目应用平板型集热器，特别是太阳能除湿空调。

太阳能空调系统集热面积的计算：

$$A_{\mathrm{spec}} = \frac{1}{G \cdot \eta_{\mathrm{coll,design}} \cdot \mathrm{COP}_{\mathrm{design}}} \qquad (6-13)$$

式中，A_{spec} 为每 kW 制冷量所需集热面积；G 为设计工况下太阳辐射强度；$\eta_{\mathrm{coll,design}}$ 为设计工况下(制冷机额定驱动温度下)集热器集热效率；$\mathrm{COP}_{\mathrm{design}}$ 为额定工况下制冷机的 COP。图 6.18 给出了常用的太阳能空调系统单位(kW)制冷量对应的集热面积情况。例如，当太阳辐照度为 800 W/m² 时，太阳能集热器集热效率为 50%，设计工况下制冷系统 COP 为 0.65，则对应单位制冷量太阳能集热器面积为 3.8 m²。

若太阳能空调系统设计制冷量 Q_{design}，则太阳能空调系统所需总集热面积是：

$$A_{\mathrm{coll}} = \frac{Q_{\mathrm{design}}}{G \cdot \eta_{\mathrm{coll,design}} \cdot \mathrm{COP}_{\mathrm{design}}} \qquad (6-14)$$

6.3.4　太阳能空调方案选择

6.3.4.1　气候特点与空调方式

建筑构造与当地气候条件直接影响太阳能空调机组的选型。建筑冷负荷受气

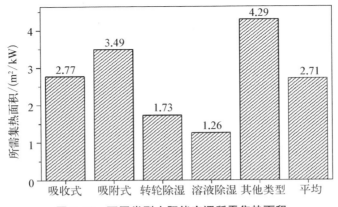

图 6.18　不同类型太阳能空调所需集热面积

候条件和与建筑相关因素的影响。不同的气候条件对应不同的制冷技术,如吸收、吸附以及除湿空调。首先,应根据建筑的特点,评价不同制冷技术的可行性,进而选择一种最为合适的技术。

图 6.19 给出了基于温度与湿度控制进行空调设计的技术路线。整个设计的起点为建筑冷负荷计算,需要考虑最少换气次数对冷负荷的影响。通常,太阳能空调系统根据供冷的媒介可分为全空气、空气-水、水三种系统,其中针对不同的建筑

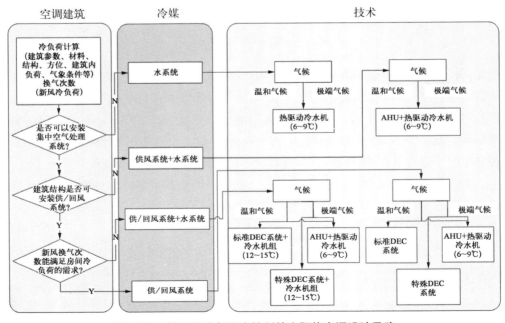

图 6.19　基于温度与湿度控制的太阳能空调设计思路

与气候条件,以上每种系统都具有自身的特点,经济性也与运行条件密切相关,无绝对的好坏。

图中回风系统只针对具有较好围护结构的建筑才有意义,若建筑围护结构不好。可以不用考虑设置回风系统。除湿空调系统(DEC)只能应用于空气或空气-水系统中。

1)热驱动冷水机组

当无法安装集中空气处理机组时,只能采用热驱动冷水机组实现房间供冷。为同时满足房间的显热与潜热负荷,需要采用 6~9℃的冷水供冷。

2)热驱动冷水机组+风系统(AHU)

首先需要判断 AHU 能否承担房间的全部冷负荷(显热与潜热),如果 AHU 只能承担新风和房间的全部潜热负荷,则需要另外配备制冷机组用于处理新风与房间的显热负荷,通常采用热驱动的冷水机组(12~15℃)与辐射末端相结合,即温湿独立控制空调系统。

3)除湿空调系统(DEC)+冷水机组

对于具有较好围护结构的建筑,可以在集中空气处理系统采用除湿空调。然而,除湿空调的设计依赖于当地气候条件。一般对于温和气候区域,采用常规设计的除湿空调即可有效实现室内空气降湿。对于高温/高湿的极端气候,需要从除湿材料与系统结构上改进,设计特殊的除湿空调系统,才能满足使用要求。

4)全空气系统(AHU+热驱动冷水机)

采用常规集中空气处理单元与热驱动冷水机组相结合,以实现全空气系统。

上述空调方案中,无论是冷水机组,还是用于直接空气处理的除湿空调系统,都是依靠太阳能集热器提供的热量直接驱动的。

6.3.4.2　集热器与太阳能空调

表 6.4 给出了目前最常用的太阳能热驱动空调及其适用的集热器类型。从空调系统讲,主要有吸附式、吸收式、除湿空调和喷射式制冷四大类,其中前三种研究应用最广泛。它们的工作原理是利用太阳能集热器产生的热能驱动制冷装置,产生冷冻水或调节空气送往建筑环境内从而进行空调配置。四种类型的集热器工作原理如下。

(1)太阳能吸收式制冷:利用太阳能集热器收集太阳能来驱动吸收式制冷系统,是目前为止示范应用最多的太阳能空调方式。应用多为溴化锂-水系统,也有的采用氨-水系统。

(2)太阳能吸附式制冷:利用吸附制冷原理,以太阳能为热源,采用的工质对通常为活性炭-甲醇、分子筛-水、硅胶-水及氯化钙-氨等,可利用太阳能集热器将吸附床加热后用于脱附制冷剂,通过加热脱附-冷凝-吸附-蒸发等环节实现制冷。

表 6.4　几类常用太阳能热驱动空调的技术特征和参数比较

空调类型	太阳能转轮式除湿空调	硅胶-水吸附空调机组	溶液除湿空调	太阳能氨-水吸收式制冷	双效吸收式太阳能空调	单效吸收式太阳能空调	聚焦集热/燃气互补型太阳能空调
采用集热器类型	空气集热器	真空管或平板太阳能热水系统	真空管或平板太阳能热水系统	太阳能真空管或平板集热器	真空管或平板太阳能热水系统	真空管太阳能热水系统	槽式聚焦太阳能集热器
工作热源温度	50～100℃	55～85℃	55～85℃	80～160℃	＞65℃	≥88℃	150℃
额定空调COP	0.6～1.0	0.4	0.6～1.0	0.5～0.6	0.4	0.6	1.1
晴天太阳能空调时间	约4 h	8 h	6～8 h	2～3 h	＞3 h	2～3 h	—
空调方式	露点8～12℃干空气	约7～20℃冷冻水	露点12～15℃的干空气	约-20～20℃	约7～20℃冷冻水	约7～20℃冷冻水	约7～20℃冷冻水
处理空调负荷类型	潜热	显热与部分潜热	潜热	显热与部分潜热	显热与部分潜热	显热与部分潜热	显热与部分潜热

（3）太阳能除湿空调系统：是一种开放循环的吸附式制冷系统。基本特征是干燥剂除湿和蒸发冷却，也是一种适合于利用太阳能的空调系统。

（4）太阳能蒸气喷射式制冷：通过太阳能集热器加热，使低沸点工质变为高压蒸气，通过喷管时因流出速度高、压力低，在吸入室周围吸引蒸发器内生成的低压蒸气进入混合室，同时制冷剂在蒸发器中汽化而达到制冷效果。

上述几种太阳能热能转换驱动的空调制冷方式中，目前太阳能溴化锂-水吸收式空调方式示范应用最多。另外，吸附式制冷方式由于驱动热源要求的温度低，近年来在我国发展很快。除湿空调技术以开放循环的方式工作，系统可靠性高，在处理空调潜热负荷方面具有优势。

另外，以空调特点而言，除湿空调是对处理空气进行调节的空气调节手段，能够直接把空气处理到理想的温湿度条件。而吸附制冷、吸收制冷和喷射制冷则主要是以获得冷冻水为目的，然后进一步通过风机盘管或辐射末端对环境温湿度进行调节。前者在处理潜热负荷方面具有优势，但对空气降温处理方面能力有限，某些情况下，需要结合其他制冷方式来实现显热、潜热分级处理，达到理想空调效果。

关于太阳能喷射制冷、太阳能驱动的热声制冷、太阳能光伏电池驱动的半导体制冷和蒸气压缩制冷等也不断有研究报道,这些制冷方式在某些特殊场合获得应用。

设计具体的太阳能空调系统,不是简单地将集热器与空调机组连接即可,在考虑上述选择原则的基础上,通常还要考虑太阳辐射的间歇性和不连续性,结合辅助能源或与其他制冷系统耦合。通常的结合方式如图 6.20(a)～(g)所示。

图 6.20(a)为太阳能冷水空调机组,也是目前应用最多的太阳能空调类型。通常,集中式太阳能热水系统,存在夏季热量过剩,可以直接采用吸收或吸附式冷水机组,结合锅炉辅助加热实现连续空调制冷。该方案适于温和气候区。特别炎热潮湿的地区若采用此方案,则需要进行细致的技术经济性分析后确定。除此以外,对于太阳辐射资源较好的地区,还可以结合中温集热器,如 CPC、槽式和菲涅尔式集热器,或者双效和变效吸收式制冷机,以提供高效的太阳能空调方案。图6.20(b)为太阳能冷水空调与电空调并联系统,两者通过蓄冷联箱并联运行。太阳不足时,通过电制冷实现连续工作。图 6.20(c)为太阳能冷水空调与电空调串联系统,太阳能冷水机组作为预冷环节使用,通过电空调进一步降温到理想温度,对空调建筑进行空气调节。该方案的优点是提高了太阳能冷水机组的制冷温度,有利于提高太阳能空调的转换效率;同时对电空调而言,降低了冷凝温度,相应的电制冷效率也有提高。图 6.20(d)为太阳能冷水空调与空调箱结合的方案,该方案兼顾了新风和潜热负荷,是空调风系统典型的处理方案,太阳能空调冷水机组起到了冷源的作用。图 6.20(e)是太阳能除湿空调方案,适用于建筑热负荷不太高的地区,通过集热器产生热能,驱动除湿空调循环,提供温度和湿度比较合适的空气进行空调。图 6.20(f)是太阳能除湿空调与电空调结合的方案,利用太阳能处理空调潜热负荷,利用传统电空调处理显热负荷,能够提高电空调制冷温度,从而改善制冷效率,系统节电效果较为显著。图 6.20(g)是太阳能冷水机组与除湿空调结合的方案,也是最理想的太阳能空调方案之一。特点是利用冷水机组处理显热,利用除湿空调处理潜热,可以达到太阳能空调效率最优化。

上述若干系统可根据建筑类型和负荷特点,进行合理的集热器与空调机组的配合,以达到适应性好、可靠性高的目的。太阳能空调系统初投资较高,因此建议进行详细的能源经济分析,且尽量用于热工围护结构性能较好的节能建筑。

6.3.4.3　蓄热与蓄冷

由于太阳辐射的不连续性,太阳能空调系统宜采用适当的蓄能措施,包括蓄热和蓄冷,一方面可以保证太阳能空调系统输出冷量的稳定性;另一方面,在一定条件下,可以改善系统运行经济性,提高太阳能保证率。

一般太阳能集热系统都会考虑蓄热措施。最常用的是水箱蓄热。例如采用中高温集热器等,也可考虑中温 PCM 材料或者导热油等进行蓄热。主要是能够起到能量调节作用,提高系统运行可靠性。

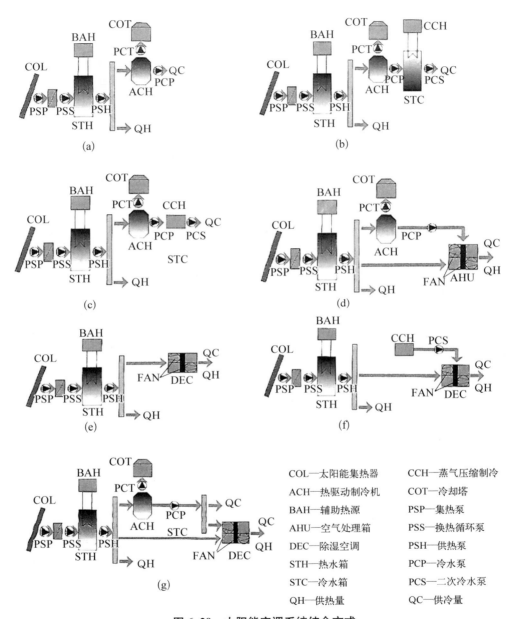

图 6.20 太阳能空调系统结合方式

（a）太阳能冷水空调；（b）太阳能冷水空调与电空调并联；（c）太阳能冷水空调与电空调串联；
（d）太阳能冷水空调与空调箱耦合（e）太阳能除湿空调；（f）太阳能除湿空调与电空调耦合；
（g）太阳能冷水空调与除湿空调耦合

对于太阳能空调系统,能量调节除了蓄热,还可以采用蓄冷的措施,主要有水蓄冷、冰蓄冷、共晶盐蓄冷等方法。

水蓄冷利用水的显热进行冷量储存,具有初投资少、系统简单、维修方便、技术要求低等特点。但常规的水蓄冷系统是利用 3～7℃ 左右的低温水进行蓄冷,并且只有 5～8℃ 的温差可利用,其单位容积蓄冷量较小,使得水蓄冷系统的蓄冷装置一般容积较大。

冰蓄冷就是通过将水制成冰的方式,利用冰的相变潜热进行冷量的储存。冰蓄冷除可以利用一定温差的水显热外,主要利用的是水变成冰的相变潜热(335 kJ/kg)。单位体积冰蓄冷系统的蓄冷能力比水蓄冷系统高 10 倍以上。但冰蓄冷系统的设计和控制比水蓄冷系统复杂。其主要采用的制冰形式主要有:管内、管外蓄冰,密封件蓄冰罐的静态制冰和接触式制冰浆机的动态制冰。选用蓄冰和低温送风系统,并且结合分时电价政策,采用电辅助夜间制冷,可实现较好的经济性。

共晶盐蓄冷是利用固液相变持续蓄冷的另一种方式。蓄冷介质主要是由无机盐、水、促凝剂和稳定剂组成的混合物。目前应用较广泛的是相变温度为 8～9℃ 的共晶盐蓄冷材料,其相变潜热约为 95 kJ/kg。在蓄冷系统中,这些蓄冷介质多置于板状、球状或其他形状的密封件中,再放置于蓄冷槽中。一般,其蓄冷槽的体积比冰蓄冷槽大,比水蓄冷槽小。其主要优越性在于它的相变温度较高,可以克服冰蓄冷的弱点,即要求很低的蒸发温度。虽然该系统的制冷效率比冰蓄冷系统高,但蓄冷材料成本较高,且易发生老化现象。

对太阳能空调系统,特别是与辅助能源及备用空调结合运行的负荷空调系统而言,从系统运行经济性考量,相对成熟的还是水蓄冷方式。如何设置蓄热装置和蓄热容量需要根据系统的使用规律,结合气象条件,经过计算分析获得。

6.3.4.4　太阳能空调的能源经济性

太阳能空调系统的能源经济性,其重要指标是一次能源利用率,即产生 1 kW 冷量对应的一次能源利用率。

传统电驱动蒸气压缩式空调的一次能源利用率为

$$PE_c = \frac{1}{\varepsilon_e \cdot COP_e} \tag{6-15}$$

式中,ε_e 为电厂发电效率(一次能源转换为电能效率);COP_e 为电驱动蒸气压缩式空调的性能系数。

对太阳能空调系统,一次能源利用率为

$$PE_{sol} = \frac{1}{\varepsilon_f \cdot COP_t} \cdot (1 - f_{cool}) + PE_L \tag{6-16}$$

式中，ε_f 为化石燃料燃烧效率；COP_t 为热驱动制冷机组制冷性能系数；f_{cool} 为太阳能空调系统的太阳能保证率。由于冷却塔也有一定的电力消耗，这里也做了考虑，PE_L 即冷却塔一次能源利用率。

$$PE_L = \frac{E_L}{\varepsilon_e} \cdot \left(1 + \frac{1}{COP_t}\right) \tag{6-17}$$

式中，E_L 为冷却塔散发 1 kW·h 热量对应的电力消耗（包括风扇和循环水泵）。

进行太阳能空调系统设计，一个重要标准是其一次能源利用率应该大于传统空调一次能源利用率，即

$$PE_{sol} \geqslant PE_c \tag{6-18}$$

图 6.21 给出了冷却塔一次能源利用率为 0.02 时，在不同太阳能空调保证率条件下，随着制冷机组性能系数的变化，太阳能空调系统一次能源利用率的变化情况。图中还标示了电驱动蒸气压缩式空调制冷性能系数 COP_e 分别为 2.5 和 4.5时，对应的一次能源利用率数值。只有当太阳能空调一次能源利用率大于电驱动蒸气压缩式空调的一次能源利用率时，太阳能空调系统的应用才有节能意义。

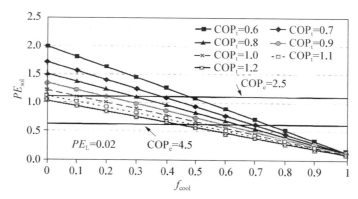

图 6.21　太阳能空调一次能源利用率与保证率的关系

太阳能空调采用吸收、吸附式等热驱动制冷机组。当 COP 较低时，如采用化石能源作为辅助热源（太阳热能不足时），要达到良好的节约传统化石能源的效果，要求系统具有较高的太阳能空调保证率。例如，电驱动蒸气压缩空调的 COP 为 4.5，对应热驱动制冷机组 COP 为 0.6 时，太阳能空调保证率需要大于 0.75；对应热驱动制冷机组的 COP 为 1.2 时，太阳能空调保证率需大于 0.45。电驱动蒸气压缩空调的 COP 越小，要求的太阳能保证率越低，而提高太阳能保证率则需要增大集热器面积、改善建筑围护结构条件等。

另外，当太阳热能不足时，可采用电驱动蒸气压缩空调作为备用。这种情况

下,太阳能空调主要起到节电的效果,系统对太阳能空调保证率的要求没有化石能源辅助太阳能空调系统高,但初投资会大一些。如何通过热力循环合理整合太阳能热驱动空调与电驱动蒸气压缩空调循环是提高太阳能利用率,改善经济性的关键。

以上仅为太阳能空调系统设计的一般性原则。在设计阶段,结合负荷率情况,做好系统能量平衡计算,确保良好的一次能源利用率,综合进行太阳能空调系统优化设计,是成功应用太阳能空调的关键。

6.4 太阳能空调系统典型案例

6.4.1 基于中温槽式集热器的太阳能单效吸收式空调系统

本系统建于万科实验塔内,主要由槽式太阳能集热器、储能水箱、溴化锂吸收式冷水机组、空气加热器、常规电制冷系统等组成(见图 6.22)。晴好天气时,通过槽式太阳能集热循环加热工质(承压水),通过水箱中的盘管式换热器将热量传递给储热水箱中的水,这部分热水将热量送往吸收式制冷机,产生空调冷媒水供房间风机盘管使用。阴雨天,开启常规电制冷系统实现冷量输出。

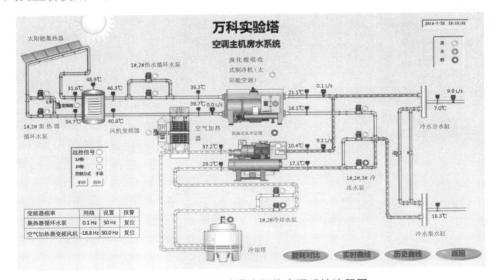

图 6.22 万科实验塔太阳能空调系统流程图

1) 设备主要参数

(1) 槽式集热器:集热温度 200～250℃;工作压力≤0.6 MPa;驱动功率 70 W;环境温度≤50℃;集热面积 14.4 m²/组,共 13 组。

（2）单效溴化锂吸收式制冷机：远大吸收式制冷空调（别墅空调），热水型冷水机组，型号为 BCTDH70，如图 6.23 所示为吸收式制冷机组和控制面板。机组主要技术参数如表 6.5 所示。

表 6.5 热水型单效溴化锂吸收式机组参数

技 术 参 数	数 值	技 术 参 数	数 值
制冷量	45 kW	热源水入/出口温度	98℃/88℃
冷水出/入口温度	7℃/12℃	热源水流量	6 m³/h
冷水流量	7.75 m³/h	配电功率	9 kW
扬程	11 m H₂O	额定电压/频率	380 V/50 Hz

图 6.23 远大制冷机与控制面板

2）系统性能分析

（1）集热器性能。系统性能测试于 2014 年 7 月 15（晴天）进行，运行的条件为：流速稳定（1.3 kg/s），环境温度在 35℃左右，导热工质为水。使用归一化温差 T^*，总结出集热器瞬时效率曲线如图 6.24 所示。

（2）单效吸收式制冷机组性能。图 6.25 为吸收机热媒水进出口温度和冷冻水进出口温度随时间的变化曲线，由该图可知：① 热媒水供回水温度一直在下降，供回水温差逐渐缩小（由开始的 10.3℃到最后的 4.0℃）；② 冷冻水供回水温度也一直下降，供回水温差开始时基本维持在 4.5℃。

图 6.26 为制冷量（功率）和 COP 随进入制冷机的热媒水温度变化的曲线。由图可知：① 热媒水进口温度在 90℃以上时，溴化锂吸收式制冷机制冷量接近 40 kW，COP

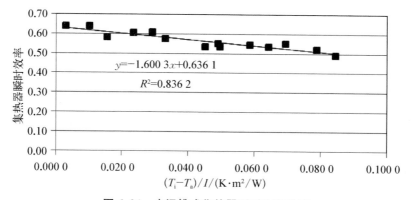

图 6.24 中温槽式集热器瞬时集热效率

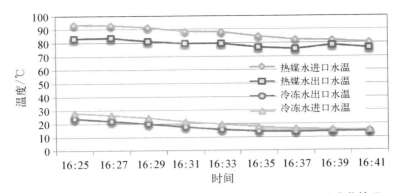

图 6.25 溴化锂吸收式制冷机热媒水/冷冻水的进出口温度变化情况

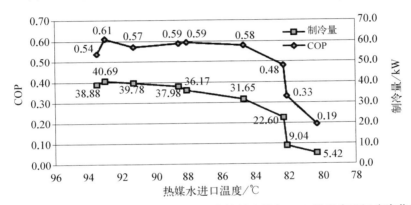

图 6.26 溴化锂吸收式制冷机热媒水/冷冻水的制冷量和 COP 随进出口温度变化情况

接近 0.6;② 热媒水进口水温低于 90℃,且持续降低时,溴化锂吸收式制冷机制冷量和 COP 均迅速下降。

6.4.2 基于黑腔槽式集热器的双效溴化锂吸收式制冷机

本系统建于江苏省连云港市,由中温槽式太阳能集热系统、辅助电加热、制冷机、水箱、空调末端、冷却塔和生活热水系统组成(见图 6.27)。其中中温槽式太阳能集热器共 80 m²,采用上海交通大学研制的基于三角腔式吸收器的槽式集热器,该集热器可持续、高效、稳定地生成温度达 150~200℃的热水;制冷机采用双效溴化锂吸收式制冷机,制冷量为 18 kW;水箱为非承压水箱(一般水箱)。该系统不仅可以将太阳能和传统常规能源相结合,满足建筑物的空调和生活需热水需求,实现太阳能制冷、采暖、热水三联供的功能,而且具有在太阳能和传统能源之间自动切换的功能,保证整个系统的高效率运行。

6.4.2.1 主要设备参数

图 6.28 为日出东方中温太阳能空调示范系统,其主要部件包括:中温槽式集

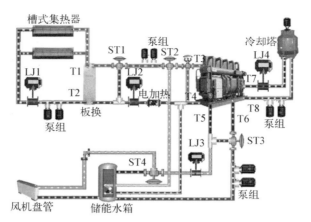

图 6.27　日出东方太阳能空调、采暖和供热复合系统示意图

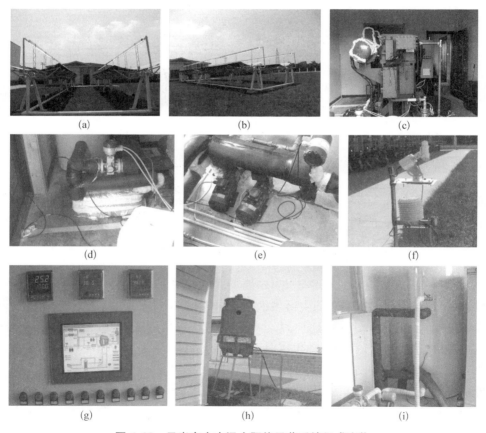

图 6.28　日出东方中温太阳能示范系统组成实物

（a）日出东方中温太阳能空调示范系统；（b）三角腔体中温槽式集热器；（c）18 kW 双效溴化锂吸收式制冷机
（d）油水板式换热器；（e）泵组；（f）辐照仪；（g）控制/采集系统；（h）冷却塔；（i）蓄能水箱

热器、双效溴化锂吸收式制冷机、油水板式换热器、泵组、太阳直射辐射仪、数据采集与监控系统、冷却塔、蓄能水箱,其主要设备参数如表6.6所示。

表 6.6　主要设备参数

太阳能集热系统		制　冷　系　统	
集热器	中温腔体槽式集热器	制冷机	双效溴化锂吸收机
集热面积	80 m²	制冷能力	18 kW
集热温度	130~160℃	冷冻水出口温度	13℃
集热效率	0.45(150℃)	供空调用户面积	130 m²

6.4.2.2　系统性能分析

1) 集热器性能

系统性能测试时间为 2012 年 8 月 31 日,运行的条件:流速稳定在 280 g/s,环境温度 30℃左右。两组槽式集热器系统实际试验效果如图 6.29 所示。可以看出,从早上 8 点,经过一小时,将系统导热油温度加热到 120℃,由于连云港以多云天气为主,测试当天上午 10 点左右出现了多云天气,11 点后辐照出现好转。平均进出口温差为 15℃,最大进出口温差可以达到 20℃。集热器效率在 150℃能达到 35%,比设计预期(45%)低,其主要原因是由于测试当天太阳直射辐射平均值为 440 W/m²,比正常测试辐照值偏低,因而对效率的影响较大。

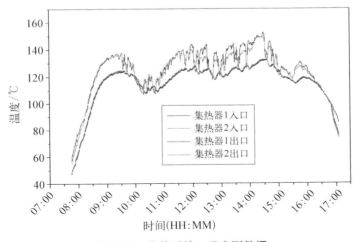

图 6.29　集热系统工况实测数据

2) 双效溴化锂吸收机性能测试

制冷机的运行测试如图 6.30 所示,由图可知:

(1) 制冷机冷冻水入口温度在 12~13℃范围内,相应的冷冻水出口温度在 7~

9℃之间,其变化趋势一致。

(2)制冷机冷却水入口温度在 30～32℃ 范围内,相应的冷却水出口温度在 34～36℃ 之间。

(3)制冷机 COP 随着热水入口温度的提高而升高,COP 的变化范围为 0.4～0.7。室温能维持在 26℃,基本满足太阳雨远程控制中心的用冷需求。

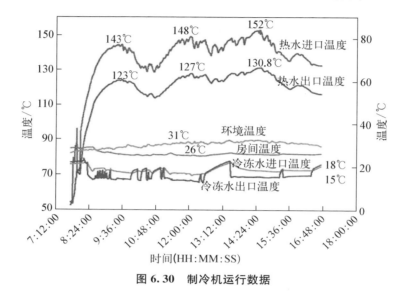

图 6.30　制冷机运行数据

6.4.3　基于线性菲涅尔集热器的太阳能单/双效吸收式空调系统

单/双效自动切换式太阳能吸收空调系统设立在上海电气集团中央研究院[2]。针对利用太阳能进行采暖和制冷的应用需求,提出一种基于线聚焦菲涅尔太阳能集热器、熔盐蓄热装置、单/双效溴化锂吸收式制冷机的太阳能中温集热、蓄热、空调系统。该系统采用了单/双效自动切换的溴化锂吸收式制冷机,可根据太阳能热能温位匹配自适应调节,从而自动进行双效和单效工况的切换,与中温集热器匹配。在提高日均能效和太阳能保证率的同时可以有效延长供冷时间,突破了常规单效和双效吸收机无法较大范围调节工况的局限性。

该系统主要由四大子系统或主要部件组成,如图 6.31 所示,包括菲涅尔太阳能集热子系统、单/双效溴化锂吸收式制冷机、熔盐储热装置、自动监控子系统和冷却塔、板式换热器、电加热器、风机盘管与管道,以及其他辅助设备。

夏季工况下,系统通过菲涅尔太阳能集热器吸收太阳直射辐射并将其转化为热量,在制冷模式下优先利用太阳能通过板式换热器以热交换的方式加热热水循环,利用高温热水驱动一台最高制冷功率为 130 kW 的单/双效溴化锂吸收式制冷

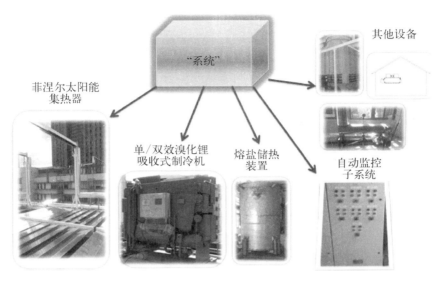

图6.31 单/双效自动切换式太阳能吸收空调系统主要部件

机,制冷机产生的冷冻水再通过风机盘管最终送入空调房间。当太阳辐照充足时,通过系统阀门的切换和调节,可以分流一部分太阳能至系统储热装置;当太阳辐照不足时,储热装置和电加热装置可以对系统放热作补充或是辅助热源。在冬季工况下,集热侧与蓄热侧的运行原理与夏季工况相同,不同的是加热后的热水循环不再经过制冷机而是直接通过风机盘管送入采暖房间。

6.4.3.1 主要设备参数

菲涅尔太阳能集热器,整个集热系统由24套型号为F2-M1的菲涅尔太阳能集热器单元组成,根据楼顶的实际可安装空间,2楼楼面合计安装11套,集热面积合计252 m²;3楼楼面合计安装13套,集热面积合计298 m²。集热器的实际安装及聚光效果如图6.32(a)所示,设计及运行参数如表6.7所示。

表6.7 菲涅尔太阳能集热系统设计及运行参数

	2楼	3楼
模块数	11	13
集热面积	252 m²	298 m²
集热管连接长度	66 m	78 m
集热单元高度	4.2 m	
循环工质	THERMINOL® 55	
反射系数	0.9（洁净）	
工质流量	1.34 kg/s	

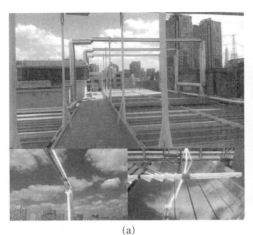
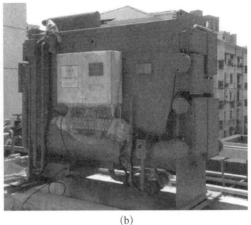

(a) (b)

图 6.32 太阳能单/双效吸收式空调系统

(a) 菲涅尔太阳能集热系统;(b) RXZ-130 单/双效溴化锂吸收式制冷机

单/双效溴化锂吸收式制冷机:100 kW 单/双效溴化锂吸收式制冷机实物图如图 6.32(b)所示,具体设计参数如表 6.8 所示。

表 6.8 单/双效溴化锂吸收式制冷机主要性能参数

型号		RXZ - 130	
额定制冷量		134 kW	91 kW
热水	热水流量	11.0 m³/h	11.0 m³/h
	进出口温度	150℃/140℃	105℃/95℃
	接管管径	DN50	
	压力损失	80 kPa	
冷水	冷水流量	23.0 m³/h	
	进出口温度	12℃/7℃	12℃/8.4℃
	接管管径	DN65	
	压力损失	70 kPa	
冷却水	冷却水流量	44 m³/h	
	进出口温度	31℃/36℃	31℃/35.3℃
	接管管径	DN80	
	压力损失	70 kPa	
电源		380 V/3∅/50 Hz	

（续表）

耗电量		0.7 kW
冷量调节范围		20%～100%
外形尺寸	长	2 700 mm
	宽	1 300 mm
	高	2 420 mm
运输重量		4 500 kg

6.4.3.2　系统性能分析

1）线菲集热器集热效率

线菲集热器的归一化集热效率如图 6.33 所示。直射辐射为 680 W/m² 的条件下：集热温度为 85℃时，集热效率约为 51%；集热温度为 105℃时，集热效率约为 45%；集热温度为 160℃时，集热效率约为 22%。

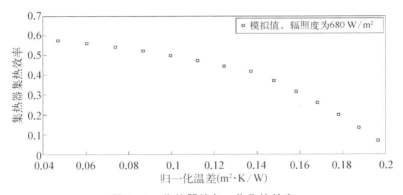

图 6.33　集热器的归一化集热效率

2）制冷机组性能分析

图 6.34 与图 6.35 分别为单/双效吸收式制冷机组的热力 COP 以及制冷量随进口热水温度变化的关系图。由模拟与实测数据可知，随着进入制冷机的热水温度的升高，COP 和制冷量逐步升高，当达到设计温度 105℃左右时，COP 达到 0.7 左右，制冷量达到 90 kW。随着温度不断上升，系统的 COP 和制冷量基本不再变化，这是因为当温度达到设计值以后，单效模式从结构和原理上来说，其制冷能力都已经达到最大。此时，多余的热量就会进入高压发生器并对其进行预热，当输入足够多的热量以后，高压发生器开始工作，制冷机进入双效模式，COP 和制冷量都得到较大的提高。在 135～140℃，即发生从单效向双效的过渡区时，COP 和制冷量会有下降，这是因为从单效向双效转换时，高压发生器及相关泵开始工作，能量消耗增加，且

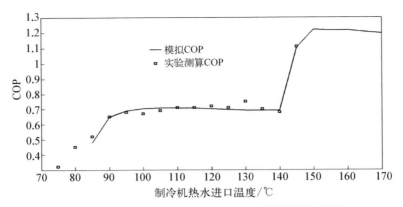

图 6.34　制冷机 COP 与热水进口温度的变化关系曲线

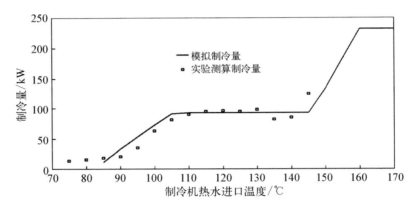

图 6.35　制冷机制冷量与热水进口温度的变化关系曲线

由热水输入的热量,部分流向高压发生器,因而造成 COP 和制冷量的略微下降。

图 6.36 为制冷机冷冻水出口温度与进口热水温度的变化关系曲线,由该曲线

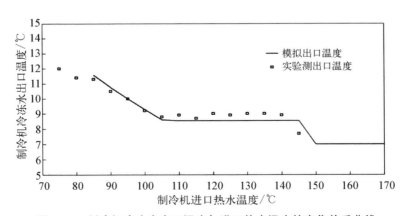

图 6.36　制冷机冷冻水出口温度与进口热水温度的变化关系曲线

可知：经过制冷机作用输出的冷冻水温度，基本符合设计值，当热水温度高于145℃后启动双效模式，冷冻水温度出现明显下降，制冷效果明显。

3）典型天气下空调系统动态运行特性分析

图 6.37 为上海地区典型夏季工况的太阳辐射、线菲集热器进出口温度及环境温度曲线。从图中可知：线菲集热器的出口温度与太阳辐射密切相关，随着太阳辐射的增强而升高，反之则降低；集热器出口温度峰值约为 190℃。图 6.38 为吸收制冷机全天性能曲线，其中深色区域表示为制冷机双效运行模式，在该模式下，制冷 COP 基本维持在 1.1 左右；由于早上和傍晚太阳直射辐射相对较弱，此时吸收制冷机只能运行单效模式，其制冷 COP 在 0.4～0.7 范围内变换；随着太阳辐射强度的增加，COP 也随之提高。吸收制冷机全天平均 COP 约为 0.85，很大程度地提高了太阳能空调系统的制冷时间和能效水平。

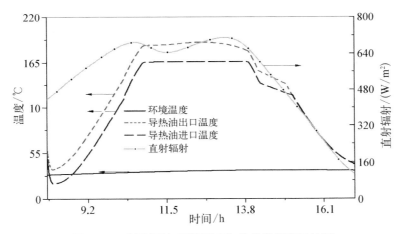

图 6.37 太阳辐射、环境温度和集热器进出口油温

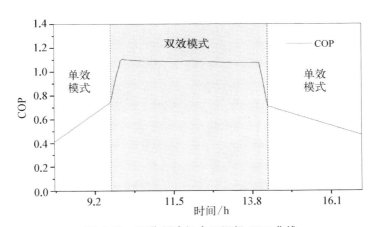

图 6.38 吸收制冷机全天运行 COP 曲线

6.4.4 基于中温线菲集热器的 1.N 效吸收式空调系统

基于中温线菲集热器的 1.N 效吸收式空调系统建于广东电科院,能够实现制冷、发电、储热、制取生活热水等多项功能,集合了吸收式制冷技术、有机朗肯循环(ORC)发电技术、熔盐相变蓄热技术与板式换热技术等[7]。图 6.39 为基于中温线菲集热器 1.N 效吸收式空调系统的功能示意图。

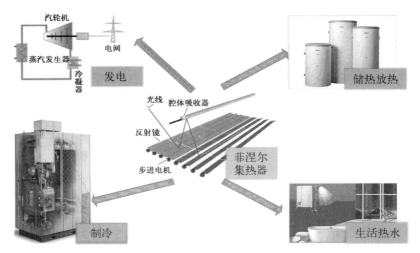

图 6.39 基于中温线菲集热器 1.N 效吸收式空调系统的功能

系统主要由菲涅尔集热器、汽包、蒸汽型溴化锂吸收式制冷机、蒸汽型有机朗肯循环(ORC)发电机组、板式换热器、冷却塔、补水水箱、电加热器等构成。菲涅尔集热器将太阳辐射的热量转化成水的热量,在吸收器及汽包中产生蒸汽,蒸汽再流经吸收式制冷机或 ORC 发电机进行制冷或发电。在集热器集热量充足的情况下,蒸汽也可进入储热罐,将热量储存起来,在集热器集热量不足时再释放热量给水加热。

6.4.4.1 系统主要部件

1) 集热器

系统使用线性菲涅尔太阳能集热器,共四排串联连接,布置在建筑物屋顶,如图 6.40 所示。输出介质为饱和水蒸气,额定热功率为 40 kW,饱和蒸汽设计压力 1.25 MPa。

图 6.40 线性菲涅尔集热器

2）1.N 效吸收式制冷机

系统采用蒸汽型 1.N 效溴化锂吸收式制冷机生产冷冻水供给室内空调。与单/双效吸收式制冷循环相比，1.N 效循环将高压发生器产生的蒸汽分为两部分，一部分进入高压冷凝器，一部分进入高压吸收器。进入高压冷凝器的蒸汽产生双效制冷，进入高压吸收式的蒸汽产生单效制冷，根据发生温度不同，可以通过调整进入高压吸收器的溶液流量来改变循环中单效制冷和双效制冷的比例。其原理如图 6.41 所示，吸收式制冷机安装于屋顶，如图 6.42 所示，蒸汽型溴化锂吸收式制冷机参数如表 6.9 所示。

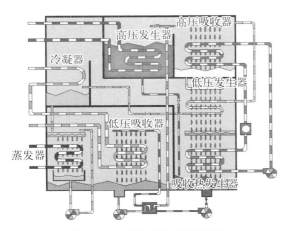

图 6.41　吸收式制冷机原理

图 6.42　溴化锂吸收式制冷机

表 6.9　蒸汽型溴化锂吸收式制冷机参数

设备名称		1.N 效吸收式制冷机
型号		GAXZ - 50
额定制冷量		50 kW
工作蒸汽	蒸汽耗量	81.5 kg/h
	蒸汽压力	0.15 MPa
	进口管径	25 mm
	出口管径	25 mm
冷媒水	流量	8.6 m³/h
	压力降	50 kPa
	进/出口温度	12℃/7℃

（续表）

	流量	18 m³/h
	压力降	60 kPa
冷却水	进/出口温度	30℃/35℃
	压力降	60 kPa
	进/出口温度	30℃/35℃

6.4.4.2 系统性能分析

1）集热器

线性菲涅尔太阳能聚光集热系统是直接蒸汽产生系统，系统管路中的流动工质为水，经过集热器加热，在汽包中直接变为蒸汽。太阳直射辐射条件不同，系统生产饱和蒸汽的温度和压力也不同，图6.43与图6.44分别表示不同稳定的辐照条件下汽包蒸汽的温度与压力变化情况。

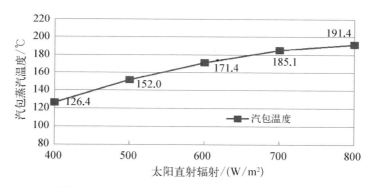

图6.43 不同直射辐射条件时汽包输出蒸汽温度

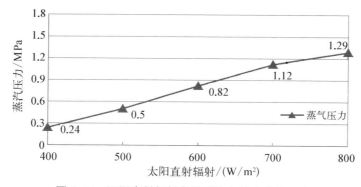

图6.44 不同直射辐射条件时汽包输出蒸汽压力

图 6.45 和图 6.46 为 2015 年 10 月 23 日广东地区当地的太阳直射辐射情况和线性菲涅尔集热器的测试结果。经过 3 个多小时,集热器中的水被聚焦后的太阳直射辐射能加热为中温饱和蒸汽,温度可达 172.5℃,进出口温差维持在 20℃左右。

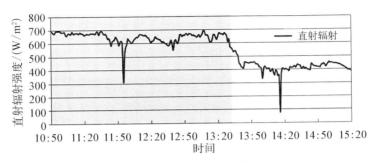

图 6.45　太阳直射辐射变化情况

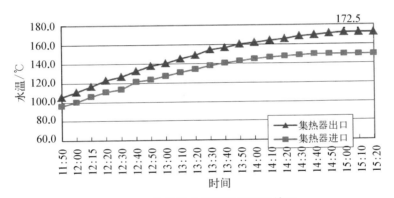

图 6.46　集热器内工质温度变化情况

2) 1.N 效吸收式制冷机组性能

在集热器生产蒸汽充足的情况下,制冷机的测试实验持续了约 30 min,表 6.10 记录了吸收式制冷机冷冻水、冷却水进出口的温度监测值。

表 6.10　制冷机冷冻水、冷却水温度测试(单位:℃)

测　点	冷冻水进	冷冻水出	冷却水进	冷却水出
1	12.8	10.2	28.4	30.3
2	12.4	9.6	29.6	32.2
3	11.8	9.2	30.3	32.5
4	11.9	8.9	31.2	34.0
5	11.5	8.2	31.6	34.6
6	10.7	8.0	32.4	34.0

（续表）

测 点	冷冻水进	冷冻水出	冷却水进	冷却水出
7	10.5	7.6	32.8	35.0
8	10.5	7.5	33.3	35.6
9	10.8	8.1	34.3	36.1
10	11.4	8.9	34.7	36.4
11	12.0	9.4	35.4	36.9
12	11.7	8.8	31.3	35.2
13	11.1	8.0	29.5	33.8
14	10.8	7.7	28.9	34.0
15	10.5	7.4	28.4	33.8
16	10.3	6.9	28.0	33.1
17	10.1	6.6	32.2	27.9
18	9.8	6.4	28.6	31.6
19	9.8	6.8	30.6	32.7
20	9.6	6.3	33.5	36.0
21	9.9	6.8	33.2	37.0
22	9.5	6.0	28.9	32.3
23	9.1	5.6	29.9	31.9

图 6.47 为吸收式制冷机运行平稳后，冷冻水进入制冷机与离开制冷机的水温变化情况。从房间风机盘管返回的冷冻水回水开始温度为 12.8 ℃，经过蒸发器后不断降温，10 分钟后冷冻水温度降低至 6.4 ℃，达到了制取冷冻水温度（7 ℃）的要求。此时冷冻水回水温度为 9.8 ℃，比较低，是因为风机盘管冷负荷比较小，与房间内空气换热量有限。

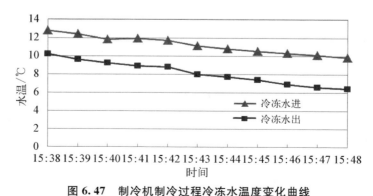

图 6.47　制冷机制冷过程冷冻水温度变化曲线

表 6.11 为通过实验测定的制冷机运行参数平均值，可用来计算制冷机的性能指标。

表 6.11　吸收式制冷机运行参数

空调进口蒸汽压力 P	0.32 MPa
冷冻水流量 q_{ch}	1.92 kg/s
冷冻水进水温度平均值 T_{chin}	12.2℃
冷冻水出水温度平均值 T_{chout}	8.7℃
冷却水流量 q_c	3.85 kg/s
冷却水进水温度平均值 T_{chout}	31.9℃
冷却水出水温度平均值 T_{cin}	28.5℃

6.4.5　带储热的太阳能氨-水吸收式空调系统

图 6.48 为典型的带储热的太阳能氨-水吸收式空调系统,主要由槽式太阳能集热器、集热器跟踪系统、循环油泵、蓄能器、氨-水吸收式空调机组、控制系统、冷却塔等组成。该空调系统是通过太阳能槽式集热器采集太阳能,将导热油加热,来驱动氨-水吸收式机组(太阳能热泵)工作,产生 7℃冷冻水(45℃热水)。空调系统包括油系统、水系统和控制系统。热能采集在油系统内完成,高效传热介质(导热油)由循环泵强制循环,导热油在太阳能集热器内被加热升温,在太阳能热泵内放热降温,驱动机组完成制冷或制热循环。

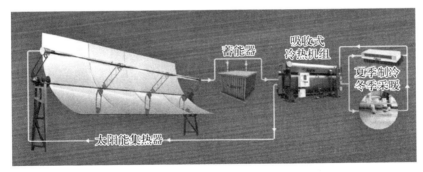

图 6.48　带储热的太阳能氨-水吸收式空调系统

1) 天津市蓟县水务局自来水管理所太阳能空调系统

天津市蓟县水务局自来水管理所(第四水厂)的太阳能吸收式供热与制冷空调系统如图 6.49 所示。采暖季,利用槽式太阳能集热器加热导热油,经过太阳能换热器进行换热,制取采暖热水;无太阳或太阳能不足时,采用电加热导热油(储存在蓄能油罐中)进行辅助采暖用热。非采暖季,利用槽式太阳能集热器加热工业用导热油,储存于恒温油罐,用于生产用热;无太阳或太阳能不足时,采用电蓄热的

图 6.49　蓟县水务局自来水管理所的太阳能吸收式空调系统[8]

蓄能高温油罐进行辅助生产用热。该系统集热面积 585 m²，储热量 400 kW·h，建筑面积 3 800 m²。

2）西藏大学太阳能空调

西藏大学新校区的槽式太阳能采暖项目（见图 6.50）是西藏大学新校区供暖供气工程的一个子单位工程。该工程是由西藏拉萨供暖指挥部批准，中国华西集团承建的一个新型的采暖项目，同时也是西藏自治区第一个以槽式太阳能为主要热源的采暖工程。西藏大学新校区太阳能采暖项目是一个典型的节能项目，其采用的槽式集热器面积为 2 160 m²，热泵采暖空调 36 kW，蓄热 12 kW·h，建筑面积 20 344 m²。

图 6.50　西藏大学太阳能氨-水吸收式热泵空调系统[9]

6.4.6　基于真空管集热器的太阳能吸附空调与地源热泵空调复合系统

针对山东澳华新能源有限公司乳山厂区的两栋办公楼，分别设计基于真空管式太阳能集热器的复合空调系统,实现利用太阳能降低建筑能耗的目标。图 6.51 为乳山厂区的鸟瞰图,具体包括:① 3 层办公楼(3F),建筑面积为 $800\ \mathrm{m}^2$,空调系统为"太阳能吸附空调＋地源热泵";② 7 层办公楼(7F),建筑面积为 $2\ 600\ \mathrm{m}^2$,空调系统为"太阳能转轮除湿空调＋地源热泵"。

图 6.51　澳华乳山厂区鸟瞰效果

1)3F 办公楼系统

图 6.52 为"真空管太阳能集热器驱动的吸附式制冷机＋地源热泵"耦合空调系统。该空调系统主要有真空管太阳能集热器、硅胶-水吸附式制冷机(见图 6.53)、一

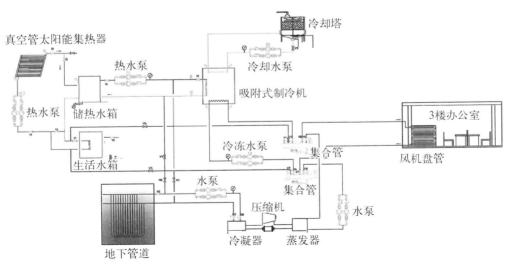

图 6.52　3F 办公楼的太阳能吸附空调与地源热泵复合系统

图 6.53　50 kW 吸附制冷机组

般水箱(非承压水箱)、生活水箱、冷却塔、冷热水泵、空冷器(风机盘管),以及地源热泵和阀门等组成。其中太阳能集热器由山东澳华太阳能公司生产,该集热器可持续、高效、稳定地生成温度 60~80℃ 的热水。制冷机采用小型吸附式制冷机,其 COP 为 0.4~0.5。该系统不仅可以将太阳能和传统热泵相结合,满足建筑物的空调和生活需热水需求,实现太阳能制冷、采暖、热水三联供的功能,而且具有在太阳能和热泵之间自动切换的功能,保证整个系统的稳定运行。该空调系统中主要设备的详细参数如表 6.12 所示。

表 6.12　太阳能吸附制冷空调与地源热泵复合系统的主要技术参数

主　要　设　备	参　数
太阳能集热子系统	
太阳能集热器(真空管式)	$520 \ m^2$
热水循环流量	$10 \ m^3/h$
蓄热水箱	$15 \ m^3$
生活水箱	$2 \ m^3$
吸附制冷机	
制冷量	50 kW
驱动温度范围	60~95℃
地源热泵♯1	
制冷量	70.7 kW
输入功率	13.2 kW
冷水进出口温度	6℃/3℃

2) 7F 办公楼系统

图 6.54 为"真空管太阳能集热器驱动的除湿空调＋地源热泵"耦合空调系

统[10]。该空调系统主要由真空管太阳能集热器、固体转轮除湿空调(见图6.55)、一般水箱(非承压水箱)、生活水箱、冷却塔、冷热水泵、毛细管辐射末端,以及高、低温地源热泵和阀门等组成。其中太阳能集热器由山东澳华太阳能公司生产,室内潜热负荷通过除湿空调处理,其COP约为1.0。该系统不仅可以将太阳能和传统热泵相结合,满足建筑物的空调和生活需热水需求,实现太阳能制冷、采暖、热水三联供,同时具有在太阳能和热泵之间自动切换的功能,保证整个系统的稳定运行。

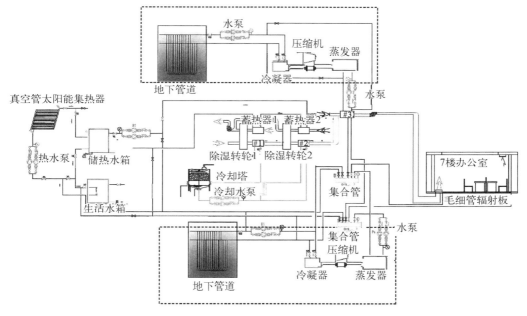

图6.54 7F办公楼的太阳能除湿空调与地源热泵复合系统

图6.55 80 kW固体转轮除湿空调

太阳能除湿空调与地源热泵复合系统主要设备的详细技术参数如表6.13所示。

表 6.13　太阳能除湿空调与地源热泵复合系统主要设备的详细技术参数

设　　备	材　　料	参　　数
太阳能集热子系统		
太阳能集热器	真空管	$530\ m^2$
热水流量		$10\ m^3/h$
蓄热水箱		$10\ m^3$
生活水箱		$2\ m^3$
固体转轮除湿空调		
转轮	复合硅胶	
最大处理空气流量		$9\ 000\ m^3/h$
最大再生空气流量		$9\ 000\ m^3/h$
制冷量		$80\ kW$
热力 COP		1.0
驱动温度		$60\sim90℃$
转轮直径		$1\ 525\ mm$
转轮厚度		$200\ mm$
地源热泵#2		
冷水进/出口温度		$21℃/18℃$
冷却水进/出口温度		$25℃/30℃$
制冷量		$244.1\ kW$
COP		6.837
地源热泵#1		
冷水进/出口温度		$12℃/7℃$
冷却水进/出口温度		$25℃/30℃$
制冷量		$70.7\ kW$
COP		6.348

3）空调系统性能分析

基于 TRNSYS 16.1 平台,针对 7 层楼的太阳能除湿空调系统进行了性能分析。图 6.56 为太阳能除湿复合空调系统的 TRNSYS 模型。

（1）典型天气性能分析。

图 6.57 为典型天气象条件下,集热器进出口温度和水箱温度的动态变化曲线,其中,集热面积为 $530\ m^2$,水箱容积 $10\ m^3$,集热器热水流量 $10\ 000\ kg/h$,处理空气流量 $9\ 000\ m^3/h$。

图 6.58 为系统热力 $COP_{d,t}$ 和电力 $COP_{d,e}$ 以及除湿空调制冷量的变化曲线。由于除湿空调再生热水温度仅为 $60\sim70℃$,导致系统制冷量约为 $70\ kW$,略低于额定制冷量 $80\ kW$。电力和热力 COP 分别可达 10 和 1。

（2）制冷季节性能分析。

除湿空调和地源热泵#1 提供的冷量如图 6.59 所示。由图 6.59 可知,除湿空调

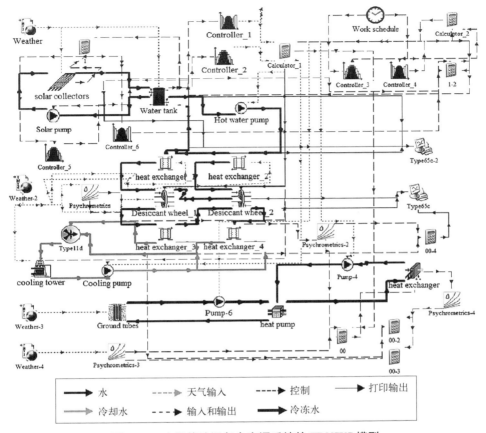

图 6.56 太阳能除湿复合空调系统的 TRNSYS 模型

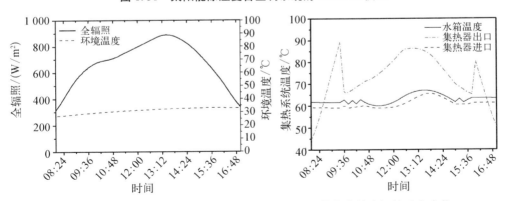

图 6.57 典型天气象条件下,集热器进出口温度和蓄热水箱水温的动态变化

提供约 31.4% 冷量,地源热泵♯1 提供 68.6% 冷量。7 层楼空调房间的显热和潜热负荷分别由地源热泵和除湿空调承担。除湿空调的季节性热力 COP 约为 0.83。

图 6.60 为空调房间日湿负荷和转轮空调除湿能力的月变化曲线。由图可知,

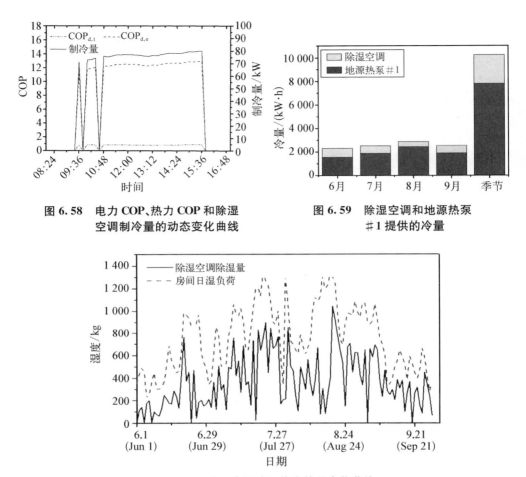

图 6.58 电力 COP、热力 COP 和除湿
空调制冷量的动态变化曲线

图 6.59 除湿空调和地源热泵
♯1 提供的冷量

图 6.60 除湿空调除湿能力的月变化曲线

除湿空调可满足约 45% 房间总湿负荷。

6.4.7 采用除湿换热器的连续型除湿空调系统

1）系统组成

利用除湿换热器技术的连续型除湿系统的实验测试系统[11]如图 6.61 和
图 6.62 所示。系统主要由三大子系统组成：太阳能集热子系统、除湿换热器除湿
单元子系统和冷却水子系统。

太阳能集热子系统主要由太阳能集热器、热水泵和集热水箱组成。太阳能集
热器采用真空管集热器，将来自太阳的光照辐射转化为热水，为系统提供驱动热源。

除湿单元子系统作为除湿系统的核心部件，由两个规格结构一致的除湿换热
器并联组成（A 和 B）。本实验采用的除湿换热器的详细规格如表 6.14 所示。另外，

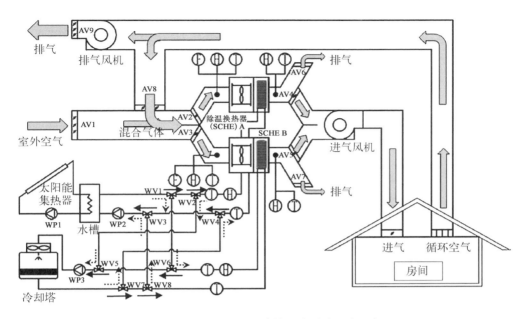

图 6.61　连续型除湿系统的实验测试系统示意图

图 6.62　连续型除湿系统

表 6.14　除湿换热器的主要结构和性能参数

项　目	参　数	项　目	参　数
结构尺寸/mm	380×380×127.8	垂直方向管间距/mm	21.3
质量/kg	10.20	水平方向管间距/mm	24.6
翅片厚度/mm	0.15	水性复合胶	L267
翅片间距/mm	2	柱层层析硅胶	zcx.Ⅱ
铜管外径/mm	9.87	硅胶颗粒直径	0.15
铜管内径/mm	9	总上胶量/kg	3.2

必要的风管结构主要用来引导外界空气流经除湿换热器,进行除湿和再生过程。通常,风管是由镀锌白铁皮及保温材料所构建的矩形管路,横截面大小为 400 mm×400 mm,除湿换热器设置于管路中间,在空气管路入口处设置轴流风机以驱动空气流动。

冷却水子系统则将来自冷却塔的冷却水,通过冷却水泵持续不断地提供给系统。

2) 性能分析

图 6.63 为除湿系统除湿空气侧出口焓值的变化曲线。图中可以看到除湿换热器 A 由再生模式切换至除湿模式的初始阶段,由于受换热器内残留热的影响,其出口空气焓值明显高于环境空气的焓值,因此系统的制冷量只能维持在一个较低或是负值的水平。随着除湿过程的进行,大约在 100 s 的时候,除湿换热器 A 的除湿空气侧的出口空气焓值开始低于环境空气焓值,系统制冷量开始伴随除湿换热器 A 的除湿过程呈不断增长的趋势。经过计算发现,除湿换热器 A 在其除湿阶

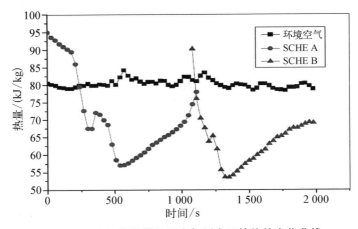

图 6.63　除湿换热器处理空气侧出口焓值的变化曲线

段的最大制冷量可达到 9.53 kW,平均制冷量可达到 4.82 kW。类似的性能变化趋势同样也出现在除湿换热器 B 的除湿模式中,其最大制冷量和平均制冷量分别可达到 9.04 kW 和 5.13 kW。

系统在整个循环中,再生热水的进出口温差基本保持在 11.4℃左右,再生消耗热维持在 14.71 kW 左右。由此可知,系统的平均 COP_{th} 和最大 COP_{th} 分别为 0.33 和 0.63。在典型高温高湿工况下,该连续型除湿换热器除湿系统的详细性能评定指标分别列于表 6.15 中。

表 6.15 系统及除湿换热器在典型工况下的详细性能参数

	除湿量/(g/kg)		除湿率/%		COP_{th}	
	最大	平均	最大	平均	最大	平均
SCHE A	9.6	5.26	52.09	29.47	0.65	0.33
SCHE B	9.57	4.9	54.33	27.94	0.61	0.35
系统		5.08	28.71			0.34

6.4.8 采用除湿换热器的回热型全新风除湿空调系统

6.4.8.1 系统组成

与原有的除湿换热器除湿系统相比,新型全新风除湿系统[11]在关键设备和系统设计方面都做了显著的改进和优化。一方面,针对原有除湿换热器的制作工艺,提出并实现了改进和提高,使得除湿换热器的制作更加合理和高效,在保证原有除湿性能的基础上,进一步提高了除湿换热器的性能和使用寿命。另一方面,与原有系统相比,新型全新风除湿系统引入了一套回热装置,不仅有效地利用了系统再生废热,同时使系统的 COP_{th} 得到了提高,避免能源不必要的浪费。图 6.64 为新型全新风除湿实验系统结构,图 6.65 为实物。

根据水路循环和风路流程,新型全新风除湿系统可划分为再生热水循环、冷却水循环、处理空气流程和再生空气流程。系统主要由五大子系统组成:太阳能集热子系统、冷却水子系统、基于除湿换热器技术的除湿子系统、回热子系统和自动控制子系统。其中太阳能集热子系统与冷却水子系统和原有除湿系统基本一致。新型全新风除湿系统与原有系统相比,主要区别和改进之处集中在其余三个子系统,即基于除湿换热器技术的除湿子系统、回热子系统和自动控制子系统,下面将简要介绍。

1) 基于除湿换热器的除湿子系统

除湿换热器从结构尺寸方面进行了优化。其具体结构尺寸如表 6.16 所示。

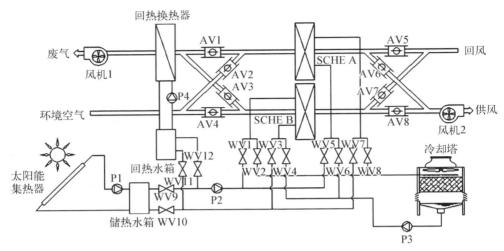

图 6.64   基于除湿换热器技术的新型全新风除湿实验系统结构示意

AV—风阀;P—水泵;WV—水阀;SCHE—除湿换热器

 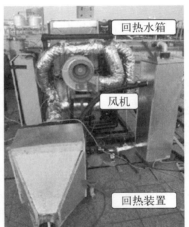

图 6.65   新型全新风除湿系统

表 6.16   应用于新型全新风除湿系统的除湿换热器的结构尺寸

名　称	符　号	参数/mm
长	L	200
宽	W	400
高	H	400
翅片厚度	δ_f	0.15

（续表）

名　　称	符　　号	参数/mm
干燥剂涂层厚度	δ_d	0.5
翅片间距	δ	3
铜管外径	d_o	9.87
铜管内径	d_i	8.67
铜管纵向间距	n_1	21.3
铜管横向间距	n_2	24.6

2）回热子系统

回热子系统主要由回热换热器（HRHE）、回热水箱（HRT）和回热热水泵（P4）组成。回热子系统各部件的主要性能参数如表 6.17 所示。

表 6.17　回热子系统各部件主要性能参数

名　　称	内　　容	参　　数
回热换热器（HRHE）	长	150 mm
	宽	400 mm
	高	400 mm
	换热面积	16 m²
回热水箱（HRT）	容积	40 L
回热热水泵（P4）	额定流量	1.5 m³/h
	最大扬程	9 m
	额定功率	0.08 kW,220 V

3）其他

新型全新风除湿空调系统的其他配套设备性能参数如表 6.18 所示。

表 6.18　新型全新风除湿空调系统其他配套设备性能参数

名　　称	数　量	参　　数
太阳能集热子系统 真空管太阳能集热器 太阳能集热水箱（ST）	1	额定集热功率：8.5 kW 集热面积：22 m² 容量：500 L 最大流量：4 m³/h

（续表）

名　　称	数　量	参　　　数
太阳能集热热水循环泵(P1)	1	最大扬程：20 m 额定功率：0.2 kW，220 V
冷却水子系统	1	额定流量：4 m³/h 最大扬程：8 m 额定功率：0.15 kW，220 V
风机(Fan 1 和 Fan 2)	2	最大流量：1 110 m³/h 最大风压：155 Pa 额定功率：0.2 kW，380 V
水泵(P2 和 P3)	2	最大流量：2 m³/h 最大扬程：32 m 额定功率：0.1 kW，220 V

6.4.8.2　系统性能分析

对于带有回热子系统的新型全新风除湿系统,其在典型工况下的具体性能参数如表 6.19 所示。

表 6.19　新型全新风除湿系统(带回热子系统)典型
工况下的具体性能参数汇总

	MODE1-1	MODE1-2	MODE2-1	MODE2-2	总
平均除湿量/(g/kg)	8.96		9.06		9.01
平均潜热制冷量/W	3 299		3 341		3 320
平均显热制冷量/W	—35		—25		—30
平均全热制冷量/W	3 264		3 316		3 290
平均再生量/(g/kg)	6.26	11.8	6.14	11.83	9.13
预再生热量消耗/kJ	615.4		620.6		
高温再生热量消耗/kJ		1 013		1 003	2 016
电能消耗/kJ	36	50.4	36	50.4	172.8
$COP_{th,d}$	1.2		1.18		1.19
$COP_{el,d}$	13.94		13.72		13.83
放热/回热量/kJ	615.4	691.5	620.6	713.3	
回热效率	0.89		0.87		0.88

全新风除湿系统不管在有无回热子系统的情况下,其除湿能力都达到甚至超过了设计之初定制的额定除湿目标(8.4 g/kg)。对应不同的环境工况,新型全新风除湿系统可以保证稳定而持续的除湿处理能力,其处理空气出口含湿量低于 7.5 g/kg。回热子系统的成功引入,不仅可以大大提高新型全新风除湿系统的热力学 COP(由 0.5～0.6 提高到 1～1.2),而且还可以减少残留热对系统模式切换过程中的不利影响,降低处理空气的出口干球温度的同时提高系统的全热制冷量。

6.5 被动式太阳能制冷

被动式制冷是指通过自然手段,如自然通风、蒸发、辐射及热传递等,将热量从建筑物带走的过程。它的最大特点是不用消耗额外的机械功,仅通过合理的建筑结构和工程设计,选择合适的隔热、遮阳措施,选用适宜的建筑外观色彩等,就可以很好地防止热量进入室内。

6.5.1 太阳能强化自然通风被动式制冷

自然通风是指利用建筑物内外空气的密度差引起的热压或风力造成的风压,来促使空气流动从而进行通风换气。自然通风是一种比较经济的通风方式,它不消耗动力就可以获得很大的通风换量。作为一项古老的技术,在许多建筑中都闪现着它的影子。与其他相对复杂、昂贵的技术相比,自然通风是当今建筑中广泛采用的一项比较成熟和廉价的被动式制冷技术措施。利用自然通风的意义:一是自然通风可以在不消耗不可再生能源的情况下降低室内温度,带走潮湿气体,从而达到热舒适、减少能耗、降低污染的目的;二是可以提供新鲜清洁的自然空气,改善室内环境空气质量。空调所造成的恒温环境使人体抵抗力下降,引发各种"空调病"。而自然通风可以排除室内污浊的空气,同时还可以满足人和大自然交往的心理需求。余热量较大的热车间常用自然通风进行全面换气,降低室内空温度。同样,自然通风也可用于民用建筑的全面通风。

M. M. Aboulnaga 和 S. N. Abdrabboh 将太阳能集热墙体与太阳能集热屋面复合为一体,形成一种自然通风系统,并应用于住宅,如图 6.66 所示。实验研究表明,在干燥炎热的中东地区,应用此系统可诱导自然通风,得到较大的换气次数。P. Raman,Sanjay Mande 和 V. V. N. Kishore 提出两种复合能量系统:一种是将Trombe 墙与屋面蒸发冷却设备有机地结合在一起,利用 Trombe 墙所产生的烟囱效应作为动力,将流经屋面蒸发冷却设备的室外空气导入房间,如图 6.67(a)所示。夏季在印度(Delhi)的实验表明,即便环境空气温度高达 42℃,应用上述系统的室

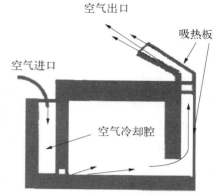

图 6.66 太阳能集热屋面与太阳能集热墙体的复合结构

（墙高 1.95～3.45 m）

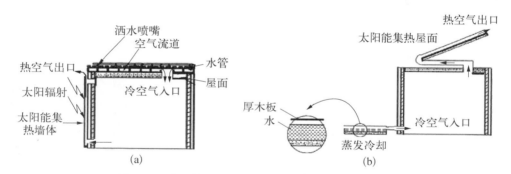

图 6.67 太阳能集热屋面与蒸发冷却设备的复合结构

（a）Trombe 墙与屋面蒸发冷却设备结合的系统；（b）两个太阳能空气集热器组合的系统

内空气温度仍可维持在30℃。另一种是由两个太阳能空气集热器组成的系统，如图 6.67(b)所示。一个空气集热器放在屋面充当排扇，在太阳辐射的作用下，产生烟囱效应，将室内空气排出。另一个空气集热器置于地面，作为蒸发冷却器。在夏天的 Delhi，采用该系统的房间温度低于参照房间 2～3℃。

代彦军、王如竹提出一种依靠吸附制冷原理，并结合太阳能通风筒强化自然通风的太阳能空调房，结构简图如图 6.68 所示。在建筑结构中采用了太阳能吸附制冷单元、冷却引风通道和太阳能通风筒结构。太阳能吸附制冷单元包括太阳能吸附集热器、蒸发器、冷凝器、贮冷水箱和换热器，吸附制冷系统产生的冷量由贮冷水箱贮存起来，通过换热器对进入室内的空气进行冷却。吸附集热器采用典型的平板型太阳能吸附集热器，如图 6.68 所示：白天，风门1、2 关闭，以尽可能提高吸附床温度，促进解吸过程的进行；夜间风门打开，吸附床和面盖间的空通道形成空气

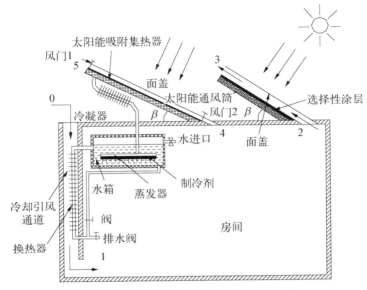

图 6.68　具有强化自然通风效果的太阳房

自然流动,以冷却吸附床强化吸附制冷。太阳能通风筒主要由面盖、流通道、选择性涂层、蓄热墙体等构成。白天,一方面,太阳能通风筒接受太阳辐射引起空气由室外向室内流动;另一方面,由于换热器的冷却作用,冷空气下沉(密度大),室外空气进入引风道,形成通风。夜间形成自然通风的驱动热源来自吸附过程放热和太阳能通风筒蓄热墙体贮存的热量。吸附制冷进行过程中,设于吸附集热器两端的风门打开,与太阳能通风筒一样,在吸附床和面盖之间形成较强的自然空气流动。由于环境温度的自然昼夜温差,可强化夜间自然通风,无论对于改善室内空气品质,还是降低室内空气温度都是有利的。

　　如图 6.68 所示建筑的特点在于:一方面可充分利用太阳能吸附集热器和太阳能通风筒集热面,有效降低房间的太阳热负荷;另一方面利用吸附床吸附制冷过程释放大量吸附热的现象,强化夜间自然通风。对房间的通风率、进风温度变化等进行分析研究,结果表明:典型条件下,采用 2.5 m² 的太阳能通风筒集热面,5 m² 的吸附制冷系统集热面,一间 20 m² 的太阳房,其日间通风率可达 100 kg/h,夜间通风率则可达 30%~40%。

　　国外有许多经典的建筑均采用了太阳能强化自然通风原理,对室内进行通风换气。澳大利亚某试验室采用地下通风道冷却室外新风,同时屋面设置 6 个太阳能烟囱,如图 6.69 所示,以此为动力,对整个实验室全面通风。图 6.70 为太阳能烟囱强化自然通风。

图 6.69　太阳能集热屋面与地下通风道冷却相结合

图 6.70　太阳能烟囱强化自然通风

6.5.2　辐射制冷

通常人体表面温度约 33℃,与环境作热交换比较舒适的温度范围为 18～27℃,相对湿度为 45%～60%。为了使房间内的空气达到适当的温度和湿度,供应给房间内空气的干球温度和相对湿度应较低,以便用这部分空气去吸收和调节房间内的显热和潜热。由此可见,房间的空调可用显热冷却和潜热冷却两种方式来实现。有时候这两种方式也常常结合在一起。下面讨论的辐射冷却就是利用显热冷却的例子。

辐射冷却或夜间冷却可通过室内空气循环经屋顶辐射散热来实现。晚上,室内热空气经过屋顶时,将热量传给屋顶材料,屋顶的热量会进一步通过辐射和对流热方式散失到温度较低的天空中去。白天则将通往屋顶的空气通道关闭,不让热量经由屋顶空气带入室内。这种结构的建筑中,屋顶实际上起到了夜间散热器的作用,它与空气作辐射换热,通常希望这种屋顶的长波发射率越大越好。

在潮热的气候条件下,天空以及环境之间的温差约为 5℃;而对于干冷的季节,两者温差可达 30℃。夜间辐射冷却原理如图 6.71 所示。

图 6.71　夜间辐射冷却原理

广西南宁的 OM 太阳房是一座融多项太阳能利用技术于一体的典型太阳能建筑,如图 6.72 所示。其夏季晚上的制冷便是采用了辐射制冷原理,建筑设计为金属屋面(不锈钢)。夏季晚上,金属屋面与天空之间辐射换热,温度降低,甚至低于空气露点温度,内表面发生结露现象,从而使室外空气经过冷却送入地板下部的空气层,整个房间在晚上得到很好地通风降温。

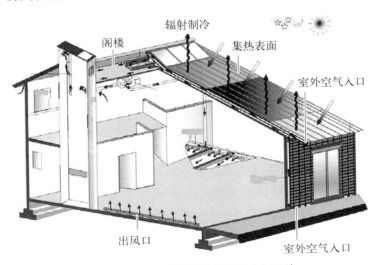

图 6.72　OM 太阳房夜间辐射冷却系统

参 考 文 献

［1］Rahamah A，Elasayed M M，Al-Najem N M. A numerical solution for cooling and dehumidification of air by a falling desiccant film in parallel flow［J］. Renewable Energy，1998，13(3)：305－322.

［2］Rahmah A，Elsayed M M，Al-Najem N M. Numerical investigation for the heat and mass transfer between parallel flow of air and desiccant falling film in a fin-tube arrangement［J］. HVAC and R Research 2000，6(4)：307－323.

［3］Factor H M，Grossman G. Packed bed dehumidifier/regenerator for solar air conditioning with liquid desiccants［J］. Solar Energy 1980，24(6)：541－550.

［4］Henning H M，Motta M，Mugnier D. Solar cooling handbook，a guide to solar assisted cooling and dehumidification processes［M］. 3rd ed. French：AMBRA，2013.

［5］陆亚俊，马最良，邹华平.暖通空调(第二版)［M］.北京：中国建筑工业出版社,2007.

［6］张鹤飞.太阳能热利用原理与计算机模拟［M］.西安：西北工业大学出版社,2014.

［7］马继帅.采用半圆腔体吸收器的线性菲涅尔集热器及其在变效吸收式太阳能空调中应用［D］.上海：上海交通大学,2016.

［8］山东奇威特太阳能科技有限公司.工程案例——天津水务局.［EB/OL］.［2017－07－06］http：//www.vicot.com.cn/Product/Product－152.html.

［9］山东奇威特太阳能科技有限公司.工程案例［EB/OL］.［2017－07－06］http：//www.vicot.com.cn/Product/ProductClass－23－1.html.

［10］Dai Y J，Li X，Wang R Z. Theoretical analysis and case study on solar driven two-stage rotary desiccant cooling system combined with geothermal heat pump［J］. Energy Procedia，2015，70：418－426.

［11］赵耀.除湿换热器热湿传递机理与除湿系统理论及实验研究［D］.上海：上海交通大学,2015.

第7章 太阳能热泵

7.1 太阳能热泵系统工作原理

将太阳能作为热泵热源的热泵系统称为太阳能热泵系统。它把热泵技术和太阳能热利用技术有机地结合起来,可同时提高太阳能集热器的效率和热泵系统的性能。

根据集热介质的不同,太阳能热泵一般可分为直膨式和非直膨式两大类[1]。在直膨式系统中,制冷剂作为太阳能集热介质直接在太阳能集热/蒸发器中吸热蒸发,然后通过热泵循环将冷凝热释放给被加热物体。除太阳能集热/蒸发器外,直膨式系统的其余部件(如压缩机、冷凝器和膨胀阀),与常规制冷/热泵系统完全相同,因而极具小型化和商品化的发展潜力。由于太阳能集热器与热泵蒸发器在结构和功能上的结合,使得太阳能集热温度与制冷剂蒸发温度始终保持对应,也就是说,集热温度可以处于一个较低的温度范围内。这种结构优势在于集热效率非常高,甚至采用廉价的裸板集热器也可以获得较好的集热性能,因而集热成本非常低。与此同时,随着制冷剂蒸发温度的提高,热泵机组的性能同时也得到很大提升。

在非直膨式系统中,太阳能集热介质通常采用水、空气或防冻溶液等流体,使它们在太阳能集热器中吸收热量,然后将此热量直接传递给加热对象,作为蒸发器热源,经过热泵循环升温后再加热供热介质。根据太阳能集热循环与热泵循环的不同连接形式,非直膨式太阳能热泵又可分为串联式、并联式和双热源三种基本形式。串联式是指太阳能集热循环与热泵循环通过蒸发器加以串联,蒸发器热源全部来自集热循环所吸收的热量;并联式是指太阳能集热循环与热泵循环彼此独立,后者仅作为前者不能满足供热需求时的辅助热源;双热源与串联式基本相同,只是热泵循环中包括了两个蒸发器,可同时利用包括太阳能在内的两种低温热源或二者互为补充。在实际应用中,串联式和双热源式也可作为太阳能直接供热系统的辅助方式,实现多工况切换运行。

7.2 太阳能热泵系统的特点及分类

在理解太阳能热泵基本原理的基础上,本章将重点介绍各类型太阳能热泵的系统结构和工作特性。

1) 直膨式太阳能热泵

直膨式太阳能热泵以太阳能集热板为低温热源,充当热泵系统的蒸发器,使制冷工质在太阳能集热板中直接吸收太阳辐射。其主要部件包括太阳能集热/蒸发器、压缩机、膨胀阀、冷凝器等,工作原理如图 7.1 所示。该系统的太阳能集热器内可直接充入制冷剂,太阳能集热器同时作为热泵的蒸发器使用,集热器多采用平板型。最初使用常规的平板型太阳能集热器;后来又发展为没有玻璃盖板,但有背部保温层的平板集热器;甚至还有结构更为简单的,既无玻璃盖板也无保温层的裸板式平板集热器,以及直接吹胀式裸板集热器,这些改进使得该系统的结构进一步地简化。目前直接膨胀式系统因其结构简单,性能良好,日益成为人们研究关注的对象,并已经得到实际的应用。由于太阳能辐射条件受地理纬度、季节转换、昼夜更替及各种复杂气象因素的影响,随时处于变化中,而工况的不稳定必将导致系统性能出现较大的波动。

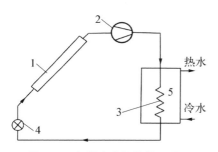

图 7.1 直膨式太阳能热泵原理

1—太阳能集热器/蒸发器;2—压缩机;
3—冷凝器;4—节流装置;5—水箱

2) 非直膨式太阳能热泵

非直膨式太阳能热泵的集热器与热泵蒸发器分开为两个独立的换热器。太阳能集热板一侧的工质吸收太阳能而升温,这部分工质将用作蒸发器内热泵循环工质的热源。这种系统的优点:在夏季,或者太阳辐射充足的情况下,可以直接利用太阳能集热循环进行采暖或供热水,无需开启热泵,进而减小系统的运行成本;在太阳辐射条件较差的情况下,启用热泵循环来满足用热需求,使得系统具有较好稳定性。然而,非直膨式系统的规模尺寸、复杂程度和初投资一般都大于直膨式系统,并且其太阳能集热循环通常存在管路腐蚀、冬季防冻、夏季防过热等问题。这些都限制了它的应用与推广。非直膨式太阳能热泵分为串联式、并联式和双热源式。

(1) 串联式。串联式太阳能热泵系统如图 7.2 所示,该系统中太阳能集热器和热泵蒸发器为两个独立的部件,它们通过储热器实现换热,储热器用于存储被太阳能加热的工质(水或其他溶液等),热泵系统的蒸发器与其换热使制冷剂蒸发,通过冷凝器将热量传递给热用户。

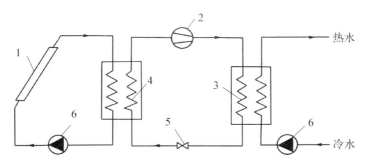

图 7.2　串联式太阳能热泵原理

1—集热器；2—压缩机；3—冷凝器；4—蒸发器；5—膨胀阀；6—循环泵

（2）并联式。并联式太阳能热泵工作原理如图 7.3 所示，该系统由传统的太阳能集热器和热泵共同组成，它们各自独立工作，互为补充。热泵系统的热源一般为空气。当太阳辐射足够强时，可以只运行太阳能系统，否则，运行热泵系统或两个系统同时工作。

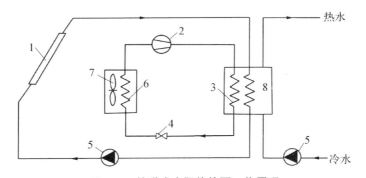

图 7.3　并联式太阳能热泵工作原理

1—集热器；2—压缩机；3—冷凝器；4—膨胀阀；5—循环泵；
6—蒸发器；7—风机；8—蓄热水箱

（3）双热源式。双热源式太阳能热泵也称为混合连接式，如图 7.4 所示，是串联式和并联式的一种结合。混合式太阳能热泵系统设有两个蒸发器，一个以空气为热源，另外一个以被太阳能加热的工质为热源。根据室外具体条件的不同，有 3 种不同的工作模式：① 当太阳辐射强度足够强时，不需要开启热泵，直接利用太阳能即可满足要求；② 当太阳辐射强度很小，水箱中的水温很低时，开启热泵，使其以空气为热源进行工作；③ 当外界条件介于前两者之间时，热泵以水箱中被太阳能加热了的工质为热源，进行工作。

3）太阳能热泵的特点

太阳能热泵将太阳能热利用技术与热泵技术有机结合，具有以下几方面的技

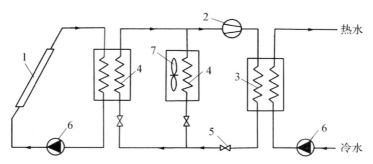

图 7.4 双热源式太阳能热泵工作原理

1—集热器;2—压缩机;3—冷凝器;4—蒸发器;
5—膨胀阀;6—循环泵;7—风机

术特点[2]:

(1) 同传统太阳能直接供热系统相比,太阳能热泵的最大优点是可采用廉价的集热器,集热成本低。在直膨式系统中,太阳能集热器的工作温度与热泵蒸发温度保持一致。而在非直膨式系统中,太阳能集热器环路可作为蒸发器的低温热源,集热温度较常规太阳能集热器低,因此集热器的散热损失非常小,集热效率也得到相应提高。

(2) 由于太阳能具有低密度、间歇性和不稳定性等缺点,常规的太阳能供热系统往往要采用较大的集热和蓄热装置,并且配备相应的辅助热源,这不仅造成系统初投资较高,而且较大的集热面积也难于布置。太阳能热泵基于热泵的节能性和集热器的高效性,在相同热负荷条件下,太阳能热泵所需的集热面积和蓄热器容积等都比常规太阳能系统小,可使系统更紧凑,布置更灵活。

(3) 太阳辐射条件良好的情况下,太阳能热泵往往可以获得比空气源热泵更高的蒸发温度,因而具有更高的供热性能系数,而且供热性能受室外气温变化影响较小。

(4) 由于太阳能无处不在、取之不尽,因此太阳能热泵应用范围非常广泛,不受当地水源和地质条件的限制,而且对自然环境几乎不造成影响。

(5) 太阳能热泵同其他类型热泵一样也具有一机多用的优点,即冬季可供暖,夏季可供冷,全年可提供生活热水。

(6) 考虑到制冷剂的充注量和泄露问题,直膨式太阳能热泵一般适用于小型供热系统,如住户用热水器和供热空调系统。其特点是集热面积小、系统紧凑、集热效率和热泵性能系数高、适应性好、自动控制程度高等。尤其是用于生产热水,具有高效节能、安装方便、全天候等优点,其造价与空气源热泵热水器相当,性能更优越。

(7) 非直膨式系统具有形式多样、布置灵活、应用范围广等优点,适合于空调、集中供热和供热水系统,且易于与建筑一体化。

7.3 太阳能热泵系统评价及设计

1) 太阳能热泵系统的评价指标

评价指标的选择既要全面考虑,又要重点突出。对于太阳能热泵系统,根据热力学第一定律,将整个太阳能热泵系统看作一个整体,可定量分析的系统指标为系统性能系数(COP)和太阳能保证率(solar fraction,SF):

$$\text{COP}_{\text{sys}} = \frac{Q_{\text{sys}}}{W_{\text{sys}}}$$

$$\text{SF} = \frac{Q_{\text{solar}}}{Q_{\text{sys}}}$$

式中,Q_{sys} 为系统总得热量(kJ);Q_{solar} 为从太阳能集热系统中获得的热量(kJ);W_{sys} 为系统总耗电量(kJ)。

对于直膨式太阳能热泵,主要评价指标为系统的性能系数($\text{COP}_{\text{DX-SHAP}}$)和集热板的集热效率 η [3]:

$$\text{COP}_{\text{DX-SHAP}} = \frac{Q_{\text{cond}}}{W_{\text{i}}}$$

$$\eta = \frac{Q_{\text{evap}}}{A_{\text{c}}R}$$

式中,Q_{cond} 为冷凝器放出的热量(kJ);W_{i} 为循环过程中压缩机耗功(kJ);Q_{evap} 为集热器吸收的热量(kJ);A_{c} 为集热板的集热面积(m^2);R 为太阳辐射强度(kJ/m^2)。

在实际工程应用中,除了考虑太阳能热泵的工作性能,还应综合考虑其经济性、可靠性、使用性等,以实现对太阳能热泵更加全面的分析了解,表 7.1 列举了其主要评价指标。

表 7.1 太阳能热泵系统的主要评价指标[4]

太阳能热泵评价指标				
热性能	热泵性能系数	经济性	单位面积成本	
	热损系数		使用寿命	
	集热效率		运行费用	
			投资回收年限	

（续表）

太阳能热泵评价指标			
可靠性	耐压性	外观及使用性	投资回收年限
	集热器局部受损影响		与储热系统配合
	受太阳辐射强度影响		集热器与热泵的连接
	受室外气候影响		安　装
	腐蚀、结垢影响		配　件
	冻结影响		占用空间
			维护与维修
			外观

2）太阳能热泵系统的设计

（1）系统总热负荷的计算。根据太阳能热泵系统的功能不同，系统的热负荷包括室内采暖供热负荷和生活热水负荷。

① 采暖供热负荷。根据建筑物中各房间的功能和用途确定各房间室内设计参数，并依据相关规范标准[《采暖通风与空气调节设计规范》(GB 50019—2003)和《民用建筑热工设计规范》(GB 50176—93)等]进行建筑供热负荷的计算。

② 生活热水负荷。太阳能热泵系统负担的热水供应负荷为建筑物的生活热水日平均耗热量。按下式计算：

$$Q_w = \frac{m q_r c_w \rho_w (t_r - t_1)}{86\,400}$$

式中，Q_w 为生活热水日平均耗热量（W）；m 为用水计算单位数；q_r 为热水用水定额[L/(人·d)]；c_w 为水的比热容[J/(kg·℃)]；ρ_w 为热水密度（kg/L）；t_r 为设计热水温度（℃）；t_1 为设计冷水温度（℃）。

上式中相关参数可根据《建筑给排水设计规范》中相关规定选取。

（2）太阳能热泵系统设计。

① 集热器型式选择。太阳能集热器是构成太阳能热泵系统的关键部件[5]。目前广泛应用的集热器主要有平板型太阳能集热器和真空管太阳能集热器[6,7]。平板型集热器结构简单、运行可靠、成本适宜，还具有承压能力强、吸热面大等特点，是适合太阳能与建筑一体化的最佳集热器类型。但是，其热损大，工作温度低。对于非直膨式太阳能热泵系统，可根据具体的太阳能热泵系统设计温度及太阳能保证率要求，选择真空管集热器或平板型集热器。对于直膨式太阳能热泵系统，除

热管式和真空管式以外,其还可以选择裸板或吹胀式集热器[8]。

② 集热器安装倾角。为了得到最大太阳辐射量,在安装太阳能集热器时,其安装倾角须尽可能保证在正午时集热器采光面垂直于阳光。依据《民用建筑太阳能热水系统应用技术规范》:当全年使用时,集热器倾角应当与当地纬度一致;若系统侧重在夏季使用时,则倾角宜为当地纬度减 10°;若系统侧重在冬季使用,其倾角宜为当地纬度加 10°。

③ 太阳能集热器面积。太阳能集热器的面积是影响太阳能热泵系统性能的重要因素之一。为了提高太阳能保证率,可以增加集热器的面积,同时初投资会相应增加。如果为了降低系统初投资,采用过小的集热器面积,则太阳能承担的热负荷就会减少、系统温度下降,相应热泵系统的运行费用就会增加。太阳能集热器面积可按下式计算:

$$A = \min\{A_c, A_D\}$$

式中,A_c 为以耗热量为基准的集热面积(m^2)(参照《太阳能供热采暖设计规范》规定);A_D 为以安装面积所决定的集热面积(m^2)。

④ 集热器的连接。根据不同的太阳能热泵系统形式和周围环境,并考虑与建筑物结合及整体的美观,集热器连接方式主要有串联、并联和混联三种,如图 7.5 所示。

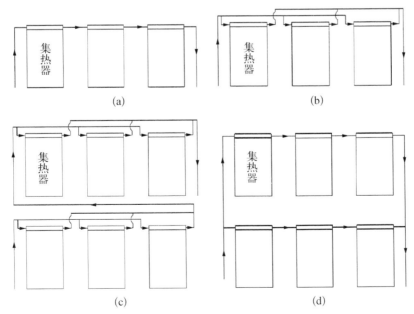

图 7.5 集热器的连接方式

(a) 串联;(b) 并联;(c) 并串联;(d) 串并联

对于串联连接,易获得较高的出水温度,但随着集热器数量的增加,后面的集热器进口水温会增加,集热效率下降,流动阻力也增大,若某一个集热器出现故障,整个系统的运行都会受到影响。对于并联连接,只要保证每个集热器的流量均匀,就可以获得较好的集热效率。对于采用水泵的强制循环系统,水压头较大,可以采用串并联或者并串联的方式,但其中串联系统数量不宜过多。

⑤ 蓄热水箱的选择。在系统中设置储热装置,将太阳能转化为热能储存起来,可解决集热器所收集的热量与用热量之间的不平衡(由于昼夜、天气等因素影响)。因此储热装置对于提高集热器效率和增加太阳能热泵系统的稳定性起着重要的作用。

一般情况下,储热方法可分为三大类:化学存储、潜热存储以及显热存储[9]。化学存储是通过可逆化学反应实现热量存储和释放过程的储热方式;潜热存储是利用储热材料发生相变时,吸收热量进而储藏起来加以利用的方法;显热存储过程中,储热材料不发生相变,靠温度的提升来存储热量。对于一般的太阳能热泵系统,储热材料和供热工质均为水,蓄热水箱是最为经济和简便的方法,因而得到广泛应用。

在蓄热水箱的设计和选择中,蓄热水箱的容量是一个重要指标。蓄热水箱的容量大小除与负荷有关外,还与集热器面积、集热温度以及系统形式有关。例如,在并联式太阳能热泵系统中,太阳能系统可独立供热,集热温度要求较高,则采用较小的蓄热水箱;在串联式太阳能热泵系统中,太阳能系统仅作为热泵蒸发器低温热源,工作温度较低,则可采用较大的蓄热水箱。严格地说,蓄热水箱的容量应根据不同的太阳能热泵系统形式和用热负荷等相关参数,进行年运转模拟后确定。

⑥ 热泵。热泵作为太阳能热泵系统中的另一核心部件,其选型匹配是否合适将直接影响系统的性能。

对于太阳能热泵系统,热泵的选择主要由其容量和工作温度范围确定。对于直膨式太阳能热泵,系统供热量完全由热泵承担,热泵系统供热量应与负荷相匹配。并且由于集热器直接作为蒸发器,系统工况随外界条件变化较敏感,故热泵压缩机需要在较宽的蒸发温度范围内正常工作。串联式太阳能热泵中,热泵设计蒸发温度以及压缩机的工作范围需与太阳能集热储热温度相对应;并联式系统中,热泵制热量应能满足在太阳辐照不足的情况下系统的用热需求;而双热源太阳能热泵系统需同时满足串联式和并联式的要求,并且需设置好热源之间切换的逻辑控制。

7.4 太阳能热泵系统典型案例

本节将介绍由上海交通大学设计的一台直膨式太阳能热泵和普通空气源热泵在不同工况下的实验结果比较,作为分析太阳能热泵的一个典型案例。太阳

能热泵系统如图 7.6、图 7.7 所示,太阳能热泵系统与空气源热泵系统的主要参数
如表 7.2 所示。

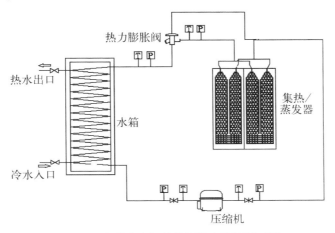

图 7.6 直膨式太阳能热泵热水器测试系统

Ⓣ—温度测点; Ⓟ—压力测点

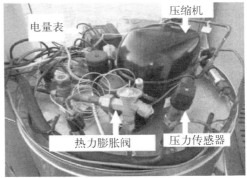

图 7.7 直膨式太阳能热泵系统实物图

表 7.2 太阳能热泵系统和空气源热泵系统的主要参数

	太 阳 能 热 泵	空 气 源 热 泵
压 缩 机	活塞式,额定功率 250 W,排气量 8.8 cm³	活塞式,额定功率 500 W,排气量 16.7 cm³
蒸 发 器	吹胀式集热/蒸发器,面积 1.92 m²,无面盖,优化的六边形流道	翅片管式换热器
膨 胀 机 构	热力膨胀阀	
水 箱	150 L 内盘管储热水箱	

分别选取三组典型工况,对太阳能热泵(DX-SAHPWH)和空气源热泵(ASHPWH)的性能进行分析如下:

(1) 晴天:$T_a = 25℃$,$T_{w0} = 30℃$,$R = 300\ \text{W/m}^2$(T_a、T_{w0} 和 R 分别代表环境温度、冷水初始温度和总辐照量)。系统性能比较如图 7.8 和图 7.9 所示,在晴天测试工况下,太阳能热泵可以充分吸收太阳辐射,使集热/蒸发器表面温度升高。太阳能热泵的蒸发温度远高于空气源热泵(约 10℃),因此较相同条件下的空气源热泵,太阳能热泵的 COP 有大幅度的提高。

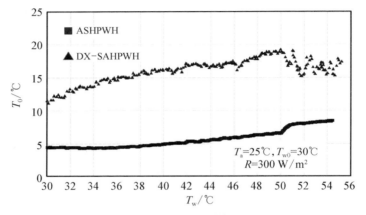

图 7.8　晴天工况下系统蒸发温度对比

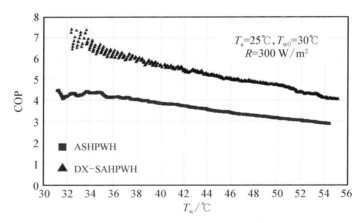

图 7.9　晴天工况下系统 COP 对比

(2) 多云天:$T_a = 25℃$,$T_{w0} = 30℃$,$R < 50\ \text{W/m}^2$。系统性能比较如图 7.10 和图 7.11 所示,在多云天测试工况下,太阳能热泵集热/蒸发器除可以吸收太阳辐射外,还可通过自然对流从空气中吸取热量,太阳能热泵的蒸发温度约比空气源热泵高 4~6℃,因此其 COP 较相同条件下空气源热泵仍有一定的提高。

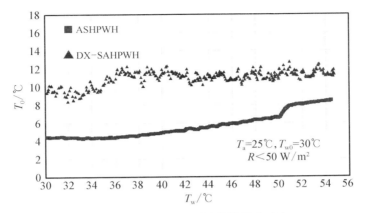

图 7.10 多云工况下系统蒸发温度对比

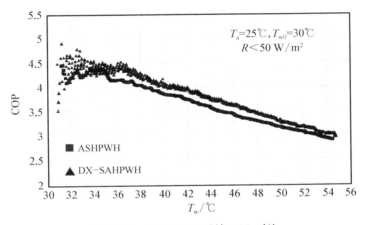

图 7.11 多云工况下系统 COP 对比

（3）无云夜间：$T_a = 15℃$，$T_{w0} = 25℃$，$R = 0 \ \mathrm{W/m^2}$。系统性能比较如图 7.12 和图 7.13 所示,在无云夜间测试工况下,由于没有太阳辐射,太阳能热泵只能依靠空气自然对流,且有对天空辐射散热,蒸发器换热系数小,换热温差大。而此时空气源热泵依靠空气强制对流可以获得比太阳能热泵更高的蒸发温度,因而对应更高的系统 COP。

通过以上测试参数的比较可发现,在不同的运行工况下,太阳能热泵系统与空气源热泵系统各有优劣。通过对全年的系统运行进行模拟,可得到两种系统在全年运行工况下的系统 COP 对比,如图 7.14 所示。由全年的运行结果可以看出,每日生产相同热水量的情况下,太阳能热泵系统的效率始终远高于空气源热泵系统,并且由于集热/蒸发器的简化,其初投资和运行成本均低于空气源热泵系统,具有较大的商业化前景。

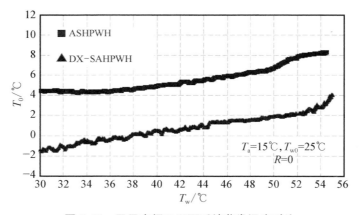

图 7.12 无云夜间工况下系统蒸发温度对比

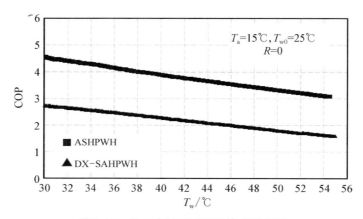

图 7.13 无云夜间工况下系统 COP 对比

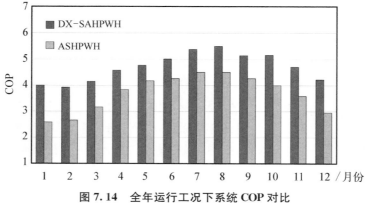

图 7.14 全年运行工况下系统 COP 对比

7.5 习题

1. 太阳能热泵的分类依据是哪些?

2. 针对不同类型的太阳能热泵系统,请分别从效率和成本说明集热器类型的影响?

3. 不同的太阳能热泵形式,对热泵的要求分别是怎样的?

4. 请运用模拟软件或其他工具(TRNSYS 等)分析本地区不同的太阳能热泵系统的效率和经济性。

参 考 文 献

[1] 王振辉,崔海亭,郭彦书,等.太阳能热泵供暖技术综述[J].化工进展,2007,26(2):185 - 189.

[2] 旷玉辉,王如竹.太阳能热泵[J].太阳能,2003,2:20 - 24.

[3] Sun X L, Wu J Y, Dai Y J, et al. Experimental study on roll-bond collector/evaporator with optimized-channel used in direct expansion solar assisted heat pump water heating system[J]. Applied Thermal Engineering, 2014, 66(1 - 2):571 - 579.

[4] 刘立平,葛茂泉.太阳能热泵系统的综合评价[J].上海海洋大学学报,2001,10(4):343 - 346.

[5] 旷玉辉,王如竹,于立强.太阳能热泵供热系统的实验研究[J].太阳能学报,2002,23(4):408 - 413.

[6] Kalogirou S A. Solar thermal collectors and applications[J]. Progress in Energy & Combustion Science, 2004, 30(3):231 - 295.

[7] Morrison G L, Budihardjo I, Behnia M. Water-in-glass evacuated tube solar water heaters[J]. Solar Energy, 2004, 76(1 - 3):135 - 140.

[8] 孙晓琳,代彦军,王如竹,等.太阳能直膨式热泵热水器用吹胀式复合通道蒸发器:中国 103017418A[P]. 2013.

[9] Kousksou T, Bruel P, Jamil A, et al. Energy storage:applications and challenges[J]. Solar Energy Materials & Solar Cells, 2014, 120(1):59 - 80.

第8章 太阳能热发电

8.1 太阳能热发电系统工作原理

　　太阳能热发电与常规火电的热力发电原理是相同的,都是通过朗肯循环、布雷顿循环或斯特林循环,将热能转换为电能,区别在于热源不同。太阳能热发电主要是将聚集的太阳辐射能,通过换热装置产生蒸气,驱动蒸汽轮机发电。如何用聚光装置尽可能多地收集太阳能是大多数太阳能热发电系统的关键技术之一。此外,考虑到太阳能的间歇性,需配置蓄热系统储存收集到的太阳能,用以夜间或辐射不足时进行发电,因此成熟的蓄热技术是太阳能热发电系统中的另一关键技术。

　　卡诺循环是法国工程师卡诺于 1824 年提出的,其原理如图 8.1 所示。1—2—3—4—1 为正卡诺循环:1—2 为定温吸热过程,工质在温度 T_1 时从相同温度的高温热源吸入热量 Q_1;2—3 为绝热过程,工质温度自 T_1 降为 T_2;3—4 为定温放热过程,工质在温度 T_2 时向相同温度的低温热源排放热量 Q_2;4—1 为绝热过程,工质温度自 T_2 升高到 T_1,完成一个循环,对外做出净功 W。

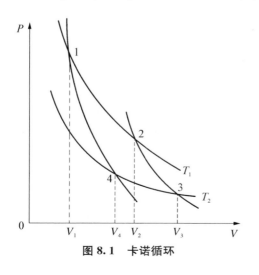

图 8.1　卡诺循环

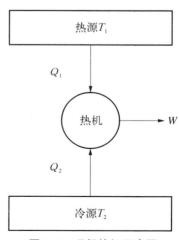

图 8.2　理想热机示意图

由图 8.2 可知,理想热机的效率与热源、冷源的温度之间的关系,由卡诺循环定理给出,即

$$\eta_m = \frac{W}{Q_1} = \frac{Q_1 - Q_2}{Q_1} = \frac{T_1 - T_2}{T_1} \qquad (8-1)$$

式中,η_m 为理想的热机效率;W 为热机输出的机械功;Q_1 为热源向热机供给的热量;Q_2 为热机向冷源排放的热量;T_1 为热源温度;T_2 为冷源温度。

由上式可知,所有实际循环的效率都低于同样条件下卡诺循环的效率。如果高温热源和低温热源的温度确定,则卡诺循环的效率是在它们之间工作的一切热机的最高效率界限。因此,提高热机的效率,应努力提高高温热源的温度和降低低温热源的温度。低温热源通常是周围环境,降低环境温度的难度大、成本高,是不足取的办法。现代热电厂可尽量提高水蒸气的温度,正是基于提高高温热源的道理。因此,对于太阳能热发电系统,需要采用聚光集热器来尽可能提高工质温度,但集热温度过高也会带来诸多问题,如对结构、材料的要求苛刻,对聚光跟踪精度要求高等。同时集热效率会随之下降,所以过于提高热源温度并非有利。

太阳能热发电系统的总效率 η_t 为集热器效率 η_c、热机效率 η_m 和发电机效率 η_e 的乘积,即

$$\eta_t = \eta_c \cdot \eta_m \cdot \eta_e \qquad (8-2)$$

针对太阳能系统,因存在太阳辐射的不稳定性,系统中必须配备蓄能装置或与常规能源相结合的辅助能源系统。

8.2　太阳能热发电系统的分类

直接光发电和间接光发电是太阳能热发电中最常用的两种分类。直接光发电可分为太阳能热离子发电、太阳能温差发电和太阳能热磁体发电。间接光发电可分为聚光类和非聚光类,其中聚光类按照太阳光采集方式可分为塔式太阳能热发电、槽式太阳能热发电和碟式太阳能热发电;非聚光类主要有太阳能热气流发电和太阳能热池发电等。通常所说的太阳能热发电,主要指间接光发电,直接光发电尚在实验研究阶段。目前主流的太阳能热发电技术集中在塔式、槽式和碟式,它们因开发前景巨大而受到极大的关注。

如图 8.3 所示,一套完整的太阳能热发电系统一般分为聚光集热子系统、热传输子系统、发电子系统、蓄热子系统或辅助能源子系统。

1) 聚光集热子系统

由于太阳能的能量密度低,要得到较高的集热温度,必须通过聚光的手段来实

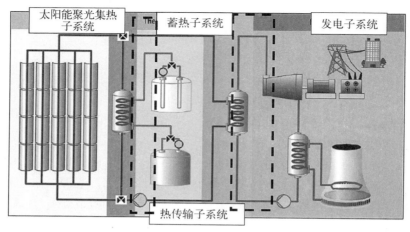

图 8.3　太阳能热发电系统的组成

现。聚光集热子系统一般包括聚光装置和吸收器等部件。不同功率和集热温度对应不同的聚光原理和结构,主流的集热系统有槽式、塔式、碟式、菲涅尔式和复合抛物面式。表 8.1 给出了各种集热器的聚光倍数和工作温度区间。聚光器由反射镜和支架两部分组成,聚光器应满足以下要求:较高的反射率、良好的聚光性能、足够的刚度、良好的抗疲劳能力、良好的抗风能力和抗腐蚀能力、良好的运动性能、良好的保养维护和运输性能。

表 8.1　各种集热器的聚光比和工作温度

集 热 器 类 型	聚 光 比	工作温度/℃
复合抛物面式集热器	1～10	100～250
线性菲涅尔反射式集热器	15～40	100～300
抛物面槽式集热器	15～50	60～400
塔式聚光集热器	1 000～3 000	500～2 000
碟式聚光集热器	600～3 000	500～2 000

反射率是反射镜最重要的性能,反射率随反射镜使用时间的增长而降低,主要原因有:灰尘、废气、粉末等引起的污染;紫外线照射引起的老化;风力和自重等引起的变形或应变等。为了防止出现这些问题,反射镜要便于清扫或者替换、具有良好的耐候性、重量轻且要有一定的强度,以及价格合理。反射镜由反射材料、基材和保护膜构成。以基材为玻璃的玻璃镜为例,在太阳能热发电系统中,常用的是以反射率较高的银或铝为反光材料的玻璃背面镜,银或铝反光层背面再喷涂一层或多层保护膜。因为要有一定的弯曲度,其加工工艺较平面镜要复杂得多。最近国

外已开发出可在室外长期使用的反光铝板,很有应用前景,它具有以下优点:对可见光辐射和热辐射的反射效率高达 85%,表现出卓越的反射性能;具有较轻的重量、防破碎、易成型,可配合标准工具处理;透明的陶瓷层可提供高耐用性保护,防御恶劣气候、腐蚀性和机械性破坏。但目前价格很贵,有待于进一步降低成本。

吸收器是聚光装置的集热部件,结合聚光器聚焦的太阳辐射,将其转换为热能。

2）热传输子系统

热传输子系统由预热器、蒸气发生器、过热器和再热器等换热器组成。当系统工质为油时,采用双回路,即接收器中工质油被加热后,进入热传输子系统中产生蒸气,蒸气进入发电子系统发电。当采用直接蒸气(DSG)系统时,热传输子系统可得以简化。

3）发电子系统

发电子系统的基本组成与常规发电设备类似,都是采用换热系统产生的高温高压蒸气推动汽轮机组发电。但由于太阳能热发电系统的间歇性,需要配备一种专用装置,用于聚光集热子系统与辅助能源系统之间的切换。

4）蓄热子系统

太阳能热发电系统在早晚或云遮间隙必须依靠储存的能量维持系统正常运行。蓄热的方法主要有显式、潜式和化学蓄热三种方式。

5）辅助能源子系统

在夜间或阴雨天,一般采用辅助能源系统供热,否则蓄热系统过大会引起初始投资的增加。

8.2.1　槽式太阳能热发电

1）工作原理

如图 8.4 所示,槽式太阳能热发电系统主要包括:槽形抛物面聚光器及其单轴或双轴跟踪系统、合成油热载体及其循环系统、油水换热系统和汽轮机发电系统。槽式太阳能热发电系统是通过抛物面槽式聚光镜面将太阳光汇聚在焦线上,通过焦线上安装的管状吸热器吸收聚焦后的太阳辐射能。槽式集热器的轴线与焦线平行,一般呈南北向布置。管内的流体被加热后,流经换热器加热水产生蒸汽,借助蒸汽动力循环来发电。为解决太阳能的间歇性和不稳定性,在太阳能热电系统中可以配置蓄热装置或者辅助锅炉,以实现电厂的持续发电或提高功率输出的平稳性。

上述的槽式太阳能热发电系统存在三个回路:传热液体回路、蒸汽回路、冷却水回路。在槽式太阳能热发电系统中,汽轮机蒸汽循环发电系统是比较常规的技术,而聚光器、吸收器以及跟踪系统构成槽式太阳能热发电系统的太阳岛部分,是

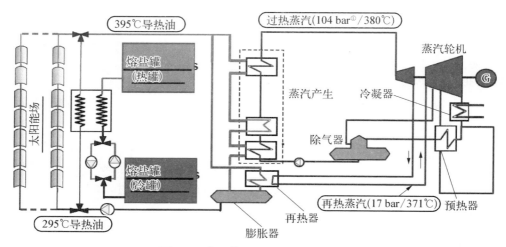

图 8.4　典型槽式太阳能热发电系统

槽式太阳能热发电系统的关键性技术。

2）主要组成部分

（1）聚光器。聚光集热子系统是系统的核心,也是槽式太阳能发电系统中最昂贵的系统之一。聚光集热子系统将太阳辐射能聚集到吸收器,从而将太阳能转换为热能储存在传热介质（导热油/水或熔盐）中。聚光集热子系统由多个聚光集热器 SCA(solar collector assembly)组成,而每个聚光集热器 SCA 又由若干个聚光集热单元 SCE(solar collector elements)构成。如图 8.5 所示,聚光集热器一般由聚光镜、集热管、支撑结构和跟踪装置构成。吸收器主要有两种：真空管式和腔式。跟踪方式一般采用二维跟踪,有南北、东西和极轴三种方式。

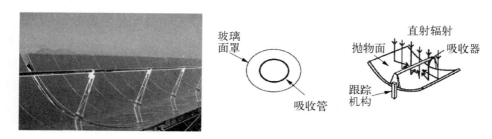

图 8.5　聚光集热器的主要部件

（2）吸收器。槽式抛物面反射镜为线聚焦装置,太阳辐射经聚光器聚集后,在焦线处成一线型光斑带,集热管放置在此光斑带上,用于吸收聚焦后的阳光,加热管内的工质。所以集热管必须满足以下五个条件：

---

① bar,压强单位,1 bar＝1×10⁵ Pa。

① 吸热面的宽度要大于光斑带的宽度，以保证聚焦后的阳光不溢出吸收范围；

② 具有良好的吸收太阳光性能；

③ 在高温下具有较低的辐射率；

④ 具有良好的导热性能；

⑤ 具有良好的保温性能。

目前，槽式太阳能集热管主要使用直通式金属玻璃真空集热管，另外还有空腔集热管等。

如图 8.6 所示，直通式金属玻璃真空集热管是一根表面带有选择性吸收涂层的金属管，外套一根同心玻璃管，玻璃管与金属管通过可伐过渡密封连接；玻璃管与金属管夹层内抽真空以保护吸收管表面的选择性吸收涂层，同时降低集热损失。这种结构的真空集热管解决了如下几个问题：金属与玻璃之间的连接问题、高温下的选择性吸收涂层问题、金属吸收管与玻璃管线膨胀量不一致的问题、如何最大限度提高集热面的问题、消除夹层内残余或产生气体的问题。

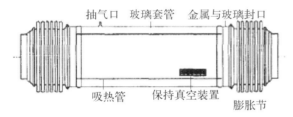

图 8.6　直通式金属玻璃真空集热管

金属与玻璃之间的连接方式主要有：胶连接、密封圈连接、热压封连接和熔封连接等。对于真空集热管，要求长期在一定温度下保持较高的真空度，目前主要采用热压封连接和熔封连接。热压封连接是利用塑性较好的金属作为焊料，在加压、加热的条件下，将金属封盖和玻璃封接在一起。由于热压封的焊材所能承受的温度较低，故采用热压封连接的真空集热管适合在低于 200℃ 的工作温度下长期工作。温度过高，直接影响其寿命，甚至出现漏气。熔封连接也称火封连接，即利用火焰将玻璃熔化后，将金属和玻璃封接在一起。

根据金属与玻璃线膨胀系数之间的差异，这种封接可分为匹配封接和非匹配封接。匹配封接是指膨胀系数相近的玻璃和金属之间的封接，封接处应力较小。非匹配封接指膨胀系数相差较大的玻璃和金属之间的封接，封接处应力大，为了消除玻璃和金属差异，管子会漏气，真空就受到破坏。为解决膨胀系数相差较大而产生的内应力，一般采用两种方法：一是采用延展性好的薄壁金属管与玻璃封接，靠金属的塑性变形来消除内应力；另一种是借助一种膨胀系数介于金属与玻璃之间的过渡材料,将非匹配封接转化为匹配封接。目前金属与玻璃之间的过渡材料广泛采用可伐合金。不管是匹配封接还是非匹配封接,一般都采用双边封接,即玻璃从内、外两侧包住金属管壁。

空腔集热管的工作原理和塔式太阳能热发电站中的空腔式接收器工作原理类似:利用空腔体的黑体效应,充分吸收聚焦后的太阳辐射。上海交通大学太阳能发电与制冷教育部工程研究中心的研究小组针对具有不同腔体结构的几种线聚焦吸收器的集热性能进行了理论和试验分析。如图 8.7 所示,空腔开口面对反射镜,镜面聚焦后的阳光进入空腔后,被附在空腔壁面上的金属管表面吸收,加热金属管内的工质。空腔管的外表面包覆良好的隔热材料,以降低热损耗。该类型的腔式吸收器已在中温太阳能制冷空调领域得到应用,经研究可知:具有三角形腔体结构的吸收器性能最优,在集热温度 150℃条件下,能获得 40% 以上的集热效率。空腔集热管的优点包括:集热效率高;不用抽真空,没有金属与玻璃连接问题;热性能稳定。

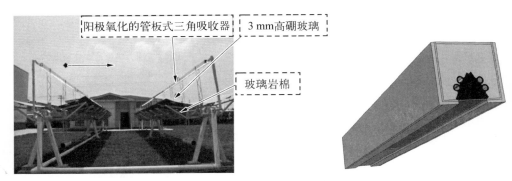

图 8.7　腔体槽式吸收器示意图

（3）支架。支架是反射镜的承载机构,在与反射镜接触的部分,要尽量与抛物面反射镜相贴合,防止反射镜变形和损坏。支架还要求具有良好的刚度、抗疲劳能力及耐候性等,以达到长期运行的目的。

要达到上述目的,要求支架:重量尽量小(传动容易,能耗小)、制造简单(成本低)、集成简单(保证系统性能稳定)、寿命长。目前使用的主要有管式支架和扭矩盒式支架。除钢结构支架外,还有木材支架结构,大大降低了支架的重量,减少了能耗,但存在抗风能力降低和寿命缩短的问题。

（4）跟踪方式。为使集热管、聚光器发挥最大作用,聚光集热器应跟踪太阳。槽型抛物面反射镜根据其采光方式,分为东西向和南北向两种布置形式。东西放置只作定期调整;南北放置时一般采用单轴跟踪方式。跟踪方式分为开环、闭环和开闭环相结合三种控制方式。开环控制由总控制室计算机计算出太阳的位置,控制电机带动聚光器绕轴转动,跟踪太阳。其控制结构简单,但是易产生累积误差。闭环控制中每组聚光集热器均配有一个伺服电机,由传感器测定太阳位置,通过总控制室计算机控制伺服电机,带动聚光器绕轴转动,跟踪太阳。其精度高,但是大片乌云过后,无法实现跟踪。采用开、闭环控制相结合的方式则克服了上述两种方式的缺点,效果较好。南北向放置时,除了正常的平放东西跟踪外,还可将集热器作一定角度的倾斜,当倾斜角度达到当地纬度时,效果最佳。塔式太阳能热发电站镜场中的众多定日镜,每台都必须作独立的双轴跟踪;而槽式太阳能热发电中多个聚光集热器单元只作同步跟踪,跟踪装置大为简化,投资成本大大降低。

8.2.2　塔式太阳能热发电

如图 8.8 所示,常规塔式热发电系统主要由以下五个子系统组成:集热系统、吸热系统、储热系统、蒸气发生系统以及发电系统。通常来说,塔式热发电系统的集热系统一般包括镜场、聚光装置、接收器、跟踪装置等。吸热系统一般是将聚集起来的太阳能吸收转换为热能,主要是由吸收器来承担,吸收介质通常为水、导热油以及熔融盐。储热系统则充分体现了热发电技术相对于传统光伏发电技术的优势,即可实现夜间发电,或者是根据电荷需求随时调整系统的运行状态,适度发电。通常情况下,储热系统对储热介质的要求较高,为:储能密度高、化学性能稳定、无腐蚀、无毒、导热系能佳,同时易于采购和维护。选择合适的储热介质,可有效降低发电的成本。对于蒸气发生系统以及发电系统,由高温介质加热蒸气发生池,产生

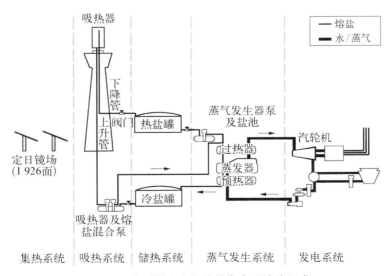

图 8.8　典型塔式太阳能热发电系统的组成

高压过热蒸气,由于大型塔式热发电系统的温度等级与火力发电基本相同,因此对于汽轮机的选择则更加灵活。

定日镜是一种由镜面(反射镜)、镜架(支撑结构)、跟踪传动机构及其控制系统等组成的聚光装置,用于跟踪接收并聚集反射太阳光线,使其进入位于接收塔顶部的集热器,是塔式太阳能热发电站的主要装置之一(见图 8.9)。为确保塔式太阳能热发电站正常、稳定、安全和高效的运行,定日镜的总体性能应达到如下基本要求:镜面反射率高、平整度误差小;整体结构机械强度高、能够抵御台风的袭击;运行稳定、聚光定位精度高;操控灵活、紧急情况可快速撤离;可全天候工作;可大批量生产;易于安装和维护,工作寿命长等。

图 8.9 esolar 塔式定日镜场

单台定日镜的面积不宜过大,否则在技术上是不合理甚至是不可行的。因此,塔式太阳能热发电站常设有大量台数的定日镜,构成庞大的定日镜阵列,或称镜场。例如,Solar One 中有 40 m² 定日镜 1 818 台,镜面总反射面积 72 720 m²;Solar Two 共有定日镜 1 926 台,其中 40 m² 定日镜 1 818 台,95 m² 定日镜 108 台,镜面总面积 82 980 m²;Eurelios 的镜场共有 182 台 32 m² 定日镜,镜面总面积为 6 200 m²;Solar Tres 共有 96 m² 定日镜 2 493 台,镜面总面积达 239 328 m²;PS10 电站有 624 台 121 m² 大型定日镜,镜面总面积 75 504 m²。

定日镜在电站中数量最多、占据场地最大,而且在工程投资中占比高。降低定日镜建造费用,对于降低整个电站工程投资至关重要,也是今后的一个重要研发方向。当前,定日镜的研究开发以提高工作效率、控制精度、运行稳定性和安全可靠性以及降低建造成本为总体目标。下文分别针对定日镜各组成部分,简述其研发现状及关键技术问题。

反射镜是定日镜的核心组件,主要分为平凹面镜、曲面镜等几种。在塔式太阳能热发电站中,由于定日镜距位于接收塔顶部的太阳能接收器较远,为了使阳光经定日镜反射后不致产生过大的散焦,将 95% 以上的反射阳光聚集到集热器,国内外目前采用的定日镜大多是镜表面具有微小弧度(16′)的平凹面镜。此外,中国科学院电工研究所与皇明太阳能公司等单位合作,通过采用复合蜂窝技术(见图 3.30),研制出超轻型结构的反射面,解决了使用平面玻璃制作曲面镜的问题。

考虑到定日镜的耐候性、机械强度等原因,国际上现有的绝大多数塔式太阳能热发电站都采用了金属定日镜架,其镜架主要有钢板结构和钢框架结构两种。钢板结构镜架,其抗风沙强度较好,对镜面有保护作用。钢框架结构镜架(见图 8.10)减小了镜面的重量,即减小了定日镜运行时的能耗,可使之更经济。

图 8.10 钢框架结构镜架

目前,定日镜跟踪太阳的方式主要有方位角-仰角跟踪方式和自旋-仰角跟踪方式两种。方位角-仰角跟踪方式是指定日镜运行时采用转动基座(圆形底座式)或转动基座上部转动机构(独臂支架式)来调整定日镜方位变化,同时调整镜面仰角的方式。自旋-仰角跟踪方式是指采用镜面自旋,同时调整镜面仰角的方式来实现定日镜的运行跟踪,这是由新的聚光跟踪理论推导出的一种新的跟踪方法,也称"陈氏跟踪方法",其比传统的聚光跟踪方法能更有效地接收太阳能。定日镜的传动方式多采用齿轮传动、液压传动或两者相结合的方式。由于平面镜位置的微小变化都会造成反射光在较大范围的明显偏差,因此目前采用的多是无间隙齿轮传动或液压传动机构。在定日镜的设计研制中,传动部件的密封防沙和防润滑油外泄等也是重要环节。传动系统选择的主要依据是:消耗功率最小、跟踪精确性好、制造成本最低、能满足沙漠环境要求、具有模块化生产可能性,密封符合美国 IP54 标准等。

定日镜控制系统的目标是使定日镜实现将不同时刻的太阳直射辐射全部反射到同一个位置。太阳光定点投射是指定日镜入射光线的方位角和高度角均是变化的,但目标点的位置不变。从实现跟踪的方式上讲,有程序控制、传感器控制以及程序、传感器混合控制三种方式,各控制方式的特点参见 3.4.3 节中关于控制系统的叙述。

典型的塔式太阳能发电系统可以实现 300～1 500 的聚光比,投射到塔顶吸热器的平均辐射热流密度达 300～1 000 kW/m², 系统工作温度高达 1 000℃, 电站规模可达 200 MW 以上。现有的塔式太阳能热发电站中,其他子系统基本相同,不同的是吸热与传热子系统。吸热器作为吸热与传热的主设备,按结构形式,分为管式吸热器和容积式吸热器,吸热与传热介质主要有水/蒸汽、熔盐、液态钠和空气。

传热工质在金属或陶瓷管内流动,管外壁涂以耐高温选择性吸收涂层,聚焦入射的太阳辐射使管外壁面温度升高,再通过管壁以导热和对流的方式将热量传递给管内的传热工质。通常将管束布置在一块平板上,然后将一块块平板安装在圆筒外表面(外露管式吸热器)或腔体内表面(腔体管式吸热器),如图 8.11 所示。管式吸热器可采用所有常规传热工质(水/蒸汽、液态钠、熔盐、空气)。常见的吸热器有以下几种。

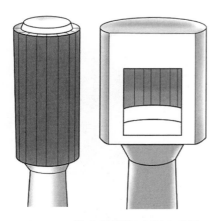

图 8.11 管式吸热器(左侧为外露管式,右侧为腔体管式)

(1) 外露管式吸热器(external tubular receiver)。

① 优点:结构简单,造价低;可以接收来自 360°范围内定日镜反射聚焦的太阳光,有利于定日镜场的布置和大规模利用。

② 缺点:所有吸热管都暴露在环境中,辐射、反射和对流热损失较大,尤其在有风天气,导致吸热效率较低。

Solar One,Solar Two 示范电站和 Solar Tres 商业电站均采用外露管式吸热器,前者以水/蒸汽为工质,后两者以熔盐为传热工质。

(2) 腔体管式吸热器(cavity tubular receiver)。

① 优点:管束布置在腔体内,与外露管式吸热器相比,其辐射、反射和对流损失都较小,热效率较高;有保温层的绝热作用,减少了与环境间的对流热损失;体积小、重量轻、易于建造且造价较低;吸热面上热流密度分布均匀;吸热管束压降小。

② 缺点:由于太阳光只能从采光口射入,要求采光口既能使热损失最小又能接收到所有镜场反射聚焦的太阳能,接收角度一般限制在 120°以内,因而定日镜场的布置受到一定限制,只能单侧布局。目前全球主要塔式太阳能光热电站中,以水/蒸汽或熔盐、液态钠为传热工质的电站均使用腔体管式吸热器,包括世界第一个商业化运行的塔式电站 PS10。

（3）容积式吸热器（volumetric receiver）。

一般以密织网状或蜂窝状的多孔材料为吸热体，多孔吸热器吸收反射聚焦的太阳能，空气流过吸热器，与多孔吸热体发生对流换热后被加热至高温。容积式吸热器需具有良好的多孔性，可使太阳辐射被多孔吸热体充分吸收，产生所谓的容积效应（volumetric effect）。大量测试证明，容积式吸热器可产生 1 000 ℃ 以上的高温空气，平均热流密度 400 kW/m²，峰值热流密度 1 000 kW/m²。容积式吸热器传热工质只能为空气，吸热体材料主要有金属密网和多孔陶瓷。

① 优点：结构简单；吸热和传热过程发生在同一表面，可减少热损失；吸热器内表面接近黑体，可有效吸收入射的太阳能，避免了选择性吸收涂层的问题；有保温层，减少了与环境间的对流热损失；高温空气既可与水/蒸汽换热，驱动汽轮机发电，也可直接驱动燃气轮机发电，还可用于燃气轮机空气预热；传热流体一般为常压或高压空气，可直接从大气中获得，成本低、无污染、无腐蚀性、不可燃、无相变。

② 缺点：与腔体管式吸热器类似，容积式吸热器为开口腔体结构，太阳光只能从采光口射入，接收角度一般限制在 120° 以内。定日镜场的布置受到一定限制，只能单侧布局。存在流动不均匀及局部过热与失效问题，辐射热流的承受能力较低，限制了传热工质的出口温度。空气热容低，吸热器效率较低，且系统结构大，技术风险大。由于始终存在流动不均匀及局部过热与失效问题，且技术风险大，容积式吸热器的研究始终未能取得实质性进展，相关应用也受到很大局限。容积式吸热器通常根据进口空气压力分为容积式无压吸热器（传热工质为大气中的空气，开路循环）和容积式增压吸热器（传热工质为增压的空气，闭路循环）。容积式无压吸热器主要用于全太阳能发电系统，而容积式有压吸热器则常与化石燃料相结合，构成混合系统。

（4）容积式无压吸热器（也称容积式开路空气吸热器，the open or atmospheric receiver）。

① 吸热体材料为金属密网：早期容积式无压吸热器选用金属密网做吸热体。典型代表是 1993 年西班牙 PSA 研制的 TSA 吸热器（见图 8.12）。TSA 吸热器的输出功率为 2.7 MW，出口空气温度为 700 ℃，入射热流密度约 500 kW/m²。此类吸热器由于使用金属做吸热体，出口空气温度不超过 800 ℃，入射热流密度最高不超过 800 kW/m²，在实际应用中受限。

② 吸热体材料为多孔陶瓷：2000 年 PSA

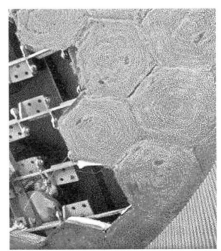

图 8.12　TSA 容积式吸收器

图 8.13 SOLAIR.3000 吸收器

启动 SOLAIR 计划,研制以 SiC 陶瓷为吸热体的容积式无压吸热器(见图 8.13)。SOLAIR.3000 容积式无压吸热器输出功率 3 MW,出口空气温度 720℃,入射热流密度 370~520 kW/m²,吸热器效率约 70%~75%。

(5)容积式有压吸热器(也称容积式闭路空气吸热器,the pressurized receiver)。

有压吸热器与无压式结构的区别在于加设了一个透明石英玻璃窗口,既可以使聚焦的太阳光入射到吸热器内部,又可以使吸热器内部保持一定压力。容积有压吸热器通常采用多孔陶瓷吸热体。容积式增压吸热器的内部空气流动为湍流,强化了对流换热效果,减少了局部热应力,最高出口空气温度可达 1 300℃。高温容积式有压吸热器的结构通常都非常复杂。

1999 年 PSA 启动 REFOS 计划,研制容积式有压吸热器(见图 8.14)。设计压力为 15 bar,出口空气温度 800℃,单模块吸热功率约 350 kW,模块效率达 80%。以色列 Weizmann 研究所研制的 DIAPR 吸热器(directly irradiated annular pressurized receiver,见图 8.15),出口空气温度最高为 1 300℃,工作压力 15~30 bar,能承受太阳辐射热流密度 4~8 MW/m²,热效率最高达 80%。目前试验及模拟研究表明,最可靠的吸热体材料是泡沫陶瓷和陶瓷纤维,因为其具有较大的换热面积和较好的阻力特性。

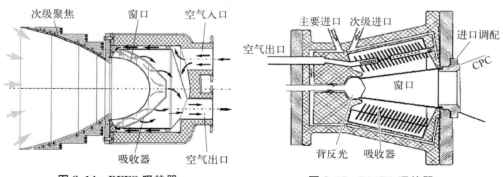

图 8.14 REFO 吸热器　　　　图 8.15 DIAPR 吸热器

塔式太阳能热发电的热交换系统主要有熔盐系统、空气系统和水/蒸汽系统。塔式熔盐系统的熔盐吸热、传热系统一般以熔融硝酸盐为工作介质,系统低温侧一般为 290℃,高温侧为 565℃。低温熔盐通过熔盐泵从低温熔盐储罐被送至塔顶的熔盐吸热器,吸热器在平均热流密度约 $430\,\mathrm{kW/m^2}$ 的聚焦辐射照射下将热量传递给流经吸热器的熔盐。熔盐吸热后温度升高至约 $565℃$,再通过管道送至位于地面的高温熔盐罐。来自高温熔盐罐的熔盐被输送至蒸气发生器,产生高温过热蒸气,推动传统的汽轮机做功发电。

8.2.3　碟式太阳能热发电

碟式太阳能热发电系统包括聚光器、接收器、热机、支架、跟踪机构等主要部件(见图 8.16)。系统工作时,从聚光器反射的太阳光聚焦在接收器上,热机的工作介质流经接收器吸收太阳光转换成的热能,使介质温度升高,即可推动热机运转,并带动发电机发电。

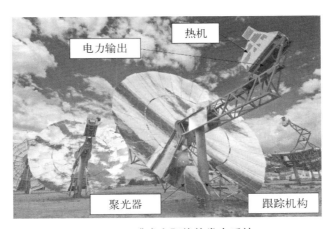

图 8.16　碟式太阳能热发电系统

由于碟式太阳能热发电系统的聚光比可达到 $3\,000$ 以上,因此碟式太阳能热发电的效率非常高,最高光电转换效率可达 29.4%。碟式太阳能热发电系统的单机容量较小,一般在 $5\sim25\,\mathrm{kW}$ 之间,适合建立分布式能源系统,特别是在农村或一些偏远地区,具有更强的适应性。

1) 聚光器

聚光器将来自太阳的平行光聚焦,以实现从低品位能到高品位能的转化。目前研究和应用较多的碟式聚光器主要有玻璃小镜面式、多镜面张膜式、单镜面张膜式等。关于聚光器的具体介绍,请参见本书 3.4.4 节。

2) 接收器

接收器是碟式太阳能热发电系统的核心部件,它包括直接照射式和间接受热式。前者是将太阳光聚集后直接照在热机的换热管上;后者则通过某种中间媒介将太阳能传递到热机。

图 8.17　直接照射式接收器

（1）直接照射式。太阳光直接照射到换热管是碟式太阳能发电系统最早使用的太阳能接收方式。如图 8.17 所示，直接照射式接收器是将斯特林发动机的换热管簇弯制组合成盘状，聚集后的太阳光直接照射到这个盘的表面（即每根换热管的表面），换热管内的工作介质高速流过，吸收了太阳辐射的能量，达到较高的温度和压力，从而推动斯特林发动机运转。

由于斯特林换热管内高流速、高压力的氦气或氢具有很高的换热能力，使得直接照射式接收器能够实现很高的接收热流密度（约 75×10^4 W/m²）。但是，由于太阳辐射强度具有明显的不稳定性，以及聚光镜本身可能存在一定的加工精度问题，导致换热管上的热流密度呈现明显的不稳定与不均匀现象，从而使多缸斯特林发动机中各气缸温度和热量供给的平衡难以实现。

（2）间接受热式。间接受热式接收器是根据液态金属相变换热性能机理，利用液态金属的蒸发和冷凝将热量传递至斯特林热机的接收器。间接受热式接收器具有较好的等温性，可延长热机加热头的寿命，同时提高热机的效率。在对接收器进行设计时，可以对每个换热面进行单独的优化。这类接收器的设计工作温度一般为 650～850℃，工作介质主要为液态碱金属钠、钾或钠钾合金（它们在高温条件下具有很低的饱和蒸气压力和较高的汽化潜热）。间接受热式接收器包括池沸腾接收器、热管式接收器以及混合式热管接收器等。

① 池沸腾接收器。池沸腾接收器通过聚集到吸热面上的太阳能，加热液态金属池，其产生的蒸气冷凝于斯特林热机的换热管上，从而将热量传递给换热管内的工作介质，冷凝液由于重力作用又回流至液态金属池，随即完成一个热质循环。池沸腾接收器结构简单，加工成本较低，适应性强，适合于在较大的倾角范围内运行。金属蒸气直接冷凝于热机换热管，效率较高，但要求工质的充装量较大，一旦发生泄漏将非常危险。液态金属传热特性，特别是在交变热流密度条件下沸腾传热的特性，如沸腾不稳定性、热起动问题以及膜态沸腾和溢流传热引起的传热恶化等，仍处于探索之中。

② 热管接收器。采用毛细吸液芯结构将液态金属均匀分布在加热表面的热管接收器，引起了研究者们的重视。图 8.18 是美国 Thermacore 公司设计制造的热管接收器示意图，其设计容量为 25～120 kW，可承受的热流密度为（30～54）× 10^4 W/m²，受热面一般加工成拱顶形，上面布有吸液芯，可以使液态金属均匀地分

布于换热表面。吸液芯结构有多种形式,如不锈钢丝网、金属毡等。分布于吸液芯内的液态金属吸收太阳能量后产生蒸气,蒸气通过热机换热管将热量传递给管内的工作介质,蒸气冷凝后的冷凝液由于重力作用又回流至换热管表面。由于液态金属始终处于饱和态,使得接收器内的温度始终保持一致,从而使热应力达到最小。研究表明,相比于直接照射式接收器,这种热管接收器

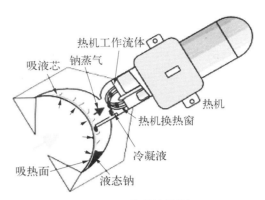

图 8.18　热管接收器

可以将碟式/斯特林系统的效率提高约 20%。德国航空航天中心(DLR)也设计了一种新型的热管接收器,其结构如图 8.19(a)所示。该接收器设计容量为 40 kW,理论最高热流密度 $54×10^4$ W/m²,之后 DLR 在第一代热管接收器研究的基础上,又设计制造了第二代热管接收器,其结构如图 8.19(b)所示。南京工业大学针对碟式太阳能热发电技术,提出了一种组合式热管接收器(见图 8.20)。该接收器采用普通柱状高温热管作传热单元,使接收器的成本和加工难度显著降低,而可靠性却大幅提高。

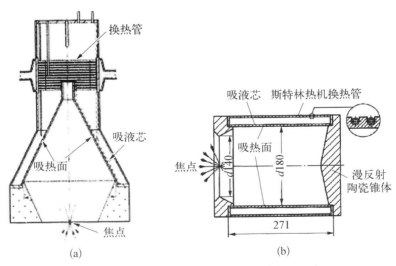

图 8.19　DLR 研制的热管接收器(单位:mm)

(a) 第一代　(b) 第二代

③ 混合式热管接收器。太阳能热发电系统若要连续稳定地发电,必须考虑阳光不足或夜间运行时的能量补充问题,其解决方案有蓄热和燃烧两种方式。在碟

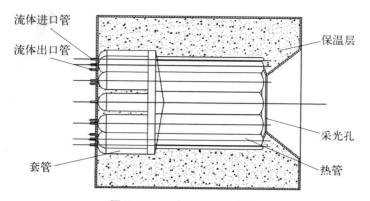

图 8.20　组合式热管接收器

式太阳能热发电系统中多采用燃料燃烧的方式来补充能量,即在原有的接收器上添加燃烧系统。混合式热管接收器就是由热管接收器改造而成的,以气体燃料作为能量补充的接收器。DLR 开发出的第二代混合式热管接收器(见图 8.21),热管外筒直径为 360 mm,内筒直径为 210 mm,筒深为 240 mm,材料为 Inconel 625。吸液芯材料有 2 种,一种是 Inconel 600 丝网,另一种则是由金属粉末高频等离子溅射制作的烧结芯。该接收器设计功率为 45 kW,设计工作温度为 $700\sim850℃$。试验表明,使用该接收器的碟式系统,单独利用太阳能时的热电效率为 16%,而联合运行时的热电效率为 15%。混合式热管接收器的开发有利于提高碟式太阳能热发电系统的适应性,实现连续供电,但是由于加入了燃烧系统,使结构变得非常复杂,加工制造难度大大增加,同时成本大幅提高也是一个不容忽视的问题。

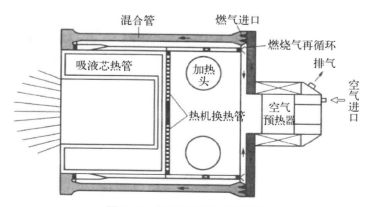

图 8.21　第二代混合式接收器

④ 高温热管的工作原理及工质选择。高温热管的工作原理和普通热管相同(见图 8.22),热管由管壳、吸液芯和工作液体组成。热管是一个密闭空腔筒体,

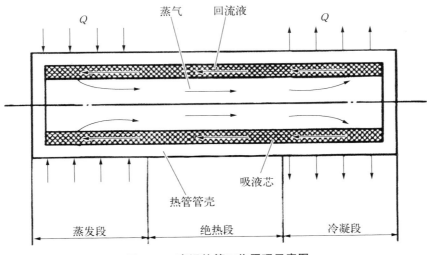

图 8.22　高温热管工作原理示意图

内充一定量工质,管内表面固定着毛细吸液芯,管内抽成真空。热管一端为蒸发段,另一端为冷凝段,可根据需要布置绝热段。热管蒸发段受热,管内工质蒸发汽化,蒸气在压差作用下流向冷凝段释放汽化潜热后凝结成液体,液体靠吸液芯毛细力作用回流到蒸发段,如此循环。

　　热管的导热是依靠饱和工质的汽化和凝结换热实现的,这种相变换热方式具有很高的传热能力,与铜、铝等金属相比,单位质量的热管可多传递几个数量级的热量。热管正常工作时,管内蒸气处于饱和状态,饱和蒸气从蒸发段流向冷凝段只产生极小的压差。由 Clausuis-Clapeyron 方程可知,蒸发段和冷凝段之间温差亦极小,这是热管具有优良等温性的原因。高温热管工作在 400～20 000℃ 范围内,通常选用铀、饵、铿等碱金属为工作介质,其常温下通常为固态,故高温热管存在冷冻启动极限。热管主要依靠工作液体的相变传递热量,工作液体的各种性质对热管的工作性能有重要影响。选用热管工质时一般考虑以下原则:工质适应热管工作温度区域,有合适的饱和蒸气压力;工质与壳体、吸液芯相容,具有良好的热稳定性;工质应具有良好的综合热物理性能,即传输系数;无毒性、环保、经济性等。

8.2.4　线性菲涅尔太阳能热发电

1) 工作原理

　　线性菲涅尔反射式热发电系统主要由线性反射镜阵列、吸收器和发电系统组成。线性反射镜阵列将太阳光汇聚到位于焦点的吸收器,在吸收器中太阳光转化

图 8.23 线性菲涅尔太阳能热发电

成热能,被吸收器中流动的工质带走,供用热端使用,从而实现太阳能光热转换,如图8.23所示。在电站中,该聚光系统一般布置三个功能区:预热区、蒸发区和过热区。工质水依次经过这三个区后形成高温高压的蒸气,推动汽轮机发电。用线性平面镜代替抛物镜面能降低加工难度,减低成本。与抛物面槽式集热器最大的不同在于,菲涅尔反射镜太阳能集热器的吸收器可以固定(不随跟踪机构运动),减少了对运动机构的要求,同时降低了驱动机构的耗电量。

2)主要组成部件

(1)聚光系统。线性菲涅尔聚光系统由抛物面槽式聚光系统演化而来,可设想是将槽式抛物面反射镜线性分段离散化,如图8.23所示。与槽式反射技术不同,线性菲涅尔镜面布置无需保持抛物面形状,离散镜面可处在同一水平面上。为提高聚光比,维持高温时的运行效率,在集热管的顶部安装二次反射镜,由二次反射镜和集热管共同组成集热器。

线性菲涅尔式聚光系统的一次反射镜,也称主反射镜,由一系列可绕水平轴旋转的条形平面反射镜组成。它跟踪太阳并汇聚阳光于主镜场上方的集热器,使辐射能量经过二次反射镜后再次聚光于集热管。二次反射镜的镜面形状可优化设计成一个二维复合抛物面,如图8.24所示,是一种理想的非成像聚光器,聚光性能可达最优。

图 8.24 基于复合抛物面的二次反射器

随着发电站规模的增大,达到兆瓦级时,电站需要配备多套聚光集热单元。为避免相邻单元的主镜场边缘反射镜存在相互遮挡的情况,需要抬高集热器的支撑结构,相邻单元间的距离也需增大,这会导致土地利用率较低。于是,研究者们提出了紧凑型线性菲涅尔式反射聚光系统的概念,如图 8.25 所示。相邻的主反射镜之间可相互重叠,消减相互遮挡的状况,提高了土地利用率,也避免了因抬高集热器支撑结构所带来的成本增加。

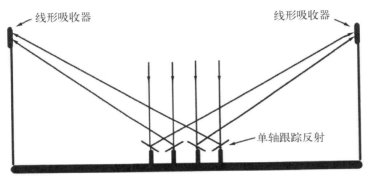

图 8.25　紧凑型线性菲涅尔聚光集热系统

（2）集热管。主要是表面太阳能选择性吸收涂层的改进,使其能够耐 600℃ 的高温,并且在太阳能光谱范围内的吸收率超过 96%;自身的发射率在 400℃ 时可降至 9%,600℃ 时可降至 14% 以下。目前涂层的吸收率约为 95%～96%,自身发射率在 400℃ 时高于 10%,580℃ 时高于 14%。

（3）支撑结构,包括支架和镜架的设计和材料选取。设计更为合理且经济的支撑结构,选取合适的材料,可大大降低投资成本。

（4）蒸气参数。目前,商业化运行电站的蒸气温度为 270℃,如果能够将其提升至 500℃,则年平均发电效率可从现在的约 10% 提升至约 18%。

（5）储热系统。具有储热系统的商业化线性菲涅尔式太阳能电站已被证明是可行的。目前,工业界正在寻找相变储热材料和开发高比热的直接蒸气储热技术,有望获得突破性进展。

（6）工质加热系统。采用直接蒸气式工质加热系统,集热管内即为做功工质,避免了采用中间传热工质的各种技术问题,但该技术在蒸发段处存在两相流的问题。在两相流的区域,集热管中的温度分布不均匀,同一根管子上会出现较大的温度梯度。参考直接蒸气的槽式发电系统,直接蒸气的菲涅尔式聚光集热系统也可存在三个基本加热模式:一次通过模式、注入模式以及循环模式,如图 8.26 所示。三种模式各有优缺点:一次通过模式结构简单,但两相流问题难以控制;注入模式理论上可对两相流进行调节,但结构复杂,需要额外增加多个阀门和管道,控制也

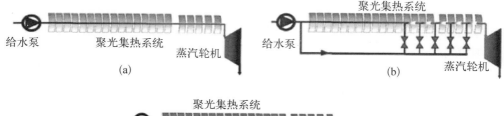

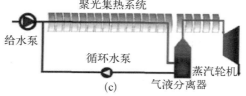

图 8.26　直接蒸气的加热模式

（a）一次通过模式；（b）注入模式；（c）循环模式

较为复杂；循环模式采用气液分离器，可较为有效地控制两相流的问题，可谓最为传统的一种方式，系统的稳定性最好，但成本也最高。

目前，直接蒸气系统的一些组件设计较为灵活，以上三种模式可结合使用。根据上述特点，从系统稳定性和可靠性角度出发，循环模式实属优选，但需要考虑降低其成本。

8.2.5　太阳能热气流发电

1）系统组成和工作原理

太阳能热气流发电也称太阳能烟囱发电，源于德国斯图加特大学 Schlaich 教授于 1978 年提出的构想。该发电系统主要由太阳能集热棚、太阳能烟囱和涡轮发电机组三个基本部分构成。太阳能集热棚建在一块太阳辐照强、绝热性能比较好的地面上，集热棚和地面之间有一定间隙，可以让周围空气进入系统；集热棚中间离地面一定距离处装设烟囱，烟囱底部装有涡轮机，如图 8.27 所示。集热棚采用透光且隔热的材料制成，太阳能辐射透过集热棚覆盖层后被集热棚下面的地面吸收，在集热棚内形成"温室效应"，使集热棚内的空气温度升高，密度降低；位于集热棚中央的烟囱，高耸达数百米乃至上千米，集热棚内的热气流在烟囱的抽吸下不断向集热棚中心汇集，形成强大的热气流，沿烟囱上升，从而推动风力透平机组旋转，带动发电机组发电；同时集热棚周围的冷空气不断地吸入集热棚，形成热力循环。在空气流动过程中，伴随着三个能量转换的过程：首先空气被加热，太阳能转化为空气内能；由于空气在烟囱内上升流动，空气内能转变为动能；当空气流到涡轮机时，气流推动涡轮机转子转动，动能又转化成所需的电能。因此太阳能热气流发电的热力循环过程本质上是一个热机循环过程。

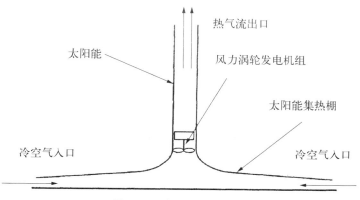

图 8.27　太阳能烟囱发电

2）主要特点

与其他的发电技术相比，太阳能热气流发电技术具有以下几个方面的优势：

（1）无需冷却水源，适合于人口稀少的地区。与传统热力发电或其他主流太阳能热发电系统相比，太阳能热气流发电系统不需要冷却水源，适宜于太阳能资源丰富而又缺水的国家和地区，如沙漠。我国西部地区人口稀少，荒漠面积大，适合建造太阳能热气流发电电站。

（2）电站设备简单，发电成本低。太阳能热气流发电站的发电成本低于其他太阳能热发电技术。该发电系统建造所需的材料皆为常规材料，其一次性投资成本和同容量水电站相当，而且不存在侵占耕地、破坏资源及移民等问题。

（3）储能方便，可实现日夜不间断供电。蓄热层采用土壤、沙、石等蓄能材料，在太阳辐射充足时可持续吸收并储存太阳辐射能，同时能够保证在日照变化以及在夜间时向集热棚内的空气传热，从而保证系统的持续稳定发电，减少了对太阳光照变化的依赖性。

（4）良好的环境效应，无污染。太阳能热气流发电站在运行过程中，以太阳辐射能为动力源，空气为驱动工质，不会产生 SO_2、NO_2 等化石能源所带来的污染气体，也不会产生 CO_2、CH_4 等温室效应气体，无任何环境污染，具有良好的环境效应。

具有如此多优势的太阳能热气流发电技术在近 20 年的发展过程中还未实现大规模商业性电站建造的愿望，主要是因为它还存在一些本质上的缺点：

① 发电效率低。与其他主流太阳能热发电技术相比，太阳能热气流发电技术因为没有采用太阳能聚光器，太阳能转换电能的转换效率低，一般为 1% 以内。而工业生产中一般需达到 100 MW 级规模才能产生较佳的经济效益，从而导致所需的土地面积相当大。

② 大规模电站风险高，安全性受到质疑。大规模电站虽然能够实现相对较高

的能源转化效率,但面临着一次性投资多的风险和工程安全性的问题。大规模电站的烟囱高度受到建造技术的限制和建筑安全问题的制约,高大烟囱的一次性投资过高,风险过大,往往让投资者望而却步。同时大规模太阳能热气流发电电站的建造对当地局部地区的气候影响还不确定。

8.2.6 低温太阳能热发电

图 8.28 是采用干流体循环工质的低温太阳能热力发电系统的流程示意图。图 8.29 是在透平进口为饱和蒸气工况下采用干流体工质时简化的有机朗肯循环温-熵(T-S)图。St_1—St_2是工质在加压泵里被等熵加压到加热器 4 中蒸发压力p_2的过程;$St_2 \sim St_4$是工质在热交换器 4 里被定压加热到透平(或膨胀机)7 进口状态的过程;$St_4 \sim St_5$是工质在透平(或膨胀机)7 里等熵膨胀到凝结压力p_5,对

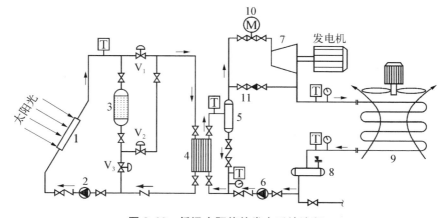

图 8.28 低温太阳能热发电系统流程

1—太阳能集热器;2—传热流体循环泵;3—蓄热罐;4—板式换热器;5—气液分离器;6—有机工质加压泵;7—有机透平;8—储液器;9—风冷凝汽器;10—进气调节阀;11—旁通阀

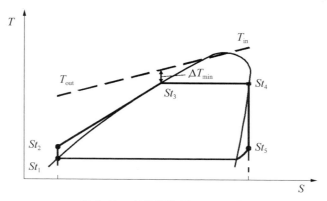

图 8.29 有机朗肯循环 T-S 图

外输出功量的过程；$St_5 \sim St_1$ 是透平排汽在凝汽器 9 里定压冷凝到饱和液体状态 1 的过程。传热流体(如导热油)在太阳能集热器 1 中加热,其热量通过板式热交换器 4 传给朗肯循环的工质,蓄热罐 3 起着储蓄太阳能热量的作用。自控阀门 V_1、V_2、V_3 用来转换蓄热罐的蓄放热运行模式：在太阳能很充足时,开启 V_1、V_3,关闭 V_2,蓄热罐进入蓄热模式运行；在太阳能不足时,关闭 V_1、V_3,开启 V_2,经过集热器 1 初步加热的传热流体进入到蓄热罐中,被其中的蓄热材料再次加热,蓄热罐转到放热模式运行。

近年来,有机朗肯循环的研究工作正在大力进行,它是利用低温热源,如太阳能的热量,输出机械能或发电的理想方式。它与朗肯蒸气动力循环相似,不同的是有机朗肯循环使用的工质是有机物,因此相对于蒸气循环,有机朗肯循环工质的蒸发温度可以减低。有机朗肯循环的经济性直接取决于循环工质的热力学性质。因此应该选择合适的循环工质,评价标准包括循环效率高、排气比容小、工作压力正常及环境友好等。不同的循环工质需要单独设计循环设备,因而循环设备投资大于运行费用。对于实际运行而言,有机工质的性质如环境友好性、化学稳定性等对有机朗肯循环也具有重要的影响。

在有机朗肯循环发电中,有机工质的选择很重要。有机朗肯循环工质的选择应尽量满足以下要求：

（1）工质的安全性(包括毒性、易燃易爆性及对设备管道的腐蚀性等)。为了防止操作不当等原因导致工质泄漏,致使工作人员中毒,应尽量选择毒性小的流体。

（2）环保性能。很多有机工质都具有不同程度的大气臭氧破坏能力和温室效应,要尽量选用没有破坏臭氧能力和温室效应低的工质,如 HFC 类、HC 类、FC 类碳氢化合物或其卤代烃。

（3）化学稳定性。有机流体在高温高压下会发生分解,对设备材料产生腐蚀,甚至容易爆炸和燃烧,所以要根据热源温度等条件来选择合适的工质。

（4）工质的临界参数及正常沸点。因为冷凝温度受环境温度的限制,可调节范围有限,因此工质的临界温度不能太低,要选择具有合适临界参数的工质。

（5）工质宜廉价、易购买。

8.2.7　基于热电材料的太阳能温差发电

近年来太阳能温差发电器件的研究备受关注,主要表现为集热方式聚光或者非聚光、混合系统或者单纯的发电系统。如表 8.2 所示为近年太阳能温差发电实验结果情况。

表 8.2　近年太阳能温差发电实验结果

系　　统	N 型材料	P 型材料	$Z_{T_{max}}$	ΔT	电效率	热效率	年份
非聚光							
平板	Bi-Sb 合金	ZnSb 合金	0.4	70	0.63%	—	1954
平板	Bi-Te 合金	Bi-Te 合金	0.72	70	0.6%	—	1980
真空管	Bi-Te 合金	Bi-Te 合金	1.03	100	5.2%	—	2011
聚光							
透镜	Bi-Sb 合金	ZnSb 合金	0.4	247	3.35%	—	1954
半抛物面	Bi-Te 合金	Bi-Te 合金	0.72	120	0.5%	—	1980
碟式	Bi-Te 合金	Bi-Te 合金	0.41	150	3%	—	2010
复合抛物面	$La_{1-98}Sr_{0-02}CuO_4$	$CaMn_{0-98}Nb_{0-02}O_3$	—	600	0.13%	—	2011
复合系统							
温差发电＋热利用							
碟式	Bi-Te 合金	Bi-Te 合金	0.6	35	—	11.4%	2011
	Bi-Te 合金	Bi-Te 合金	0.59	—	1%	47%	2013
真空管							
抛物镜	Bi-Te 合金	Bi-Te 合金	0.7	150	5%	50%	2013
光伏＋温差发电							
染料敏化＋涂层＋温差发电	Bi-Te 合金	Bi-Te 合金	—	6	13.8%	—	2011
聚合物电池＋温差发电	Bi-Te 合金	Bi-Te 合金	—	9.5	—	—	2013

1) 发展历程

过去二十多年,太阳能热发电的研究重点集中在高温领域,专门针对太阳能有机朗肯循环(ORC)热发电的研究相当少。与常规水蒸气热力循环发电及太阳能高温热发电相比,太阳能 ORC 热发电的基础科学研究明显欠缺。

太阳能 ORC 热发电的关键因素为 ORC 热功转换性能及低倍聚光集热性能。一些学者对 ORC 循环进行了理论研究,分析了 ORC 性能的主要影响因素。但是,之前的绝大部分研究工作都仅仅局限于独立的 ORC 系统,其热源不需要集热和蓄热,热源波动性小,与太阳能 ORC 发电存在较大差异。太阳能 ORC 热发电系统包括集热器及蓄热器等重要部件,工质的物理性质如温度、压力、导热系数等关系到集热器及蓄热器的选择,并对集热器与蓄热器的效率产生影响。因此太阳能 ORC 热发电工质的选择原则、热力性能优化等方面的研究要比单独 ORC 热力循环的相关问题研究复杂得多。而且现有的 ORC 主要与工业余热、地热等热源相结合,在工业余热、地热领域的应用已具备一定基础。许多学者也对 ORC 的重要部件(膨胀机)进行了研究,但采用的膨胀机通常为螺杆膨胀机和涡旋膨胀机。这些膨胀机大多是在压缩机的基础上进行结构改造,等熵效率不高,且缺乏关于小型有机工质膨胀机内部流动及热功转换基础问题的深入研究。

Saitoh[1]简要报道了一种功率为 7.6 kW 的小型太阳能中低温热发电装置，该装置使用接收角为 32° 的复合抛物面集热器，以 R113 为循环工质，在辐照强度为 1 300 W/m² 的条件下系统发电效率为 19.5%，但报道中并没有给出效率计算公式以及详细的系统工况。美国伯克利大学的 Minassians[2]报道了一种低成本的分布式太阳能低热发电系统，该系统采用低聚光比的 CPC 集热器，动力循环装置采用斯特林发动机，他们选取 SOLEL 公司开发的 1.2 倍几何聚光比 CPC - 2000 集热器对系统进行理论计算：系统的最佳集热温度为 106℃，最大发电效率为 6.9%，整体成本大约为 1.0 美元/瓦。2007 年西班牙启动了 POWERSOL(power generation based on a solar-heated thermodynamic cycle)[3]工程，该工程由欧盟委员会支持，主要目标为发展供小规模居民使用的太阳能热发电技术。其主要研究包括系统模型的建立，三个温度段(80℃、100～150℃、200～250℃)集热器和工质的选择，以及进行经济性和社会效益的评估。

英国德蒙福特大学 Xudong Zhao 教授、诺丁汉大学 Saffa Riffat 教授通过理论及实验手段对热管/燃气 ORC 热电联产系统进行了初步探索[4]。系统使用自主研制的热管作为太阳能集热装置(见图 8.30)，采用 HFE.7100 作为 ORC 工质。工质先经过热管进行预热，然后经过补燃装置进一步升温。膨胀机功率为 1.5～3.0 kW，转速为 $8×10^4$ r/min。系统除了具有发电功能外还可以通过冷凝器出口端提供热水，发电效率为 16%，总的热效率为 59%。将太阳能和燃气相结合的 ORC 热电联产系统可应用于实际的建筑中，对于集热量为 25 kW 的热电联产系统，每年可节约 291 英镑的能源费用。

随着能源紧张局势加剧，集热器制造材料、工艺技术的提高以及新型动力循环

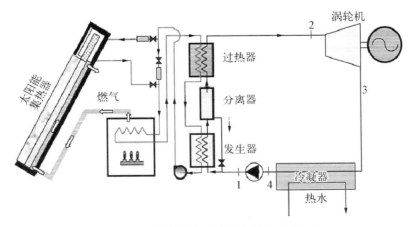

图 8.30　热管集热器和燃气结合的 ORC

的应用,太阳能 ORC 热发电迎来新的发展机遇。天津大学开展了太阳能低温热发电方向的研究工作,对由平板型/真空管式集热器与膨胀机等组成的系统进行仿真与初步测试[5]。上海交通大学对由真空管、ORC、吸附制冷及补燃装置等组成的微型分布式太阳能驱动冷热电联产系统进行了初步研究与探讨[6]。

中国科学技术大学近几年对太阳能 ORC 热发电的机理及系统优化设计开展了前期研究,分别研究了有无回热、再热装置的太阳能 ORC 热发电方案[7],太阳能 ORC 热发电及冷热联供方案,兼顾集热高效性及有机朗肯循环运行稳定性的内蓄热方案[8],热发电与光伏复合发电方案等,部分创新思想已获得发明专利授权。并与中航工业金城集团(原航空航天总公司 609 研究所)及襄阳航华航天技术有限公司合作,成功研制了专门用于太阳能热发电领域的 kW 级动力涡轮,初步完成了 ORC 系统小型实验平台的搭建,并进行了初步测试,取得了具有一定国际影响力的研究成果。

2) 工作原理

太阳能温差发电是利用赛贝克效应将收集到的太阳能转化为电能的一种技术。赛贝克效应是利用热电材料两端的温差使材料的载流子发生运动,进而实现能量形式的转换。如图 8.31 所示,为太阳能温差发电原理图。

选择性涂层将太阳能吸收并且转化为热能,同时将 P 型和 N 型两种不同类型的热电材料一端相连形成 PN 结,使其一端置于高温的选择性涂层下,另一端置于低温段(散热状态)。由于热激发作用,P(N)型材料高温端空穴(电子)浓度高于低温端,在浓度梯度的驱动下,空穴和电子向低温端扩散,从而形成电动势,热电材料通过高低温端的温差将高温端输入的太阳能转化为电能。

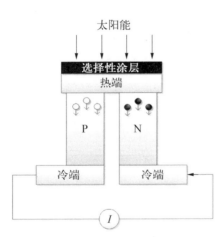

图 8.31 太阳能温差发电原理

太阳能温差发电技术属于光-热-电发电方式,但又不同于由太阳能集热器,将所吸收的热能通过传热介质产生蒸气后再驱动汽轮机发电的传统热发电技术。其系统技术原理是利用选择性涂层将温差电转换器件的一端加热,而另一端通过散热器冷却系统形成冷端。这样两端就形成温差,从而实现太阳能转换为热能再转换为电能。

3) 结构和组成部分

图 8.32 为太阳能温差发电器件的主要组成部分,包括集热装置、温差电转换器

件和散热装置。集热装置主要是为了将太阳能高效地转化为热能,可以采用聚光或者非聚光形式,也可以采用真空管或非真空管形式。温差电转换器件是根据冷热端温度范围选择合适的热电材料,对于 200℃ 以下的温区,一般采用商业化的碲化铋(Bi_2Te_3)材料,中温区一般采用 PbTe,Skutterudites 或者 Half-Heusler 热电材料,而对于高温区一般采用 Si-Ge 合金。对于温差较大的可以采用级联或者分段的热电材料。散热装置是为了将冷端维持在较低的温度,从而提高冷热端的温差。由于冷端释放的热量很大,通常使用水冷来回收利用冷端释放的废热。

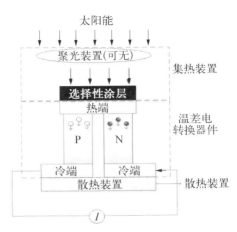

图 8.32　太阳能温差发电的组成部分

8.3　太阳能热发电系统设计及评价

地面接收到的太阳辐射能是不稳定的一次能源。所以太阳能热动力发电系统和常规能源发电系统相比,在系统分析、组成和运行方式等方面,自然存在很大的差异。因此,太阳能热动力发电站的系统设计关键在于太阳辐射能作为一次输入能源,其不稳定性对系统所带来的特殊性,即系统的能量平衡、系统的热力循环效率和系统的太阳能保证率。事先分析清楚它们之间的相互关系,然后才有可能对太阳能热动力发电站做出正确的设计,以及做出可靠的性能评估。

8.3.1　太阳能热动力发电系统的能量平衡原理

1)电站容量线

图 8.33(a)、(b) 分别表示晴朗天气,太阳能热动力发电站冬季和夏季白天的典型运行模式。图 8.33(a)表明,冬季太阳辐射强度弱,早晨 8:00 系统启动,开始集热,下午 17:00 终止集热,停机。白天太阳辐射能只能供给机组满载运行所需能量的 80%,其余由辅助能源供给。图 8.33(b) 表明,夏季太阳辐射强度高,早晨 7:00 开始集热,系统启动,下午 18:30 终止集热,停机。白天太阳辐射能不但可以供给机组满载运行,而且还有多余的能量储于蓄热装置中,留待晚间与辅助能源共同供给机组运行,直到深夜停机。这是太阳能热动力发电系统最典型的能量平衡关系,也是最典型的系统运行方式。这里最关键的是,根据建厂地区的太阳能资

源、天气条件以及常规能源形势,选择好太阳能热动力发电站可能全天稳定运行的比额定发电功率,即图 8.33 中的上水平线,称为电站容量线。显然,在确定的太阳能资源条件下,若电站容量线选择太高,则需增大设置蓄热容量或辅助能源,才能满足电站冬季运行的需要;若选择过低,则夏季不能充分利用太阳辐射能资源。所以,合理电站容量线的选择设计,既可保证电站稳定运行,又可充分利用夏季丰富的太阳辐射能资源,一般还可使电站投资降低 30%。

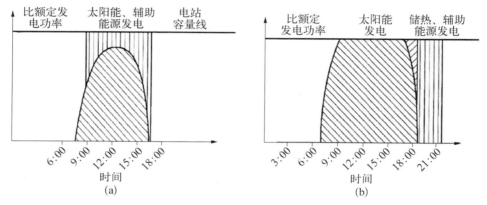

图 8.33　典型太阳能热发电站冬季和夏季白天的运行模式

(a) 冬季白天;(b) 夏季白天

2) 太阳能热发电系统的能量平衡分析

根据能量守恒定理,由以上分析得太阳能热发电站的系统能量平衡方程为

$$E_G = \eta_e (Q_u \pm \eta_v Q_v + \eta_h Q_h) \tag{8-3}$$

式中,E_G 为太阳能热电站发电量(MJ);Q_u 为太阳能集热系统的有用能量收益(MJ);Q_h 为辅助能源提供的热量(MJ);Q_v 为太阳能蓄热装置可提供的储热容量(MJ);"±"表示蓄热装置蓄热时取"−",放热时取"+";η_e 为热动力发电机组的发电效率;η_v 为蓄/放热效率;η_h 为辅助能源锅炉效率。

太阳能是不稳定的能源。作为商用发电的太阳能热动力发电站,其热动力发电机组须设计为在某一个合理的时间区段内按某一个稳定工况运行,机组的随机参数运行不可取。所以太阳能热动力发电站的能量平衡原理是,利用储热和辅助能源系统补足太阳辐射能量的随机变化差额,使其成为系统的等效稳定二次输入能源,从而保证热动力发电机组的稳定运行。

分析式(8-3)可知一般有以下 3 种情况:

(1) $Q_u > E_G$,表示集热系统收集的太阳辐射能大于热动力系统发电所需要的能量,多余热能储存在蓄热装置。通常,这是夏季运行工况。

（2）$Q_u = E_G$，表示集热系统收集的太阳能正好满足系统发电所需的能量。这时辅助系统和储热系统均停止工作。一般，这种运行工况不会持久。

（3）$Q_u < E_G$，这是太阳能热动力发电系统的正常运行工况。在太阳能热发电站中，作为系统一次输入能源的太阳能，经常处于供给不足状态。

3）太阳能热发电站的能量平衡设计

（1）以年为设计计算时间单位，这是考虑电站的宏观能量平衡设计。

① 根据电站地区年平均太阳辐射能资源和天气等条件，确定合理的电站容量线，即比额定发电功率，最终选定电站的最佳额定装机容量。

② 确定与之匹配的辅助能源系统和蓄热系统的容量。

③ 确定电站的最佳经济指标。

④ 计算电站的太阳能依存率。

（2）以日为设计计算时间单位，这是考虑电站的微观能量平衡，即技术设计。

① 根据特定时日的太阳辐射能数据，进行电站的技术设计。这个特定时日通常选取一年中的冬至或春分，作为具体设计电站能量平衡关系的计算点。

② 设计聚光集热系统及其布置方式，以及与之相适应的控制方式，计算其日平均有用能量收益。

③ 根据所确立的能量平衡关系，设计相适应的辅助能源系统和储热系统。

总之，对任何一种形式的太阳能热动力发电站，进行能量平衡分析是其全部设计工作的起点，自始至终贯穿于全部设计进程中，最后归结为全部设计的最终目标，从而确立电站经济运行的基础。

8.3.2　电站系统循环效率

研究一种理想的太阳能热动力发电站的简化热动力模型：光学系统为理想聚光器；接收器为黑体，只存在辐射热损失；热机按卡诺效率运行。接收器在吸收投射太阳辐射能后，温度升高，同时向环境的辐射热损失增大，工质输出的有用能量收益增多。当达到热平衡时，根据能量守恒定理可知：

$$\frac{Q_u}{A} = \alpha CI - \sigma \varepsilon (T_p^4 - T_a^4) \qquad (8-4)$$

式中，Q_u 为工质输出的有用能量收益；I 为太阳直射辐射强度；A 为接收器的截光面积；α、ε 分别为吸收器的吸收率、红外辐射率；C 为聚光器的聚光比；T_p 为接收器温度；T_a 为环境温度；σ 为斯蒂芬-玻耳兹曼常数。

根据集热器效率定义，集热器的理想效率为

$$\eta_c = \alpha - \sigma\varepsilon \frac{(T_p^4 - T_a^4)}{CI} \tag{8-5}$$

由热力学原理可知,卡诺循环是假定工质在恒定温度下吸热和排热,在绝热条件下膨胀和压缩。所以卡诺循环是热力循环的理论极限。在这里,热机的卡诺循环效率表示为

$$\eta_m = \frac{T_1 - T_2}{T_1} = \frac{T_p - T_a}{T_p} \tag{8-6}$$

式中,T_p 为吸收器吸收层表面温度(℃);T_a 为环境温度(℃)。

太阳能热发电系统的总效率 η_t 为集热器效率 η_c、热机效率 η_m 和发电机效率 η_e 的乘积,即 $\eta_t = \eta_c \cdot \eta_m \cdot \eta_e$(见式8-2)。

理论上卡诺循环效率随工质循环初始温度的提高而增大,但太阳能聚光集热装置的集热效率却随集热温度的提高而降低。不同设计的聚光集热装置具有不同的工作温度和集热效率。因此,所有太阳能热动力发电系统都存在一个需要选择的最佳工作温度值,在这个温度下,式(8-2)中 η_t 有最大值。

对这一理想系统,获得最大理想热力循环发电效率的条件为

$$\frac{\mathrm{d}\eta_{t,\mathrm{opt}}}{\mathrm{d}T_p} = 0 \tag{8-7}$$

将式(8-5)~式(8-6)代入式(8-7)可得

$$4T_p^5 - 3T_a T_p^4 - \frac{\alpha CI}{\sigma\varepsilon}T_a - T_a^5 = 0 \tag{8-8}$$

应用式(8-8),假定 $I = 770 \text{ W/m}^2$,$T_a = 20℃$,$\alpha = \varepsilon = 1$,对不同的聚光比,计算得太阳能热发电站的最大理想热力循环发电效率随接收器温度 T_p 的变化关系曲线,如图 8.34 所示。

8.3.3 太阳能热发电系统的太阳能依存率

太阳能热发电系统的太阳能依存率,定义为年平均太阳能总供给量与年电站额定工况运行所需供给的一次能源总量之比值,也称电站容量系数。即

$$f = \frac{\bar{H}\,\bar{\eta}_c \eta_t}{\bar{E}_c} \tag{8-9}$$

式中,$\bar{H}$ 为年平均太阳辐射能总供给量(MJ);$\bar{E}_c$ 为年电站额定工况运行的总容量(MJ);$\bar{\eta}_c$ 为太阳能集热系统平均年效率。

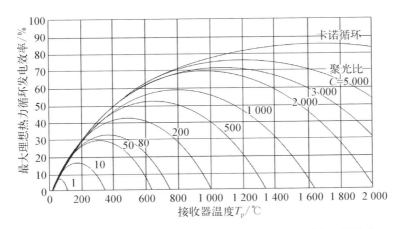

图 8.34 对应不同的聚光比,太阳能热动力发电站的最大理想热力
循环发电效率随接收器工作温度的变化关系

8.4 太阳能热发电系统的发展现状及典型案例

8.4.1 槽式太阳能热发电系统的发展现状及典型案例

1) 槽式太阳能热发电系统的发展状况

20 世纪 80 年代初期,以色列和美国联合组建了 LUZ 太阳能热发电国际有限公司。从成立开始,该公司集中力量研究开发槽式抛物面聚光反射镜太阳能热发电系统。从 1981—1991 年的 10 年间,LUZ 公司在加州 Mojave 沙漠相继建成了 9 座槽式太阳能热发电站 SEGS Ⅰ～SEGSⅨ(9 座槽式电站基本参数见表 8.3),总装机容量为 353.8 MW(最小的一座电站装机 13.8 MW,最大的一座电站装机 80 MW),并投入并网营运,总投资额 10 亿美元,年发电总量为 108×10^8 kW·h。2005 年,除 SEGS Ⅰ 和 SEGS Ⅱ外,其余 7 座电站被 FPL(Florida Power&Light Company,美国佛罗里达电力和照明公司)及 SOLEL(Solel Boneh International Ltd,以色列索莱尔玻恩国际公司)接手。SEGSⅢ～SEGSⅨ 7 座电站均采用天然气混合电站形式,其中天然气贡献 25% 电量。随着技术不断发展,SEGS 系统效率由起初的 9.7% 提高到 13.9%,每 1 kW 电能装机容量的投资由 6 000 美元降至 2 000 多美元,电站的初次投资由Ⅰ号电站的 4 490 美元/千瓦降到 8 号电站的 2 650 美元/千瓦,发电成本从 24 美分/千瓦·时降到 8 美分/千瓦·时。

自 1984 年以来,LUZ 公司先后开发了 14 MW、30 MW 和 80 MW 多种系统,太阳辐射能转化至电能的最高瞬时效率可达 24%,年平均效率最高为 15%。在广

表 8.3 LUZ 公司槽式太阳能热动力发电站的基本参数值

电站系列	I	II	III	IV	V	VI	VII	VIII	IX
站址（美国加州）	Daggett		Kramer J.					Harper Lake	
电站容量/MW	14	30	30	30	30	30	30	80	80
机组额定容量/MW	14.7	33	33	33	33	33	33	88	88
反射镜总面积/m²	82 960	190 338	230 300	230 300	250 260	188 000	194 280	464 340	483 960
反射镜数目/面	41 600	96 464	117 600	117 600	126 208	960 000	892 160	190 848	198 912
集热温度/℃	307	320	349	349	349	393	393	393	393
集热工质	ESSO500	VP.1	VP.1	VP.1	VP.1	VP.1	VP.1	VP.1	VP.1
集热器进口温度/℃	240	231		248			293		
最佳光学效率/%	71	71		73			76	80	
集热器年平均效率/%	51	53		50		50	51		53
年净发电量/10⁶ kW·h	30.1	66.5	85.1	85.1	91.8	90.6	94.4	252.8	—
年运行小时数/h	2 203	2 217	2 835	2 835	3 060	3 019	3 147	3 159	—
太阳能保证率/%	19.6	42.6	60.4	61.2	68.9	65.9	71.7	—	—
发电成本电价[美分/(kW·h)]	24	17	13	13	12	11	11	8	—
投入运行年份	1984 年	1985 年	1986 年	1986 年	1987 年	1988 年	1988 年	1989 年	1990 年

泛采纳和吸取 SEGS 电站多年运行经验的基础上,于内华达州建造的装机容量为 64 MW 的槽式太阳能热发电站 SOLAR.1,只需要 30 min 的储热容量和 2% 的天然气作为辅助能源即可保证投入并网发电,且运行结果表明该电站在效率和稳定性方面均有一定提高。

1981 年,日本在四国香川县仁尾町海边建设了 2 座装机容量各为 1 MW 的太阳能热发电站,其中之一为平面镜-曲面镜混合聚光槽式系统。该系统的平面反射镜共 2 480 块,总面积为 11 160 m²,槽式抛物镜共 125 台,集热介质为蒸气/水。

为继续推动太阳能热发电的发展,以色列、德国和美国几家公司进行合作,他们计划在美国内华达州建造两座 80 MW 槽式太阳能热发电站、两座 100 MW 太阳能与燃气轮机联合循环电站。在西班牙和摩洛哥分别建造 135 MW 和 18 MW 太阳能热发电站各一座。建于西班牙的 Acurex 槽式太阳能热发电系统,借助槽形抛物面聚光器将太阳光聚焦反射到接收聚热管上,通过管内热载体将水加热成蒸汽,推动汽轮机发电;作为太阳能量不足时的备用,系统配备有一个辅助燃烧炉,用天然气或燃油来产生蒸汽。

2010 年,意大利国家电力集团在西西里岛举行阿基米德槽式太阳能光热发电站的落成典礼,这是世界首个完全应用熔融盐蓄热的太阳能发电站。阿基米德电站发电功率为 5 MW,安装了 30 000 m² 的反射镜面及 5 400 m 的熔融盐真空管。加热管中的熔融盐温度可达 550℃。由于完全使用熔融盐为导热介质,因此阿基米德电站蓄热能力强,与普通太阳能光热发电站相比,这种电站能储存稳定的能量,即使在太阳光照射强度变化大的情况下,系统仍能维持正常运转。因此,阿基米德电站可以在各种气象条件下全天候工作。

与国外对槽式太阳能热发电技术长达 20 多年的研究相比,中国对槽式太阳能技术的研究较晚。

2004 年 10 月,由中国科学院电工研究所、皇明太阳能集团联合实验室研制的单轴跟踪槽式太阳能聚光器在通州成功开始运行。该聚光器面积为 30 m²,聚光比为 50,传热工质的输出温度达 400℃,峰值热输出功率为 10 kW,具有自动跟踪精确度高、热流密度大等特点。

2011 年 2 月,鄂尔多斯 50 MW 槽式太阳能热发电电站完成特许权示范招标,项目采用槽式太阳能热发电技术,计划总投资 16 亿元,年发电 1.2×10^8 kW·h。项目内容包括设计、投资、建设、运营、维护和拆除,建设期 30 个月,特许经营期为 25 年,为带储能的纯太阳能发电运行模式。

2010 年 12 月,大唐天威 10 MW 太阳能热发电试验示范项目开工,这是中国首座兆瓦级太阳能热发电试验电站。光场规模为 10 MW,占地 300 亩(200 000 m²,

场址位于甘肃矿区大唐 803 电厂），总投资 3 亿元。该试验示范项目以光煤混合发电的方式，通过利用太阳能资源来补充发电，可有效减少原火电机组煤耗量，降低污染排放，实现连续稳定发电。

2）槽式太阳能热发电系统的典型案例

欧洲的第一个商业化也是目前最大的槽式太阳能热发电站是位于西班牙 Granada 省的 Andasol 电站（见图 8.35）。Andasol 系列电站一共有 3 个，参数基本相同，如表 8.4 所示。Andasol.1 电站位于西班牙 Aldiere 市附近，当地的太阳能资源为 213 kW·h/(m²·a)。电站于 2006 年 3 月开始动工，2008 年 11 月建成，2009 年 3 月实现并网发电。电站总容量为 50 MW，年发电量约为 170 GW·h，电站采用双回路结构，总占地面积 20 hm²。其中太阳能集热场使用了 624 个 SKAL-ET 型集热聚光器，每个集热模块的开口宽度为 5.7 m，长度为 144 m，每个集热器净投影面积为 817 m²。集热场同时采用了 SOLEL 和 SCHOTT 两家公司的集热管，反射镜采用 Flabeg 公司的镜面，集热场入口温度为 293℃，出口温度为 393℃。该电站装有冷热罐双罐熔融盐蓄热系统，汽轮机由西门子公司制造，工作压力为 10 MPa。由于该地区光照条件较好，其蓄热时长可达 6 h。

图 8.35　西班牙 Andasol 槽式太阳能热电站

表 8.4　Andasol 聚光集热器参数

参　　数	焦距/m	集热管半径/cm	集热单元长度/m	集热器开口宽度/m	集热器长度/m	集热器面积/m²	每个集热器集热单元数目	总光学效率/%
SKAL-ET150	1.71	3.5	4	5.77	148.5	817.5	12	80

8.4.2 塔式太阳能热发电系统的发展现状及典型案例

1) 塔式发电系统的发展现状

世界上第一座塔式太阳能热发电站的小型实验装置是由苏联于 1950 年设计的,该实验装置对太阳能热发电技术进行了广泛的、基础性的探索和研究。随后,苏联还分别在俄罗斯和乌克兰建成了两座功率为 5 MW 和 6 MW 的塔式太阳能试验电站。其中,乌克兰塔式电站总占地面积为 40 000 m²,塔高 70 m,采用 1 600 块面积为 25 m² 的定日镜,呈圆形布置。表 8.5 给出了几所典型的塔式太阳能热电站的相关性能参数。

表 8.5　典型塔式太阳能热发电站参数

电站名称	国家	装机容量/MW	定日镜数量/块	塔高/m	系统效率/%	传热工质	蓄热工质	运行年份
IEA-DCS	西班牙	0.5	93	43		液态钠	钠	1981 年
Eurelios	意大利	1	182	55	5.3	蒸气	熔盐/水	1981 年
SUNSHINE	日本	1	807	69	5	蒸气	熔盐/水	1981 年
Solar One	美国	10	1 818	85	13.5	蒸气	导热油/岩石	1982 年
CESA	西班牙	1.2	300	60	11.3	蒸气	硝酸盐	1983 年
MSEE	美国	1				硝酸盐	硝酸盐	1984 年
THEMIS	法国	2.5	200	100	7.2	熔盐	熔盐	1984 年
SPS.5	俄罗斯	5				蒸气	蒸汽/水	1986 年
PHOEBUS-TSA	西班牙	2.5				空气	陶瓷	1993 年
Solar Two	美国	10	1 926	85		硝酸盐	硝酸盐	1996 年
PS10	西班牙	11	624	115			饱和蒸汽	2007 年

1952 年,法国国家研究中心在比利牛斯山东部建成一座功率为 1 MW 的太阳炉。1979 年,法国投资 1.28 亿法郎在比利牛斯山建造 THEMIS 塔式太阳能试验电站。THEMIS 电站功率为 2.5 MW,采用了 200 块面积为 53.7 m² 的定日镜,于 1983 年 6 月开始投入运行。1981 年 5 月,由法国、德国和意大利等 9 个欧洲共同体国家联合出资 200 万美元在意大利西西里建造的 Eurelios 塔式太阳能实验电站开始投入运行,这是世界首座并网运行的塔式太阳能热电站。Eurelios 电站功率为 1 MW,采用 70 块面积为 52 m² 的定日镜和 112 块面积为 23 m² 的定日镜。

1981 年,美国能源部投资 1.42 亿美元,由爱迪生公司、洛杉矶水电部和加利福尼亚能源委员会合作,在南加州 I Barstow 兴建 Solar One 太阳能实验电站(见图 8.36),并于 1982 年投入运行。其发电功率为 10 MW,初次投资为 1.42 亿美元,成本比例为:定日镜 52%;发电机组、电气设备 18%;蓄热装置 10%;接收器 5%;集热塔 3%;管道及换热器 8%;其他设备 4%。Solar One 电站是当时世界上最大的塔式太阳能电站。

图 8.36　Solar One 塔式太阳能电站

Solar One 电站主要由定日镜阵列、集热塔、集能器、蓄热器、发电机组等部分组成。Solar One 电站的集热塔塔高 85.5 m,集热场由 1 818 面 40 m² 定日镜按一定规律排列组合而成,定日镜上装有双轴跟踪机构,用电子计算机控制方位和俯仰变化,以保证将阳光精确地投射到高塔顶部的集热器上。高塔建在定日镜阵列的南侧,高 80 m,塔顶的圆柱集能器直径为 7 m,高为 13.7 m。集能器利用镜面反射来的辐照热能将水转换成 103 个大气压、515℃的过热蒸汽,蒸汽带动汽轮发电机组发电。Solar One 电站夏季的日发电量为 $8×104$ kW·h,冬季为 $4×10^4$ kW·h。

系统定日镜的可利用度极佳,第一年年平均全反射率为 95%,第二年为 96.3%,第三年达到 98.9%。但是起初由于发电效率较低,成本居高不下,该电站并没有真正投入到生产中。直到 1992 年,装置经过了改装才投入到生产发电。Solar One 电站的成功对太阳热发电具有里程碑的意义。在成功地完成了六年的实验和运行后,Solar One 电站于 1988 年停产。

为促进塔式熔盐太阳能热发电技术及商业化的发展,在 Solar One 电站的基础上加以改进,建成 Solar Two 电站(见图 8.37)。Solar Two 电站采用熔盐为传热工质,增加了 1 个硝酸盐接收器、熔盐蓄热系统、盐/蒸气发生器和 1 个新的主控系统,反射装置中除 Solar One 电站原有的 1 818 面 40 m² 反射镜外,还增加了 108 面 95 m² 定日镜,镜面总面积 82 980 m²。Solar Two 电站的设计趋于商业化运行

图 8.37　Solar Two 塔式太阳能电站

电站设计,具有较多商业化运行特征。定日镜场、接收器、蓄热系统形成一个收集和储热的太阳能循环,这个循环将太阳能收集并储存起来。蒸气发生器、发电系统、储热系统形成第二个循环(发电循环),这个循环将储存的热能转化成电能。储热系统为这两个循环提供了共同的接入口,使两个循环能独立运行。在一个典型发电日中,当太阳升起时,第一个循环(太阳能循环)开始运行,这时大部分的熔盐储存在冷熔盐罐中。循环将持续几个小时,利用热熔盐罐给储热系统提供热量。一旦足够多的热盐被充分利用,发电循环将开始运行。两个循环都是在下午开始运行,太阳能循环将在日落之后被关闭,但只要有充足的热盐,发电循环将继续运行到傍晚。

　　Solar Two 电站于 1996 年开始并网发电。Solar Two 电站验证了熔盐技术的应用可以降低建站的技术和经济风险,极大地推进了塔式太阳能热发电站的商业化进程。1981 年,在西班牙建造的 SSPS 塔式太阳能系统,规模相对较小,塔高 43 m,由 113 面定日镜组成。1983 年,西班牙工业部和能源部开始投资兴建 CESA-1,额定输出功率为 1 MW,塔高 80 m,采用了 300 个面积为 39.6 m^2 的定日镜,于 1984 年建成并投产运行。与 Solar One 电站环状围绕的反射镜阵列不同,CESA-1 采用了单侧阵列。

　　2007 年建成使用的 PS10 太阳能发电塔是欧洲首座商业用塔式太阳能发电站。该电站位于西班牙南部 Seville,于 2005 年开始建设,2007 年 6 月正式发电。PS10 电站装机容量 11 MW,占地面积 55 hm^2,每年向电网提供 19.2 GW·h 的电力,年平均发电效率可以达到 10.5%,投资为 2 800 欧元/kW。

2009年5月,在PS10电站的基础上,PS20电站正式动工。PS20电站使用1 225个面积为120 m² 的定日镜将太阳光聚集在高162 m的塔上,能提供满足18万个家庭日常需求的用电量,电站于2013年运行。

中国太阳能热发电技术研究起步较晚,直到20世纪70年代才开始进行一些基础研究,近年来在国家政策扶持的基础上,中国太阳能光热发电取得了一定的发展,但是与发达国家相比,仍存在较大的差距。

南京市江宁开发区与以色列合作,研发建成国内首座70 kW塔式太阳能热发电示范工程(见图8.38),于2005年10月底成功并网发电。经过连续并网发电运行测试,对该发电系统在运行控制调控、稳定性和可靠性方面进行了深入研究。

图8.38　南京70 kW塔式太阳能电站　　图8.39　北京八达岭1 MW塔式太阳能电站

目前,由国家高技术研究发展计划(863计划)项目支持,中科院电工所承担的1 MW塔式太阳能热发电站(见图8.39)已成功发电,为下一步规模化塔式电站提供了实验支撑。同时,表8.6列出了美国一些在建的规模化塔式太阳能热发电站。

表8.6　美国在建的规模化塔式太阳能热电站

电站名称	地区	净发电量	传热工质	蓄热工质	运行年份
BrightSource Coyotesprings1	Nevada	200 MW	水	—	2014
BrightSource Coyotesprings2	Nevada	200 MW	水	—	2015
BrightSource PG&E5	California	200 MW	水	—	2016
BrightSource PG&E6	California	200 MW	水	—	2016
BrightSource PG&E7	California	200 MW	水	—	2017

2)塔式发电系统典型案例分析(西班牙PS 10塔式太阳能热动力发电站)

已建成的塔式太阳能热动力发电站的热动力循环,如美国的Solar One、欧盟的 Eureli 和 CESA - 1 等,全都采用过热蒸气。运行结果表明,由于蒸发器和过热器中工质的换热参数相差很大,难以进行控制。从接收器管束寿命和易于调控方面考虑,饱和蒸气接收器的蒸气出口温度明显低于过热蒸气,这就降低了接收器自身的技术风险。此外,较低运行温度的情况下储热问题更容易解决,可大大减少对常规能源的依赖。在这样的技术背景下,欧盟提供发展资金支持,研发饱和蒸气接收器,组建共同发电和动力再匹配联合循环系统。这就是班牙 Colon Solar 计划,开发建造 PS 10 塔式太阳能热动力发电站。

(1)电站系统。PS 10 塔式太阳能热动力发电站,建于 Sevilla(北纬 37.4°,东经 6.23°),2006 年建成并投入试验运行。图 8.40 展示了 PS 10 塔式太阳能热动力发电站的系统原理。该电站设计为独立塔式太阳热动力发电站,规划电站的额定容量为 11 MW,系统为饱和蒸气循环发电,电站主参数值如表 8.7 所示。

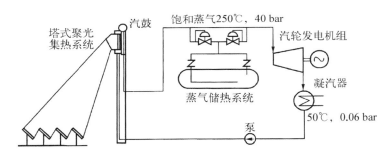

图 8.40　PS 10 塔式太阳能、热动力发电站系统原理

表 8.7　PS 10 塔式发电站主要参数

电站主参数	数　值	电站主参数	数　值
电站额定功率	11.02 MW$_e$[①]	蓄热容量	15 MWh$_{th}$[②]
蒸气参数	230℃、40 bar	发电机	6.3 kV、50 Hz
定日镜总面积	75 504 m^2	电站年发电总量	23.0 GW·h
塔顶接收器	空腔型 180°	电站比投资	3 500 欧元/千瓦
中央动力塔高度	90 m		

注:① MW$_e$,功率单位,兆瓦电力,1 MW$_e$=10^6 W;② MWh$_{th}$,热能单位,1 MWh$_{th}$=10^3 kW·h。

(2)聚光集热装置。电站共有定日镜 624 台,全部布置在镜场的北象限。单台定日镜的镜面面积为 121 m^2,系统定日镜总面积为 75 504 m^2。塔顶接收器为专门研发的饱和蒸气空腔接收器,由 4 盘 4.8 m×12 m 管束组成。

(3)储热装置。电站储热系统采用饱和蒸气蓄热器,储热容量为 15 MWh$_{th}$,可供电站 50%负载下运行 50 min。

（4）热动力循环装置。尽管为饱和蒸气循环发电,汽轮机额定效率为30.7%。汽轮机乏汽排入水冷凝汽器,凝结压力为0.06 bar。凝结水经2级高压加热器、除氧器和1级低压加热器预热,加热到245℃,再与汽鼓中回流的水混合,将给水加热至247℃。发电机参数:额定电压6.3 kV,频率50 Hz。

（5）电站发电效率与部件效率。表8.8专门列出了PS10塔式太阳能热动力发电站及其各部件的额定转换效率与年平均效率。由表可知,尽管该电站为饱和蒸气循环发电,初始循环温度较低,但与高参数塔式太阳能过热蒸气循环发电相比,电站各主要性能毫不逊色。

表8.8　PS10发电站及其各部件的额定转换效率与年平均效率

参　　数	额　定　值	年平均值
聚光装置光学效率/%	77	64
塔顶接收器与热传输效率/%	92	90.2
电站热电转换效率/%	30.7	30.6
电站总发电效率/%	21.7	15.4

8.4.3　碟式太阳能热发电系统的发展现状及典型案例

1）国外斯特林机及其碟式热发电系统发展现状

从20世纪70年代末到80年代初起,许多发达国家就开始进行太阳能斯特林机及其碟式热发电技术的开发[9]。近年,亚洲、欧洲、美洲等地区国家的某些国家级实验室以及相关企业非常重视对太阳能斯特林机以及碟式热发电技术的研究,并不断加大相关研究经费的投放力度,在技术上取得了重要的进展。这些国家及地区由于起步时间有先有后,因此相关技术水平参差不齐。

泰国于近几年研究了一个四缸、低温的配气式太阳能斯特林机,其工质为空气。用于模拟太阳的装置是4个1 kW的卤素钨灯。其实验结果表明,斯特林机接收到的最大实际输入热量为1 378 W,而斯特林机吸热器的最高温度为439 K,产生的最大扭矩约为2.91 N·m,最大轴功为6.1 W。该发动机在转速为20 r/min时的热效率最大,但也仅有0.44%[10]。

伊朗研究的用于实验的配气式斯特林机同样采用空气作为介质,目前获得的相关参数如下:动力活塞的行程为44 mm,直径130 mm,配气活塞的行程为55 mm,直径410 mm。他们的实验结果表明:斯特林机吸热器的温度为110℃、热沉的温度为25℃、发动机转速为14 r/min时的最大输出功率为0.27 W;而在太阳辐射强度为900 W/m² 时,发动机空载的情况下,转速达到大约30 r/min,计算功率为 1.2 W[11]。

突尼斯提出了一种斯特林机的设计理念,并给出了一种分析模型:热源 300℃,热沉 2℃时,设计出的斯特林机最优扫气容积为 75 cm³,而工作频率为 75 Hz,此时的输出功率为 250 W,死区容积为 370 cm³[12]。

乌兹别克斯坦研制出一台型号为 SE.0.5 的实验用太阳能斯特林样机。该样机为 α 型斯特林机,它的压缩腔与膨胀腔呈 V 型布局。SE.0.5 实验样机的工质为氦气。当受到的辐射热功率为 9 kW 时,自身带动的发电机最大输出电功率为 0.9 kW,转速 1 450 r/min;活塞直径为 95 mm,行程 33 mm,两个活塞的总扫气容积为 230 cm³;吸热器的最高设计壁温 923 K,冷却器设计壁温为 293～313 K。斯特林机(包括底座)整体质量为 119 kg。斯特林机本身的吸热器设计为利于吸收太阳辐射的腔式吸热器。关于吸热器的安放角度,采光口朝着斜下方且吸热器的轴线与水平面夹角为 75°时,获得的吸热性能最好[13]。

西班牙近年来研究了德国 SOLO 公司的 10 kW 碟式热发电系统及其太阳能斯特林机。SOLO 的碟式热发电系统目前在实际操作中最大的光电转换效率接近 20%,且还有提升的空间。他们使用 α 型 V.160 型斯特林发动机原型,双缸呈 90°V 字型布局。整个碟式热发电系统的太阳能集热器独立于斯特林机,其外观结构为一个平顶圆锥台形状的集热筒,锥底的直径为 26 cm、高 12 cm、锥顶直径 18.5 cm。

实验用太阳能斯特林机样机尚未达到实用级别,技术也相对不成熟。日本政府曾于 20 世纪 80 年代投资 10 亿日元进行"月光计划",目的是研制出几款能在月球上使用的碟式太阳能热发电的斯特林机。该计划较成功地研制出 4 款斯特林机机型,其中一款型号为 NS30A 的斯特林机设计功率为 30 kW。同期共制造出 4 台样机,其中一台安装于一套碟式聚光镜系统中并进行了测试,实测发电功率为 8.5 kW$_e$[14]。但是"月光计划"之后,日本斯特林机的发展主要以民间自发性的研究为主[15,16]。

自 20 世纪 80 年代以来,美国和德国的某些企业和研究机构,在政府有关部门的资助下,加快了碟式热发电系统的研发速度,以推动其商业化进程。美国、德国、瑞典分别成功研制出 3～25 kW 不同功率级别的太阳能斯特林机及其碟式热发电系统,并进行了测试。其中最为成功的碟式热发电系统中试案例分别来自美国 SES 公司(Stirling Energy Systems Inc.简称 SES)、STM 公司(已经于 2007 年更名为 Stirling Biopower)、德国 SBP/SOLO 公司(现已经更名为 Cleanergy 公司,并于 2009 年迁至瑞典)以及美国的 Infinia 公司[17—19]。

2) 国内斯特林机及其碟式热发电系统发展现状

中国船舶重工集团公司 711 研究所于 20 世纪 80 年代将斯特林机技术引入中

国,并将其作为核心动力设备率先在潜艇上实现应用[20—22]。近年,711 研究所将用作潜艇动力的斯特林机技术民品化,并成立了上海齐耀动力公司,目前已经成功研制出 3 台天然气驱动的 50 kW 级四缸双作用型斯特林机,其中一台在 2010 年上海世博会上进行示范性发电,为世博园中的一个餐厅提供电力。

"十五"期间,中国科学院电工研究所申请到科技部"863 计划"重点项目"碟式聚光太阳热发电系统及关键技术研究",主要研究内容为碟式聚光镜系统;中国科学院工程热物理研究所承担子课题"碟式聚光太阳能高效光热转换与利用技术",负责太阳能腔式集热器的研究。后来,电工所和皇明太阳能集团共同研制了 3 套直径为 5 m 的太阳能碟式聚光镜,其聚光镜焦点处温度约 1 600℃;这些系统具有自动跟踪太阳的功能,精度达到±0.2°;其中一套聚光镜上装设了一台美国制造的 1 kW 级太阳能斯特林机。

中国科学院工程热物理研究所传热传质中心于 2007 年申请到"863 计划"课题"10 kW 级太阳热发电用斯特林机关键技术的前期探索",同年与北京势焰天强科技有限公司开始共同自主研发碟式热发电及其斯特林发动机的关键技术。自合作以来,已经成功研制出数款几百瓦至几千瓦级不等功率的燃烧加热式斯特林发动机样机。

西安航空发动机集团(430 厂)曾在 2009 年与美国 SES 公司签订斯特林机零部件生产的协议,为后者代工吸热器、回热器、冷却器和热保护器,目前西航集团仍无自主研发斯特林机的能力。

中国科学院理化技术研究所于 2010 年研制出一套 1 kW。级碟式太阳能行波热声发电系统(见图 8.41),其动力设备为一台行波热声发动机,工作原理类似于自由活塞式斯特林机。他们采用高频加热器模拟太阳能加热进行实验,采用平均压力为 3.5 MPa 的氦气作为工质。实验结果显示,在加热温度为 751℃和 798℃时分别实现了 116 W 和 255 W 的电功率输出。

2011 年 4 月,中国宁夏回族自治区石嘴山市惠农区境内立起了一套 10 kW 级碟式聚光太阳能热发电系统样机,并在现场进行了试运行,如图 8.42 所示。石嘴山地区年均日照时数达到 3 083.65 h,

图 8.41　太阳能行波热声发电

日照时数最长的 6 月份达到全月日照时数 303.6 h,全年日照百分率为 70%,太阳总辐射值全年为 6 027 MJ/m²,仅次于青藏高原,为太阳能发电提供了充足的光照资源。该系统中跟踪太阳进行聚光的碟式聚光镜系统由浙江华仪康迪斯太阳能科技有限公司自主研发,系统中的斯特林发动机由瑞典 Cleanergy 公司提供,由北京斯特林太阳能科技发展有限公司将其引入国内。太阳能热发电系统采用直接照射式太阳能集热器。

3）典型案例分析

1984 年,美国 Advanco Corporation 研制了一套 25 kW 碟式斯特林发电系统,最高太阳能电能转换效率为 29.4%。之

图 8.42　位于石嘴山市惠农区的 10 kW 级碟式聚光太阳能热发电系统样机

后,MDAC 开发了 8 套碟式斯特林热发电系统,净效率大于 30%;后来,它将硬件和技术全部转让给了现在的 SES 公司,并由后者继续开发该领域的技术。2008 年 1 月 31 日,美国桑迪亚国家实验室(Sandia National Laboratories)与 SES 公司合作,在该实验室的测试平台上测得 SES "Serial♯3"斯特林太阳能热发电系统(见图 8.43)的太阳能并网转换效率(光电转换效率)达到 31.25%(用 85.6 kW 的光热功率产出 26.75 kW 的电功率),一举打破他们曾在 1984 年创下的光电转换效率

图 8.43　SES 公司在桑迪亚实验室的碟式太阳能热发电站

29.4%的记录,成为目前全世界在太阳能发电技术领域新的光电转换效率纪录[23]。

　　SES的聚光系统中,每一面镜子都采用一种具有高反射率、以银为衬底的低铁玻璃,能够聚集94%的入射阳光(大于之前的数据:91%)。这种反光镜的镜面精确性高,镜面不完整性降至最小。SNL和Paneltec公司已经获得这项镜面技术的专利。每套聚光镜由82面小镜子组成,总的采光面积约为90 m²,整体尺寸为11.58 m × 12.19 m(高×宽)。SES把聚光镜的控制系统置于开放循环系统中,聚光镜对准哪个方向要取决于当天的太阳方位[24]。

　　SES选用了Joyce/Dayton公司的组合轮减速器/滚珠螺杆装置作为聚光镜系统的俯仰角控制装置。虽然滚珠螺杆的摩擦力比滑动螺杆的小了很多,但它不能像梯形螺杆一样进行自我锁止,会出现后退问题。因此,SES为发动机提供了俯仰角驱动和制动以保证每个聚光镜系统都能"向着太阳"。滚珠螺杆还必须能够承受作用在聚光镜系统上50 mi①/h任何风向的风荷载,并且能够在聚光镜系统面朝上时,也就是处于"满载状态"时,承受90 mi/h的风荷载。因此,他们在整个聚光系统并入了一个大直径滚珠轴承,使得太阳能聚光系统能够应对来自风载荷的瞬间扭矩(高达2.8×10^5 N·m)。一个行星齿轮和离心轮被紧密地排列在一个小型齿轮箱中。小于0.5毫弧度的齿隙游移能够精确地保证对太阳的跟踪[25]。

　　SES使用的太阳能斯特林机型号是SES/USAB 4.95(见图8.44)。这是一种四缸双作用式α型斯特林发动机,经过了菲利普公司到瑞典Kockums公司的演变,再到最终被SES公司完全继承并获得生产许可,这期间做过大量的实验测试,并不断进行改进,其机型结构已经颇为成熟[26—28]。该斯特林机最初的设计是使用直接照射式太阳能集热器,SNL公司为了改善该集热头处温度分布的不均匀性,曾针对SES/USAB 4.95研制过回流式钠热管结构的太阳能集热器[29]。

　　表8.9所示为SES碟式太阳能热发电装置的主要技术参数。值得一提的是,2010年1月,SES公司在亚利桑那州Maricopa建成1.5 MW的示范电厂并投入运行,这是世界上该项技术的第一个商业应用。该系统由60套SES的25 kW碟式热发电系统组成。

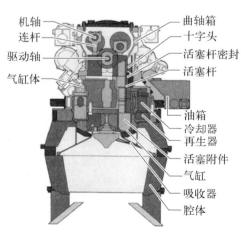

机轴
连杆
驱动轴
气缸体

曲轴箱
十字头
活塞杆密封
活塞杆

油箱
冷却器
再生器
活塞附件
气缸
吸收器
腔体

**图8.44　SES/USAB 4.95太阳能
斯特林机结构**

①　mi长度单位,1 mi=1.609 34 km。

表 8.9　SES 碟式太阳能热发电装置的主要技术参数[30]

技术参数	聚光面积/m²	镜面反射率	聚光效率	集热器形式	集热器效率	设计电功率/kW	实测峰值电功率/kW	峰值光电转换效率	年运行并网发电量/kW·h	年运行并网光电转换效率
数值	87.7	0.94	0.911	直接照射式	0.859	25	26.75	0.312 5	48 129	0.246

8.4.4　线性菲涅尔式太阳能热发电系统的发展现状及典型案例

1）发展历程

对于菲涅尔式太阳能聚光装置,单轴跟踪的线聚焦型菲涅尔系统称为 LFR,双轴跟踪的点聚焦型菲涅尔系统后发展为塔式系统,早在 1957 年,Baum 等[31]就提出了这类双轴跟踪的大型系统。1960 年代,太阳能利用先驱 Giorgio Francia[32]在意大利热那亚首次实际应用菲涅尔聚光理论,开发设计了线性和双轴跟踪的 LFR 蒸气发电系统,该系统吸热器由 12 根 8 m 长钢管组成,吸热器塔高 20 m,系统运行显示,运行温度能被提升到系统所需温度,但文献中没有给出具体性能数据。1976 年,Riaz[33]对菲涅尔聚光理论做了仔细研究分析,并发展了双轴跟踪的系统。上述分析基本上是基于双轴跟踪的菲涅尔聚光系统即塔式系统,虽然对 LFR 系统有借鉴作用,但并没有明确给出基于 LFR 系统的理论分析结果。事实上,由于人们普遍看好塔式系统的性能,LFR 聚光太阳能发电技术一直没有得到普遍关注,它也是 1970 年代国际石油危机期间唯一没有进行相关实验的太阳能利用技术。

20 世纪 70—80 年代之间,尽管有许多项目研究设计开发了 LFR 太阳能利用系统,但只有很少达到实际应用水平。1970 年代,有三个商业公司设计或制造了不同类型的,聚光装置几何尺寸不相同的 LFR 系统,这些系统均被设计产生 120～300℃蒸气。1979 年,FMC 公司为美国能源部(DOE)制定了 10 MW 和 100 MW,基于 LFR 系统的电厂项目的详细设计方案,这一电厂设计将使用安装于 61 m 高的线性塔上的线性腔式吸热器(1.68 km),但是该项目最终由于超出 DOE 经费而没有付诸实践。1989 年,日本对 LFR 系统进行了商业开发,使用了相似的反射镜设计,由于日本当地的太阳辐照条件较差,该项目在收集了大量实验数据后结束,并没有进一步的商业化。1990 年,以色列 Paz 公司的 D. Feuermann 在以色列建成 200 kW 的 LFR 实验系统,该系统带跟踪控制并使用了高效的类似复合抛物面聚光器的二次聚光器和真空集热管。其主聚光镜由 5 行微弯的镀银玻璃镜面组成,每一镜面孔径宽 0.8 m,可实现南北水平跟踪,各个镜面采用联动方式;镜面相对固定吸热器对称布置,吸热器高 2.2 m。

几乎同一时期，Negi 等[34]对小型的、全跟踪的（镜场做二维跟踪，保证太阳光线与镜场平面垂直），适用于聚光光伏发电的 LFR 系统进行了大量分析研究。1999 年，Singh[35]建立了全跟踪的 LFR 实验系统，该系统由 20 面平面镜组成，每个镜元长 0.53 m，宽 0.1 m。镜元被固定在 2.5 m（长）×0.55 m（宽）的方管框架结构上。每一镜元背面有柔性钢片支撑，安装在铝质槽道上进行水平校准。吸热器相对高 0.75 m，由直径 0.075 m，长 0.53 m 的涂黑漆铝管组成。实验结果表明：在正常能量传递过程中，系统工质温度能够达到 232℃左右。2010 年，Singh 等[36]又对该类系统的吸热器热性能进行了相关实验研究，得出：腔式吸热器中，圆管比方管更有效的实验结果。总体来说，该类全跟踪方式的 LFR 系统，一般仅适用于小规模的系统应用。对于大规模太阳能热发电，应采用单轴跟踪系统。基于早期对 LFR 系统的探索性研究，最近 10—15 年，该类系统得到了长足的发展，为 LFR 太阳能热发电系统的大规模商业化进程奠定了基础，其中以 4 家公司为典型代表，它们在工程实用与商业化方面取得了实质性进展。它们是比利时的 Solarmundo 公司与澳大利亚悉尼大学 D.R. Mills 领导的团队（后成立 Ausra 公司）以及德国的 PSEAG 公司和 Novatec Biosol 公司。

Solarmundo 公司设计的 LFR 系统是更为传统的 LFR 系统，该系统镜元一般由平面镀银玻璃镜组成，镜元宽度一般在 1 m 左右，由 30～40 个镜元组成，吸热器为单管（真空或非真空）腔式吸热器，腔内有二次聚光装置。2001 年，比利时的 Solarmundo 公司在 Liege 安装了 2 500 m² 的 LFR 镜场样机。该公司于 2004 年与德国的 Solar Power Group Gmbh 整合，并于 2007 年在西班牙的 Almeria 建成了示范装置，如图 8.45 所示。

图 8.45　Solarmundo 公司 2 500 m² 线性菲涅尔聚光实验装置

LFR 技术的一个主要难点是避免相邻反射镜之间的相互遮挡（shading and blocking），这将导致反射镜元之间的间距加大，虽然提升吸热塔高度可以减少遮挡问题，但这又带来成本的提高，所以系统的改进在所难免。为了减少由于阴影和遮挡所造成的 LFR 系统镜元之间间距的增加，早在 1995 年，Mills 等[37]就提出了

"Compact Linear Fresnel Reflector(CLFR)"概念,即紧凑型 LFR 聚光装置,CLFR 有效地解决了一直被忽视的 LFR 镜场占地利用率低的问题。在 CLFR 设计中,相邻反射镜可以相互交叠,同时还可以避免镜元之间的阴影和遮挡影响。典型的 LFR 系统中仅有一个吸热器,反射镜的反射光方向除了唯一的吸热器别无选择。然而,如果设想镜场相当大,如 MW 级的太阳能发电厂,那么设想系统中不止一个吸热塔,如果塔间距离合适,那么,单个的反射镜的指向就可以有所选择(至少二选一)。CLFR 镜元宽度一般在 1 m 以上,通过机械结构使其微弯来增加聚光度,吸热器一般采用腔式多管系统,没有二次聚光。图 8.25 为 CLFR 典型示意图,由图可知,CLFR 系统模块一般由两个线性腔式吸热器组成。

因为 CLFR 镜元方向的可选择性,使得反射镜在减少阴影和遮挡的情况下可以布置得更紧密,也为反射镜场阵列的密集布置提供了有效手段。如图 8.25 所示,这种布置可以使相邻反射镜光线遮挡最小化、反射镜场密度加大,同时,可以降低吸热塔高度。吸热塔的高度和反射镜距塔的垂直距离决定聚光比,镜场大意味着反射镜距吸热器的距离大,有效聚光比将减小。如果镜场紧凑,反射镜距吸热器的距离减小,同样的聚光比所需的塔高将减少。虽然,在许多情况下,例如在沙漠中,反射镜场是否减少了占地面积,并不是十分严重的问题,但当考虑地面占用成本、反射镜阵列基础成本、塔建成本、蒸气线热损失和蒸气管线成本时,避免大的反射镜场和塔高所带来的成本缩减才是 LFR 系统改进的关键所在。CLFR 技术更大的解决了成本问题。如果 CLFR 技术应用在城市或者已有的电厂,这时,可用的土地是有限的,那么高的镜阵地面占用率可以使系统输出最大化。

2004 年,CLFR 系统在澳大利亚第一次进行实验系统运行(1MW),为当地一火电厂提供中温湿蒸气。其镜场尺寸为镜元长 61 m,宽 1.83 m,每一个反射场由 5 个模块组成,每一个反射模块长 12.2 m,由 5 个 1.83 m×2.44 m 玻璃组成;吸热器两侧由 12 个镜元组成,宽 21.96 m(12×1.83 m);镜场面积为 1 339.56 m²(61 m×21.96 m)时,产生 265℃,5 MPa 的中温湿蒸气,如图 8.46 所示。

在此基础上,Mills 等对 CLFR 系统进行了大量的系统热力性能分析。目前,CLFR 系统通过 Ausra 公司的进一步改进,与 Pacific Gas & Electric 签署协议,在卡利索平原(Carrizo Plain)建立 177 MW 的 CLFR 太阳能电厂,该项目设计占地 2.59 km²,小于 16 187.2 m²/MW。系统传热介质为水,动力设备用中温非过热朗肯循环。

当前,LFR 技术正处于商业化试运行阶段。2009 年 3 月,Novatec Biosol 公司的 1.4 MW LFR 电站 Puerto Errado 1 (PE-1)在西班牙南部 Murcia 地区成功试运行,如图 8.47 所示。

图 8.46　Liddell 电站的 CLFR 系统的一期工程

图 8.47　PE-1 电站集热镜场

图 8.48　PE-2 电站集热镜场

　　PE-1 的成功连续运行,进一步证实了 LFR 系统的性能与投资方面的经济可行性。2010 年 4 月 Novatec 公司开始在 PE-1 基础上进一步建造 30 MW$_e$ 的基于线性菲涅尔的太阳能热电站 Puerto Errado 2 (PE-2),并于 2012 年 10 月 5 日并网发电。PE-2 是世界上第一个纯商业电站项目,该项目镜场面积 302 000 m^2,由将近 950 m 长的 28 个 LFR 模块组成,产生的蒸气送给两台 15 MW 汽轮机,冷却系统采用风冷替代传统的水冷冷却塔,图 8.48 为在建中的 PE-2 电站。

　　目前,我国的太阳能聚光热发电技术处在高速发展,在塔式系统、槽式系统和碟式系统的聚光光学、加工制造、系统控制、蓄热、选择性涂层等各方面均有国际领先水平的文献发表。但是,总体技术水平还处在初步实验阶段,距离规模化、商业化应用还有一定距离。关于 LFR 利用技术,我国还处于较低的水平,尽管在山东已经建立了小型的 LFR 镜场,但是还没有达到实用化发电阶段,也没有相关的实验数据发表。我国对 LFR 技术的发展重要性已经有了足够重视,并明确了具体的中长期发展规划：2011—2015 年期间，开发大型 LFR 系统性能测试方法，并设计 10～100 MW LFR 聚光热发电系统；2016—2020 年期间，建立并运行 10～1 000 MW LFR 聚光热发电系统；2021—2025 年期间，实现 10～1 000 MW LFR 聚光热发电系统并网商业化运行。

2）典型案例

图 8.49 为建设在澳大利亚的 Liddell 燃煤热力发电厂近旁的线性菲涅尔聚光集热装置，产生温度为 265℃、压力 5 MPa 的湿蒸气，连接至该厂给水加热器，取代一级汽轮机抽汽，锅炉给水预热。澳大利亚 1 月份太阳辐射强度为 1 100 W/m²，聚光集热装置输送峰值热功率为 103 MW$_{th}$。年输送热能为 51 000 MWh$_{th}$，年容量系数为 14.5%，即太阳能依存率为 0.145。已有的计算结果表明，在澳大利亚的太阳辐射资源和天气条件下，线菲太阳能热发电站的比占地面积峰值发电功率为 205 MW$_p$/km²。与美国加州 180 MW$_e$ 槽式太阳能热发电站（其比占地面积峰值发电功率为 60 MW$_p$[①]/km²）相比，尽管两地的太阳辐射资源和天气条件不尽相同，但线性菲涅尔聚光集热系统更为紧凑，显然，这是线菲太阳能热动力发电技术的一大优势。这一设计，既可以说是太阳能-常规能源联合循环发电，也可以说是太阳能工业热利用。

图 8.49　澳大利亚 Liddell 燃煤热力发电厂近旁的线性菲涅尔聚光集热装置

（1）聚光集热装置。规划 20 排接收器塔杆，长 300 m，塔杆高 9.8 m，相邻塔杆间距离 31 m，条形镜总面积 135 000 m²。地面利用率为 0.71，占地面积 190 000 m²。

（2）条形镜。每条反射镜模块长 12.2 m，由 5 块镜片组成，镜片尺寸长 2.44 m，宽 1.83 m。镜片为厚 3 mm 的镀银玻璃背面镜。镜面干净的情况下，其反射率为

---

① 　MW$_p$，功率单位，下标 p 表示峰值。

0.88。条形镜镶合在带底槽的圆形钢构件中。镜面向内作细微的弹性弯曲,以便实现精确聚焦。对长焦距的线性菲涅尔聚光系统,镜面宁可作弹性弯曲,而不像抛物面镜那样做热弯成型。镜面玻璃优先选用标准 3 mm 厚的普通玻璃(价格便宜),如果采用低铁白玻璃,镜面的性能要更好一些。大型镜场可以选用低铁白玻璃,但需要在详细的技术经济比较之后再确定。

(3)镜面定位。通常条形镜作水平南北向布置,由小功率电动机驱动传动装置,带动圆环转动,以调整镜面的镜位,作单轴跟踪太阳视位置。

(4)塔顶接收器。塔顶接收器最早采用玻璃真空集热管。进一步计划设计空腔集热管,并直接产生蒸气。它和槽式抛物面聚光集热器的情况有所不同,在槽式抛物面聚光集热器中,随着抛物镜面跟踪太阳视位置,反射太阳辐射将汇集在接收管的不同部位;而在线性菲涅尔聚光集热系统中,镜面的反射太阳辐射主要汇聚在接收管的底部,水也总是沉积在接收管的底部,因此允许接收管自由地运行在广阔的沸腾区,而不致产生槽式抛物面聚光集热器中接收管周面出现过高温差的现象。线性菲涅尔聚光集热系统可以采用流动控制的方式,使水在接收管中直接沸腾传热,从而极大地降低泵耗功率。

8.4.5 太阳能热气流发电系统的发展现状及典型案例

1)实验研究

太阳能热气流发电技术最初由德国斯图加特大学的 J. Schlaich 于 1978 年提出。1981 年在西班牙 Manzanares 开始建造世界上第一个太阳能热气流发电实验电站[38]。此外,Haff 等[39,40]对实验系统的设计标准、能量平衡和成本等进行了研究,对电站的初步测试结果进行了报道。

1983 年,Krisst[41]建造了一座烟囱高度为 10 m,集热棚直径为 6 m,输出功率为 10 W 的庭院式太阳能热气流发电装置。

1985 年,Kulunk[42]在土耳其建造了一座烟囱高度为 2 m,直径为 7 cm,集热棚面积为 9 m² 的微型电站,发电功率为 0.14 W,烟囱中的涡轮机功率为 0.45 W,发电机效率为 31%。

1997 年,Sherif 和 Pasumarthi[43]等在美国 Florida 大学建立 3 种型式的太阳能热气流发电系统模型,并做了实验。其对实验装置做了两方面的重要改进:① 将集热棚的外边缘进行了斜坡式扩展;② 引入蓄热介质作为蓄热器。研究人员对不同太阳辐射、烟囱高度、不同类型的系统进行研究,获得各因素对热气流温度和速度的影响,以及对系统输出功率的影响。

20 世纪 90 年代以后,太阳能热气流商用电站有了一定的发展。印度、南非、澳大利亚等国利用适宜的地域优势和气候条件(具有高强度太阳辐射的荒漠),纷纷开始设计各种规模的太阳能电站,以解决电力短缺问题。

2003 年,一太阳能热气流电站在澳大利亚动工,该项目由澳大利亚和美国 Enviro Mission 公司合作建造。烟囱设计高 1 000 m,直径 130 m,底部厚度 1 m,顶部厚度 0.25 m,集热棚直径 7 000 m,总发电能力为 200 MW,预计年发电量 500 GW·h,可供 20 万户居民的生活用电,计划投资 7 亿澳元。由于澳大利亚化石能源储备充足,迄今为止,该系统尚未正式实施[44]。

2006 年,巴西 Universidade Federal de Minas Gerais 校园中搭建了高达 12.3 m 的小型太阳能热气流发电实验原型[45],如图 8.50 所示。该实验原型的集热棚为金属结构,呈水平状,距地面 0.5 m 处采用直径达 1 m 的玻璃纤维和直径达 25 m 的塑料热扩散薄膜来覆盖。蓄热层采用混凝土,并涂成黑色。考虑到外界冷空气会对内部热空气和蓄热层产生影响,空气入口处高度降低 0.05 m。烟囱通过玻璃纤维材质包覆木质竖直框架制作而成,共分为 5 个模块,每个模块高 2.2 m,模块间通过螺丝衔接。

图 8.50 巴西 Universidade Federal de Minas Gerais 校园太阳能热气流发电实验原型

我国在太阳能热气流发电方面的研究起步较晚。1985 年,北京市太阳能研究所的孙詰[46]以西班牙 Manzanares 的太阳能试验电站为基础,分析了在北京市建立太阳能热气流发电系统的可行性。此后,严铭卿与 Sherif 教授一起,对太阳能热气流发电系统的传热流动特性进行了理论分析,建立了该系统传热数学模型[47]。之后十余年,国内关于太阳能热气流发电技术的研究陷入沉寂。

2003 年,潘垣院士开始致力于太阳能热气流发电技术的研究和推广,对我国太阳能资源分布状况、国内外太阳能热发电技术进行了大量的调研分析。目前,对太阳能热气流发电技术的研究已在国内迅速发展,但与世界先进国家仍存在较大差距。当前国内的研究主要集中在以下几个方面:① 太阳能热气流发电系统的热力学分析;② 太阳能热气流发电系统在中国部分地区的可行性研究;③ 小型太阳能热气流发电系统实验装置的搭建与实验研究。

2003 年,华中科技大学的杨家宽[48]首次建造了一座小型的太阳能热气流发电系统实验装置(见图 8.51):集热棚的直径为 10 m,烟囱高 8 m,设计输出功率为 10 W。实验对太阳能热气流发电装置的内部温度分布进行了测试,并对系统的温度场、速度场、压力场进行了数值模拟计算。

图 8.51　华中科技大学太阳能热气流发电实验装置

同年,卫军等[49]推导了超高烟囱在风荷载及自重作用下底部应力和顶部位移的计算式,并进行强度及结构可靠度分析。结果表明,使用常规材料建造 1 000 m 高的烟囱是可行的。

2005 年,黄国华,施玉川[50]研究了利用阳面坡地建造斜坡太阳能热气流发电系统的可行性,认为斜坡太阳能热气流发电系统是将太阳辐射、气温日较差、坡地地形三种资源合理利用的一种极具竞争力的低成本发电方式。

2005 年,明廷臻等[47]对太阳能热气流发电系统的热力学循环和流动特性进行了分析,提出了系统能量利用度的概念。同年,刘伟等利用 Fluent 软件对 MW 级太阳能热气流发电系统进行了数值模拟。

2007 年,张楚华,席光[51]从热力学角度对热气流在集热棚、烟囱及涡轮机组内的能量转换过程进行了研究,建立了无能量损失的理想热力过程和包含各种能量损失的实际热力过程模型。

2008 年,周新平[52]着重分析我国西部地域特征,提出了几种不同的太阳能热气流利用模式,并对大规模漂浮烟囱的经济性进行了分析,探讨了大型太阳能热气流发电系统对局部气候的影响。

2009 年,范振河等[53]对太阳能热气流发电系统进行了 CFD 模拟研究。

2011 年,周洲等[54]对不同规模的太阳能热气流发电系统的实际循环效率和理想循环效率进行了分析比较。结果显示:大规模太阳能热气流发电系统相应的标准布雷顿循环效率为 35%、理想循环效率为 10%~25%、实际循环效率为 0.9%~2.0%。这些数据为太阳能热气流发电系统的设计与商业应用提供了理论参考。

2)典型案例

1981 年开始在西班牙 Manzanares 建造世界上第一个太阳能热气流发电实验电站,如图 8.52 所示,并于 1982 年 6 月投入使用。表 8.10 列出了该电站的主要技术参数。集热棚进口到烟囱中心呈倾斜状设计。白天电机以 1 500 r/min 的转速运行,产生 100 kW 的电量,晚上集热棚下的地面将热量释放出来继续运行,达到 1 000 r/min 的转速,发电量为 40 kW。电站持续运行 7 年(1982—1989 年),可靠率超过 95%[39]。

图 8.52　Manzanares 太阳能热气流发电原型

表 8.10　西班牙 Manzanares 太阳能热气流发电实验电站的技术参数

技术参数	数　值	技术参数	数　值
设计太阳辐射强度	$1\,000\ W/m^2$	风机直径	10 m
最大输出功率	50 kW	风机转速	100 r/min
设计新空气温度	320 K	电机转速	1 000 r/min
烟囱高度	195 m	集热棚热效率	32%
烟囱直径	10.3 m	风机效率	83%
集热棚直径	242 m	负载下迎风速度	9 m/s
集热棚高度	2~6 m	空载下迎风速度	15 m/s

8.5　习题

1. 下列属于直接光发电的技术是　　　　　　　　　　　　　　　（　　）

   A. 塔式热发电技术　　　　　　　　　B. 碟式热发电技术

   C. 太阳能热气流发电　　　　　　　　D. 太阳能温差发电

2. 热发电中热能的储存方法一般分为三种,下列哪一项不属于常用的

   储热技术　　　　　　　　　　　　　　　　　　　　　　　　　（　　）

   A. 显热储存　　　B. 潜热储存　　　C. 化学储存　　　D. 物理储存

3. 太阳能热发电中的抛物面槽式发电属于　　　　　　　　　　　（　　）

   A. 高温　　　　　B. 中温　　　　　C. 低温　　　　　D. 恒温

4. 何为太阳能热发电技术？

5. 简述各类太阳能热发电的优缺点？

参 考 文 献

[1] Saitoh T，Yamada N，Wakashima S I. Solar Rankine cycle system using scroll expander [J]. Journal of Environment and Engineering，2007，2(4)，708 - 719.

[2] Der Minassians A. Stirling engines for low-temperature solar-thermal-electric power generation[D]. Berkeley：University of California，2007.

[3] Community Research and Development Information Service. Mechanical power generation based on solar Thermodynamic Engines[EB/OL].(2007) http：//cordis.europa.eu/project/rcn/81331_en.html.

[4] Riffat S B，Zhao X. A novel hybrid heat-pipe solar collector/CHP system-Part Ⅱ：theoretical and experimental investigations [J]. Renewable Energy，2004，29(12)：1965 - 1990.

[5] Wang X D，Zhao L，Wang J L，et al. Performance evaluation of a low-temperature solar Rankine cycle system utilizing R245fa[J]. Solar Energy，2010(84)：353 - 364.

[6] Zhai H，Dai Y J，Wu J Y，et al. Energy and exergy analyses on a novel hybrid solar heating，cooling and power generation system for remote areas [J]. Applied Energy，2009，86(9)：1395 - 1404.

[7] Pei G，Li J，Ji J. Analysis of low temperature solar thermal electric generation using regenerative Organic Rankine Cycle [J]. Applied Thermal Engineering，2010，30(8 - 9)：998 - 1004.

[8] Pei G，Li J，Ji J. Design and analysis of a novel low-temperature solar thermal electric system with two-stage collectors and heat storage units[J]. Renewable Energy，2011，36(9)：2324 - 2333.

[9] Mancini T R. Solar-electric dish stirling system development，SNL[R]. Albuquerque，N M：1987.

[10] Kongtragool B，Wongwises S. A four power. piston low-temperature differential Stirling engine using simulated solar energy as a heat source[J]. Solar Energy，2008，82(6)：493 - 500.

[11] Tavakolpour A R，Zomorodian A，Golneshan A A. Simulation construction and testing of a two cylinder solar Stirling engine powered by flat plate solar collector without regenerator [J]. Renewable Energy，2008，33(1)：77 - 78.

[12] Tlili I，Timoumi Y，Nasrallah S B. Analysis and design consideration mean temperature differential Stirling engine for solar application[J]. Renewable Energy，2008，33(8)：1911 - 1921.

[13] Makhkamov K，Ingham D B. Two dimensional model of the air flow and temperature distribution in a cavity. type heat receiver of a solar Stirling engine[J]. Journal of Solar

Energy Engineering，1999，121(4)：210 - 216.

[14] Terada F，Nakazato T，Matsue J. 30 kW Class small. size stirling engine （NS30S）：proceedings of the 2nd International Stirling engine conferfance[C]. Shanghai：1986.

[15] Yamashita I，Tanaka A，Azetsu A，et al. Fundamental studies of stirling engine systems and components[R]. Japan：Mechanical Engineering Laboratory，1987.

[16] Haramura Y. Heat transfer due to condensation of bubbles in subcooled liquid：Proc. of 43th National Heat Tansfer Symposium of Japan[C]. Nagoya：2006，F334.

[17] Stine W B，Diver R B. A Compendium of Solar Dish/Stirling Technology：SNL report[R]，Albuquerque，NM：1994.

[18] Mancini T R. Dish-stirling systems：an overview of development and status[J]. ASME Journal of Solar Energy Engineering，2003，125(2)：135 - 151.

[19] Carlsen H，Jones B. Progress report：35 kW stirling engine for biomass[R]. European Stirling，Osnabruck，Germany：2000.

[20] 金东寒. 热气机工作过程的模拟计算及其实验[D].武汉：武汉水运工程学院，1984.

[21] 沈建平，金东寒，顾根香. Stirling 发动机燃烧及换热分析[J].热能动力工程，1998，1：6 - 10.

[22] 顾根香.四缸双作用热气机性能仿真研究[D].北京：中国舰船研究院，1998.

[23] Sandia. Stirling energy systems set new world record for solar-to-grid conversion efficiency [EB/OL].(2008) [2017 - 12 - 19]http：//www. stirlingenergy.com，2008.

[24] Fung C W，Solar stirling engine systems for energy independence[EB/OL].(2008) http：// worldharmonyforum. blogspot.com.

[25] Sharke P.冉冉升起的大型太阳能发电厂[J].工业设计，2008，09：44 - 46.

[26] Allen D，Cairelli J. Test results of a 40 kW Stirling engine and comparison with the NASA. Lewis computer code predictions：proceedings of the 20th Intersociety Energy Conversion Engineering Conference[C]. Warrendale，PA：Society of Automotive Engineers，1985.

[27] Almstrom S，Bratt C，Nelving H. Control systems for united Stirling 4 - 95 engine in solar application，United Stirling (Sweden) report[R].USA：1981.

[28] Nelving H G，Percival W H. Modifications and testing of a 4 - 95 stirlingengine for solar applications[C].USA：JPL Parabolic Dish Solar Thermal Power Ann，Program Rev. Proc.，1983：179 - 189.

[29] Adkins D R，Andraka C E，Moreno J B，et al. Heat pipe solar receiver development activities at sandia national laboratories：Renewable and Advanced Energy Conference for the 21st Century Conference[C]. Maui，HA：1999.

[30] Stirling energy. North America's premier energy efficiency and combined heat &.power (CHP) resource[EB/OL].[2017 - 9 - 20]http：//www. stirlingenergy.com.

[31] Baum V A，Aparasi R R，Garf B A. High power solar installations[J]. Solar Energy 1957，1(1)：6 - 12.

[32] Francia G. Un noveau collecteur de lde lcteu rayonnante solaire：theorie et verifications experimentales[C]. Rome：United Nations conference on new sources of energy，1961：554 - 588.

［33］ Riaz M R. A theory of concentrators of solar energy on a central receiver for electric power generation. [J]. Journal of Engineering for Power，1976，98(3)：375 - 383.

［34］ Negi B S，Mathur S S，Kandpal，T C. Optical and thermal performance evaluation of a linear Fresnel reflector solar concentrator[J].Solar & Wind Technology，1989，6(5)：589 - 593.

［35］ Singh P L，Ganesan S，Yadav G C. Performance study of a linear Fresnel concentrating solar device[J]. Renewable Energy，1999，18(3)：409 - 416.

［36］ Singh P L，Sarviya R M，Bhagoria J L. Thermal performance of linear Fresnel reflecting solar concentrator with trapezoidal cavity absorbers[J]. Applied Energy，2010，87(2)：541 - 550.

［37］ Mills D R. Two-stage solar collectors approaching maximal concentration[J].Solar energy，1995，54(1)：41 - 47.

［38］ Robert R. Spanish solar chimney nears completion [J]. MPS Review,1981，6：21 - 23.

［39］ Haaf W，Friedrich K，Mayr G，et al. Solar chimneys part I：principle and construction of the pilot pant in manzanares [J]. International Journal of Solar Energy，1983,2(1)：3 - 20.

［40］ Haaf W. Solar chimney，part II：preliminary test results from the manzanares pilot plant [J]. Int. J. Solar Energy,1984,2：141 - 161.

［41］ 张建锋,杨家宽,肖波,等. 太阳能烟囱发电技术现状及展望[J].可再生能源，2003,01：5 - 7.

［42］ 徐涛,刘晓红.对烟囱式和塔式太阳能热力发电系统的分析[J].广州航海高等专科学校学报,2009,17(2):24 - 27.

［43］ Pasumarthi N，Sherif S A. Performance of a demonstration solar chimney model for power generation [D]. Sacramento，C A,USA：California State Univ.，1997.

［44］ 毛宏举,李载洪. 太阳能烟囱发电系统研究进展[J]. 能源工程,2005,01：24 - 28.

［45］ Ferreira A G，Maia C B，Cortez M F B,et al. Technical feasibility assessment of a solar chimney for food drying [J]. Solar Energy，2008,82(3)：198 - 205.

［46］ 孙詰,刘征. 太阳能-风能综合发电装置中温室型空气集热器的性能分析[J]. 太阳能学报，1985,1：78 - 84.

［47］ 明廷臻,刘伟,许国良,等. 太阳能热气流发电技术的研究进展[J].华东电力,2007,35(11)：58 - 63.

［48］ 周新平,杨家宽,肖波,等. 太阳能烟囱发电装置的 CFD 模拟[J].可再生能源,2005,04：8 - 11.

［49］ 卫军,刘展科,潘垣. 超高太阳能烟囱结构建造的可行性分析[C].2003 年全国结构设计理论与工程应用学术会议论文集,2003.

［50］ 黄国华,施玉川. 斜坡太阳能热气流发电的可行性分析[J].太阳能,2005,04：46 - 47.

［51］ 张楚华. 大型太阳能烟囱发电站热力分析与计算[J].可再生能源,2007,25(02)：3 - 6.

［52］ 周新平. 基于西部太阳能烟囱热气流发电及应用研究[D].华中科技大学,2006.

［53］ 范振河,刘发英. 太阳能烟囱发电系统的 CFD 模拟研究[J].可再生能源,2009,27(04)：7 - 9.

［54］ 周洲,明廷臻,潘垣,等.太阳能热气流发电系统的热力性能分析[J]. 太阳能学报,2011,32(1)：72 - 77.

第9章　太阳能储存

太阳能是随天气情况等因素而产生变化的随机性自然能源,其辐射能量随时间变化莫测。为了使太阳能利用装置能够相对连续而稳定地运行,实现太阳能更有效地利用,在不借助于辅助能源的情况下,必须对能量进行储存。将晴天中午多余的太阳能储存到夜间、阴雨天时使用,这样太阳能作为一次能源就可相对保证供给,这就是太阳能储存的基本含义。

太阳能是巨大的能源宝库,具有清洁无污染、取用方便的特点,特别是在一些高山地区,如我国的甘肃、青海、西藏等地,太阳辐射强度大,而其他能源短缺,故太阳能的利用就更为普遍。由于达地球表面的太阳辐射能量密度很低,而且受地理、昼夜和季节等规律性变化的影响,以及阴晴云雨等随机因素的制约,其辐射强度也不断发生变化,具有显著的稀薄性、间断性和不稳定性。为了保持供热或供电装置稳定不间断地运行,需要蓄热装置将太阳能储存起来,在太阳能不足时再释放出来,从而满足生产和生活用能连续和稳定供应的需要。

9.1　太阳能储存方式

太阳能储存问题很早就引起了人们的兴趣和关注。发展到今天,已经开发了不少太阳能储存方法,技术上基本可行,关键在于方法的经济性。下面将要介绍的几种主流的储存技术,即显热储存、潜热储存、化学能储存和电能储存。

9.1.1　显热储存

显热储能技术是利用材料的温度升高会吸收热量,材料的温度降低会释放热量的性质进行热量储存。每一种物质都有热容,物质的储热量与其质量和比热的乘积成正比,与材料温度变化量成正比,故实际应用时选择比热容较大的材料,如水、岩石等。显热储能系统的特点是装置简单、成本较低,但能量储存密度较低、贮热装置体积庞大,而且在能量释放过程中输出温度波动过大,从而影响使用稳定性。

显热储热材料的重要参数包括:密度、比热容、导热率、热扩散率、运行温度、蒸气压力、稳定性、兼容性、散热系数和经济成本,选择显热相变材料时要综合考虑以上参数。

水是一种良好的低温储热体,在自然界含量丰富,单位热容量高,可用于储存25~90℃的热能。Duffie 和 Beckman[1]将蓄热水箱应用在研究太阳能热能转换过程中,并指出了蓄热水箱热损失系数的计算公式。岩石和土壤也是良好的储热体,具有储热能力大、热损失较小的优点。国际上对于土壤蓄能已经开展了相关的研究工作,Pahud[2]曾研究比较了太阳能(跨季)岩石和水蓄热的特性,并得到了所需集热器面积以及单位集热器面积所需的岩石蓄热及水蓄热的容积。郭茶秀等[3]对为住宅提供全年的生活用热水的土壤储热的太阳能长期储热系统进行了研究。经济分析表明,土壤储热太阳能供暖系统的年度成本仅为电加热系统的 1/3 左右,为常规太阳能供暖系统的 2/3 左右。太阳能显热储存材料有固体储热材料和液体储热材料两大类,常见的显热储热材料及其主要特性如表 9.1、表 9.2 所示。

表 9.1　显热固体储热材料的主要特性[4,5]

储热材料	平均密度 kg/m³	平均体积比热 kW·h/m³	平均热导率 W/(m·K)	平均热容 kJ/(kg·K)
沙、岩石、矿物油	1 700	60	1.0	1.30
加固混凝土	2 200	100	1.5	0.85
氯化钠(固体)	2 160	150	7.0	0.85
铸铁	7 200	160	37.0	0.56
铸钢	7 800	450	40.0	0.60
耐火硅砖	1 820	150	1.5	1.00
耐火镁砖	3 000	600	5.0	1.15

表 9.2　显热液体储热材料的主要特性[4,5]

储热材料	平均密度 kg/m³	平均体积比热 kW·h/m³	平均热导率 W/(m·K)	平均热容 kJ/(kg·K)
Hitec 盐	—	—	—	—
太阳能盐	—	—	—	—
矿物油	770	55	0.12	2.6
合成油	900	57	0.11	2.3
硅油	900	52	0.10	2.1
亚硝酸盐	1 825	152	0.57	1.5
硝酸盐	1 870	250	0.52	1.6
碳酸盐	2 100	430	2	1.8
液态钠	850	80	71	1.3

对于固体材料,混凝土和陶瓷研究得比较多。熔融盐是最佳的液体储热材料,在大气压力下呈现液态,是一种高效廉价的储热材料,主要用于太阳能发电。目前这方面应用的熔融盐主要指的是太阳能盐和商业出售的 HitecXL。太阳能盐是由 60%$NaNO_3$ 和 40%KNO_3 组成,而 HitecXL 是由 48% $Ca(NO_3)_2$、7% $NaNO_3$ 和 45%KNO_3 组成。

9.1.2 潜热储存

物质通常分为固态、液态和气态三种存在状态。潜热蓄存也称为相变储能。相变储能是利用物质材料在固—固、固—液、固—气或液—气等相变过程中释放和吸收潜热的原理进行能量的储存。一般来说,相变时吸收/释放的热量会远远大于温度变化时显热所吸收/释放的热量,故相对于显热储能方式,其拥有能量储存密度较高。当外界环境条件不变时,材料相变的温度是固定的,所以相变储能、释能过程也近似等温,易于进行系统的匹配,是目前研究的热点方向,并已经在建筑节能、温室、人体保护、空间站和工业余热利用的各个方面有一定的应用。

相变储能材料主要分成无机相变材料和有机相变材料。

无机相变材料主要包括结晶水合盐、熔融盐、金属或合金。结晶水合盐具有价格便宜、体积蓄热密度大、熔点固定、热导率比有机相变材料大、一般呈中性等优点,熔解热一般在 150~300 kJ/kg,目前在中、低温相变蓄能材料中研究较多。但是其存在传热性能较差、过冷和相分离等缺点,很多研究试图解决此问题,如 Dr. Maria Telkes 等[6]率先对 $Na_2SO_4 \cdot 10H_2O$ 进行了较深入的研究。国内清华大学最早在石家庄郊区的太阳房中成功应用了 $Na_2SO_4 \cdot 10H_2O$ 储热材料(1970 年)。

有机相变材料主要包括石蜡类、脂肪酸类和其他种类,具有相变温度可调节和无过冷、相分离等优点。有机相变材料中石蜡是最常用的一类,石蜡主要由直链烷烃混合而成,一般用通式 C_nH_{2n+2} 表示,可以分为食用蜡、全精制石蜡、半精制石蜡、粗石蜡等。短链的烷烃熔点较低,随着碳链的增长,熔点将逐渐升高。商业用石蜡价格相对便宜、蓄热密度适中、熔点范围大、过冷现象较小、化学性质稳定并且无相变分离现象,但是它的热导率低且相变体积大,可通过加入金属基结构、翅片管等方式来改善其导热性能。Morrison,Abdel - Khalik 与 Ghoneim[7]通过研究发现:每单位采集器面积储存同样数量的能量,采用显热蓄热材料,如石块作为蓄热材料,其体积约为石蜡 P - 116 的 7 倍,为药用石蜡的 5 倍。

为了提高相变材料的性能,可以将相变材料进行一定的处理,与其他基体材料一起加工成各种复合储能材料。比如微胶囊定形相变材料,采用薄膜封装成微尺度的相变胶囊,可以增大比表面积,起到强化传热的作用。封装后相变材料和环境隔离,有利于提高其化学稳定性。

理想的、有实用价值的相变储热材料应该符合下列标准。

(1)热力学标准:单位质量潜热高,便于以较少的质量储存相当量的热能;高密度,盛装容器体积更小;高比热,可提供额外的显热效果;高热导率,以便储、放热时储热材料内的温度梯度小;协调熔解,材料应完全熔化,以使液相和固相在组成上完全相同,否则因液体与固体密度差异发生分离,材料的化学组成改变;相变过程的体积变化小,可使盛装容器形状简单。

(2)动力学标准:凝固时无过冷现象或过冷程度很小,熔体应在其热力学凝固点结晶,这可通过高晶体成核速度及生长速率实现,有时也可加入成核剂或“冷指”(cold finger)来抑制过冷现象。

(3)化学标准:化学稳定性好,不发生分解,使用寿命长;对构件材料无腐蚀作用;无毒性、不易燃烧、无爆炸性。

(4)经济标准:价格低廉,储量丰富,易大规模制备。

表9.3列出了几种常见的相变储热材料及其相变温度和相变潜热,供选择参考。

表 9.3　常见相变储热材料的相变温度范围和相变潜热[8]

温度范围/℃	相 变 材 料	相变温度/℃	相变潜热/(kJ/kg)
0~100	水	0	335
	石蜡	20~60	140~280
	水合盐	30~50	170~270
100~400	$AlCl_3$	192	280
	$LiNO_3$	250	370
	Na_2O_2	360	314
400~800	LiOH(50%)/LiF(50%)	427	512
	$KClO_4$	527	1 253
	LiH	699	2 678
800~1 500	LiF	868	932
	NaF	993	750
	MgF_2	1 271	936
	Si	1 415	1 654

9.1.3　化学能储存

化学储能是通过利用可逆化学反应中的吸热/放热性质进行储能。相比前面两种储能方式,其能量储存密度大,而且通过控制化学反应进行储能与释能,储存过程中无热耗散,从而可进行长期的储存,而且其工质数量众多,可根据不同的应用工况进行选择。

化学储能中吸附储能技术是典型的代表,可包括金属氯化物-氨体系、分子筛-水体系、吸氢合金储能体系等。20 世纪 70 年代初,吸附系统开始应用于储能方面,Close 等[9]关于固体材料的储热应用方面进行了研究。1999 年 Mugnier 等[10]对吸收和吸附设备的储冷性能进行了较为系统的研究,并且和 PCM 相变储能方式进行了比较,初步得出几种性能较好的工质对,比如吸收系统中的 $H_2O-NaOH$ 工质对,吸附系统中的 $MnCl_2-Na_2S$、$CaCl_2-Na_2S$ 工质对等。

9.1.4　电能储存

在太阳能工程中,蓄电池作为储能装置已普遍应用于各种类型的光伏发电系统,成为系统的一个重要组成部分。蓄电池的种类很多,主要分为酸性蓄电池和碱性蓄电池。

酸性蓄电池在结构上由正、负极板、隔板、硫酸电解液、密封极柱、安全排气阀和壳体等组成,特点是充、放电速率低,适应经常性浮充、放电,长寿命,全密封、免维修。碱性蓄电池在结构上的区别是正负极板材料以及电解液的不同,特点是能承受很高的充电速率、寿命较长、价格较昂贵。

9.2　太阳能光化学转化途径和方法

光化学转化亦称为光化学制氢转换,就是将太阳辐射能转化为氢的化学自由能,通称太阳能制氢,属于另一类太阳能利用途径。氢是目前自然界中已知的最理想的燃料。氢燃烧后生成水,无环境污染,不破坏生态平衡,是清洁燃料。氢和其他化石燃料相比,具有很多独特的优点。例如,氢可以长期储存,也可以远距离运输,因此可以在荒漠地区生产,运输到其他地方使用。氢的热值很高,可以广泛应用于不同用途的氢发动机,以填补石油枯竭的造成的能源空缺。所以人们对氢能利用有极大的兴趣和期待。

虽然氢作为燃料具有上述诸多优点,但它不能像化石燃料那样可以直接从地下开采。自然界中的氢大多与氧合成水,想要得到氢,必须从水中分解制取。例如,工业中常用电能分解水制氢,这只是作为生产少量工业原料而采用的制备方法。当然,也可采用煤、石油等常规燃料燃烧所产生的热去分解水制氢。但是,利用上述方法来制备氢燃料是毫无意义的。因此,人们设想利用太阳能制氢。太阳能无污染,地球上到处都有,水是制氢的原料,也普遍存在。两者的结合,将分散的低品位太阳能转换为集中的高品位氢能。这种生产模式一旦被掌握并大规模开发利用,必将为我们解决能源和环境问题展示美好的前景。

目前,世界各国开展研究和实验的太阳能制氢方法主要有五种,即光电化学分解水制氢、光催化分解水制氢、热化学分解水制氢、太阳能发电电解水制氢和光生物化学分解水制氢。

9.2.1　光电化学分解水制氢

水分解为氢和氧的反应是一个自由能增加的过程。为了使该反应发生,必须对该过程提供必需的能量。采用直接光照使水分解,光的波长需要小于 $0.19~\mu m$。因此,利用太阳能直接辐射分解水制氢几乎是不可能的。

由电化学原理可知,电解水需要施加的理论电压为 1.23 V。这就是说,当外电场将电子能量增加到 1.23 eV 以上时,电子就具备能力将 H^+ 还原为 H_2,而电子跃迁留下的空穴,也就可能将 H_2O 氧化放出 O_2。理论上实现电子能量增加到 1.23 eV,大约需要波长为 $1~\mu m$ 的光激发。考虑其他一些因素,例如,固体电极表面与水溶液之间存在过电势(即势垒),固体中的电子或空穴必须克服这一过电势才能到达溶液中。在标准太阳辐射条件下,阴极过电势为 50 mV,阳极过电势为 275 mV。这样,要使水分子分解,需要施加的最小电势为 1.555 V。再考虑施主与受主距价带顶及导带底的能差,则电解水电压需要 1.8 V,相当于波长 $0.7~\mu m$ 的光激发。已知波长 $0.7~\mu m$ 以上的太阳能辐射能量约占太阳辐射总能量的 50%。由此可见,利用太阳辐射能实现光电化学分解水制氢,理论上是完全可行的。

1972 年,日本东京大学本多键一等利用 N 型二氧化钛半导体电极作阳极,以铂黑作阴极,制成太阳能光电化学电池。在太阳光照射下,阴极产生氢气,阳极产生氧气,两电极用导线连接便有电流通过,即光电化学电池在太阳光的照射下同时实现分解水制氢、制氧和获得电能。这一实验结果引起世界各国科学家高度重视,被认为是太阳能技术的一次突破。但是,光电化学电池制氢效率很低(仅 0.4%),只能吸收太阳光中的紫外光和近紫外光,且极易受腐蚀、性能不稳定。目前,以多晶硅为代表的光解池太阳能光电化学制氢转换效率已超过 10%。

9.2.2　光催化分解水制氢

水对可见光和紫外线是透明的,所以水不能直接吸收太阳能。要利用太阳能直接分解水制氢,必须借助于光催化材料,通过这些材料吸收太阳辐射,并有效地传给水分子,使水分解。但这种光催化分解水制氢的效率很低,目前只有 1%~2%。多年的实验研究表明,光催化分解水制氢的技术难度在于找到一种能够高效地进行光催化分解水制氢用的催化剂。目前,实验研究的光催化分解水制氢的氧化还原催化体系主要有两种,即半导体体系和金属配合物体系。

半导体体系主要有两种制氢类型,金属修饰半导体光催化分解水制氢和复合半导体光催化分解水制氢。制氢过程的基本工作原理与光电化学过程分解水制氢十分相似。

金属配合物体系是在反应中加入金属配合物催化剂,主要为金属配合物双联吡啶钌,它既是电子受体,又是电子供体,能够较好地吸收太阳辐射可见光区的能量。其激发态寿命较长,因此具有充裕的时间将太阳辐射能转换为氢化学能。

9.2.3　热分解水制氢

热分解水制氢通常有两种方法,直接热分解法和热化学分解法。

直接热分解法就是将水或水蒸气加热到 3 000 K 以上,水中的氢和氧便能分解。这种方法制氢效率高,但需要高倍聚光器才能获得要求的温度,故一般不采用这种方法制氢。

热化学分解法是在水中添加一种或多种中间物,然后将溶液加热到一定的温度,溶液中产生水解反应,生成氢和氧。水中添加的中间物只是起到催化剂的作用,将不断地再生和循环。热化学分解法的温度大致为 900~1 200 K,其分解水的效率为 17.5%~75.5%。存在的主要问题是加入中间物的再生循环,即使其再生循环率为 99.9%~99.99%,也将大为影响制氢成本,并带来一定的环境污染。

9.2.4　太阳能发电电解水制氢

太阳能发电电解水制氢,即采用太阳能发电系统作为电解水制氢装置的电源,这在技术上显然是可行的。但电能本身已是使用方便、输送简单的高品质二次能源,所以太阳能发电电解水制氢的全部意义,只在于氢能是未来交通运输工具最理想的动力燃料之一。整个过程由太阳能发电和电解水制氢两个独立的工艺过程组成,所以其制氢总效率是两个独立过程效率的乘积,约为 7%~9%。

9.2.5　光生物化学分解水制氢

植物的光合作用是在叶绿素上进行的。这种光合作用包含两个系统:系统 1 在氮存在时固碳,在无氮时则进行光合作用放氢;系统 2 中进行的光合作用是固定二氧化碳,分解水释放氧。可见,如果造成一种无氮的环境,系统 2 释放的氧由系统 1 所吸收,这样就能保证过程中的氢化酶不被氧毒害,从而使放氢过程维持下去,这就是所谓的模拟植物光合作用的太阳能光生物化学分解水制氢。

研究表明,模拟植物光合作用的光生物化学分解水制氢的前景和品种基因改良密切相关。据估计,若将藻类光合作用制氢的转换效率提高到 10%,晴朗天气时,每平方米每天可以生产 9 mol 的氢。

9.3 储能环节在太阳能系统中的应用及必要性

蓄热技术是提高能源利用效率和保护环境的重要技术,可用于解决热能供给与需求失配的矛盾,在太阳能利用、电力的"移峰填谷"、废热和余热的回收利用以及工业与民用建筑和空调的节能等领域具有广泛的应用前景,目前已成为世界范围内的研究热点。蓄热技术作为缓解能源危机的一个重要手段,主要有以下几个方面的应用。

9.3.1 太阳能中温工业用热储存

化工生产和许多工业过程中排放的废热是不连续的,要充分利用这些不稳定的能源,就需要采用蓄热技术,将这些热量暂时储存起来,在需要的时候再释放出去。这样既可以降低企业能耗,又可以减少由一次能源转变为二次能源时产生各种有害物质对环境造成污染。包括采暖、热水、工业生产过程用热等在内的大部分太阳能装置都需要储存热能,以满足生活和生产使用的灵活性和稳定性。生产和生活用能过程很少是恒定的,而是波动或者间断性的,这就存在有效用能和对耗能设备合理投资的问题。能耗的减少和设备投资增加的最后结果,应反映到产品的能源成本有所降低,这是我们对节能活动进行技术经济分析的基本考虑。在实际的工业和民用工程中,对热储存的需求量很大,调研表明:在英国,如工业上应用储能系统,可使工业总能耗减少 1% 以上;瑞典九个行业的调查表明,占 11.8% 的能量可经过储存后加以利用。热能储存技术及其工业上的应用已有很长的历史,如稳定锅炉负载的蒸气蓄热器、炼铁高炉的蓄热式热风炉、玻璃熔炉的蓄热室等。高效热能存储对提高耗能系统的热效率是显而易见的。目前工业热能储存采用的是再生式加热炉和废热蓄能锅炉等蓄能装置。采用蓄热技术,回收储存碱性氧气转炉或电炉的烟气余热以及干法熄焦中的废热,既节约了能源又减少了空气污染以及冷却、淬火过程中水的消耗量。在造纸和制浆工业中燃烧废木料的锅炉适应负荷的能力较差,采用蓄热装置后,可以提高其负荷适应能力。在食品工业的洗涤、蒸煮和杀菌等过程中负荷经常发生波动,采用蓄热装置后能很好地适应这种波动。纺织工业的漂白和染色工艺过程也可以采用蓄热装置来满足负荷波动。

太阳能中温系统应用在工业加工用热过程,有巨大的前景。1980 年代美国就在加利福尼亚州的帕萨尤纳,建造了一座 600 m² 太阳能中温装置,生产 170℃ 蒸汽供洗衣房用热,可以满足洗衣房蒸汽需要量的 75%。美国得克萨斯州达拉斯北 80

公里处,建有一座 1 070 m² 中温装置,产生 173℃ 蒸汽漂洗布匹,可满足工厂漂洗布匹需要蒸汽量的 60%。美国勘萨斯 AAI 公司建造一座太阳能蒸汽混凝土实验厂,产生 150℃ 蒸汽对混凝土进行养护。加拿大一家罐头食品加工厂,建造了一座太阳能中温系统装置,提供 150~180℃ 蒸汽,每年可节省全厂 20% 的电力消耗。澳大利亚工厂利用太阳能中温系统把导热油加热至 200~250℃,用来熔化沥青。

目前,太阳能热利用技术在工业领域的应用在我国仅有几个实例。2010 年,江苏常熟锦弘印染厂的 500 吨热水工程正式投入运行,作为中国印染行业模范、技术领先的大型真空管式工业热水工程,其集热面积达 7 500 m²,日供应热水达 500 t,能够基本满足工厂日常生产所需工业用水量,同时大幅降低了热水生产成本,使企业经济和社会效益得到大幅提升。2006 年,利达纺织染有限公司实施"太阳能水处理节能系统"技术改造项目,建造了 3 000 m² 的太阳能热水系统,日供热水 300 t,用于工业过程和一些工业用热的预热。这些工程推进了太阳能在工业领域如纺织、造纸、印染、食品等行业的应用,太阳能热利用技术尤其是太阳能中温技术还有待发展。

采暖系统中热能生产随需求变化要随时调整,因此蓄热的作用显得更加重要。借助蓄热装置,可以降低能量转换装置以及二次能量传输系统(区域热力管网)的设计功率,因为在一年中只有较短的一段时间需要最大采暖功率。在电热采暖和供应热水的过程中,可以把用电时间安排到非高峰时期,从而降低运行成本。采用蓄热装置后不存在部分负荷运行情况,能量的转换效率提高。采暖锅炉由于需求的波动导致锅炉启停频繁,而启停过程的能量损失非常大。当采用蓄热装置后,有效地增加了系统蓄热容量,在一定范围内可以满足波动负荷的要求,从而降低锅炉启停的频率,降低能量消耗。

9.3.2　太阳能高温发电用热储存

太阳能光热发电技术越来越受到重视和发展,由在建电站预测光热发电的发展,爆发式增长临近。已经并网的太阳能光热发电总装机容量达到 1.7 GW,在建的装机容量已达到 2.1 GW,增幅达到 24%。更可观的是,目前在规划中的装机容量达到 14.2 GW,是目前运行中光热发电站装机容量的 8.5 倍。仍处于规划阶段的项目中主要分布在美国、西班牙和非洲。

根据美国能源咨询机构 EER 发布的《2009—2020 年全球聚光型太阳能热发电(CSP)市场和战略》中的统计结果(见图 9.1),预计到 2020 年,全球 CSP 累计装机容量将达到 25 GW。相关的设备制造商、技术提供商、EPC 服务商等都将从 CSP 的大规模建设中受益。2010 年和 2011 年的项目数据对比,2011 年 CSP 已经开始爆发。

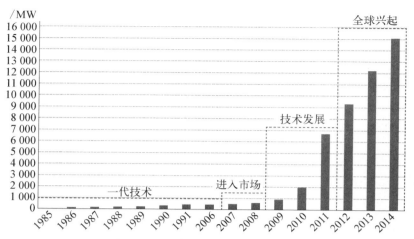

图 9.1　全球 CSP 装机总容量统计

对太阳能光热发电而言,高温蓄热技术是太阳能热发电的关键技术。由于太阳辐射强度时刻在变化,太阳能热发电系统在早晚或云遮间隙必须依靠储存的能量维持系统正常运行,为保证发电相对稳定,必须采取蓄热措施。在电厂中采用蓄热装置不仅可以经济地解决高峰负荷,更能够在太阳辐照不足的白天以及夜间提供能量,维持电网运行的稳定性。采用蓄热装置可以节约燃料、降低电厂的初投资和燃料费用、提高机组的运行效率和改善机组的运行条件,从而提高电厂的运行效率、改善电厂的运行情况、降低排气污染、改善环境。

如图 9.2 所示,太阳辐射与用电负荷之间存在着不匹配关系,太阳能光热发电的峰值在每天的中午时段,因为该时段太阳辐照度最高;而与此不同的是,由于冷热负荷的滞后性以及人们的生活规律,每天的用电高峰可能在 15:00～21:00。因

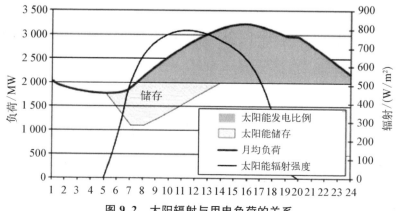

图 9.2　太阳辐射与用电负荷的关系

此,光热发电从根本上来讲与实际用电负荷存在着偏差。

从图 9.3 中可以看到,蓄热系统的加入较好地改善了发电与用电之间的不匹配关系,针对用电情况来规划发电机组的运行,有的放矢,使得电站运行具有更好的经济技术性。以西班牙 Andasol 电站为例,这个发电功率为 50 M 的太阳能热发电站采用了 28 500 t 熔融盐进行蓄热。若不采用蓄热,这样的热电站年发电只有 2 000 h、年发电量仅为 100 GW·h;而采用熔融盐进行蓄热 7.5 h,则可使年发电达 3 600 h,年发电量可上升至 180 GW·h。

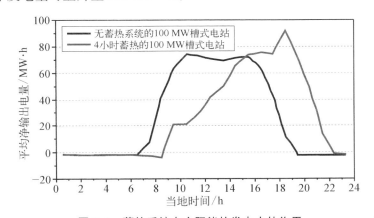

图 9.3　蓄热系统在太阳能热发电中的作用

我国用电总量中需要调峰的比例占 30.40%,而现阶段电化学储能成本较高,无法实现大规模储能。目前蓄能电站的主要形式如抽水电站、机械蓄能等也面临条件受限、投资巨大等问题。发展带有蓄热的调峰太阳能热发电站,将聚集的高温太阳能蓄积起来,在需要调峰时利用蓄积的太阳能发电,可实现电站的调峰。这种形式与电化学储能和机械储能相比,具有成本低、寿命长、没有二次充放电过程的能量损失等优势,有广阔的应用前景。

9.4　太阳能昼夜、季节性能量蓄存系统特性

太阳能光、热、能储综合利用系统的总体要求是夏季供冷和冬季采暖。基于太阳能空调系统对气候有依赖这一特点,在系统设计中必须充分考虑系统的启动、能量的储存、太阳能与热能、储能的切换以及系统的安全性等一系列因素。

9.4.1　系统介绍及原理

太阳能集热、蓄热、空调系统(以下简称"系统")主要由线聚焦菲涅尔反射式太阳能集热器、单/双效溴化锂吸收式制冷机、熔盐蓄热罐和自动监控系统组成。除

此之外,系统还包括冷却塔、板式换热器、电加热器、风机盘管以及管道和其他辅助设备。

太阳能综合利用系统的原理如图 9.4 所示。夏季白天,系统通过菲涅尔太阳能集热器吸收太阳直射辐射并将其转化为热量;在制冷模式下优先令太阳能通过板式换热器以热交换的方式加热热水循环;高温热水用以驱动一台最高制冷功率为 130 kW 的单/双效溴化锂吸收式制冷机,制冷机产生的冷冻水再通过风机盘管最终送入空调房间。当集热温度较高,在能够满足制冷机双效运行的基础上,通过系统阀门的切换和调节,可分流一部分太阳能至系统储热装置;而当太阳辐照不足时,储热装置和电加热装置可以对系统放热,作为补充或是辅助热源。到了夜晚,充分利用峰谷电价政策,通过电加热器对储热装置蓄热,根据计算,其蓄热量足够制冷机在无太阳能加热的情况下单效持续工作 2 小时。

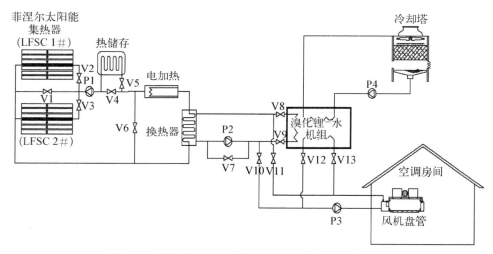

图 9.4 线性菲涅尔太阳能集热、蓄热、空调系统原理

在冬季工况下,集热侧与蓄热侧的运行原理与夏季工况相同,不同的是加热后的热水循环不再经过制冷机而是直接通过分集水器、风机盘管送入采暖房间。

9.4.2 蓄热系统昼夜、季节特性

由以上系统的工作特性以及太阳资源本身的不稳定性可知蓄热系统在全天以及不同季节的重要意义。在夏季,对一般的建筑物而言需要通过收集太阳能驱动制冷机提供冷量,由于一天中太阳辐照度的变化趋势是从小到大再到小,因此,对于集热系统而言,集热能力也是从小到大再到小。从系统的设计角度考虑,需要具有最大的技术经济性,也就是说,在平均设计指标下能够满足需求。以上述太阳能

系统设计为例,系统的容量大小以夏季典型工况下的平均辐照度来确定,故在不同的时段,系统的集热能力不同,一般来说早上和下午集热量小,中午时刻集热量最大,所以向建筑物供冷的时候,就会出现早间和晚间无法运行制冷机的情况,在这种情况下,蓄热系统就显得尤为重要。通过蓄热系统,经过板式换热器换热,能够补充早、晚间的制冷机运行需求,保证系统运行的稳定性与连续性。而中午时段,由于太阳辐照度大,能够满足制冷机的双效运行,此时可将多余热量蓄存在蓄热系统中,以备不时之需。此外,每日 22:00 到次日凌晨为谷电价,可利用电蓄热将能量蓄存。由此可见,对应于一天中的能量使用情况,蓄热系统在昼夜间的特性是通过多种方式,对能量进行多蓄少补,最大限度地保证系统运行的稳定连续性。

在冬季,能量利用情况与夏季相似,在白天满足采暖需求的基础上将多余热量蓄存,在夜间需要之时再通过蓄热系统放热。与夏季不同之处在于,冬季蓄热系统放热后通过板式换热器得到的热水直接由分水器送至空调系统末端进行采暖,而夏季时则需要将热水送入制冷机,不仅如此,驱动制冷机的热水温度也要比采暖用热水温度高,因此,就能量的利用效率来说冬季效率明显高于夏季。

另外,对一些工业过程来说则可能需要提供生产热水,而生产用热一般时间比较固定,用热量也相对稳定,与上述空调系统相似,也可以通过蓄热作为能量平衡的手段。

9.5 习题

1. 太阳能储存有什么样的理论及现实意义,请结合太阳能系统的特性及 1~2 个应用实例进行说明。

2. 结合太阳能的光化学转化,找出一种你认为最具有发展潜力的方式,并说明原因。

3. 目前太阳能存储有哪几种方式,请归纳进行总结,并对比它们的优缺点。

4. 调研太阳能在生活、工业各个领域中的应用情况,结合实例,找到你认为合适的储能方式,进行简单的储能系统设计,并加以说明。

5. 目前,已有部分的储能系统应用在工业及生活领域,以太阳能电站为例,当日照强度或稳定性受到影响,就需要蓄热系统及时补充能量,以维持蒸气的热力参数,保证发电机组运行的连续性。而从太阳能辐照变化到蓄热系统的启动运行需要一定的间隔时间,时间过长会使得原本的蒸气参数发生明显改变,影响发电机组运行。因此,如何合理精准地控制蓄热系统的运行是一个很关键的问题,可以从哪些方面来检测或判断蓄热系统是否需要运行,请谈谈你的意见。

6. 请在空余时间查阅本章中相关的参考文献,阅读学习。

参 考 文 献

［1］ Duffie J A，Beckman W A. Solar engineering of thermal processes［M］. New York：Wiley Inter science，1980.

［2］ Pahud D. Central solar heating plants with short term water storage：design guidelines obtained by dynamic system simulations［J］. Solar Energy，2000，69(6)：495－509.

［3］ 郭茶秀,魏新利.热能存储技术与应用[M],北京：化学工业出版社,2005.

［4］ Gil A，Medrano M，Cabeza L F. State of the art on high temperature thermal energy storage for power generation，part I-Concepts，materials and modellization［J］. Renewable and Sustainable Energy Revies，2010，14(1)：31－55.

［5］ Laing D，Lehmann D，Fiß M，Bahl C. Test results of concrete thermal energy storage for parabolic trough power plants. ASME［J］. J Sol Energy Eng，2009，131(4)：041007－041007.

［6］ Telkes M. Thermal storage applications［J］. ASHRAE Journal，1977，19(12)：40.

［7］ D J Morrison，Abdel-Khalik S I. Effects of phase change energy storage on the performance of air based and liquid based solar heating systems［J］. Solar Energy，1978,20(1)：57－67.

［8］ Hasnain S M. Review on sustainable thermal energy storage technologies，part I：heat storage materials and techniques［J］. Energy Conversion and Management，1998，39，11(1)：1127－1138.

［9］ D J Close，M K Peck. High temperature thermal energy storage：a method of achieving rapid charge and discharge rates［J］. Solar Energy,1986,37(4)：269－278.

［10］ D Mugnier，V Goetz. Energy storage comparison of sorption systems for cooling and refrigeration［J］. Solar Energy,2001,71(1)：47－56.

第 10 章　太阳能海水淡化

淡水是人类社会赖以生存和发展的基本物质之一。人体 60％是液体,其中主要为水。水对人体健康至关重要,当失去体内 10％的水分时,生理功能将严重紊乱;当失去体内 20％的水分时,人将面临死亡。除人类以外的生命体亦是如此,水是一切生命之源。此外,淡水缺失使农作物枯死、工业生产瘫痪,因此水亦是一切文明之源。

地球的总水量约为 1.4×10^9 km^3。尽管这是一个相当大的数字,然而,含盐度太高而不能直接饮用或灌溉的海水占地球总水量的 97.3％,可供人类利用的淡水仅占 2.7％。这 2.7％的淡水,分布极不均衡,3/4 被冻结在地球的两极和高寒地带的冰川中,其余的从分布上看,地下水比地表水多 37 倍左右。这样,存在于河流、湖泊和可供人类直接利用的地下淡水不足总量的 0.36％[1—3]。

我国水资源总量居世界第六位,但人均水资源拥有量只有世界人均水资源的1/4,被联合国列为 13 个最贫水国家之一。由于淡水资源缺乏,一些地区的居民长期饮用不符合卫生标准的水,严重影响了居民的身体健康和当地的经济建设。因此,解决淡水供应不足是我国面临的一个严峻问题。

解决淡水供应不足问题的途径除了跨流域引水等常规方法之外,还有一个行之有效的途径是就近进行海水或苦咸水的淡化。常规的海水淡化方法有蒸馏法、离子交换法、渗析法、反渗透膜法和冷冻法等,这些方法都要消耗大量的燃料或电力能源。据估计,如果每天生产 1.3×10^7 m^3 的淡化水,则每年需要消耗原油1.3×10^8 m$^{3[1—3]}$。而日益加重的环境问题和能源问题警示人们必须谨慎行事。

如前所述,中国是太阳能资源比较丰富的地区,利用太阳能从海水(苦咸水)中制取淡水,是解决淡水缺乏或供应不足的重要途径之一。本章将介绍太阳能海水淡化的基本原理、系统类型,以及与传统海水淡化技术相结合的太阳能海水淡化系统及其发展现状、典型案例。

10.1　太阳能海水淡化基本原理

常规太阳能蒸馏器的基本结构如图 10.1 所示,海水装入底面涂黑的蒸发池中。太阳辐射透过玻璃加热海水,水吸收热量后蒸发为水蒸气,与蒸馏室内的空气一起对流。由于玻璃本身吸热少,温度低于水温,水蒸气与它接触后凝结成水滴。玻璃安装成一定倾角,可以使水滴靠重力作用沿玻璃流入集水槽。要提高出水量,则希望凝结水在玻璃上作膜状流动而不是形成大滴水珠重新跌入池中。同时,还需要注意对池底和边壁采取绝热措施,以减小热损失。池内水深为 10~20 mm 的称为浅池,水深大于 100 mm 的称为深池。其宽约 1~2 m,长度在 50~100 m 范围内变化。

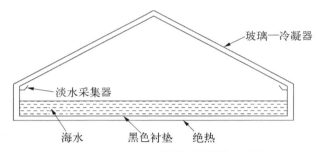

图 10.1　常规太阳能蒸馏器的基本结构

　　蒸馏器最重要的性能指标在于它生产淡水的能力,通常用单位面积的蒸馏器在一天内生产淡水的数量来表示。为计算蒸馏器的淡水产量并寻求提高蒸馏器性能的途径,需要对蒸馏器中的换热过程进行分析。图 10.2 所示为蒸馏器运行时的能流图,图 10.3 是蒸馏器的热网络图,该图所示热阻与图 10.2 所示能流相对应。蒸馏器设计的关键是保证尽可能高的蒸发热(Q_e),这意味着蒸馏器能将吸收的太阳能更多地用于产生蒸汽,使水蒸气在玻璃上凝结更多的淡水。同时,应尽可能抑制从蒸馏器流失到环境的其他能流。

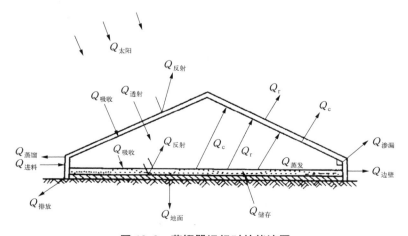

图 10.2　蒸馏器运行时的能流图

蒸馏器单位面积上,池水的能量平衡方程为

$$G\tau\alpha = q_e + q_{r,brg} + q_k + (mc_p)_b \frac{dT_b}{dt}$$

$$(10-1)$$

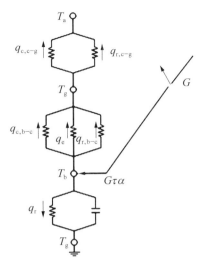

图 10.3　蒸馏器的热网络

式(图)中,脚标 e,c,r 和 k 分别代表蒸发、对流(和凝结)、辐射和导热;脚标 b 和 g 代表池和玻璃;G,水以及水槽底部的太阳辐照吸收率;τ,玻璃透射率;α,太阳辐射强度[W/(m²·k)];q,对流传热密度,(W/m²);m,海水质量;c_p,海水比热容[kJ/(kg·K)];T_b,海水温度(K);T_a,环境温度(K);t,时间(s)。

玻璃热容量比水池的热容量小。现代蒸馏器采用的倾斜角也较小,玻璃面积近似等于池面积。若忽略玻璃本身热容量和吸收的太阳能,则玻璃的能量平衡方程为

$$q_e + q_{r,brg} + q_{c,brg} = q_{c,ga} + q_{r,ga}$$

$$(10-2)$$

式中,q_e 不是池和玻璃温差的线性函数,需要联立求解,找出随时间变化的 T_b,T_g 和 q_e。

Dunkle[4,5]等对上述方程作了深入研究,因蒸馏器实际运行时玻璃下表面有一薄层凝结水,从而运用

$$q_{r,brg} = 0.9\sigma(T_b^4 - T_g^4)$$

$$(10-3)$$

求解池和玻璃间的对流换热项 $q_{c,brg}$ 时,瑞利数 Ra 的计算必须考虑由于同时存在热量和质量交换引起的浮力修正。格拉晓夫数 Gr 中的浮力项应考虑由复合梯度引起的密度梯度修正。Nu 和 Ra 的关系建议采用:

$$Nu = 0.075(Ra)^{1/3}$$

$$(10-4)$$

式中瑞利数为

$$Ra = \frac{g\beta'\Delta t'L^3}{\gamma a}$$

$$(10-5)$$

瑞利数中的温差,必须考虑由水蒸气浓度差引起的密度差的影响,即当量温差

$$\Delta t' = (T_b - T_g) + \left[\frac{p_{wb} - p_{wg}}{2\,016 - p_{wb}}\right] T_b$$

$$(10-6)$$

式中，p_{wb} 是温度为 T_b 时池中溶液的蒸汽压（mmHg）；p_{wg} 是温度为 T_g 时玻璃上水的蒸汽压（mmHg）。

式中温度都用单位 K 表示。运用式（10-4）～式（10-6），可得

$$h'_c = Nu \frac{k}{L} = 0.075k \left(\frac{g\beta'}{\gamma a}\right)^{1/3} (\Delta t')^{1/3} \tag{10-7a}$$

将蒸馏器工作时的典型数据代入上式，得

$$h'_c = 0.884 \left[T_b - T_g + \left(\frac{p_{wb} - p_{wg}}{2\,016 - p_{wb}}\right) T_b\right]^{1/3} \tag{10-7b}$$

池和玻璃间的对流换热为

$$q_{c,b-g} = h'_c (T_b - T_g) \tag{10-8}$$

由于传热传质的相似性，传质率为

$$\dot{m}_D = 9.15 \times 10^{-7} h'_c (p_{wb} - p_{wg}) \tag{10-9}$$

蒸发-凝结的传热量为

$$q_e = 9.15 \times 10^{-7} h'_c (p_{wb} - p_{wg}) h_{fg} \tag{10-10}$$

式中，$\dot{m}_D$ 为传质率 [kg/(m² · s)]；h_{fg} 为水的潜热（J/kg）。

由玻璃到环境的传热项和平板型集热器的相同。假如池底有隔热措施，对地面的热损失由下式计算：

$$q_k = U_G (T_b - T_a) \tag{10-11}$$

式中，U_G 为假定地面温度，等于环境温度，或池对地面的总损失系数。如设计恰当，该项应很小。

若池水很浅并且绝热良好，式（10-1）中的热容量项可忽略，结果为稳态解。对于大多数蒸馏器来说，池水有一定深度时必须考虑热容量。若池绝热情况不好，必须考虑地面的有效热容量。

若太阳辐射量、环境温度、风速、池的设计参数已知，可用这套公式求出随时间变化的池温 T_b，用式（10-9）计算产水量。应当指出，计算中假定池水温度在垂直方向是相同的，试验表明池水表面温度和平均温度略有不同，因而与实际情况有所差别。

蒸发-凝结的传热量与太阳辐射量之比为蒸馏器的效率，即

$$\eta_i = \frac{q_e}{G} \tag{10-12}$$

上式在规定时间内的积分表示池的长期性能。若部分蒸馏水以水球形式重新跌入池中,效率将比上式估计的低。实测效率由下式表示:

$$\eta_i = \frac{\dot{m}_p h_{fg}}{G} \qquad (10-13)$$

式中, $\dot{m}_p$ 为池中实际产水率; h_{fg} 为水的蒸发潜热。

由效率公式(10-12)可以看出, q_e 值高,则产水率高。 q_e 与池和玻璃间的蒸汽压差成正比。提高池温度可使蒸发-凝结传热量与对流、辐射传热量的比值变大,从而提高池的效率。浅池由于容量小、加热快,能在较高的平均温度下运行。

蒸馏器设计和运行时应注意不同情况下的实际问题。尽管浅池效率较高,但受场地面积大的制约,须按当地具体情况慎重选择池的深度。泄漏会降低效率,故应注意以下三方面问题:蒸馏水可能滴回池中;盐水可能漏到池外;池内加温后的湿蒸汽可能由缝隙、小孔中跑掉。结晶盐在池底沉积,会降低池的有效利用面积和对太阳能的吸收率。必须定期清洗蒸馏池,以除去积盐和生长的藻类。常规蒸馏器的效率约为30%。夏季一般可生产水量为 $7.6\,kg/(m^2 \cdot d)$,年平均产水量约为 $5\,kg/(m^2 \cdot d)$,进一步提高产水率是未来蒸馏器设计探索的主要方向。

10.2　太阳能海水淡化系统类型

纵观太阳能海水淡化的发展史,以太阳能作为海水淡化的驱动力,其能量的利用方式有以下两种:一是利用太阳能产生热能以驱动海水发生相变,即完成对太阳能的初级转换利用,简称为热法;二是利用太阳能发电驱动渗析产水,即完成太阳能从低级能至高级能的转换,简称为膜法。

目前世界上主流的传统海水淡化方法仍然以热法和膜法为主,这两种方法和太阳能的利用方式比较切合。因此,本书仍将太阳能海水淡化的方式分为热法和膜法两种。热法主要是利用太阳能集热器加热海水,使海水蒸发完成相变,再通过将其冷凝以产生淡水。典型的热法太阳能海水淡化方法包括太阳能多效蒸馏法(multi-effect distillation-solar energy)、太阳能多级闪蒸法(multi-stage flash-solar energy)、太阳能多效沸腾法(multi-effect boiling)以及太阳能增湿除湿法(humidification dehumidification-solar energy),除此之外,还有太阳能压气蒸馏法(vapor compression-solar energy)。典型的膜法太阳海水淡化方式:将太阳能转换为电能以驱动电机,利用反渗透原理,由电机驱动高压水泵给海水加压使其透过特制的膜从而得到淡水。上述海水淡化方法也叫太阳能反渗透膜法(reverse osmosis-solar energy),此外还有太阳能电渗析法(electrodialysis-solar energy)。

其大致的分类方法如图 10.4 所示。

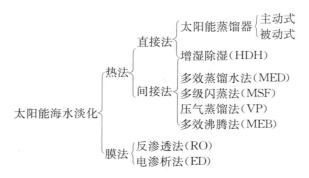

图 10.4 太阳海水淡化技术分类

就目前而言,常规的太阳能海水淡化主要以热法为主,因此本章主要对热法太阳能海水淡化展开介绍。而海水淡化过程中对太阳能的利用,一般可以分为直接法和间接法两大类。直接法系统是直接利用太阳能在集热器中进行蒸馏,而间接法系统则是将太阳能集热器和蒸馏器分离使用。近些年,不少学者将直接法和间接法综合利用,如太阳能增湿除湿海水淡化系统。同时,借鉴太阳能热水系统,根据太阳能海水淡化系统中是否含有水泵、风机等附加部件,又可以将太阳能蒸馏系统分为主动式和被动式两大类[4,5]。

10.2.1 被动式太阳能蒸馏系统

所谓的被动式太阳能海水淡化装置,是指那些在装置中不存在任何利用电能驱动的动力元件,如水泵和风机等,也不存在利用附加的太阳能集热器等部件进行主动加热的太阳能海水淡化装置。装置运行完全在太阳光的作用下,被动完成的。这类装置由于设计简单、取材方便、费用极低,因而广泛为人们所采用。

在被动式装置中,以单级盘式太阳能蒸馏器最为经典,应用也最广泛,此类海水淡化装置因其综合成本较低,被大量使用。

10.2.1.1 单级盘式蒸馏器

盘式蒸馏器是最简单的蒸馏器,也称温室型蒸馏器。其性能虽比不上结构复杂、效率更高的主动式太阳能蒸馏器,但其结构简单,制作、运行和维护容易,生产同等数量淡水的成本更低,因此盘式蒸馏器具有较大的市场价值。

盘式太阳能蒸馏器是一个密闭的温室,如图 10.1 所示。涂黑的浅槽中装了薄薄的一层海水,整个盘用透明的顶盖层密封。透明顶盖多用玻璃制作,也可用透明塑料制作。到达装置上部的太阳光,大部分透过透明的玻璃盖板,小部分被玻璃盖板反射或吸收。透过玻璃盖板的太阳辐射,一部分从水面反射,其余的通过盛水槽中的黑色衬里被水体吸收,使海水温度升高,部分水蒸发。因顶盖吸收的太阳能很少,且直接向大气散热,故顶盖的温度低于盘中的水温。因而,在水面和玻璃盖板之间将会通过辐射、对流和蒸发进行热交换。于是,由盘中水蒸发产生的蒸汽会在顶盖的下表面凝结从而放出气化潜热。只要顶盖有合适的倾角,凝结水就会在重力的作用下顺顶盖流下,汇集在集水槽中,再通过装置的泄水孔流出蒸馏器,成为成品淡水。

这种蒸馏器在运行时几乎没有什么能耗,运行和维护费用也不高,生产淡水的成本主要取决于设备投资。因此,降低淡水生产成本的主要办法是:在不过于降低蒸馏器寿命和效率的前提下,尽可能采用简单的结构和便宜的材料以降低设备造价,还可利用顶盖的外表面收集雨水,以提高蒸馏器的全年淡水生产率。

随着技术的发展,可选用的材料增多,盘式太阳能蒸馏器的形式也逐渐多样化(见图 10.5)[4],并在一些海水淡化工厂中得到了应用。

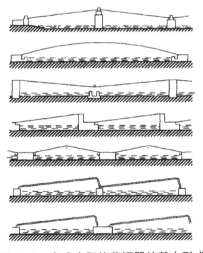

图 10.5　盘式太阳能蒸馏器的基本形式

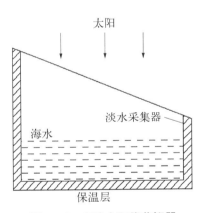

图 10.6　实验太阳能蒸馏器

(1) 盘式蒸馏器当日运行工况。毫无疑问,最受关注的是蒸馏器的性能,为此,许多学者进行了大量的实验研究,给出了许多有益的结论。Malik[6]介绍了如图 10.6 所示装置的实验研究结果,并与理论分析进行了比较。该装置总采光面积 0.56 m²,由镀锌铁板制成,用 3 mm 白玻璃作盖板,倾角为 10°,内空腔竖直高度分别为 29 cm 和 15 cm,装置的底部及侧壁用 5 cm 的玻璃棉保温。蒸发量的实验及理论结果对比如图 10.7 所示,装置中水温和盖板温度的变化如图 10.8 所示,图中圆圈代表实验测量数据,曲线代表理论计算结果,表明理论结果能较好地预示实验结果。

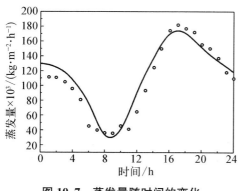

图 10.7　蒸发量随时间的变化

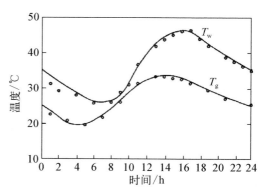

图 10.8　水温和玻璃盖板的温度随时间的变化

（2）盘式太阳能蒸馏器全年运行工况。盘式太阳能蒸馏器的年产水量受许多因素制约，如盖板的倾角、朝向、太阳辐射总量、环境温度、风速、空气的干燥程度等，只有综合考虑这些因素，才能使装置的年产水总量达到最大值。

传统的盘式太阳能蒸馏器的采光面一般有单倾斜面式、双倾斜面式和"V"形式等几种方式。为了使盖板下面凝结的淡水顺利地滑入淡水收集槽，盖板的倾角一般要大于 15°。但为了减少海水水面至盖板的平均距离，盖板的倾角一般以小于20°为宜。实际应用时可视具体情况而定，纬度低的地区倾角可稍取小一些，高纬度地区可取大一些。

蒸馏器的朝向对产水量也有较大影响，一般来说，单倾斜面太阳能蒸馏器以朝南为主（北半球），考虑到太阳光往往是中午 12 点过后才有最大值，因此装置的安装方位可适当调整，取朝南偏西 10°～15°。但对双倾斜面的太阳能蒸馏器而言，情况却不一定如此。根据相关文献，对某些地区，无论是理论计算还是实测结果都表明，装置南北朝向或东西朝向，其太阳光的收入总量差别并不大。在某些过渡季节，甚至东西朝向的情况下太阳辐射收入更大。因此，确定太阳能蒸馏器的朝向或方位时，应具体情况具体分析，以年收入太阳辐射最大为考虑。

事实上，蒸馏器的产水量还与环境温度、环境风速和环境的相对湿度有关。Garg[7]介绍了两个类似于图 10.6 所示的单斜面小型盘式太阳能蒸馏器的全年运行情况，其中一个蒸馏器的底部有 25 mm 厚保温材料（锯末）保温，另一个在底部则没有采取保温措施，两个装置的其他参数相同，盘面积 $A=0.58$ m²。其他参数与典型的太阳能蒸馏器无异。

两个蒸馏器（有/无保温）全年的运行情况如图 10.9 所示。其中太阳辐射量是水平面上的测量值，横坐标以周为步长，全年共 52 周。各月的产水量及太阳辐射日平

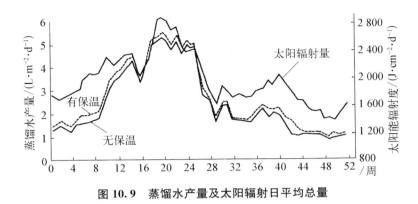

图 10.9　蒸馏水产量及太阳辐射日平均总量

均总量如表 10.1 所示。Garg 的实验结果表明,采取底部保温的蒸馏器有更高的产水率,全年产水量提高 8% 左右,装置效率提高 2%～5%,蒸馏器的能量利用效率在 15.6%～51.2% 范围内变化。对于未保温的蒸馏器,最大日产水量为 5.27 L/$(m^2 \cdot d)$,最小日产水量为 0.89 L/$(m^2 \cdot d)$,分别发生在第 19 周和第 49 周。

表 10.1　两种蒸馏器各月的产水量及太阳辐射日平均总量

月　份	淡水产量/$(mL \cdot m^{-2} \cdot d^{-1})$		太阳辐射日平均总量 /$(MJ \cdot m^{-2} \cdot d^{-1})$
	保温蒸馏器	不保温蒸馏器	
1	1 578	1 392	16.58
2	2 020	1 758	19.24
3	3 488	3 163	21.30
4	4 369	4 124	21.18
5	5 217	4 981	27.04
6	4 838	4 645	23.53
7	4 184	4 059	18.68
8	1 956	1 871	15.23
9	2 005	1 655	17.59
10	1 777	1 323	18.53
11	1 125	1 109	15.05
12	1 049	986	14.82
平均值	2 800	2 588	19.06

Garg 根据对全年每天的水产量和太阳辐射量的测量,并通过对数据点进行最小二乘法拟合,给出近似的蒸馏水产量与每天太阳辐射值的关系方程如下:

$$Y = 0.000\,32X - 3.60 \tag{10-14}$$

式中,Y 为蒸馏器产水量[L/$(m^2 \cdot d)$];X 为太阳辐射值[kJ/$(m^2 \cdot d)$]。当已知

条件不是很充分,又希望对装置进行评估时,可用上式进行估算。

此外,许多外在因素,如太阳辐射强度、环境温度、环境空气的相对湿度、环境风速等,都会对蒸馏器的产水量产生影响。在蒸馏器内部,许多结构参数也会对装置的产水率构成影响,有些参数的影响还是相当大的。下文将对这些参数进行讨论。

1) 盘中海水添加染料对产水性能的影响

在传统的盘式太阳能蒸馏器中,绝大部分的太阳能均是由盘底的黑色衬底吸收的,盘底吸收太阳能后,通过对流将热能传递给盘中的海水,从而使海水温度上升,产生蒸发。由盘底材料吸收太阳能集热有两个弊端:其一是尽管它吸收的绝大部分热能都传给了海水,但也有部分热能从底部散失到了大地或环境(30%的份额由底部的保温状况决定);其二是由底部加热的海水是盘中所有的海水,因而海水的温度上升缓慢,从而延缓了装置的出水时间。为了克服上述两个缺点,让海水自身吸热是比较理想的,方法之一是在海水中添加一定量的深色染料。

实验结果表明,在海水中添加染料,可使海水吸收太阳光的能力增强,几乎所有添加染料的装置都具有更高的海水温度,因而改善了装置的产水性能[8]。

Rajvanshi 和 Hsieh[6] 较早对盘式蒸馏器中的添加染料进行了研究。他们制作了两个完全相同的盘式太阳能蒸馏器,一个采用普通海水,另一个采用添加了染料的海水,并对使用不同颜色的染料进行比较。典型天气条件下,两个装置产水性能的比较如表 10.2 所示。产水比及日产水量随装置中海水深度的变化如图 10.10 所示。在一天中,每小时的产水量随当地时间的变化如图 10.11 所示。

表 10.2 海水中添加染料对装置产水率的影响

| 颜料色 | 日产水量(海水深度 0.1 m) | | 产水比 R'/% | 太阳能辐射总量 /[kJ/(m²·d)] |
	有颜料/(L·m⁻²)	无颜料/(L·m⁻²)		
红色	3.304	3.066	1.08	$2.477×10^4$
紫色	3.799	3.090	1.23	$2.871×10^4$
黑色	3.862	3.066	1.26	$2.477×10^4$

由 Rajvanshi 和 Hsieh 的实验可以得出如下结论:

(1) 添加黑色染料的海水,当海水深度为 10 cm 时,可以提高产水率约 26%;

(2) 当装置中的海水深度减小时,颜料对产水率的影响减弱;深度增加时,产水比(有颜料装置的产水量:无颜料装置的产水量)增加。所以,对水深度较大的蒸馏器添加黑色染料更有意义。

(3) 添加黑色和紫色的颜料更为有效,因为黑色和紫色更有利于太阳光的吸收。

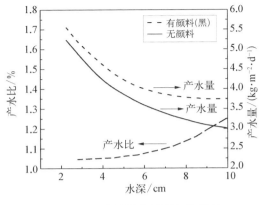

图 10.10　蒸馏器有无黑色染料时　　　图 10.11　蒸馏器有无黑色染料时产
　　　产水量之比及装置产水　　　　　　　水量随时间的变化关系

除了在盘中添加颜料以提高海水温度这一措施之外,也有学者研究了在海水中添加木炭、铺设黑色海绵等措施对装置产水率的影响。结果表明,这些措施或多或少都可以提高装置的产水性能。特别是铺设黑色海绵的措施有较大实用意义,因为从装置出来的浓海水不需作特别处理即可排放,而添加颜料的浓海水排放时,既造成环境污染又造成颜料的损失。

2) 盘中海水深度对产水量的影响

盘中海水表面与透明盖板的温度差,是驱动海水蒸发的动力。因此,提高它们的温差将有利于提高装置的产水量。

Morse 和 Read 研究了盘中海水热容量对蒸馏器产水量的影响。他们建议,在地上有一定保温层的传统太阳能蒸馏器中的海水深度以 7.6 cm 合适,而在地上无保温层的装置中水深以 2.54 cm 合适。同时指出,对于 225 kJ/(m² · h)的日平均太阳辐射强度,如果热容量从 1.41 kJ/(m² · ℃)降至 0,产水量降低约为 9%;而热容量从 1.41 kJ/(m² · ℃)增加到 5.64 kJ/(m² · ℃)(相当于 0.3 m 水深),产水量降低约 7%,对实际的太阳能蒸馏器而言,海水深度不是一个十分关键的因素,但它应尽可能取较小的值。[6]

3) 环境风速的影响

Cooper 研究指出,当环境风速从 0 增加到 2.15 m/s 时,装置产水量约有 11.5% 的增加。从 2.15 m/s 增加到 8.81 m/s 时,装置产水量增加仅为 1.5%。这说明,微风有利于产水量的增加,而强风则使产水量增加不明显。这可能是因为环境风速的存在,有利于盖板的散热,从而提高了盖板与蒸发面的温差。但当风速太大时,盖板散热过快,从而使整个装置的热能损失过快,不利于盘中水温的升高。[6]

4）环境温度的影响

Morse 和 Read 研究指出：当环境温度从 26.7℃升至 37.8℃时，产水量将有 11％ 的增加；而从 26.7℃降至 15.6℃时，产水量降低约 14％。Cooper 也得到类似结果[6]。

5）太阳辐射强度和损失系数对产水量的影响

蒸馏器中海水蒸发的原动力源于太阳辐射能，因此太阳光的强弱是蒸馏器的产水量的一个重要影响因素。许多学者对太阳能蒸馏器产水量与太阳光辐射强度间的关系进行了研究。

令 h_b 表示盘底保温层的热损失系数，对如图 10.5 所示的装置，$\dfrac{1}{h_b} = \dfrac{L}{\lambda_1} + \dfrac{1}{h'}$，$h'$ 表示保温层外界与环境的对流换热系数（对安装于地上的蒸馏器），λ_1 表示保温层导热系数，L 表示保温层厚度。h_b 也是影响蒸馏器产水量的因素之一。图 10.12 和图 10.13 分别给出太阳辐射强度与热损失系数对产水量的影响曲线。图中，T_a 代表环境温度；H_s 为太阳辐射日总量。

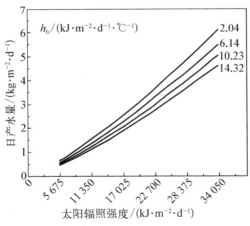

图 10.12 日产水量随太阳辐射强度的变化   图 10.13 日产水量随热损失系数的变化

上图中结果表明，太阳辐射是蒸馏器产水量最重要的影响因素，一定程度上还与太阳辐射强度在一天中的分布有关。产水量与环境温度也有一定关系，环境温度越高，对产水量的增加越有利。图 10.13 的结果还显示，盘底的热损失系数对产水量有一定影响，当热损失系数提高时，产水量降低，这在一定程度上也强调了盘底保温的重要性。

10.2.1.2　多级盘式蒸馏器

单级盘式太阳能蒸馏器结构简单、取材方便，但受到产水效率低、占地面积大等限制，无法大范围应用。在盘式太阳能蒸馏器的传热工程中，海水受热蒸发后在盖板处凝结产生淡水时,释放的冷凝潜热并未得到充分回收利用,同时又在一定程度上使盖板升温,导致单位面积产水率较低。

为充分利用该部分冷凝潜热,多级盘式太阳能蒸馏器应运而生,基本形式如图 10.14 所示。研究发现,由于回收利用了水蒸气的冷凝潜热,上述所示的多级盘式太阳能蒸馏器的单位面积产水率均高于单级盘式蒸馏器。Mahdi[10]的理论分析指出,在晴好天气条件下,盘的级数与日产水量的关系可近似为图 10.15 所示的曲线关系。

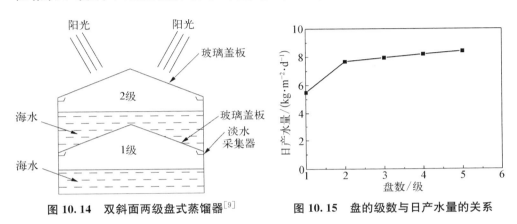

图 10.14　双斜面两级盘式蒸馏器[9]　　图 10.15　盘的级数与日产水量的关系

从图 10.15 中可以看出,单位面积的日产水量随着盘的级数的增加而增加。理论分析结果表明,当盘的级数增加至 3 级以上时,单位面积日产水量的增量已很小,没有什么实际意义。这主要是由于装置内的温差减小,削弱了装置内传热传质的动力,从而导致上述结果。

10.2.1.3　外凝结器盘式太阳能蒸馏器

Hassan 等人[11]对传统盘式太阳能蒸馏器进行了改进,增加了外凝结器,其设计如图 10.16 所示。Hassan 的理论与实验结果表明,当外凝结器的冷凝面积足够大(与玻璃盖板采光面积相近)时,增加外凝结器可使图 10.16 左侧装置增加 30% 的产水量,使图 10.16 右侧装置产水量的增量达 50%。该类装置可以避免传统盘

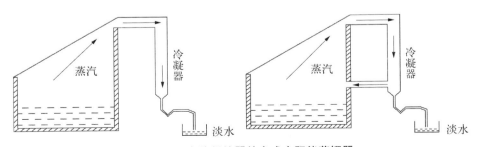

图 10.16　有外凝结器的盘式太阳能蒸馏器

式太阳能蒸馏器的盖板温度升高,同时可改善盖板上凝结水所导致的盖板采光透过率偏低。

此外,针对传统盘式太阳能蒸馏器的缺陷,诸多学者对其进一步改进,设计了许多效率更高、产水量更多的装置。如多级芯型盘式太阳能蒸馏器、聚光型太阳能蒸馏器、倾斜式太阳能蒸馏器等。

10.2.2 主动式太阳能蒸馏器

被动式太阳能蒸馏器,特别是盘式太阳能蒸馏器,由于受到盘中海水热惰性大及水蒸气的凝结潜热未被充分利用等不利因素的影响,装置的运行温度难以提高,致使装置单位面积的产水率不高,同时也不利于利用其他余热驱动,因而限制了此类太阳能蒸馏器的推广应用。

为此,Soliman 等人最先提出了主动式太阳能蒸馏器的想法,至今,人们已经提出数十种主动式太阳能蒸馏器的设计方案,并对此进行了大量研究[12,13]。在主动式太阳能蒸馏系统中,由于配备其他附属设备,使它的运行温度得以大幅度提高,同时系统内部的传热传质过程得以改善。此外,大部分主动式太阳能蒸馏系统,都能主动回收蒸汽在凝结过程中释放的潜热,因而这类系统能够得到比传统太阳能蒸馏系统高一倍甚至数倍的产水量,这使得目前主动式太阳能蒸馏装置被广泛应用。

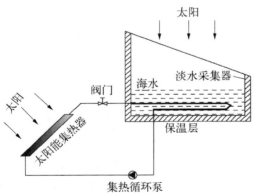

图 10.17 有平板太阳能集热器辅助加热的盘式太阳能蒸馏系统结构

为了克服传统盘式太阳能蒸馏器运行温度低、出水慢的缺陷,Rai 和 Tiwari[14]于 1983 年首次实验研究了用平板太阳能集热器与盘式太阳能蒸馏器相结合的装置。研究结果表明,由于附加集热器的采用,蒸馏器的运行温度大幅度提高,从而较大程度地提高了单位采光面积的产水量。有平板太阳能集热器辅助加热的盘式太阳能蒸馏系统的一般结构如图 10.17 所示。

蒸馏器部分主要起蒸发与冷凝作用,海水受热蒸发,然后在冷凝盖板上凝结产生淡水,这一过程与传统盘式太阳能蒸馏器无异,蒸馏器部分也能接收部分太阳能,如图 10.17 所示。平板太阳能集热器主要收集和贮存太阳能。由于它的效率较高,因而可以将其中的水(或其他液体)加热至较高的温度。平板集热器收集到的太阳能通过泵和置于蒸馏器内的盘管换热器送入蒸馏器中,使海水温度升高。也有些装置直接用蒸馏器中的海水作平板集热器的工作流体,但由于海水有很强的腐蚀性,为了保护平板集热器,一般较少采用。

Tiweri 和 Dhiman[15]对盘式太阳能蒸馏器附加平板集热器主动加热的装置进行了实验研究。他们给出的式样装置情况大致如下:蒸馏器的采光面积为 0.95 m×0.95 m,由镀锌铁制造,侧壁和底部用 5 cm 厚的玻璃棉保温。盖板玻璃是 3 mm 厚的普通玻璃,安装倾角为 10°。玻璃与侧壁之间加橡胶垫,以利于蒸汽的密封。平板集热器由两块采光面积各 1.5 m² 的集热板串联而成,联结管道外径 0.031 m,玻璃盖板也是 3 mm 厚的普通玻璃。平板集热器的安装倾角为 45°,蒸馏器内的换热器由 8 m 长、直径 1.27 cm 的铜管组成。换热器中流体为普通水,质量流速 $\dot{m}=$ 0.05 kg/s。蒸馏器中单位面积海水热容量 $M_w=419$ kJ/(m² · ℃)。

Tiwari 等人[15]的实验指出,在如图 10.18 所示的太阳辐射强度及环境温度下,装置有平板集热器主动加热的蒸馏器每小时产水量与时间的变化关系如图 10.19 所示。图中曲线为理论计算曲线。

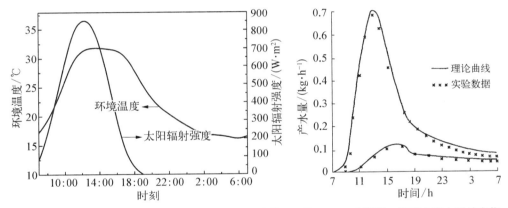

图 10.18　太阳辐射强度与环境温度在一昼夜的变化　　图 10.19　蒸馏器一昼夜内产水量的变化

如图 10.19 所示,有平板集热器主动加热的蒸馏器能大幅度提高其产水率,提高的幅度在 2.3 倍左右。这主要是因为平板集热器的主动加热,使蒸馏器的运行温度得到了较大提高。值得注意的是,有了平板集热器的主动加热,装置的总效率未必一定提高,只有合理使用配比集热面积时,系统的总效率才能提高。否则总效率反而比传统的盘式蒸馏器的效率低,如 Tiwari 的实验装置的总效率也只有近 20% 左右。

Zaki[16]对如图 10.20 所示的有平板太阳能集热器辅助加热的盘式太阳能蒸馏器进行了研究,给出了部分理论计算结果,并在实际天气下进行了测试。Zaki 研究的装置中,在平板太阳能集热器中加热的海水直接进入双斜面太阳能蒸馏器中蒸发,减少了热交换器。

图 10.20 所示装置的相关参数如表 10.3 所示。相关理论与实验结果如

图 10.21 和图 10.22 所示。从图示结果可以看出，对蒸馏器进行主动强化后，系统产水量有较大幅度提高。

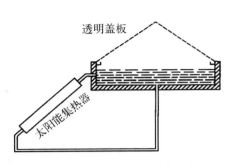

**图 10.20　有集热器主动加热的
太阳能蒸馏器**

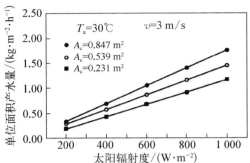

**图 10.21　不同集热面积下装置产水量随
太阳辐射强度的变化**

表 10.3　系统及实验相关参数

匹配的集热器	平板式：朝南
集热器的倾斜角度	30°
集热器的面积 A_c	$0.077 \sim 0.847 \text{ m}^2$
蒸馏器中水盘面积 A_b	1.68 m^2
盘的保温层厚度 l_i	0.05 m
保温层导热系数 λ_i	$0.037 \text{ W/(m} \cdot \text{℃)}$
盘中水的吸收率 α_w	0.96
盖板的透过率 τ_g	0.8
集热器的吸收率 α_c	0.96
太阳辐射强度 I	$200 \sim 1\,000 \text{ W/m}^2$
风速 v	3 m/s
环境温度 T_a	30℃
面积强化率 A_c/A_b	$0 \sim 2.3$

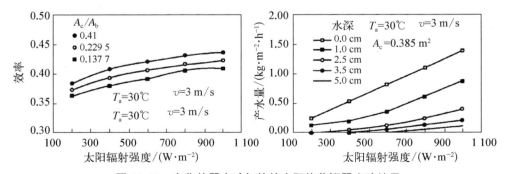

图 10.22　有集热器主动加热的太阳能蒸馏器实验结果

（a）系统效率随太阳能辐射强度的变化；（b）不同水深时产水量随太阳辐射强度的变化

10.3　与传统海水淡化技术相结合的太阳能海水淡化系统

现有的太阳能海水淡化技术中,无论是能量的利用效率,还是单位集热器采光面积的产水率,都不是很高,甚至远低于传统海水淡化装置,在规模化和产业化生产方面也存在极大的困难。不少专家已经指出,与传统海水淡化工业相结合,是太阳能海水淡化技术发展的必由之路。

利用太阳能与传统海水淡化装置的结合,在设计上需要考虑多种因素,包括经济上与技术上的,主要有:① 必须适合于太阳能的应用,如太阳能现阶段只能提供中低温热能;② 对给定的太阳能供热装置,海水淡化系统必须有较高的效率;③ 根据所需要的淡水,确定合适的淡化流程;④ 必须考虑海水的处理过程;⑤ 设备投资问题;⑥ 装置的安装占地面积等。太阳能供热装置可以是集热器,如平板式或真空管式集热器,也可以是太阳池等,更可以是太阳能电池发电系统。多级闪蒸(MSF)、多效蒸发(ME)、蒸气压缩(VC)以及反渗透(RO)及电渗析(ED)等过程的能耗与电耗如表 10.4 所示[17]。

表 10.4　各种海水淡化过程的电耗与热耗[①]

海水淡化方法	热耗(kJ/kg)	电或机械耗(kJ/kg)	总耗能(kJ/kg)
MSF	294	13.3	338.4
ME	123	7.9	149.4
VC	—	57.6	192
RO	—	43.2	144
ED	—	43.2	144
太阳能蒸馏	～2 330	～1.1	2 333.6

注:① 假定电能的转化效率为30%。

目前,世界各地已有许多太阳能与传统海水淡化技术相结合的系统在运行,但这些系统中,太阳能部分与海水淡化部分基本上还是相互分离的,太阳能集热器只起到了为系统提供能量的作用,还不能称为完全的太阳能海水淡化系统,利用太阳能发电驱动电渗析过程的海水淡化系统更是如此。未来的太阳能海水淡化系统应该是太阳能技术与现代海水淡化技术紧密地结合,两者互相融合相互渗透,甚至在原理上产生更加新颖的海水淡化系统,为人类提供更高质量的服务。由于现阶段太阳能发电的成本相当高,利用太阳能发电驱动渗析过程进行海水淡化并不经济,因此此处不讨论。

10.3.1 太阳能多级闪蒸海水淡化系统

多级闪蒸(multi. stage. flash, MSF)是多级闪急蒸馏法的简称,有时也称多级闪急蒸馏。多级闪蒸过程的原理如下:将原料海水加热到一定温度后引入闪蒸室,由于闪蒸室中的压力控制在低于热盐水温度所对应的饱和蒸汽压,热盐水进入闪蒸室后即成为过热水进而急速地部分汽化,从而使热盐水自身的温度降低。所产生的蒸汽在换热管外冷凝后成为所需的淡水,同时将进入管内的海水预热。多级闪蒸就是以此原理为基础,使热盐水依次流经若干个压力逐渐降低的闪蒸室,逐级蒸发降温,同时盐水也逐级变浓,直到其温度接近(但高于)天然海水温度。图 10.23 为两级闪蒸的原理图。

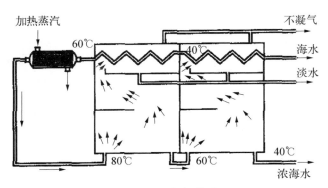

图 10.23　两级闪蒸原理

图 10.24 为一个典型的太阳能多级闪蒸海水淡化系统的流程示意图。从热能的运动形态上分析,此类系统一般可分为三个区:热输入区、热回收区和热排除区。在热输入区,主要有太阳能集热器、太阳能储水箱、辅助加热器以及热交换器 1 等。热输入区的主要作用是为多级闪蒸海水淡水装置部分即热回收区提供热能,而其热能主要由太阳能集热器提供。太阳能集热器可分多种,一般有平板集热器、真空管式集热器和抛物面聚焦式集热器等。

经过热交换器 1,海水以温度 T_h 进入热回收区。在此区,海水经过多次蒸发与冷凝的过程,将热量不断地通过热交换器转移至进入装置的海水,从而使被蒸发的海水不断浓缩,最后以 $T_{b,N}$ 的温度进入热排除区。在热排除区,浓海水再经热交换器 2 换热,进一步释放热量并降低温度,最后排出装置。新进入装置的海水,先由海水预处理装置进行常规处理,经热交换器 2 供热,提高其温度,使其以温度 $T_{f,N}$ 从热排除区进入热回收区,在热回收区逐级吸收蒸汽潜热,温度不断得到提升。最后海水以温度 $T_{f,o}$ 进入热交换器 1,在那里与太阳能热水换热,进一步提高温度,达到进入热回收区的温度 T_h。在热回收区,各级装置的压力从 $p_1,p_2\cdots$ 一直降到 p_N。

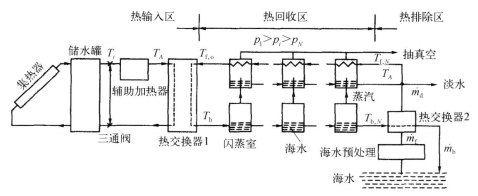

图 10.24　太阳能多级闪蒸系统淡化海水流程

　　多级闪蒸(MSF)海水淡化系统是目前海水淡化工业中应用得最广泛的装置之一。其当前的技术发展水平:每生产 1 m³ 淡水,需要消耗热能 221.9~276.3 MJ、电能 3.4 kW·h[18],因此从用能状况来看,MSF 系统主要消耗的是热能,这为利用太阳能供热创造了条件。另外,由于 MSF 系统所需要的操作温度不高,最高温度120℃左右,适当减少级数,还可在 90℃ 以下运行,利用现行的太阳能集热器很容易达到这个温度。现阶段,中高温的太阳能集热技术日益成熟,就算需要 120℃ 或更高的温度,太阳能集热器也能较容易地达到。所以,利用太阳能技术与现代海水淡化技术相结合,生产高效节能的海水淡化装置并不是太遥远的事情。

　　早在 1985 年,Maustafa 等人就曾报道了一座建在科威特的太阳能多级闪蒸系统[19],系统结构与图 10.23 所示结构类似。该系统每天的产水量为 10 m³,太阳能供热系统为 220 m² 的槽式抛物面集热器,储存水箱为 7 m³,装置总级数为 12 级。储热水箱可以使装置在太阳辐射不理想的条件或夜间情况下坚持工作。据报道,该系统的产水量可以达到太阳能蒸馏器(具有相同的太阳能集热面积)产水量的十倍以上。

　　随着太阳能集热技术的成熟,世界各地又建立了多座真正投入商业应用的太阳能 MSF 系统,这些装置主要集中在中东地区。设计级数一般在 10~30(每级2℃温差),每日产水量为 60~100 kg/m²。

10.3.2　太阳能多效蒸馏海水淡化系统

　　传统的多效蒸发海水淡化系统所消耗的能源主要是热能,因此利用太阳能供热系统为多效蒸发装置供热是完全可行的。利用太阳能供热的多效蒸发过程如图 10.25 所示。如果不是利用太阳能供热,图中只需用工业用加热器取代太阳能集热器即可。

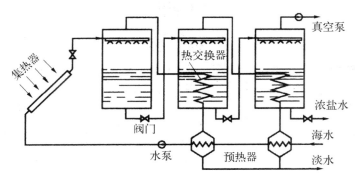

图 10.25　太阳能多效蒸发海水淡化原理

与多级闪蒸系统类似,多效系统亦是由多个单元组成,这些蒸发单元习惯上称为"效"(effect)。多效蒸发系统是由单效蒸发器组成的综合系统。即将前一个蒸发器蒸发出来的二次蒸汽引入下一蒸发器作为加热蒸汽并在下一蒸发器中凝为蒸馏水。如此依次进行,各效的压力和温度从左到右依次降低,每一个蒸发器及其过程称为一效,这样就可形成双效、三效、多效等。至于原料水则可以有多种方式进入系统:逆流、平流(分别进入各效)、并流(从第一效进入)和逆流预热并流进料等。在大型脱盐装置中多用后一种进料方式,其他进料方式多在化工蒸发中采用,多效蒸发过程在海水淡化和大中型热电厂锅炉供水方面都有采用。

实现多效蒸发,必须保证后一效海水沸点比前一效前二效蒸汽的凝结温度低,也就是为什么要求后效蒸发室的操作压力应比前一效低的原因,如果不这样,就不存在传热温度差,蒸发将无法进行。第二效的加热室,实际上起着第一效二次蒸汽冷凝器的作用,当第二效因减压而引起海水沸点降低后,第一效的二次蒸汽,仍可对第二效海水产生加热作用。同理,三效蒸发时,减压施于第三效,则第三效的减压传到第二效,第二效的又传到第一效;第三效的海水沸点低于第二效,第二效的又低于第一效。这样,在多效蒸发时,只需配备一套减压装置,即可保证全部操作的顺利进行。

多效蒸发,特别是竖管蒸馏是最早的大型海水淡化方法。其相较于多级闪蒸(MSF)的优点在于:换热过程是沸腾和冷凝传热,是相变传热,由此传热系数很高;通常是一次通过式的蒸发,不像多级闪蒸那样大量的液体在设备内循环,因此动力能耗较小;浓缩比可以提高,因此制造每吨淡水所需要的原料水可以减少;弹性大,负荷范围从 25% 变化到 100%,皆可正常操作,而且不会使产水比下降。其缺点在于:设备的结构比较复杂;因为料液在加热表面沸腾,容易在壁面上结垢,需要经常清洗和采取防垢措施。

在当前的技术水平,多级闪蒸系统与多效蒸发系统有大致相同的热耗率和电耗率。在许多情况下,由于多效蒸发采用了降膜蒸发与冷凝过程,在产水量相同的情况下,多效蒸发系统可在更低的操作温度下运行,所以从某种意义上说,多效蒸发系统更易与太阳能供热系统相结合。

Zarza 等人[20,21]介绍了一组 14 效的多效蒸发太阳能海水淡化系统,该系统每小时产水量为 3 m³,用 2 672 m² 的槽式抛物面太阳能集热器供热,安装的地点在西班牙南部。该系统配备了 155 m³ 的储热箱。流过太阳能集热器的工作流体是一种 Synthetic 油(3 M Santotherm55)。系统所达到的性能系数 PR(单位产水量所需消耗的能量)在 9.3~10.7 之间。Kalogirou 进一步研究分析认为,如果在这个系统中进一步回收其排出的废热,比如说用热泵等技术,可以更大幅度地改善装置的性能。[18]

文献[18]还介绍了两套横管降膜蒸发多效式太阳能海水淡化装置的实例,分别安装于日本高见岛和阿联酋的阿布扎比。前者为 15 效,后者为 18 效,其性能值如表 10.5 所示。

表 10.5 两套太阳能多效装置的性能值表

项　　目	高见岛(日本)		阿布扎比(阿联酋)	
集热水温/℃	100	82.0	99	78.5
第 1 效蒸发温度/℃	82	63.6	82	67.5
终效蒸发温度/℃	40	41.6	42.5	40.8
各效平均温度//℃	2.8	1.47	2.25	1.48
造水量(年平均)/(t·d⁻¹)	16.4	120	118	
日照量/(kJ·m⁻²·d⁻¹)	14 721		23 488	
年平均气温/℃	18		27.4	
最大造水量/(t·d⁻¹)	23.3		143	
平均造水量/(t·d⁻¹)	10		117	
耗热/(kJ·kg⁻¹)	223		175	
耗电/(kW·h·t⁻¹)	14.2		4.8	

10.3.3 太阳能蒸汽压缩蒸馏海水淡化系统

前述的多级闪蒸和多效蒸发方法,都比较强调热能的回收,主要是因为热能回收是提高整个系统能量利用效率的关键。但两种方法,每级之间都难免存在温差与压差,且从第一级至最末一级,温度和压力都是递减的,这对能量的有效利用十分不利。提高蒸汽温度和热焓的最简单方法是绝热压缩,压缩的机械功转变为热能,使二次蒸汽的温度提高。提高了温度、压力和热焓之后的二次蒸汽,可作为加热蒸汽循环使用。

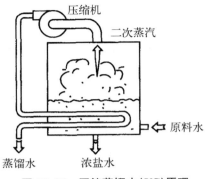

图 10.26　压缩蒸馏水(VC)原理

单效的压缩蒸馏过程如图 10.26 所示,流程大致为:环境压力 p_1 和温度 T_a 下的海水,被引入蒸发室,由水中浸没的冷却盘管加热至饱和状态(p_1、T_1);蒸发产生的饱和蒸汽(p_1、T_1),经压缩机压缩至(p_2、T_3),p_2 下的过热蒸汽进入蒸发室内的冷却盘管(也称加热盘管);在冷却盘管的蒸汽先放热而至饱和状态(P_2、T_2),并部分冷却形成饱和水,经与新进入的海水换热,再继续放出部分显热至(p_1、T_1)状态,最后,以产品淡水的形式排出装置。

许多情况下,蒸汽压缩蒸馏过程并不需要外部热源,运行时仅在开始时需要由外部引入少量加热蒸汽启动,以后便可利用二次蒸汽自动蒸发。由于压缩蒸馏过程重复使用了蒸汽中的热焓,因此所输入的机械功并不多。例如,当蒸汽由 1 个大气压提升至 1.2 个大气压时,压缩机所做的绝热功仅为 24.48 kJ/kg,由此理论热功效率达到 80%,尽管实际热功效率远低于 80%,但大型的蒸汽压缩蒸馏过程的热功效率可以达到 40%左右。由此可见,蒸汽压缩蒸馏海水淡化过程具有其他海水淡化方法难以达到的技术优点。

蒸汽压缩蒸馏的优点是热功效率高、体积小、无需大规模热源、压缩机可以用电驱动,也可以用柴油机驱动,故适用于海岛、海底开发的海上基地以及轮船应用。其缺点是结垢严重,特别是在发生相变过程的换热器表面。生产规模受压缩机容量的限制,因此较适合发展小型化装置,而离心式压缩蒸馏是小型化淡化装置中一个有发展前途的方法。

单一的 VC 过程,主要消耗高品位的电能和机械能。二次蒸汽经压缩提高压力和温度后再次成为加热蒸汽,这一过程消耗的能量主要是机械功,因此 VC 过程所需的热能并不多,主要用来辅助和维持系统在较高温度下运行,系统在高温运行时,单位容积的蒸汽所包含的水量更多。

常见的多效太阳能压缩蒸馏过程如图 10.27 所示。太阳能为压缩蒸馏提供初级能源,使装置在较高温度段运行,这样就可减少通过压缩机的蒸汽体积,提高压缩机的效率,从而减少换热器内外的压差。当换热器内外压差较小时,甚至可以用普通的风机类设备代

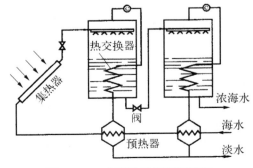

图 10.27　太阳能压缩蒸馏流程

替压缩机,降低整体装置的成本。

事实上,最理想的太阳能压缩蒸馏方案是将 VC 与 MSF 或 MEB 系统相结合,然后利用太阳能提供初级能源,形成太阳能 VC‑MSF 混合系统。太阳能为 MSF 供热,在一定的级数上,利用 VC 恢复二次蒸汽的加热能力,使之再成为加热蒸汽,重复利用。这样就可以最大限度地提高装置的热功效率。在太阳辐射不足或夜间工作时,利用 VC 提供系统所需的全部能源,可以使系统全天候运行。

10.3.4　利用淡水与海水的分压差进行海水淡化

理论与实验指出,在 273～373 K 温度范围,海水表面的饱和蒸汽分压比淡水表面的饱和蒸汽分压低约 1.84%,也就是说,如果海水与淡水保持在相同的温度下,则淡水将向海水蒸发。反之,如果使淡水表面温度保持比海水表面温度更低,并达到某一特定值之下,海水就可能向淡水表面蒸发。20 世纪 80 年代,Reali[22] 根据这一特性提出了利用制冷与热泵进行海水淡化的方案。其基本思想就是设法将热量注入海水中,使海水表面温度提高,而将冷量注入淡水中,使淡水表面温度降低,并维持这一状况,从而使淡化过程连续进行,运行原理如图 10.28 所示。当海水表面不断蒸发时,上层海水的浓度将不断增加,这会使盐水层上面的饱和蒸汽分压降低,不利于再产生蒸发,因此可采用如图 10.29 的方式抽出浓盐水。

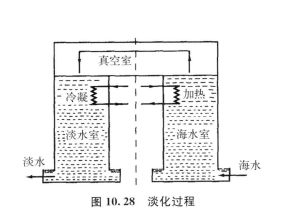

图 10.28　淡化过程

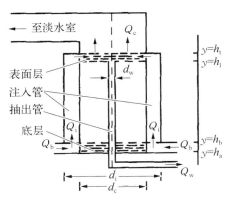

图 10.29　从海水室中抽走浓盐水

Bemporad[23] 对如图 10.28 与图 10.29 所示的装置进行了计算,结果表明,在给定条件下:淡水表面温度保持 10℃不变,d_c=0.25 m、d_i=0.30 m、d_w=0.05 m、淡水和海水柱高度 h_t=0.1 m、海水初始温度 T_i=20℃、海水浓度 4%、输入加热器功率为 50 W 时,得到盐水表面的蒸发速率为 $2.0×10^{-8}$ m³/s,海水的稳定温度为 67℃。在此过程中,将海水从 20℃加热到 67℃,所需功率为 4 W,驱动 67℃盐水蒸发所需功率为 45 W,热排除损失为 1 W。这说明,大约 98%的供给能量用于海水的蒸发中。

利用太阳能供热,假设太阳能由太阳能集热器收集,在典型的晴天条件下,太阳能集热器效率为 50%。那么,当一天供入海水中的热量为 2.8 MJ 时,则装置一天的产水总量可达 $1.08×10^{-3}$ m³。一天中,在给定太阳辐射强度变化情况下,装置的蒸发率随运行时间的变化如图 10.30 所示。理论分析表明,约 2.7 MJ 的能量用于盐水的蒸发,占总供入能量的 96%。可见,这类海水淡化装置的效率是很高的。由此估算,对太阳辐射日总量为 23 MJ/m² 的一般晴天,每平方米集热器装置产水可达 8.8 kg/d,远高于盘式蒸馏器的产水效率。

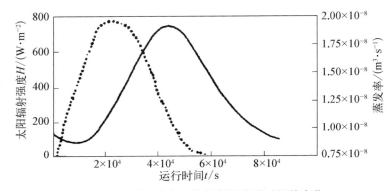

图 10.30 蒸发率与太阳辐射强度随时间的变化

事实上,上述装置更适合用热泵驱动。热泵的蒸发器置于淡水槽中,而冷凝器置于海水槽中,冷凝器释放出来的热量用于加热槽中的海水,使其蒸发。蒸汽在淡水槽中被淡水吸附,蒸汽释放的潜热被蒸发器的工质蒸发带走,再经压缩机又回到冷凝器中,如此循环利用能量。图 10.31 为一个具有横管降膜蒸发和淡水喷淋吸

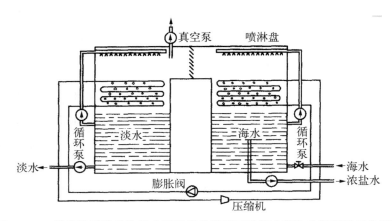

图 10.31 横管降膜蒸发和淡水喷淋吸收热泵驱动海水淡化的装置及工作原理

收热泵驱动的海水淡化系统的工作原理图。该装置由于横管降膜蒸发具有较大传热系数和蒸发表面积,淡水喷淋过程也具有很大的吸收面积,因而该类装置将具有较高的产水率和能量利用率。

10.3.5　横管降膜蒸发多效回热式太阳能海水淡化装置

下面介绍一组将太阳能技术与传统海水淡化技术充分结合的太阳能海水淡化系统。在充分认识降膜蒸发和降膜凝结传热优势的基础上,吸收传统工业化海水淡化技术中有利于太阳能利用的方面,创新设计出一组具有多效回热并能实现系统内部自平衡的太阳能海水淡化系统。用电加热系统代替太阳能供热系统对其进行稳态模拟研究。其装置运行原理及测试系统如图 10.32 所示。装置内的蒸发器和冷凝器结构如图 10.33 所示。

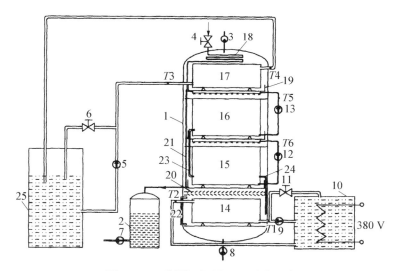

图 10.32　装置运行原理及测试系统

1—装置外壳壁;2—淡水储存罐;3—真空泵;4—进海水控制阀;5—冷却水循环泵;6—冷却水分流阀;7—淡水泵;8—浓盐水泵;9—热水循环泵;10—加热水箱;11—加热水分流阀;12,13—循环泵;14—蒸发器;15—第一级蒸发冷凝器;16—第二级蒸发冷凝器;17—冷凝器;18—进海水盘管;19—淡水收集盘;20—隔栅;21—淡水连通管;22—液位计;23,24—盐水连通管;25—冷却水箱

装置的基本构成如下:由装置外壳壁组成一个大的空腔,空腔的两端内同形封头密封,以便耐压。在外壳壁组成的空腔中,由上而下分别分布有冷凝器、第二级蒸发冷凝器、第一级蒸发冷凝器和蒸发器,而且各器件之间的蒸汽是互不相通的(抽真空时可以连通)。冷凝器、第二级蒸发冷凝器和第一级蒸发冷凝器的正下方分别装置淡水收集盘,以便收集上述器件产生的淡水,淡水最终由管道流入置于外壳之外的淡水储存罐中。在第二级蒸发冷凝器和第一级蒸发冷凝器

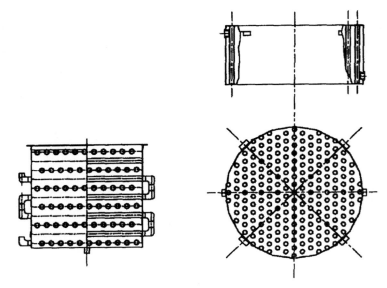

图 10.33 蒸发器和冷凝器结构的剖面图

正上方置有盐水喷淋盘,其中盐水由循环泵提供。第二级蒸发冷凝器和第一级蒸发冷凝器均由 121 根直径为 25 mm、长为 490 mm 的黄铜管横穿在竖壁上焊接而成,如图 10.33 左所示,总换热面积 4.9 m²。冷凝器和蒸发器则分别由 220 根和 248 根长 300 mm、直径 25 mm 的黄铜管竖焊在一个圆柱形空腔的两端盖上构成,如图 10.33 右所示,总换热面积分别是 4.9 m² 和 5.5 m²,装置的运行原理可分步解释如下:

(1) 海水经阀 4 进入装置,经盘管 18 预热并形成部分淡水,最后与来自泵 13 的盐水汇合,通过喷淋器喷淋至第二级蒸发冷凝器 16 进行降膜蒸发。未蒸发的盐水经连通管 23 进入第一级蒸发冷凝器 15,经循环泵 12 再次进行降膜蒸发。未蒸发的盐水经联通管进入最下级的蒸发腔,在那里被蒸发器 14 进一步加热蒸发。剩余的浓盐水最后经泵 8 排出装置。

(2) 在最上一级淡水收集盘 19 产生的淡水,经淡水连通管 21 分别与第二级、第三级盘的淡水汇合,一起进入淡水储存罐 2,储存一定量后经泵 7 输送给用户。

(3) 用于装置加热的热水,由太阳能系统或加热水箱 10 通过加热水循环泵 9 强迫进入装置的蒸发器 14,经蒸发器 14 放热后经回水管又回到加热水箱 10 中。

(4) 用于装置冷却的冷水自冷却水箱 25,通过冷却水循环泵 5 强迫进入装置的第三级冷凝器 17 中,在那里吸收蒸汽释放的潜热,升温后经回水管返回到冷却水箱 25 中。

(5) 海水进入装置后,最终要到达装置的最下级蒸发腔,在那里被蒸发器 14

加热蒸发产生最初一级的蒸汽。该初级蒸汽上升至第一级蒸发冷凝器 15 的外围，并在那里形成降膜凝结。在 15 外壁的竖板上和横管的内壁上发生降膜凝结，同时释放其潜热传递给横管外壁正在降膜蒸发的盐水，并使盐水的温度上升。形成的淡水滴落至下方的淡水盘中，经收集汇入淡水储存罐中。经第一级蒸发冷凝器 15 横管降膜蒸发产生的次级蒸汽又上升至第二级蒸发冷凝器 16 的外围，并在那里形成降膜凝结，同时也释放其潜热给第二级蒸发冷凝器 16 内正在降膜蒸发的盐水，使盐水的温度上升，产生更次一级的蒸汽。该蒸汽在分压差的推动下，最后上升至冷凝器 17 的外围，并在 17 的外壁和竖管的内壁上形成降膜凝结，同时释放其潜热给 17 内部流动的冷却水，从而完成蒸汽流动的全过程。系统所需真空度由真空泵 3 维持。装置的外壳用 33 mm 厚的石棉布和发泡聚氨酯保温。

10.4　太阳能海水淡化技术的前景展望[24]

太阳能海水淡化技术，在短期内将仍以蒸馏方法为主。利用太阳能发电进行海水淡化，虽在技术上没有太大障碍，但经济上仍不能跟传统海水淡化技术相比。较实际的方法是，在电力缺乏的地区，利用太阳能发电提供一部分电力，为改善太阳能蒸馏系统的性能服务。探索提高太阳能蒸馏系统产水率的方法有着长远的现实意义。

传统的盘式太阳能蒸馏器的产水量过低，大大限制了它的推广应用。近几十年来，科学家们设计了多种为传统太阳能蒸馏器配备其他太阳能集热器的方案。比如有带平板集热器的太阳能蒸馏器、带 CPC 或槽式抛物面的太阳能蒸馏器等。这些设计方案确实大大提高了单位采光面积的产水量。但却又出现了另一类问题，即它提高了单位产量的设备投资。这显然不能令人满意。

综合分析传统太阳能蒸馏器产量过低的原因，不难发现，它有三个严重缺陷：一是蒸汽的凝结潜热未被重新利用，而是通过盖板散失到大气中；二是传统太阳能蒸馏器中自然对流的换热模式，大大限制了蒸馏器热性能的提高；三是传统太阳能蒸馏器中待蒸发的海水热容量太大，限制了运行温度的提高，从而减弱了蒸发的驱动力。因此，要提高太阳能蒸馏系统的产水率，必须从克服上述三个缺陷入手。

为了充分利用蒸馏过程中蒸汽的凝结潜热，不少学者设计了多种新颖的太阳能蒸馏器，其中最显著的特点包括：① 将蒸馏器设计成具有多个蒸发面和凝结面的系统，前一级的凝结潜热传给后一级的蒸发面，依次类推，直至最后一级凝结面。② 利用蒸汽的凝结潜热预热进入蒸发室的海水，从而使蒸汽的凝结潜热得以重复利用。为了改善蒸馏器内部的传热传质过程，不少学者设计了多种强迫循环的太阳能蒸馏系统。该系统中，不但对凝结面和蒸发面的结构进行被动强化处理，而且采用外能强制改变原有的自然对流传热传质过程,使系统内的传热传质系数得以大幅度提高,从而达到改善蒸馏系统热性能的目的。为了降低系统中待蒸发海水的热容量,迅速提高蒸发面的温度,目前最新颖的设计是采用现代海水淡化工业中常用的降膜蒸发和降膜凝结新技术,令太阳能直接作用在降膜海水上,使海水迅速升温并蒸发。

对传统太阳能蒸馏系统上述三个缺陷的克服,必将大大改善蒸馏系统的热性能。如能将上述解决方案结合在一起,无疑是太阳能海水淡化技术的又一场革命。这种蒸馏系统不仅多次利用了蒸汽的凝结潜热,而且由于强化了其内部的传热传质过程,相对提高了其运行温度,因而必然具有较高的产水率。

10.5 习题

1. 试阐述海水淡化技术有哪几种方式,以及每种方式的特点。

2. 试用简练的语言说明太阳能多效蒸馏和太阳能多级闪蒸两者之间工作原理的区别,以及其相对于传统的多效蒸馏和多级闪蒸,有哪些优势。

3. 试讨论在传统海水淡化装置中引入太阳能的工程实用意义。

参 考 文 献

[1] Kalogirou S. Survey of solar desalination systems and system selection[J]. Energy, 1997, 22(1): 69 - 81.

[2] 王俊鹤,等.海水淡化[M].北京:科学出版社,1978.

[3] 葛新石,等.太阳能工程——原理和应用[M].北京:学术期刊出版社,1988.

[4] Muhammad T A, Hassan E D F, Peter R A. A comprehensive techno-economical review of indirect solar desalination[J]. Renewable and Sustainable Energy Reviews, 2011, 15(8): 4187 - 4199.

[5] 郑宏飞,何开岩,陈子乾.太阳能海水淡化技术[M].北京:北京理工大学出版社,2005.

[6] Malik M A S, Tiwari G N, Kumar A, et al. Solar distillation[M]. Oxford, UK: Pergamon Press, 1982.

[7] Garg H P, Mann H S. Effect of climatic, operational and design parameters on the year round performance of single-sloped and double-sloped solar still under Indian arid zone conditions[J]. Solar Energy, 1976, 18(2): 159 - 164.

[8] 莫海龙,葛新石,李业发.漂浮黑色海绵吸热——蒸发层太阳能蒸馏装置的实验研究[J].太阳能学报,1994, 15(4): 386 - 390.

[9] Kumar A, Anand J D, Tiwari G N. Transient analysis of a double slope-double basin solar distiller[J]. Energy Convers Mgmt, 1990, 21(1): 129 - 139.

［10］Mahdi N A. Performance prediction of a multi-basin solar still［J］. Energy，1992，17(1)：87－93.

［11］Hassan E S，Elsherbiny S M. Effect of adding a passive condenser on solar still performance［J］. Energy Convers Mgmt，1980，20(1)：20－25.

［12］Soliman H S. Solar still coupled with a solar water heater［D］. Mosul：Mosul University，1976.

［13］Prasad B，Tiwari G N. Effect of glass cover inclination and parametric studies of concentrators-assisted solar distillation system［J］. Internal Journal of Energy Research，2015，37(6)：495－505.

［14］Rai S N，Tiwari G N. Single basin solar still coupled with flat plate collector［J］. Energy Convers Mgmt，1983,23(3)：145－149.

［15］Tiwari G N，Dhiman N K. Performance study of a high temperature distillation system［J］. Energy Convers Mgmt，1990,32(3)：283－291.

［16］Zaki G M，Radhwan A M，Balbeid A O. Analysis of assisted coupled solar stills［J］. Solar Energy，1993,32(3)：283－291.

［17］Soteris K. Survey of solar desalination systems and system selection［J］. Energy，1997，22(1)：69－81.

［18］王世昌.海水淡化工程［M］.北京：化学工业出版社,2003.

［19］Mouatafa S M A，Jarrar D I，Mansy H I. Performance of a self-regulating solar multistage flash desalination system［J］. Solar Energy，1985,35(4)：333－338.

［20］Zarza E，Ajona J I，Leon J，et al. Solar thermal desalination project at the plataforma solar de almeria. Proceedings of the Biennial Congress of the International Solar Energy Society［C］. Denver,C O：1991,1(2)：2270－2275.

［21］黄福赐.工程热力学原理和应用［M］.谢益棠，译.北京：电力工业出版社,1982：257－258.

［22］Reali M. A refrigerator heat pump desalination scheme for fresh water and salt recovery［J］. Energy,1984,9(4)：583－588.

［23］Bemporad G A. Basic hydrodynamic aspects of a solar energy based desalination process［J］. Solar Energy，1995,54(2)：125－134.

［24］郑宏飞.太阳能海水淡化技术［J］.自然杂志,2000,22(1)：33－36.

第 11 章 太阳能热利用系统模拟

11.1 太阳能热利用系统模拟软件简介

针对太阳能热利用系统的模拟主要分为稳态模拟与瞬态模拟。目前国际上针对稳态模拟的软件主要为 FCHART,用于瞬态的模拟软件为 TRNSYS。本章主要介绍瞬态模拟软件 TRNSYS。

瞬时系统模拟程序 Transient System Simulation Program(TRNSYS),其软件最早由美国威斯康星(Wisconsin‑Madison)大学 Solar Energy 实验室(SEL)开发,后来在欧洲的一些研究所,如法国的建筑技术与科学研究中心(CSTB)、德国的太阳能技术研究中心(TRANSSOLAR)等和美国热能研究中心(TESS)的共同努力下逐步完善,迄今为止其最新版本为 Ver. 17[1]。TRNSYS 软件由一系列的软件包组成(见图 11.1)。

其中,"Simulation Studio"的作用是:调用模块、搭建模拟平台;TRNBuild 的作用是:输入建筑模型;"TRNEdit"的作用是:形成终端用户程序;TRNOPT 的作用是:进行最优化模拟计算。

"TRNEdit"、"TRNExe"由美国 SEL 开发;"Simulation Studio"由法国建筑技术与科学研究中心(CSTB)开发;"TRNBuild"由德国太阳能技术研究中心(TRANSSOLAR)开发;"TRNOPT"由美国热能研究中心(TESS)开发。

TRNSYS 为一种模块化的动态仿真软件,即认为所有系统均由若干个小的系统(即模块)组成,一个模块实现某一种特定的功能。因此,在对系统进行模拟分析时,只要调用实现特定功能的模块,给定输入条件,就可以对系统进行模拟分析。某些模块在对其他系统进行模拟分析时同样用到,此时,无需再单独编制程序,只要调用这些模块,给予其特定的输入条件即可实现特定功能。TRNSYS 软件的主要特点体现在以下几方面:

1)开放性

TRNSYS 软件最大的特点就是其开放性,TRNSYS 软件是目前太阳能热利用

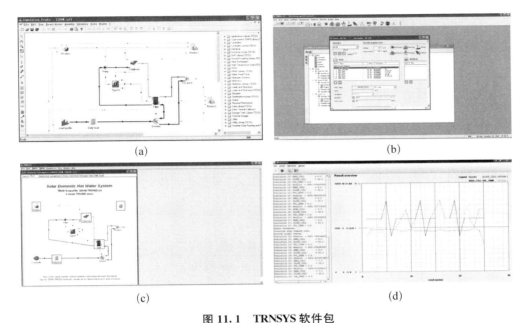

图 11.1　TRNSYS 软件包

(a) "Simulation Studio"；(b) "TRNBuild"；(c) "TRNEdit"；(d) "TRNOPT"

模软件中最开放的一个软件，它的开放性体现在很多方面。

（1）源代码开放。TRNSYS 软件组件源代码是开放的。用户可以基于源代码理解算法核心，同时可以参考软件中成熟算法开发独立软件、模块。TRNSYS 程序在重新编译的情形下，可以生成独立于软件控制台下的程序（a platform independent executable）。

（2）Drop.in 技术支持快捷式的新模块的开发与生成。在模拟计算中，经常会遇到有些模块无法满足要求，于是用户根据自己需求开发模块的功能就显得非常有必要。TRNSYS 16、TRNSYS 17 区别于 TRNSYS 15 的最大特点就是推出了 Drop.in 技术，即可以方便用户进行新模块的编制。在 Drop.in 技术的支持下，用户只需用 Fortran 编写一些计算语句即可以完成新模块，编译完成的模块具有与其他模块完全一致的地位。

（3）与众多软件都有接口。TRNSYS 软件与众多软件都有接口，可以很方便地完成调用，进行计算。TRNSYS 与 Matlab 有接口，软件自带的算例中就有调用 Matlab 的案例。与 Fluent 也有接口，可以将复杂空间流场计算分配给 Fluent，TRNSYS 进行其他计算。TRNSYS 还可以与 COMIS、CONTAM 等自然通风软件结合完成自然通风计算。TRNSYS 可以识别 Window5 数据库进行窗户动态计算。TRNSYS 可以被 GENOPT 调用，进行优化计算。TRNSYS 17 还推出过一种新语言——W 语言,用户可以按照语言的规定,在记事本里按习惯编写语句,被软件识别完成计算。

（4）建筑三维建模。TRNSYS 17 与 Google Sketchup 有接口,能在 Google Sketchup 软件中进行三维建筑建模,再将建立的模型信息导入到 TRNSYS 17,完成建筑能耗的计算。

（5）可以调用其他模拟软件产生的中间计算结果。TRNSYS 软件可以很方便地调用其他模拟软件的中间计算结果,完成全系统的模拟分析与优化。

（6）可以识别任何格式的气象数据。TRNSYS 软件可以识别任何格式的气象数据,如 TMY、TMY-2、TMY-3、EPW 等,甚至是最底层的 TXT 格式的气象数据也可以被识别。

2）全面性

TRNSYS 软件全面性主要体现在它的应用面非常广,涵盖发电、可再生能源、供热通风与空气调节(heating ventilation and air conditioning,HVAC)等众多领域的众多方面。在各个领域中的热工问题都有相应的模块。

（1）建筑物全年逐时负荷计算。TRNSYS 软件能进行建筑物全年逐时负荷计算,计算结果的准确性在其帮助的第 7 章中有相应说明。TRNSYS 17 最大的特点就是可以根据建筑的实际造型,在 Google Sketchup 中进行三维建模。软件也可以支持很多热区的复杂计算。负荷计算的结果可以很方便地以图表的形式展现出来。

（2）建筑物全年能耗计算以及系统优化。TRNSYS 软件可以在负荷计算的基础上进行系统能耗的计算以及系统优化。由于软件本身模块化的特点,系统的建模能在软件中很全面、精确的展现。软件中提供众多系统模块,用户可以很方便地完成系统的搭接,修改系统的参数与配置,进行系统的优化。

（3）太阳能系统模拟计算。TRNSYS 软件一个很大优势就在于太阳能系统模拟。软件早期为太阳能领域的专业软件,因此,在各种太阳能系统的模拟计算上具有很大优势,涵盖内容较多。

① 太阳能热水系统。TRNSYS 软件中关于太阳能热水系统的计算技术非常成熟,且得到国际上一些组织的认证。TRNSYS 软件中关于集热器的模块非常全面,同时系统中热水系统的辅助热源、蓄热设备,以及各种控制方式的模块也非常全面。软件计算还可以针对建筑等障碍物对集热器遮挡而造成的对集热效果的影响,进行较为精确的模拟计算。TRNSYS 17 还新增了中高温太阳能集热器的模块库,方便用来进行中高温集热系统的模拟计算。

② 太阳能光伏系统。TRNSYS 软件中关于光伏组件的库也非常全面,辅助设备逆变器、蓄电池等设备的模型非常丰富,方便用户选取。并且,软件带有风力发

电模块,不仅能进行风力发电系统计算还能进行风光互补发电系统的优化计算。

③ 太阳能热发电系统。对于近年来刚刚兴起的太阳能热发电系统,TRNSYS也是非常的专业,4 种热发电形式(槽式、线性菲涅尔式、碟式、中央接收器)均有相应的模块。同时由于 TRNSYS 17 新增了冷热电三联供库(CHP),结合原有发电模块,TRNSYS 可以对太阳能热发电系统甚至复合式的太阳能热发电系统进行全面准确的计算。在太阳能热发电领域用 TRNSYS 进行研究在国外已经有很大的发展,国内也有相关的业绩和案例。

(4) 地源热泵系统模拟计算。TRNSYS 软件开始在中国被很多用户接受,和地源热泵在中国的发展息息相关的。TRNSYS 软件中地下模型,尤其是垂直地埋管模型是软件自身的一大特色。TRNSYS 软件采用国际公认的 g - function 算法,可以进行地埋管的换热计算、土壤热平衡校核以及复合式地源热泵系统计算。TRNSYS 软件的垂直地埋管模型得到了第三方认证,被权威机构认为是最精确的计算模型,是很多软件的基准(Benchmark)。目前,国内外有很多实测工程来验证TRNSYS 软件中垂直地埋管模型的准确性,在很多工程项目中,模拟计算结果和实测值显示出良好的一致性。

(5) 地板辐射供暖、供冷系统模拟计算。TRNSYS 软件可以进行地板辐射供暖、供冷系统模拟计算,其计算结果的可靠性有相应的实验数据来支撑,可以广泛应用在温湿度独立控制、地板采暖、顶棚冷辐射等工程和项目中。

(6) 蓄冷、蓄热系统模拟计算。TRNSYS 软件中关于蓄冷、蓄热的模块较为丰富,各种蓄热模型(水箱、岩石、冰蓄冷等)均有对应的模块。TRNSYS 软件中还有地下蓄热等方面的各种形式模块。TRNSYS 软件被广泛应用在短期、季节、甚至长期蓄热项目中。

(7) 电力系统模拟计算。TRNSYS 软件中关于电力系统方面的模型较为全面,被广泛地应用在太阳能热发电、普通发电、燃料电池、冷热电三联供等项目和研究中(太阳能热发电在前文已经介绍,这里不再赘述)。

① 普通发电。TRNSYS 软件中关于发电的模块较为全面,柴油发电机、透平、发电机等模块较为全面,能对发电系统进行全年逐时动态计算。

② 燃料电池。TRNSYS 软件中同样有较多的燃料电池模型,能进行燃料电池系统的模拟计算。

③ 冷、热、电三联供。TRNSYS 软件中有专门的冷热电三联供库(CHP),能进行三联供系统逐时动态计算以及系统的优化分析。

3) 专业性

TRNSYS 软件的专业性主要指的是该软件相对于其他软件的独特点,如TRNSYS 软件在功能上无法被其他软件替代的方面。

（1）进行建筑三维建模。TRNSYS 17 与 Google Sketchup 有接口，能在 Google Sketchup 软件中进行三维建筑建模，建立的模型信息可直接导入到 TRNSYS 17，完成建筑负荷的计算。

（2）暖通空调系统方面。TRNSYS 软件在暖通空调系统方面的优势主要是基于软件的方法论，即系统论的观点。软件采用 COM 技术（component object method），暖通空调的各个系统在软件中被拆解为一个个独立的零件，用户只需要用搭积木的方式进行系统的拼接就可以真实再现整个系统。

软件可以较大程度地再现 HVAC 系统，模拟输出系统中任意设备的工况，进行系统能耗的计算以及系统的优化。

在 TRNOPT 平台，软件可以进行 HVAC 系统的最优化计算，得出目标函数下的最优化系统配置。

（3）可再生能源方面。前述章节已经提及 TRNSYS 软件中包含丰富的太阳能计算模块、地源热泵计算模块、风力发电模块等。TRNSYS 软件中这些模块不仅全面而且权威，很多模块得到了国际相关组织的认证和实测数据的支持。

（4）控制系统方面。软件的方法论是系统论，可方便控制系统加载到计算中。TRNSYS 软件采用的思想非常类似于 Matlab 中的 Simulink，这种 COM 技术的软件非常方便控制系统的真实再现。软件中包含很多基本功能的控制模块，合理的运用模块并进行组合可以得到任意的控制方案。

（5）电力方面。前述章节已经提及，软件在电力系统的应用方面有很多独到之处，目前其他建筑能耗模拟软件还很少涉及这一领域。尤其是冷热电三联供以及太阳能热发电等系统的计算是不可替代的。

（6）复合式系统方面。由于软件是模块化软件，很方便进行系统直接的搭接。因此利用 TRNSYS 软件进行复合式系统计算，当系统配置较为复杂时，软件优势可以得到较大体现。

11.2　TRNSYS 建模分析

TRNSYS 软件的建模界面程序"Simulation Studio"如图 11.2 所示，主要包括菜单栏、工具栏、建模窗口和模块窗口。其中菜单栏与工具栏的功能和操作与大部分 Windows 标准程序相似。建模中需要用到的部件可以从模块窗口中相应的类别下寻找，并通过拖拽的方式放置入建模窗口进行设置和相关链接。本节将对具体建模操作分别进行介绍。

1）新建工程

通过点击工具栏中 □ 图标可以快速调出新建窗口，如图 11.3 所示。新建窗口

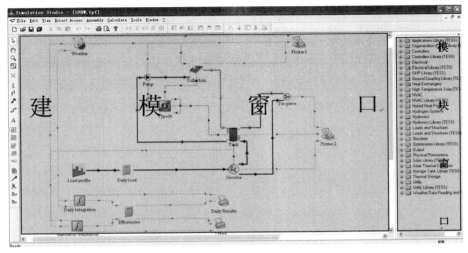

图 11.2　"Simulation Studio"界面

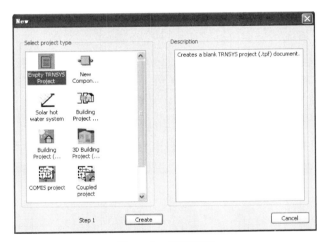

图 11.3　新建窗口

下有多种类型可供选择,包括新建工程、建筑模型和模块等。通常进行模拟时选择
"Empty TRNSYS Project"。

2) 部件参数设置

从部件窗口中将需要的部件拖入建模窗口后,需要对新添加的部件进行相应
的参数设置,使之符合模拟工况。双击新添加的部件即可调出部件参数设置窗口,
如图 11.4 所示。找到需要修改的参数,点击文本框即可进行设置,并且可以通过
最后一列下拉菜单修改其单位。有些部件可能需要调用外部文件,只需要在
"External Files"选项卡中将编辑好的外部文件路径填入即可,若外部文件与模型

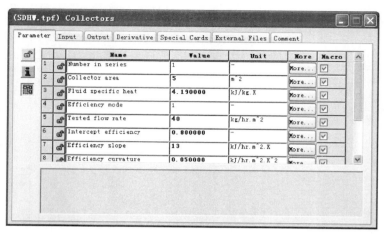

图 11.4 部件参数设置窗口

文件在同一文件夹下,则只需填入文件名即可。

3) 连接设置

将所需部件拖入建模窗口并完成参数设置后,单击工具栏中 按钮进行部件连接,也可将光标放到部件上右击选择"Start link"选项进行连接。当连接两个部件后,系统会自动弹出连接窗口(TRNSYS 16 及以下版本需要双击连接弹出窗口),如图 11.5 所示。在"Classic"选项卡下,通过点击 按钮可以将左右两个部件的相关输出输入进行连接,已产生连接的参数其颜色会由蓝转黑。同样可以在"Table"选项卡下通过下拉菜单的方式建立两个部件间的输入输出关系。在建模窗口右键点击连接可以进行相关属性的设置,如颜色、粗细和线型等,用于区分以及提高模型的易读性。

4) 控制面板设置

点击工具栏中的 可以调出系统控制面板,进行模型运行控制参数的设置。主要包括模型运行起止时间、时间步长和精度等。这些参数直接影响模型运行结果的正确性与运行时间。对于每个参数,通过单击对应的 More. 按钮可以得到参数的详细解释。例如,模拟起始时间的解释中可看到全年各月的起始和终止小时数,用于特定月和日的时间设置(见图 11.6)。

5) 运行及结果分析

所有部件及连接设置完成后,单击工具栏 按钮,即可运行模拟。当模拟遇到错误时弹出如图 11.7 所示的窗口,此时需要单击控制面板中 按钮调出"List"文件,进行错误分析,找到"Error"项,分析错误原因并进行相应的修改后即可正常运行。

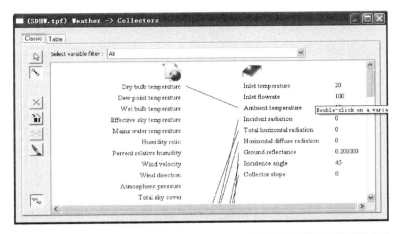

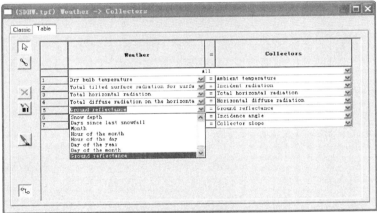

图 11.5　连接设置窗口

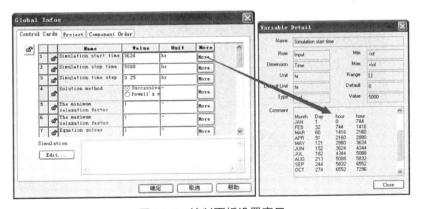

图 11.6　控制面板设置窗口

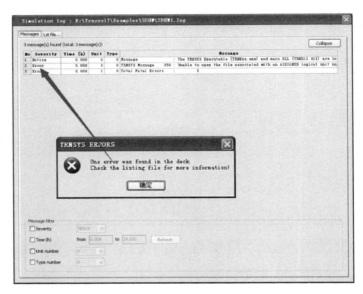

图 11.7　错误及"List"文件窗口

在运行过程中，可以利用"Online plotter(type 65)"对运行参数进行实时监测。在"Online plotter"界面鼠标右击可以暂停运行，左击并拖拽可以放大局部曲线，按住"Shift"键可以查看当前点的各参数数值（见图 11.8）。

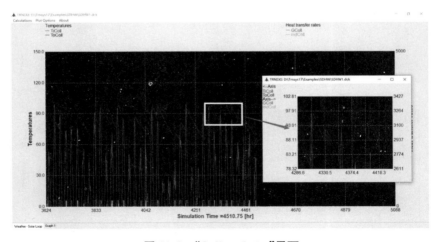

图 11.8　"Online plotter"界面

全部模拟运行结束后，如果系统中设置有打印机（type 25 等），可以通过选择单击菜单栏中"Calculate"下的"Open"选项，打开相应的外部输出文件（见图 11.9），利用其他程序进行相应的后续分析作图等。至此，整个模型的建立、调试、运行与

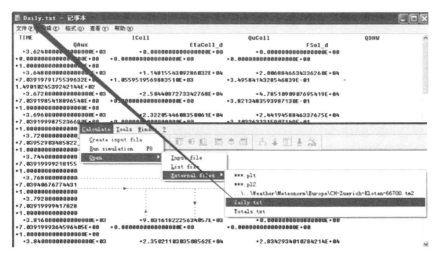

图 11.9　结果输出文件窗口

分析就完成了。

11.3　TRNSYS 建模实例

通过前面对 TRNSYS 建模的介绍,本节将结合 TRNSYS 软件的一个典型太阳能热水案例进行具体建模工作。该太阳能热水系统如图 11.10 所示,需求为:利用 2 m² 平板集热器,每天供应热水 150 L。

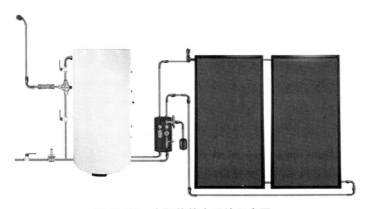

图 11.10　太阳能热水系统示意图

根据太阳能热水系统结构,建模所需部件与参数设置如表 11.1 所示。

表 11.1 太阳能热水系统 TRNSYS 建模参数

相关参数设置	系 统 建 模 窗 口
Type 1b：太阳能平板集热器[集热器面积：2 m²；集热效率曲线：$\eta = 0.759 - 5.6 \times (T_{in} - T_{amb})/G$；安装倾角：30°]	Solar Thermal Collectors 　CPC Collector 　Evacuated Tube Collector 　Performance Map Collector 　Quadratic Efficiency Collector 　　2nd-Order Incidence Angle Modifiers 　　　Type1b Number in series 1 - Collector area 2 m^2 Fluid specific heat 4.190000 kJ/kg.K Efficiency mode 1 - Tested flow rate 40 kg/hr.m^2 Intercept efficiency 0.759 - Efficiency slope 5.6 W/m^2.K Efficiency curvature 0 kJ/hr.m^2.K^2
Type 4e：分层储热水箱（容积：150 L；高度：1.5 m）	Thermal Storage 　Detailed Fluid Storage Tank 　Plug-Flow Tank 　Rock Bed Storage 　Stratified Storage Tank 　　Fixed Inlets 　　User-Designated Inlets 　　　Non-uniform Losses 　　　Uniform Losses 　　　　Type4e LU for data file -1 - Number of tank nodes 5 - Number of ports 3 - Number of immersed heat exchangers 0 - Number of miscellaneous heat flows 1 - Tank volume 0.15 m^3 Tank height 1.5 m
Type 2b：集热循环温差控制器（8℃/4℃温差控制）	Controllers 　5-Stage Room Thermostat 　Aquastat 　Differential Controller w_ Hysteresis 　　for Temperatures 　　　Solver 0 (Successive Substitution) Control Strategy 　　　　Type2b Upper input temperature Th 20.0 C Lower input temperature Tl 10.0 C Monitoring temperature Tin 20.0 C Input control function 0 - Upper dead band dT 8 Temp. Difference Lower dead band dT 4 Temp. Difference

（续表）

相关参数设置	系统建模窗口
Type 3d：集 热 循 环 泵（流 量：140 kg/h；功率：45 W）	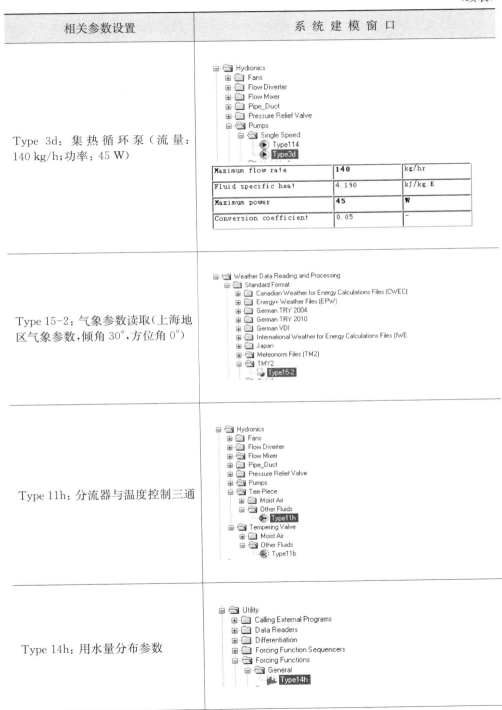
Type 15-2：气象参数读取（上海地区气象参数，倾角 30°，方位角 0°）	
Type 11h：分流器与温度控制三通	
Type 14h：用水量分布参数	

（续表）

相关参数设置	系 统 建 模 窗 口
Type 24：积分器（24 h 积分，运行时间内积分）	
Type 25c：打印机	
Type 65d：在线打印机	

太阳能热水系统建模的主要部件连接如表 11.2 所示。

表 11.2 部 件 连 接

(1) 集热器→水箱	
(2) 水箱→水泵	
(3) 水泵→集热器	

（续表）

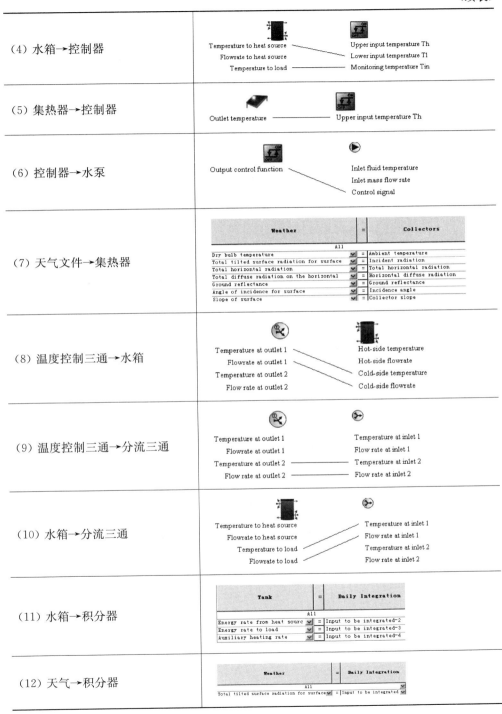

（4）水箱→控制器	
（5）集热器→控制器	
（6）控制器→水泵	
（7）天气文件→集热器	
（8）温度控制三通→水箱	
（9）温度控制三通→分流三通	
（10）水箱→分流三通	
（11）水箱→积分器	
（12）天气→积分器	

完成主要部件的设置和连接后,得到如图 11.11 所示的太阳能热水系统 TRNSYS 模型。单击控制面板 入 按钮,开始运行模拟。

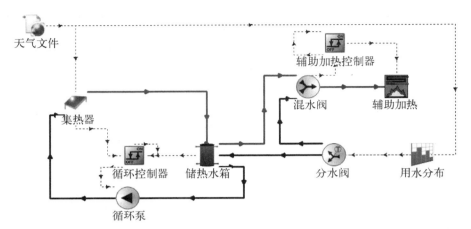

图 11.11 太阳能热水系统 TRNSYS 模型

当如图 11.12 所示"Online plotter"界面出现时,就可以实时监测相关运行参数(集热器出口温度、水箱水温等)。完成运行后,可以打开"type25"生成的外部文件,输入其他数据处理软件进行后操作。

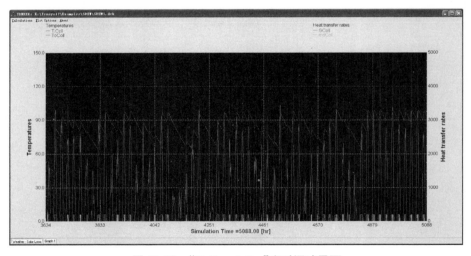

图 11.12 "Online plotter"实时调试界面

对输出的结果(见图 11.13)进行处理之后可以得到各月的太阳能保证率、平均集热效率和辅助热源加热量等数据,如图 11.14 与图 11.15 所示,该太阳能热水系统 TRNSYS 模型的全年平均集热效率为 39.0%,太阳能保证率为 60.1%。

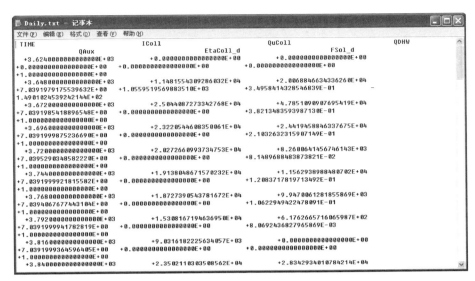

图 11.13　每日结果输出文件

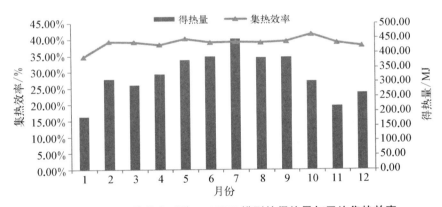

图 11.14　太阳能热水系统 TRNSYS 模型的得热量与平均集热效率

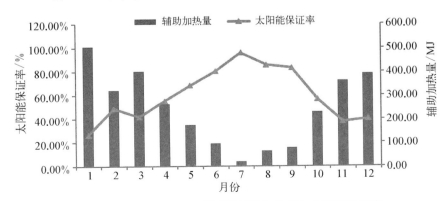

图 11.15　系统 TRNSYS 模型的辅助加热量与太阳能保证率

11.4 习题

请根据本章介绍的 TRNSYS 建模基础知识,独立完成如案例中太阳能热水系统的建模,运行调试后与软件自带的模型计算的结果进行比较。

参 考 文 献

[1] 中国建筑科学研究院环能院(空调所).TRNSYS 介绍及主要功能[EB/OL](2009)[2017 - 05 - 12]. http://www.trnsys.com.cn/index.php? _ m = mod _ article& _ a = article_ content&article_id=247.

索　引